식용버섯 I

식용버섯 I

성분과 생리활성

한용봉

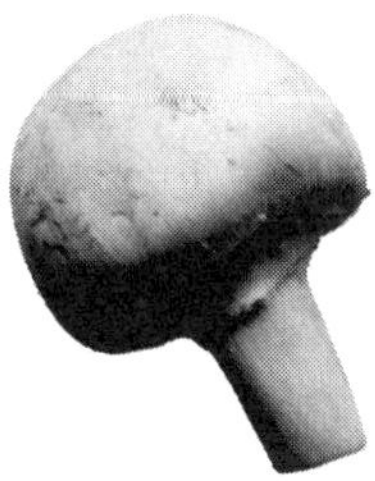

고려대학교출판부
KOREA UNIVERSITY PRESS

머리말

근래 국민의 경제수준이 향상됨에 따라 식생활도 다양화되고 있다. 더구나 육체적인 활동보다는 정신적인 활동이 요구되는 현대인들은 운동 부족과 쌓이는 스트레스로 인해 비만과 같은 성인병의 증가가 사회문제로 대두되면서 저칼로리 식품 및 기능성 건강식품에 대한 관심이 날로 증가하고 있다.

버섯은 곰팡이류의 일종으로 맛과 향기가 독특하고 단백질, 식이섬유가 많으며, 비타민, 무기질이 풍부한 저열량 별미식품으로, 항암작용, 성인병 예방, 체질개선 등의 생리활성도 뛰어나 현대인에 적합한 식품의 하나로 인식되고 있다. 따라서 버섯의 성분과 생리기능성이 일부 알려지면서 이에 대한 관심이 많아졌고, 연구도 광범하고 다양하게 이루어지고 있다.

우리나라의 버섯에 대한 최초의 기록은 김부식의 《삼국사기》(1145년)이며, 그 이후 허준(1613년)의 《동의보감》에 저령, 목이, 말똥진흙버섯, 표고, 송이, 곰보버섯, 석이가, 홍만선(1915년)의 《산림경제》에 백복령, 적복령 저령, 표고가, 홍덕주의 《시용약방균보》(1799년)에 식용 52종, 약용 47종, 독버섯 12종이 소개되고 있어 옛부터 버섯이 질병치료에, 또 고급궁중 약선 요리의 중요한 재료로 이용 되었음을 보여 주고 있다.

지금까지 알려진 버섯은 세계적으로 2만여 종이라 하며, 이 중 식용 가능한 버섯은 2천여 종으로 보고 있으나 실제 인공재배로 대량 생산하여 식용하는 버섯은 10여 종에 불과하다.

이 책에서는 국내에서 연구 보고된 버섯의 식물학적 특성, 영양성분, 특수성분 및 생리활성을 정리 수록하였고, 한방과 민간에서의 이용과 효능도 아울러 소개하였다. 더 자세한 내용이 필요한 이들을 위해 참고문헌을 제시하였다. 도움이 되었으면 한다.

늘 곁에서 묵묵히 격려와 사랑으로 용기를 준 남편과 세 아들에게도 마음속 깊이 고마움을 전한다. 끝으로 이 책의 출판을 선뜻 허락하여 주신 고려대학교 출판부에 감사한다.

2009년 7월

저자 한 용 봉

차례

간버섯

Pycnoporus coccineus (Fr.) Bond. et Sing.
Polyporus coccineus Fr.
Coriolus sanguineus (Fr.)
Trametes sanguinea (L. ex Fr.) Llyod.

간버섯 1

구멍장이버섯과 (Polyporaceae)

• 중국명 | 血紅栓菌
• 분포 | 한국, 일본, 북미, 유럽, 호주, 아프리카
• 용도 | 자실체(약용)

✻ 식물학적 특성

봄~가을에 활엽수, 침엽수의 고목, 그루터기 마른 가지 위에 군생, 또는 중생하는 목재 백색 부후성 버섯으로 표고버섯 재배 목재에 대량 발생, 갓 지름은 3~10㎝, 두께 0.1~0.5㎝, 반원형~부채형, 갓 표면은 평활하고, 희미한 환문이 있고, 선명한 홍등색, 조직은 코르크질이나 가죽질, 관공은 0.1~0.2㎝, 적홍색. 관공구는 원형, 포자문은 백색이다.

✻ 성분

1) 특수 성분

간버섯에서 Tetracosane(T-00275), Arabitol(A-02631), Mannitol(M-00209), Glycerol(G-00542), Trehalose(T-01623), Octacosane(O-00088), Polyporin (항균 성분), Polyporic acid(D-01625), Questiomycin A(A-01513), 1-Heptanol (H-00407), Campesta-7, 22-dien-3-one(E-01430), Cinnabarine(C-01330), α-Dihydroergosterol (E-01422), Polyporenic acid C(P-01624) 등이 분리되었다.

✻ 생리 활성

항암 성분[①] : 강한 항암성과 낮은 독성이 있는 간버섯의 물 추출물에서 항암 성분을 검색하였다. 경기 지방에서 수집하여 열수 추출, 이 열수 추출물을 visking tube로 투석, polysaccharide 분획을 얻었고, sarcoma 180이 이식된 mouse에 대해 이 분획의 항암성을 실험한 결과, 10㎎/㎏/day를 10일간 투여에서, 72.4% 항암 효과가 있었고, 8마리 중 2마리만 효과가 없었다. 주활성 성분 polysaccharide 분획의 단당류는 fucose, glucose, galactose 3종이었고, 단백 부분은 13종의 amino acid(산성 amino acid)로 구성되었다.

항암 효과[②] : 간버섯은 sarcoma 180(mouse)에 90%의 억제 효과가 있었다.

항균 성분과 Sterol[①] : 간버섯의 항균 성분은 기기 분석 결과, cinnabarine으로 동정되었고, MeOH-$CHCl_3$ 추출물의 불검화 분획에서 ergosterol을 동정하였다.

항균 효과[②] : 간버섯은 gram 음성균과 양성균에 항균 활성이 있으며, 항균 성분으로 polyporin도 분리되었다.

항진균 활성 검색[③] : 32종의 한국산 버섯을 석유 ether, 80% EtOH, 증류로 각각 추출, 항진균성을 검색한 결과, 수원그물버섯, 거친껄껄이그물버섯, 나팔버섯, 해면버섯, 주걱간버섯 및 석이버섯의 EtOH ex, 큰 낙엽버섯의 석유 ether ex가 효모에 활성을 보였다. 석이의 EtOH ex는 *C. neoformans*균에 큰 활성을 보여 MIC 값은 600㎍/㎖, 애광대버섯, 거친껄껄이그물버섯, 나팔버섯, 해면버섯, 주걱간버섯, 큰낙엽버섯, 석이버섯, EtOH ex와 석유 ether ex는 곰팡이에 각각 항균성을 보였다. 나팔버섯의 EtOH ex는 *M. gypseum*균(1,000㎍/㎖)에, 석이버섯 EtOH ex는 *T. mentagrophytes, M. gypseum* 및 *P. oryae*에 각각 300, 600㎍/㎖이었으며, 석유ether ex는 *M. gypseum*균에 MIC가 300㎍/㎖이었다.

감귤주스 착즙박에 재배한 버섯의 성분 : 감귤(착즙박)을 주 성분으로 하는 버섯 배양 배지에 간버섯, 표고, 새송이, 산호침, 참부채 및 영지균을 접종, 균사체를 만들어 분석한 결과, 착즙박에 비하여 조회분은 증가하였고, 총산,

환원당, 조단백 및 조지방은 비슷하거나 다소 감소하였다. 대부분의 버섯 균사체는 감귤착즙박과 유기산이 비슷하거나 감소하였으나, 당류는 새송이에서 감귤착즙박의 2.7배 증가, fructose는 9.20~11.06% 증가, 간버섯은 2.65%로 매우 감소하였고, 모든 균사체에서 glucose는 매우 감소하였으며, 산호침과 참부채버섯에서는 더욱 감소하였다. sucrose도 착즙박보다 감소, 간버섯과 새송이는 감소가 심하였다. narirutin은 448.67~932.98㎎%로 착즙박과 비슷하거나 감소하였으나, hesperidin은 3,019.94~4,980.94㎎%로 착즙박보다 17.81~52.61% 증가하였다(간버섯은 제외). 버섯 균사체의 TDF(총식이섬유)는 38.87~51.49%, NDF(비소화성 식이섬유)는 11.94~17.67%, ADF(소화성 식이섬유)는 11.00~14.99%로 착즙박과 비슷하거나 증가하였고, β-glucan은 9.43~20.28㎎%로 비슷하거나 감소하였다. 균사체의 EDF와 NSA는 새송이 균사체를 제외한 모든 균사체에서 감소하였다.

염료의 색도 제거 능력 : 한국 자생 버섯 중 염료의 색도 제거 능력이 우수한 균주를 분리한 결과, *Trametes*(간버섯) sp. CJ-105, *Pleurotus* sp. CJ-212, *Fomes*(상황) sp. CJ-315로 동정되었고, 이들 각각 remazol brilliant blue R 및 acid red 264 함유 액체 배지에서 배양한 결과, 2~8일에 색도가 제거되었고, lignin 분해 효소 laccase의 활성이 다량 존재하였다. 이들 균주의 색도 제거 능력은 laccase, Lip. Mnp의 활성과 관계가 있으며, 색도 제거는 lignin 분해 효소와 관련이 있는 것으로 판단되었다.

효소 : 간버섯에서 β-N-acetyl hexosamidase, carboxy peptidase, carboxy protease, cellulase, chitinase, mannase, α-mannosidase, rhodanase, peroxidase, pectinase, polygalactronase, protease(산성), L-sorbose oxidase, xylase, xylobiase 등의 효소가 분리되었다.

✲ 효능과 이용

1) 효능 : 청혈제습(淸血除濕), 소염해독(消痰解毒), 생항(生肮), 지양(止痒), 순기(順氣), 지혈(止血).

2) 약용 : 만성 기관지염, 풍습성 관절염, 외상 출혈, 화상 염증(가루를 환부에 적용).

참고문헌

1) 金三純, 金養燮, **韓國産 버섯 圖鑑,** 裕豐出版社, 서울, 1990

2) 農村振興廳 農業技術硏究所編, **韓國産 버섯類 原色圖鑑**(I), 1987

3) 卯曉嵐, 莊長坪, 歐株次旺, **西藏大型經濟眞菌,** 北京科學技術出版社, 1991

4) 민태진, 김은미, 이선정, 배강규, **균학회지,** 1995, 23(1), 14 〔버섯 중 항균 물질의 검색 및 개발에 관한 연구－버섯중 항진균 활성 물질 검색(1)－석이, 수원그물버섯, 나팔버섯, 해면버섯, 주걱간버섯, 큰낙엽버섯, 거친껄껄이그물버섯〕

5) 朴婉熙, 李虎得, **한국의 버섯,** 교학사, 1991, 366 (간버섯)

6) 오광근, 김현수, 조무환, 채영규, 전영중, **산업미생물학회지,** 1999, 27(6), 500 (염료의 색도 제거능력이 우수한 백색 부후균 분리 및 특성 연구－*Trametes, Pleurotus, Fomes*)

7) 應建浙, 卯曉嵐, 馬啓明, 宗毓臣, 文華安, **中國藥用眞菌圖鑑,** 科學出版社, 1987

8) 이선주, **생약학회지,** 1975, 6(2), 75 (한국향토민속약 규명에 관한 연구－송이, 표고, 간버섯, 능이, 복령, 석이)

9) 이지열, **균학회지,** 2005, 33(1), 54 〔한국 기록종 버섯 추가 목록(2001-2004)〕

10) 李址烈, **韓國 버섯 圖鑑,** 아카데미서적, 서울, 1988, 249 (간버섯)

11) 이창환, 양민호, 박승림, 강영주, **식품과학회지,** 2007, 39(2), 128 (감귤주스 착즙을 이용하여 재배된 버섯 균사체의 성분－간버섯, 표고, 새송이, 산호침, 참부채, 영지)

12) 이태수, 이지열, **한국기록종 버섯 재정리 목록,** 임업연구원, 2000

13) 정경수, 김병각, **균학회지,** 1978, 6(2), 59 〔간버섯의 항균 성분과 Sterol (*Coriolus sanguineus* (Fr.)〕

14) 정학성, **균학회지,** 1994, 22(1), 62 〔한국산 목재 부후균류의 분포상에 관한 연구(II), 담자균류 민주름 버섯의 분포에 대하여〕

15) 한국 균학회, **버섯 이름, 한국명 통일안,** 2000, 176

16) 홍화봉, 정경수, 강창율, 최응칠, 김병각, **균학회지,** 1982, 10(4), 50 〔한국산 고등 균류의 성분 연구(33)−간버섯의 항암 성분〕

17) Austin, P. R. et al., **Science** (Washington. D.C.), 1981, 212, 749 (rev, Chitin)

18) Birch, G., **Adv. Carbohydr. Chem.**, 1963, 18, 201 (rev, Trehalose)

19) Brimacombe, J. S. et al., **The Carbohydrate,** Academic Press, 1972, 1A, 479 (Needles, Mannitol)

20) Chang, S. T., Miles, P.G., **Edible Mushroom and their Cultivation,** CRC Press, New York, USA, 1989

21) Cambie, R. C. et al., **J. Chem. Soc. C,** 1966, 72 (isol, plant wax, Octacosane)

22) Cambic, R. C., et al., **J. Chem. Soc. C.**, 1966, 72 (isol, flavorings and perfumery, 1-Heptanol)

23) Cheung, L. M., Cheung Peter, C. K., Ooi Vincent, E. C., **Food Chem.**, 2003, 81, 249 (Antioxidant activity and total phenolics of edible mushroom extracts)

24) David, G. S., Barry, H. R., **Mushroom Poisoning,** CRC Press, USA, 1994

25) Dickinson, H., Lucas, J., **The Encyclopedia of Mushrooms,** Crescent Books, New York, USA, 1983

26) Gerhardt, E., **Pilze,** BLV Handbook, 1995

27) Hui, Y. F., Den, E. S., Chi, T. H., **J. Food Lipids,** 2002, 9, 35 (Antioxidant and free radical scavenging activities of edible mushrooms)

28) Hunter, G. L. K. et al., **Phytochemistry,** 1966, 5, 807 (isol, oil, Cryst. Tetracosane)

29) Imazeki, R., Otani, Y., Hongo, T., **Color Illustration Mushrooms of Japan,** Yama-Kei Publisher Co. Ltd., Tokyo, Japan, 1988

30) Kabir, Y., Kimura, S., **J. Nutr. Sci. Vitaminol.**, 1989, 35, 91 (Dietary mushrooms reduce blood pressure in spontaneously hypertensive rats)

31) Kren, V. et al., **Biochem. Physiol. Pflanz.**, 1986, 181, 505 (isol. Cryst, α-Dihydroergosterol)

32) Lee, G. D., Chang, H. G., Kim, H. K., **Kor. J. Food Sci. Technol.**, 1997, 29, 432 (Antioxidative and nitric-scavenging activities of edible mushrooms)

33) Lemberg, R., **J. Exp. Biol. Med. Sci.**, 1952, 32, 271 (isol, orange-yellow cryst, active against *Staphyllococcus aureus* and fungi, Cinnabarine)

34) Lingberg, B. et al., **Acta Chem. Scand.**, 1953, 7, 591 (occur, Arabitol)

35) McDonnell, J. E.W., Esselen, W. B. Jr., **Food Res.**, 1947, 12, 118 (Carbohydrates in Cultivated mushrooms)

36) Munro, H. D. et al., **J. Chem. Soc. C.**, 1971, 685 (Cryst., *Fomes fomentarius, F. applanatus, Coriolus sanguineus*)

37) Pegler, D. N., **The Concise Illustrated Book of Mushrooms and Other Fungi,** Gallery Books, New York, USA., 1989

38) Wasser, S. P., Weiss, A. L., **Crit. Rev. Immunol.**, 1999, 19, 65 (Therapeutic effects of substances occurring in higher Basidiomycetes mushroom: a modern perspective)

39) Yokoyama, A. et al., **Phytochemistry,** 1975, 14, 487 (Bibl, Cryst, Polyporenic acid C)

40) Ying, I., Mao, X., Ma, Q., Zong, Y., Wen, H., **Icones of Medicinal Fungi from China,** Science Press, Beijing, China, 1989, 221 (간버섯)

Coprinus micaceus
(Bull. cx Fr.) Fr.

갈색먹물버섯 2

먹물버섯과 (Coprinaceae)

- 중국명 | 晶粒鬼傘
- 분포 | 한국, 일본, 중국, 유럽, 북아메리카, 호주, 시베리아
- 용도 | 어린 자실체(식용)

✻ 식물학적 특성

여름~가을에 활엽수의 그루터기 위나 뿌리 부근, 땅에 묻힌 나무 주위의 땅 위에 속생 또는 군생한다. 갓 지름 1~4㎝, 초기 종형에서 후에 타원형이나 원추형. 표면은 담황갈색. 분말상의 인편. 갓 둘레는 방사상 줄. 주름살은 끝 붙은 형. 빽빽. 초기에는 백색. 후에 흑갈색. 서서히 액화. 대의 위아래 굵기는 같고 속은 빔. 표면은 백색. 기부는 담황색. 포자는 타원형. 표면은 평활. 발아공이 있고, 포자문은 백색이다.

동속 식물에는 노랑먹물버섯(*C. radians*)과 먹물버섯(*C. comatus*)이 있고 어린 것은 식용한다.

✻ 성분

1) 특수 성분

*C. micaceus*에서 *Tryptamine(T-02986), *C. comatus*에서 *N^a, N^a-Dimethylhistamine(D-03021), *Spermidine(S-00985) 등이 분리되었다.

갈색먹물버섯

❋ 생리 활성

생리 활성 : 갈색먹물버섯은 sarcoma 180(mouse)에 대하여 억제율은 70%, Ehrlich 복수암(mouse)에 대하여 억제율 80%의 antitumor activity가 있다. N^a, N^a-dimethylhistamine과 tryptamine은 hypotensive effect 물질이다.

Fibrin 분해 활성 : 치악산에 자생하는 야생 버섯 65종에서 fibrin 분해 활성을 검색한 결과, 9종의 버섯이 분해 활성을 보였다. 그중 먹물버섯(*Coprinus comatus*)은 plasmin 1.5 unit의 56~58%의 분해 활성을, 점박이애기버섯(*Collybia maculata*)도 거의 유사한 활성을 보였으며, 뽕나무버섯(*Armillariella mellea*)과 *Calocybe* sp.(밤버섯속), 민자주방망이버섯(*Lepista nuda*) 및 *Trichaptum abietinum*는 plasmin 1.5unit의 약 2배 fibrin 분해활성을 나타내었다.

울릉도의 균류분포 : 1989.10~1991.9까지 98점의 주름버섯류를 채집하여, 분류한 결과, 주름버섯목 10과, 22속, 30종으로 확인, 그중 3종은 미기록 종으로 귀신버섯과의 땅귀버섯(*Grepidotus geophilus*)과, 송이과의 긴대애주름버섯(*Mycena elegans*) 및 큰애주름버섯(*M. carolinensis*)이었다. 동정된 균주는 느타리(*P. ostreatus*), 졸각버섯(*Laccaria laccata*), 뽕나무버섯(*Armillariella mellea*), 긴대애주름버섯(*Mycena elegans*), 갈색먹물버섯 (*Coprinus micaceus*) 등 5종이었다. 많은 종류의 주름버섯이 땅에 자라고 있었으나, 너도밤나무와 마가목은 느타리속, 귀신버섯속, 부채버섯속, 먹물버섯속 및 개암버섯속, 혹은 뽕나무버섯속 같은 목재서식주름버섯이 가장 좋은 숙주이며, 우산 고로쇠나무와 소나무도 먹물버섯속, 무당버섯속, 비단그물버섯속 같은 토양 서식 주름버섯의 가장 좋은 숙주였다.

❋ 효능과 이용

1) 효능 : 항암.
2) 식용 : 어린 버섯은 식용.
3) 약용 : 항종양에 응용한다.
※ 음주 전후에 식용은 피해야 한다.

참고문헌

1) 金三純, 金養燮, **韓國産 버섯 圖鑑,** 裕豐出版社, 서울, 1990

2) 김준호, 이호용, 유관희, 김양선, 석순자, 김양섭, **균학회지,** 1998, 26(4), 589 (치악산 버섯 추출물로부터 Fibrin 분해활성 검색－먹물버섯, 밤버섯, 점박이뽕나무버섯, 민자주방망이버섯 등)

3) 今關之也, 本鄕次雄 편저, **原色日本新苦類 図鑑(1),** 保育社, 2003

4) 農村振興廳 農業技術硏究所編, **韓國産 버섯類 原色圖鑑(I),** 1987

5) 卯曉嵐, 莊長坪, 歐株次旺, **西藏大型經濟眞菌,** 北京科學技術出版社, 1991

6) 朴婉熙, 李虎得, **한국의 버섯,** 교학사, 1991, 213 (갈색먹물버섯)

7) 박성미, 진미림, 김진숙, 최응칠, 김병각, **약학회지,** 1993, 57(5), 490 (항암성분)

8) 應建浙, 卯曉嵐, 馬啓明, 宗毓臣, 文華安, **中國藥用眞菌圖鑑,** 科學出版社, 1987

9) 李址烈, **韓國 버섯 圖鑑,** 아카데미서적, 1988, 142 (갈색먹물버섯)

10) 이지열, **균학회지,** 2005, 33(1), 54 〔한국 기록종 버섯 추가 목록(2001-2004)〕

11) 이태수, 이지열, **한국기록종 버섯 재정리 목록,** 임업연구원, 2000

12) 정학성, **균학회지,** 1993, 21(1), 64 〔울릉도의 균류상(4), 수종 주름 버섯에 대하여〕

13) 한국 균학회, **버섯 이름, 한국명 통일안,** 2000, 176

14) Chang, S. T., Miles, P.G., **Edible Mushroom and their Cultivation,** CRC Press, New York, USA, 1989

15) Cheung, L. M., Cheung Peter, C. K., Ooi Vincent, E. C., **Food Chem.,** 2003, 81, 249 (Antioxidant activity and total phenolics of edible mushroom extracts)

16) Cimino, G. et al., **Comp. Biochem. Physiol., C ; Comp. Pharmacol.,** 1978, 61, 361 (isol, *Tryptamine)

17) David, G. S., Barry, H. R., **Mushroom Poisoning,** CRC Press, USA, 1994

18) Dickinson, H., Lucas, J., **The Encyclopedia of Mushrooms,** Crescent Books, New York, USA, 1983

19) Gerhardt, E., **Pilze,** BLV Handbook, 1995

20) Ghosh, A. K., Sengupta, S., **J. Food Sci. Technol.**, 1982, 18, 133 (Extracellular production of folic acid factor by the mushroom *Coprinus lagopus*)

21) Herbst, E. J. et al., **Arch. Biochem. Biophys.**, 1958, 75, 171 (isol, *Spermidine)

22) Hui, Y. F., Den, E. S., Chi, T. H., **J. Food Lipids**, 2002, 9, 35 (Antioxidant and free radical scavenging activities of edible mushrooms)

23) Imazeki, R., Otani, Y., Hongo, T., **Color Illustration Mushrooms of Japan,** Yama-Kei Publisher Co. Ltd., Tokyo, Japan, 1988

24) Kabir, Y., Kimura, S., **J. Nutr. Sci. Vitaminol.**, 1989, 35, 91 (Dietary mushrooms reduce blood pressure in spontaneously hypertensive rats)

25) Lee, G. D., Chang, H. G., Kim, H. K., **Kor. J. Food Sci. Technol.**, 1997, 29, 432 (Antioxidativc and nitric-scavenging activities of edible mushrooms)

26) Ling, J. S. L. et al., **J. Pharmacol. Exp. Ther.**, 1958, 122, 44A, (Pharmacol, Alkaloid, *N^a, N^a-Dimethylhistamine)

27) McDonnell, J. E.W., Esselen, W. B. Jr., **Food Res.**, 1947, 12, 118 (Carbohydrates in Cultivated mushrooms)

28) Mau, J. L., Lim, H. C., Song, S. F., **Food Res. Int.**, 2002, 35, 519 (Antioxidant properties of several specialty mushroom)

29) Pegler, D. N., **The Concise Illustrated Book of Mushrooms and Other Fungi,** Gallery Books, New York, USA, 1989

30) Ribeiro, B., Rangel, J., Valentão, P., Baptista, P., Seabra, R. M., Andrade P. B., **J. Agric. Food Chem.**, 2006, 54, 8530 (Contents of carboxylic acids and two phenolics and antioxidant activity of dried Portuguese wild edible mushrooms)

31) Ying, I., Mao, X., Ma, Q., Zong, Y., Wen, H., **Icones of Medicinal Fungi from China,** Science Press, Beijing, China, 1989, 313 (*Coprinus micaceus*)

개암버섯

Naematoloma sublateritium (Fr.) Karst.
Hypholoma sublateritium (Fr.) Quél.

개암버섯 3

독청버섯과 (Strophariaceae)

- 중국명 | 簇黑傘
- 일명 | Kuritake
- 분포 | 북반구 온대
- 용도 | 자실체(식용)

✻ 식물학적 특성

갓은 직경 3~8㎝, 둥글고 다갈색, 적갈색. 흰 솜털이 있고 주름은 황백색, 자갈색. 줄기의 상부는 황백색, 하부는 다갈색. 전체에 미세한 뼈가 있다. 10~11월에 졸참나무, 밤나무, 너도 밤나무 등의 활엽수 그루터기나 고사한 나무 등에 생긴다. 인공 재배가 가능하다.

※ 노란다발 개암버섯은 독성이 있고, 개암버섯보다는 적다. 유황색. 씹어 보면 쓴맛이 있어 구별된다.

✻ 성분

1) 특수 성분

개암버섯에서 Fasciculol B; 2-*O*-(3-Hydroxy-3[[[methoxycarbonyl]mcthyl] amino]acetyl]-3-methylbutanoyl] (L-00259), Fasciculol C(L-00258), *Fasciculol F(L-00258), Chitin (C-00924) 등이, Glycerol(G-00542), Arabitol(A-02631), Mannitol(M-00209), Glucose (G-004947), Trehalose(T-01623, T-01624), Xylobiose(X-00098), Xylotriose(X-00138) 등의 당류도 분리되었다.

✻ 생리 활성

항암 효과 : 개암버섯은 sarcoma 180(mouse)에 억제율이 60%, Ehrlich 복수암(mouse)에 억제율 70%의 antitumor activity가 있다.

성분과 생리 활성 : 개암버섯의 fasciculol F는 고미(苦味) 성분으로 plant growth inhibitor 효과가 있고, xylobiose와 xylotriose는 일반 식품에서는 동정되지 않는 당이 있다.

균사 생장과 배양 조건 : 개암버섯의 균사 배양에 적합한 온도 및 pH는 각각 25℃, 5.0~6.0이었고, 양호한 탄소원은 단당류 sorbitol, ribose, 다당체는 starch, inulin, dextrin 등이며, 질소원은 무기태 질소는 KNO_3, 아미노태 질소는 asparagine, leucine, phenylalanine 등이었다. 탄소원인 sorbitol 농도 1~2%일 때, 적합한 C/N 비는 50, 질소 농도가 증가할수록 균사 생장은 부진하였다. 균사 생장에 필요한 무기 염류는 비교적 다양하며, KH_2PO_4, $MgSO_4 \cdot 7H_2O$, $CaCl_2 \cdot 2H_2O$의 최적 농도는 각각 0.08, 0.03, 0.01% 이었다. 유기산으로 양호한 것은 fumaric, maleic, tartaric, gallic acid 등이었다.

최적 배지 조건 : 개암버섯의 균사 생장에 적합한 톱밥 배지의 수종은 오리나무이며, 오리나무에 맥주박 30% 혼합 배지에서 균사 생장이 양호하였다. 톱밥 배지의 가비중이 높을수록 균사 생장이 늦었으며, 수분 함량은 70%가 적당하였다.

액체 배양과 균사체의 성분 : 개암버섯의 액체 배양에서 균사체의 생육 최적 조건은 온도 25℃, pH 5.5, 교반 속도 150rpm으로, 배양은 20일이 좋았다. 균사체의 일반 성분은 탄수화물 55.8%, 조단백질 22.4%, 지방, 회분이 각각 4.1%, 4.7%, 유리지방산은 linoleic acid와 palmitic acid가 많았다. 균사체 고분자 추출물을 발색 반응과 sepharose CL-4B로 정제한 결과, 주 분획은 단백다당 이었다.

일반 성분 : 개암버섯을 분석한 결과, xylobiose, xylotriose(일반 식품에는 발견되지 않는 당질), glycerol, arabitol, mannitol, glucose, trehalose, xylobiose, xylotriose, 가식부 100g 중 vitamin B_2 0.029㎎, C 13.54㎎, provitamin

D_2 0.111㎎이었다.

✻ 효능과 이용

1) 효능 : 항암.
2) 식용 : 약간 싱장한 것이 맛이 있다. 단백한 밋과 씹히는 맛이 조화되어 있고 비교적 쫄깃쫄깃하며, 단단하다. 버섯밥, 초무침, 졸임, 냄비 요리, 튀김 등에 쓰이며, 피자, 오믈렛 등 양식, 만두, 볶음 등 중국 요리에도 응용. 인공 재배가 가능하다.
3) 약용 : 항종양.

참고문헌

1) 강안석, 강태수, 조수목, 유승헌, **균학회지,** 2001, 29(1), 22 (개암버섯균의 액체 배양과 균사체의 성분)
2) 강안석, 공원식, 석순자, **균학회지,** 1997, 25(2), 152 (개암버섯 균주의 유전적 특성과 최적 배지 조건에 관한 시험)
3) 강안석, 차동열, 홍인표, 장현우, 유승헌, **균학회지,** 1994, 22(2), 153 (개암버섯의 균사 생장에 영향을 미치는 배양 조건)
4) 卯曉嵐, 莊長坪, 歐株次旺, **西藏大型經濟眞菌,** 北京科學技術出版社, 1991
5) 應建浙, 卯曉嵐, 馬啓明, 宗毓臣, 文華安, **中國藥用眞菌圖鑑,** 科學出版社, 1987
6) 이지열, **균학회지,** 2005, 33(1), 54〔한국 기록종 버섯 추가 목록(2001-2004)〕
7) 이지열, **원색 한국 버섯 도감,** 아카데미 서적, 1988, 135 (개암버섯)
8) 이태수, 이지열, **한국기록종 버섯 재정리 목록,** 임업연구원, 2000
9) 한국 균학회, **버섯 이름, 한국명 통일안,** 2000, 176
10) Bailey, R. W. et al., **Oligosaccharides,** Pergamon, 1965, 43 (occur, Xylobiose)
11) Birch, G., **Adv. Carbohydr. Chem.,** 1963, 18, 201 (rev, Trehalose)
12) Brimacombe, J. S. et al., **The Carbohydrate,** Academic Press, 1972, 1A,

479 (Needles, Mannitol)

13) Chang, S.T., Miles, P.G., **Edible Mushroom and their Cultivation,** CRC Press, New York, USA, 1989

14) Cheung, L. M., Cheung Peter, C. K., Ooi Vincent, E. C., **Food Chem.**, 2003, 81, 249 (Antioxidant activity and total phenolics of edible mushroom extracts)

15) De Bernardini, M. et al., **J. Nat. Prod.** (Lloydia), 1981, 44, 351 (isol, cryst, Plant growth inhibitor, Fasciculol C, *Fasciculol F)

16) Erskine, A. J. et al., **Can. J. Chem.**, 1957, 35, 1174 (isol, xylotriose)

17) Hui, Y. F., Den, E. S., Chi, T. H., **J. Food Lipids,** 2002, 9, 35 (Antioxidant and free radical scavenging activities of edible mushrooms)

18) Ikeda, M. et al., **Agric. Biol. Chem.**, 1977, 41, 1543 {Plant growth inhibitor, Fasciculol B; 2-*o*-(3-Hydroxy-3{[[[[methoxycarbonyl]methyl] amino]acetyl]-3-methylbutanoyl]}

19) Kabir, Y., Kimura, S., **J. Nutr. Sci. Vitaminol.**, 1989, 35, 91 (Dietary mushrooms reduce blood pressure in spontaneously hypertensive rats)

20) Kamiyama, Y. et al., **Agric. Biol. Chem.**, 1974, 38, 2385 (glc, Xylotriose)

21) Lingberg, B. et al., **Acta Chem. Scand.**, 1953, 7, 591 (occur, Arabitol)

22) Lee, G. D., Chang, H. G., Kim, H. K., **Kor. J. Food Sci. Technol.**, 1997, 29, 432 (Antioxidative and nitric-scavenging activities of edible mushrooms)

23) Liu, F., Ooi, V. E. C., Chang, S. T., **Life Sci.**, 1997, 60, 763 (Free radical scavenging activities of mushroom polysaccharide extracts)

24) Mau, J. L., Lin, H. C., Song, S. F., **Food Res. Int.**, 2002, 35, 519 (Antioxidant properties of several specialty mushrooms)

25) McDonnell, J. E. W., Esselen, W. B. Jr., **Food Res.**, 1947, 12, 118 (Carbohydrates in Cultivated mushrooms)

26) Ribeiro, B., Rangel, J., Valentão, P., Baptista, P., Seabra, R. M., Andrade P. B., **J. Agric. Food Chem.**, 2006, 54, 8530 (Contents of carboxylic acids and two phenolics and antioxidant activity of dried Portuguese wild

edible mushrooms)

27) Wasser, S. P., Weiss, A. L., **Crit. Rev. Immunol.**, 1999, 19, 65 (Therapeutic effects of substances occurring in higher Basidiomycetes mushroom: a modern perspective)

28) Ying, I., Mao, X., Ma, Q., Zong, Y., Wen, H., **Icons of Medicinal Fungi from China,** Science Press, Beijing, China, 1989, 325

29) Yoshida, H., Fujimoto, S., Hayashi, J., **Nippon Skokuhin Kogyo Gakkaishi,** 1990, 37(9), 695 [Effects of Carbon and Nitrogen sources on the vegetative growth Kuritake mushroom (*Naematoloma sublateritium*)]

Pholiota adiposa (Fr.) Kummer

검은비늘버섯 4

독청버섯과 (Strophariaceae)

• 중국명 | 黃傘

• 분포 | 한국, 중국, 일본, 북미 등 북반구일대

• 용도 | 자실체(식용)

✻ 식물학적 특성

봄~가을에 활엽수의 고목, 죽은 가지 그루터기 위에 속생하는 목재 갈색 부후성 버섯, 갓 지름 3~8㎝, 초기에 반구형, 차차 평반구형이나 편평형으로 자란다. 갓 표면은 습기가 있으면, 점성. 황갈색. 갓 둘레는 담황색. 갓 전면에 탈락성인 삼각형의 백색, 갈색 인피. 차차 갈황색. 조직은 담황색, 백색. 주름살은 완전 붙은 형. 약간 빽빽하고, 초기에는 황백색. 차차 갈색이 되며, 대는 원추형. 표면은 황갈색 인피로 덮여 있다. 조기 탈락성 턱받이가 있고, 포자는 타원형. 표면은 평활. 발아공이 있고 포자문은 적갈색이다.

동속 식용 버섯에는 재비늘버섯(*P. highlandensis*), 흰비늘버섯(*P. lenta*)이 있다.

✻ 성분

1) 영양 성분

① **검은비늘버섯(말린것, 7001)** : 100g 중 열량 271.0㎉, 단백질 20.1g, 지질 2.7g, 당질 56.2g, 조섬유 5.90g, Ca 20.0㎎, P 213.0㎎, Fe 6.9㎎, Zn 9.54㎎, vitamin B_1 0.57㎎, B_2 1.83㎎, B_6 1.30㎎, niacin 12.5㎎, 엽산 227㎍, E 1.43㎎.

2) 특수 성분

검은비늘버섯에서 Emitanins(E-00220), *P. flammans*에서 Fasciculin A(F-00041), B(F-00041) 등이 분리되었다.

✻ 생리 활성

항암 효과 : 검은비늘버섯은 sarcoma 180(mouse)과 Ehrlich 복수암(mouse)에 억제율이 각각 80~90%의 antitumor activity가 있다.

검은비늘버섯의 세포독성 물질 : 버섯에서 1-linoleic-2-olein(1), stigmasterol(2), 1, 4-glucopyranosyl-1', 4'-glucopyrancsyl-1", 4"-glucopyranoside(3), 2', 3'-dipnosphoryl-propanoxy-βD-glucopyranoside(4), l-linoleic-3-olein(5) 1-(N,N,N-trimetyl ethyl amino phosphoryl)-2, 3-dilinoleinion(6), glyceryl phosphate(7)가 column chromatography로 처음 분리되었고, 물질1, 2는 P 388 murine leukemia cell에 약한 cytotoxicity가 있으나, 6과 7은 세포독성을 보이지 않았다. stigmasterol은 anti-inflammatory, hypocholesterolemic, cytostatic activity가 있다.

비늘버섯의 생리 기능성 물질 탐색 : 전국 각지에서 시료를 수집하고, 인천대학 버섯종균은행에서 받은 균주를 인공 배양, 63 균주의 자실체를 얻어, H_2O, MeOH ex를 만들어 생리기능성을 조사한 결과, 혈전 용해 활성은 *P. adiposa* PAD-030 균주 MeOH ex가 11.5u, HMG-CoA reductase 저해 활성은 PAD-022 균주 MeOH ex가 76.8%로 가장 높았다. 항산화 활성과 tyrosinase 저해 활성은 각각 *Pholiota* sp. PSP-015 균주의 H_2O ex와 *P. nameko* PNA-024 MeOH ex가 각각 72.7%, 69.5%로 우수하였다. 그러나 SOD유사 활성과 elastase 저해 활성은 미약하기나 없었디. 이상의 결과로 가장 우수한 생리 활성은 *P. adiposa* PNA-022 균주 자실체의 MeOH ex의 HMG-CoA reductase 저해 활성이며, 이 물질은 자실체 분말을 MeOH로 30℃에서 12시간 추출할 때 가장 수율이 높았다.

렉틴 성분의 림프구 응집 효과 : 젖버섯, 그물버섯, 영지, 비늘버섯, 쓴송이, 자주싸리버섯 등 20종에 대하여 적혈구(사람)와 비장(mouse)에서 얻은 림프구로 lectin 성분을 검색하고자 응집 현상을 시험한 결과, 그물버섯, 젖버섯, 자주싸리버섯, 비늘버섯, 영지 등 8종에서만 나타났다.

향기 성분과 건조법 : 검은비늘생버섯을 SDE로 추출, 농축 후 GC/MS로 정성한 결과, 향기 성분이 총 41종이었고, alcohol류 11개(8.23%), aldehyde류 8개(32.70%), ester류 4개(5.69%), ketone류 4개(5.42%), alkane류 9개(17.91%), 기타 5개(11.64%)로 구성, 함량은 hexanol(18.55%), n-heptaldehyde (13.02%), 2-phenylfuran(4.82%), benzene acetaldehyde(3.34%), (E, Z)-2, 4-decadienal (3.06%), hexacosane(5.04%)이었다. 건조 방법별 향기 성분은 SPME로 추출, GC/MS로 분석, 열풍 건조 시 건조 온도 증가에 따라 2-phenylethanol, benzeneacetaldehyde 함량은 감소하였고, 70℃에서 2(5H)-furanone(0.16%), 2H-1-benzopyran-2-one(7.63%), 2-acetylpyrrol (5.49%), 4-phenylpyridine (5.61%)이 많았다.

포장재와 저장 온도 : 검은비늘버섯의 선도 유지를 위해 wrap, PE, PP, AF 포장 및 저장 온도 1, 3, 6℃에서 18일간 조사한 결과, 감소율은 wrap 1℃, 18일 후 3.17%, AF film은 1.08%, 저장 기간 연장에 따라 명도와 황색도는 약간 증가, wrap 포장에서는 감소하였다. 버섯 저장 전 색깔은 wrap 포장 3일, PE, PP, AF 포장은 18일까지 유지되었다. 경도는 온도가 높을수록 낮았고, 1℃ 저장 시 AF 밀봉 저장이 경도 변화가 적었다. 신선도는 1℃에서 8일, wrap 3일, PE 밀봉 6일, PP 밀봉 9일, AF 밀봉 15일 저장하였을 때 상품성을 유지할 수 있었다.

인공 재배 가능성 검토 : 우리나라에 자생하는 야생 버섯 중, 영지(*G. lucidum*), 느타리(*Pleurotus* sp.), 참버섯(*Panus rudis*), 검은비늘버섯(*Pholiota adiposa*)의 인공 재배 가능성을 검토한 결과, 영지의 균사 생장에 알맞은 배지는 MES, 온도는 25~30℃, pH 4~5, 수분 75%(w/w)이며, 톱밥 충진시 가비중은 0.12g/㎖, 배지는 포플러 톱밥이다. 참버섯의 균사 생장 배지는 MHS, 온도 30~35℃, pH는 5.0, 수분은 75%(w/w), 톱밥 충진시 가비중은 0.12g/㎖, 종균 제조 시 참나무 톱밥 배지가 적합하였다. 검은비늘버섯 균사 생장은 MSDS

와 MHS, 온도 25~30℃, pH 4~5, 수분 함량 75~80%(w/w), 가비중은 0.12~0.13g/mg, 종균 제조 시 밀 배지가 우수하였다. 느타리속 균사 생장은 MSDS, MHS 배지, 온도 30~35℃, pH 4~5, 수분 함량은 75~80%(w/w), 가비중은 0.12g/ml, 종균 제조 시 포플러 톱밥 배지가 좋았다. 공시 균주 중 영지와 검은비늘버섯, 느타리속은 포플러 톱밥 배지에서 자실체를 얻을 수 있었고, 참버섯은 참나무 톱밥 배지에서 자실체를 얻을 수 있었으나, 육질이 질겼다.

특징과 자실체 형성 : 검은비늘버섯의 갓의 지름 3~8m, 평평하고, 갓 표면은 습하면 점성이 나타나고, 황갈색, 주름살은 완전 붙은 형, 약간 빽빽, 황백색이나 차차 갈색으로 변한다. 식용 가능한 버섯으로 검은비늘버섯의 균사 생육 적온은 25~30℃, 자실체 형성 적온은 15±1℃, 산업용 액체 배지의 탄소원으로 brown sugar, 질소원은 soybean flour, 인공 자실체는 포플러 톱밥과 쌀겨를 4:1로 혼합해 병재배나 액체 배양 장치로 배양한다. 배양 액량 8L, 원통형 내열성 유리병이 배양에 유리하다.

일반 성분 : 검은비늘버섯에서 유리 아미노산 21종, polysaccharide, lectin 등도 확인되었다.

✻ 효능과 이용

1) 효능 : 소화, 성뇌제신(醒腦提神), 소적화식(消積化食).
2) 식용 : 인공 재배(톱밥 배지)가 가능한 방향성의 식용 버섯이다.
3) 약용 : 위장 장애, 소화 불량에 응용한다.

참고문헌

1) 김경수, 유창현, 차동열(공역), **최신 식용 버섯 재배 기술**, 현암, 서울, 1995
2) 김기식, 주석종, 윤향식, 김민아, 박성규, 김태수, **식품저장유통학회지**, 2003, 10(3), 284 (검은비늘버섯의 포장재와 저장 온도에 따른 저장 효과)
3) 김삼순, 김기주, **산업미생물학회지**, 1981, 9(3), 109 (야생 버섯의 인공 재배

가능성 검토-영지, 느타리, 참버섯, 검은 비늘 버섯)
4) 卯曉嵐, 莊長坪, 歐株次旺, **西藏大型經濟眞菌,** 北京科學技術出版社, 1991
5) 성재모, 이재근, 박동수, **강원대 농업과학연구,** 1997, 8, 37 (강원도에 분포하는 고등균류의 조사와 검은비늘버섯균의 자실체 형성)
6) 성재모, 이재근, 박동수, **균학회지,** 1998, 26(2), 194 〔비늘버섯속균(*Pholiota* sp.)의 특징과 자실체 형성-검은비늘버섯(*Pholiota adipopsa*)〕
7) 유형은, 조수묵, 서건식, 이병석, 이대형, 이종수, **균학회지,** 2006, 34(1), 15 (비늘버섯으로부터 생리기능성 물질의 탐색-검은비늘버섯)
8) 윤향식, 오은희, 주선종, 김기식, 정은경, 장후봉, 김숙종, **식품과학회지,** 2004, 36(4), 553 〔건조 방법에 따른 검은 비늘 버섯(*Pholiota adiposa*)의 향기 특성〕
9) 應建浙, 卯曉嵐, 馬啓明, 宗毓臣, 文華安, **中國藥用眞菌圖鑑,** 科學出版社, 1987
10) 이대형, 김재호, 정종천, 공원식, 유영복, 박정식, 유창현, 이종수, **균학회지,** 2003, 31, 148 (각종 버섯류로부터 안지오텐신 전환 효소 저해제의 탐색)
11) 이병석, 서건식, 이종수, **현장농업 연구지,** 2005, 7(1), 74 (배지와 배양 조건이 검은 비늘 버섯의 균사 생장에 미치는 영향)
12) 이상선, 김미혜, 장후봉, 신춘식, 이민웅, **균학회지,** 1998, 26(4), 574 (야생에서 채집된 검은비늘버섯균에 관한 연구)
13) 이상선, 이정우, 조남석, **목재공학회지,** 2002, 30(1), 72 (톱밥과 농산부산물을 이용한 검은비늘버섯의 재배)
14) 이지열, **균학회지,** 2005, 33(1), 54 〔한국 기록종 버섯 추가 목록(2001-2004)〕
15) 이지열, **원색 한국 버섯 도감,** 아카데미서적, 1988, 130
16) 이태수, 이지열, **한국기록종 버섯 재정리 목록,** 임업연구원, 2000
17) 장후봉, **농업과학 기술연구 개발 시험 연구 보고서,** 충청북도 농업 기술원, 2001 (검은비늘버섯 병재배를 위한 배지 재배 개발 시험)
18) 전경희, 김무경, 정시련, **약학회지,** 1987, 31(4), 213 (버섯류의 렉틴 성분 개발연구 II, 야생 버섯류의 생리 활성 물질, 렉틴 성분 검색)
19) 조성산, **최신 버섯 재배 기술과 경영,** 오성 출판사, 1994

20) 中國 本草 圖錄 編輯 委員會 編, **中國 本草圖錄**, 鼎談 出版社, 1992

21) 한국 균학회, **버섯 이름, 한국명 통일안**, 2000, 176

22) Arita, I., **Rept. Tottori Inst.**(Japan), 1979. 17. 1 (Cytological studies on *Pholiota*)

23) Arita, I., Teratani, A., Shione, Y., **Rept. Tottori Mycol. Inst.**, 1980, 18, 107 (The optimal and critical temperatures for growth of *Pholiota adiposa*)

24) Chang, S.T., Miles, P.G., **Edible Mushroom and their Cultivation**, CRC Press, New York, USA., 1989

25) Cheung, L. M., Cheung Peter, C. K., Ooi Vincent, E. C., **Food Chem.**, 2003, 81, 249 (Antioxidant activity and total phenolics of edible mushroom extracts)

26) Chung, I.-M., Kang, W. -S., Lee, O. -K., Park, J, -S., Ahmad, A., **Food Sci. Biotechnol.**, 2005, 14(2), 255 (Cytotoxic Chemical Constituents from the Mushroom of *Pholiota adiposa*)

27) Chung, K. S., Choi, E. C., Kim, B. K., Kim, Y. S., Park, Y. W., **Arch. Pharm. Res.**, 1982, 5(1), 17 (Studies on the Constituents and Culture of Korean Basidiomycetes, Antitumor polysaccharide from the cultured of some basidiomycetes-*Pholiota adiposa*)

28) Fiasson, K. G. et al., **C. R. Hebd. Seances Acad. Sci.**, 1977, 284, 384 (yellow needles, isol, Fasciculin A, B)

29) Hui, Y. F., Den, E. S., Chi, T. H., **J. Food Lipids**, 2002, 9, 35 (Antioxidant and free radical scavenging activities of edible mushrooms)

30) **Japan Pat.** 80, 68, 293(1980); **CA**, 93, 148116 (Emitanins)

31) Kabir, Y., Kimura, S., **J. Nutr. Sci. Vitaminol.**, 1989, 35, 91 (Dietary mushrooms reduce blood pressure in spontaneously hypertensive rats)

32) Lee, G. D., Chang, H. G., Kim, H. K., **Kor. J. Food Sci. Technol.**, 1997, 29, 432 (Antioxidative and nitric-scavenging activities of edible mushrooms)

33) Mau, J. L., Lin, H. C., Song, S. F., **Food Res. Int.**, 2002, 35, 519 (Antioxidant properties of several specialty mushrooms)

34) McDonnell, J. E. W., Esselen, W. B. Jr., **Food Res.**, 1947, 12, 118 (Carbohydrates in Cultivated mushrooms)

35) Pegler, D. N., **The Concise Illustrated Book of Mushrooms and Other Fungi,** Gallery Books, New York, USA, 1989

36) Shimuzu, K., Fujita, R., Kondo, R., Sakai, K., Kaneko, S., **J. Wood Sci.**, 2003, 49, 193 (Morphological Features and Dietary Funtional Components in Fruit Bodies of Two Strains of *Pholiota adiposa* grown on artificial beds)

37) Suzuki, W., Ikegawa, T., **J. Kokai, Tokyo, Koho,** 1978, 78, 106 (Anticancer substances and emitanin)

Morchella esculenta (L. ex Fr.) Pers. var. *esculenta*

곰보버섯 5

곰보버섯과 (Morchellaceae)

• 중국명 | 羊肚菌
• 분포 | 한국, 일본, 중국, 유럽, 북아메리카
• 용도 | 자실체(식용)

✻ 식물학적 특성

봄에 산림내, 정원수가 많은 땅에 군생. 외생 균근성버섯. 자실체 높이 7~9㎝, 두부는 4~5.6 × 3.5 × 4.5㎝, 난형, 타원형, 표면은 황갈색, 망목상의 융기는 다각형과 비슷. 융기 홈에 있는 자실층은 회갈색. 대는 4~5.5×3×2.6㎝의 원통형. 백색~담황백색. 굴곡이 있고, 속은 두부까지 비어있다. 포자는 10~25×10~14㎛. 광타원형. 표면은 평활하고, 포자문은 백색의 식용 버섯이다.

동속 식용 버섯에는 굵은대곰보버섯(*M. crassipes*) 등이 있다.

✻ 성분

1) 특수 성분

곰보 버섯에서 3-Amino-2-pyrrolidine carboxylic acid (2S, 3R, A-01559), Ergosterol(E-01484), Morchellin(cis-3-Amino-L-proline)(A-01559), γ Glutamyltranspeptidase 등이 분리되었다.

곰보버섯

✲ 생리 활성

맛 성분 : 곰보버섯 성분 중 morchellin은 비단백성 아미노산으로 버섯의 좋은 맛을 부여한다.

자실체의 아미노산 조성 : 곰보버섯 중 아미노산을 분석한 결과, isolucine 259㎎, methionine 62㎎, leucine 384㎎, phenylalanine 232㎎, lysine 229㎎, threonine 268㎎, valine 366㎎ 등 21종을 함유하고 있다.

식용 야생 버섯 : 우리나라의 식용 야생 버섯을 조사한 결과, 송이, 목이, 팽나무버섯, 노루궁뎅이버섯, 꽃잎버섯, 그물버섯, 비단그물버섯, 구름버섯, 애기무당버섯, 기와버섯, 국수버섯, 나팔버섯, 젖버섯, 굴털이, 향버섯(능이), 갓버섯, 들버섯, 주름버섯, 싸리버섯, 붉은싸리버섯, 말뚝버섯, 알버섯, 긴대안장버섯, 말불버섯, 곰보버섯, 망태버섯, 덕다리 버섯, 흰가시버섯 등이 있다.

✲ 효능과 이용

1) 효능 : 위장 보익, 소염, 화담이기(化痰理氣).

2) 식용 : 특별한 맛이 있는 버섯. 봄부터 초여름이 제철. 유럽에선 고급 버섯에 속함. 기름과 잘 어울리는 단맛과 감칠맛의 버섯. 버섯을 버터에 볶아 생크림을 얹고 잘 구운 빵에 올려 먹으면 별미. 튀김, 스파게티, 졸임요리, 소스 등 프랑스(쥬라 지방) 명물 요리.

3) 약용 : 동의보감에도 수록되어 있는 버섯으로 소화불량과 소염에 응용.

※ 냉동 또는 건조하여 식품의 증미제(增味劑), 식품첨가물로 개발 가능.

참고문헌

1) 金三純, 金養燮, **韓國産 버섯 圖鑑**, 裕豊出版社, 1990

2) 農村振興廳 農業技術研究所編, **韓國産 버섯類 原色圖鑑**(I), 1987

3) 卯曉嵐, 莊長坪, 歐株次旺, **西藏大型經濟眞菌**, 北京科學技術出版社, 1991

(생리 활성)

4) 朴婉熙, 李虎得, **한국의 버섯,** 교학사, 서울, 1991, 228

5) 應建浙, 卯曉嵐, 馬啓明, 宗毓臣, 文華安, **中國藥用眞菌圖鑑,** 科學出版社, 1987

6) 이지열, **균학회지,** 2005, 33(1), 54〔한국 기록종 버섯 추가 목록(2001-2004)〕

7) 이지열, **균학회지,** 1975, 3(1), 40 (야생 버섯을 이용하자—송이, 목이, 곰보버섯, 구름버섯, 알버섯, 능이, 그물버섯, 노루궁뎅이버섯, 젖버섯, 말뚝버섯, 비단그물버섯, 싸리버섯)

8) 李址烈, **韓國 버섯 圖鑑,** 아카데미서적, 1988, 306 (곰보버섯)

9) 이태수, 이지열, **한국기록종 버섯 재정리 목록,** 임업연구원, 2000

10) 中國 本草 圖錄 編輯 委員會 編, **中國 本草圖錄,** 鼎談 出版社, 1992

11) 한국 균학회, **버섯 이름, 한국명 통일안,** 2000, 176

12) 許浚, **東醫寶鑑,** 東醫寶鑑國譯委員會編譯, 南山堂, 서울, 1968, 1177

13) Chang, S.T., Miles, P.G., **Edible Mushroom and their Cultivation,** CRC Press, New York, USA, 1989

14) Cheung, L. M., Cheung Peter, C. K., Ooi Vincent, E. C., **Food Chem.,** 2003, 81, 249 (Antioxidant activity and total phenolics of edible mushroom extracts)

15) David, G. S., Barry, H. R., **Mushroom Poisoning,** CRC Press, USA, 1994

16) Dickinson, H., Lucas, J., **The Encyclopedia of Mushrooms,** Crescent Books, New York, USA, 1983

17) Gerhardt, E., **Pilze,** BLV Handbook, 1995

18) Hatanaka, S., **Phytochemistry,** 1969, 8, 1305 (isol, struct, 3-Amino-2-pyrrolidine carboxylic acid)

19) Hui, Y. F., Den, E. S., Chi, T. H., **J. Food Lipids,** 2002, 9, 35 (Antioxidant and free radical scavenging activities of edible mushrooms)

20) Imazeki, R., Otani, Y., Hongo, T., **Color Illustration Mushrooms of Japan,** Yama-Kei Publisher Co. Ltd., Tokyo, Japan, 1988

21) Kabir, Y., Kimura, S., **J. Nutr. Sci. Vitaminol.,** 1989, 35,91 (Dietary mushrooms reduce blood pressure in spontaneously hypertensive rats)

22) Kennedy, T. et al., **J. Chem. Soc.**, 1939, 250 (isol, struct, Ergosterol)

23) Lee, G. D., Chang, H. G., Kim, H. K., **Kor. J. Food Sci. Technol.**, 1997, 29, 432 (Antioxidative and nitric-scavenging activities of edible mush rooms)

24) Liu, F., Ooi, V. E. C., Chang, S. T., **Life Sci.**, 1997, 60, 763 (Free radical scavenging activities of mushroom polysaccharide extracts)

25) Mau, J. L., Chang, C. N., Huang, S. J., Chen, C. C., **Food Chem.**, 2004, 87, 111 (Antioxidant Properties of menthonloic extracts from *Grifola frondosa, Morchella esculeuta* and *Termitomyces alvuminosus* mycelia)

26) Mau, J. L., Lin, H. C., Song, S. F., **Food Res. Int.**, 2002, 35, 519 (Antioxidant properties of several specialty mushrooms)

27) McDonnell, J. E. W., Esselen, W. B. Jr., **Food Res.**, 1947, 12, 118 (Carbohydrates in Cultivated mushrooms)

28) Pegler, D. N., **The Concise Illustrated Book of Mushrooms and Other Fungi,** Gallery Books, New York, USA, 1989

29) Wasser, S. P., Weiss, A. L., **Crit. Rev. Immunol.**, 1999, 19, 65 (Therapeutic effects of substances occurring in higher Basidiomycetes mushroom: a modern perspective)

30) Ying, I., Mao, X., Ma, Q., Zong, Y., Wen, H., **Icones of Medicinal Fungi from China,** Science Press, Beijing, China, 1989, 39

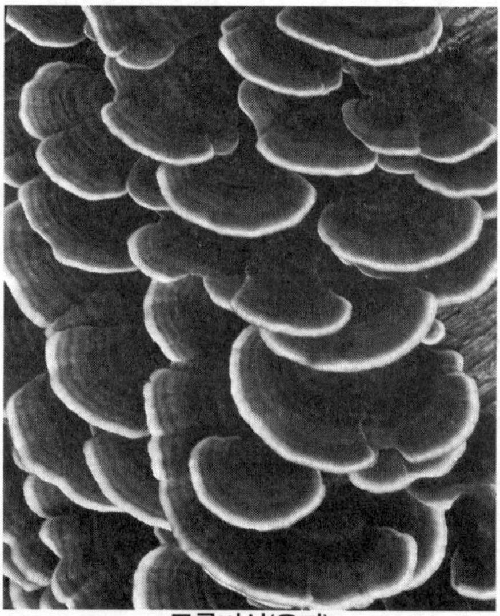

구름버섯(운지)

Coriolus versicolor (L. ex Fr.) Quél.
Polyporus versicolor L. ex Fr.
Trametes versicolor (L, ex Fr.) Pilát
Polystictus versicolor (L.) Fr.

구름버섯 (운지) 6

구멍장이버섯과 (Polyporaceae)

• 중국명, 생약명 | 雲芝
• 일명 | Kawaratake
• 일반명 | 운지
• 분포 | 전 세계
• 용도 | 자실체(약용)

✲ 식물학적 특성

봄~가을에 침엽수, 활엽수의 고목 또는 그루터기, 등걸에 수십 내지 수백 개가 중생형(重生形)으로 군생하는 목재 백색 부후성 버섯. 갓은 너비 1~5㎝, 두께 0.1~0.2㎝, 반원형. 표면은 흑색~남흑색, 회색, 황갈색, 암갈색, 흑갈색, 흑색 등의 환문, 짧은 털이 빽빽하게 나 있고 조직은 백색. 강인한 혁질(革質), 표면의 털 밑에 짙은 색의 하피(下皮), 갓 하면의 관공은 백색~회백색. 관공구는 원형~각형으로 3~5개. 포자는 원통형. 표면은 평활. 비아밀로이드, 포자문은 백색이다.

동속 버섯에는 흰구름버섯(*C. hirsutus*)과 흰융털구름버섯(*C. pubescens*) 등이 있다.

✲ 성분

1) 특수 성분

*C. consors*에서 Coriolin(D-00975), Polysaccharide, Coriolin B(D-00975), C(D-00975), Hirsutene(H-00905), *C. sanguineus*에서 Campesta-7, 22-dien-

3-one(E-01430), Cinnabarine(C-01330), α-Dihydroergosterol(E-01422), *1-Heptanol(H-00407), Octacosane(O-00088), Polyporenic acid C(P-01624), Tetracosane(T-00275), *C. vernicipes*에서 Coriloxin(C-01830), Ergosterol (E-01484), β-Sitosterol(S-01368), 4-Hydroxymethylquinoline (H-02458), Krestin(당단백, 항종양 성분, C-00744), Thelphoric acid(흑자색 색소, T-01317), Melanoizin, 효소로는 Ligninperoxidase, Aminopeptidase, Carboxymethylcellulase, Cellulase, Glucose-2-oxidase 등이 분리되었다.

✲ 생리 활성

지질대사 및 효소활성①: 생후 7주령 흰쥐를 정상군, 고지방군(15% 돈지 첨가), 고지방·운지 버섯군(20%, 30% 운지버섯) 4군으로 나누어 5주간 사육한 결과, 증체량은 30% 운지 버섯군이 고지방 식이군보다 적었고, 실험군과 정상군이 별 차이 없었다. 혈청과 간의 중성 지질 농도는 고지방군보다 30% 운지군이 유의성 감소가 있었고, cholesterol 농도는 4군 모두 비슷하였다. 혈청 HDL-cholesterol은 총 cholesterol에 고지방 식이군보다 운지군이 유의성 감소가 있었고, 동맥경화 지수는 20% 운지, 30% 운지군이 고지방군보다 감소하였다. 혈청의 glutamic oxaloacetic transaminase (GOT), glutamic pyruvic transaminase(GPT) 및 alkaline phosphatase 활성은 4군 모두 비슷하였다. 이상에서 고지방 식이를 한 흰쥐에 운지버섯 균사체 배양액 30% 급여 후 증체량과 장기 무게는 정상이었으나, 혈청과 간의 중성 지질 농도를 낮추는 효과가 있었다.

지질대사와 효소 활성②: 생후 7주 숫쥐의 음료수에 운지버섯 균사체 배양액을 10, 20, 30% 혼합 급여, 5주간 생육 후의 체중 증가량, 식이 섭취량, 식이 효율 및 장기 무게는 대조군과 유사하였고, 간과 혈청 중 중성 지질과 cholesterol, HDL-cholesterol도 대조군과 유사하였다. 동맥경화 지수는 대조군에 비해 30% 운지 음료군이 감소하였다. 혈청 총 cholesterol에 대한 HDL-cholesterol 비는 대조군보다 30% 운지 음료군이 증가하였고, 혈청 총 단백질, 알부민,

혈당, 혈색소, Ca, P, Mg 농도는 대조군과 운지 음료군과 큰 영향이 없었다. 혈청 GPT, GOT, ALP의 활성도 운지 음료군이 대조군과 유사하였다. 이 결과로 대조군과 10, 20, 30% 운지 음료군의 성장률, 간과 혈청 cholesterol 및 중성 지질, 단백질 및 효소 활성에는 영향이 없었으나, 30% 운지 음료군은 혈청 동맥경화 지수를 낮추는 효과가 있었고, 혈청 총 cholesterol에 대한 HDL-cholesterol 비를 높여 주는 효과가 있었다.

항암 효과①: *Coriolus versicolor* KFCC 30888균을 액체 배양, 배양 6일에 균사체 생성이 가장 우수하였으며, 건조 균사체량 17.2 g/ l을 얻었다. 균사체에서 항암성 단백 다당체를 분리, human cancer cell line 3종에 항암 효과를 plate assay로 조사한 결과, 0.1㎎/㎖에서 lung cell type A-427 및 Calu-3에서 각각 8.4, 9.8%의 생존률을 보여 항암성이 확인되었다. 균사체 분석 결과, 단백 다당체는 polysaccharide 42.2%, protein 10.5%이었고, 구성 단당류는 D-glucose, L-glucose, galactose, mannose, xylose 등이었다.

단백 다당체의 항암 효과②: 구름버섯의 균사체를 열수 추출, 원심 분리 후, 상등액을 $(NH_4)_2SO_4$로 염석한 침전을 투석하여 순수한 PS-K(단백 다당체)를 얻어 sarcoma 180(10^6 cell/mouse)에 이식한 지 7일 후에 시료를 투여(복강 내), sarcoma 180 이식 32일에 tumor를 적출한 결과, 저해율은 93.7~99.3%, 경구투여에서는 57.1~75.9%로 복강 투여율이 높았다. 또 ascites hepatoma AH-13에 대한 실험은 Donryu rat(100~140g)에 PS-K를 10일간 투여 후, AH-13cell을 복강 내 투여한 결과, 시료 투여군에서 cell 수가 가장 적었다. leukemia P388에 대한 항암 작용을 실험한 결과, PS-K를 실험 전후 6주 간격으로 투여한 경우 가장 좋은 결과를 보였고, 50%의 수명 연장을 보였다. 약독화시킨 P388 cell을 피하로 이식시킨 후에 정상인 P388 cell을 이식시킨 경우에는 수명 연장 효과가 없는 것으로 생각된다. KS-K의 항암 작용은 sarcoma 180, ascites hepatoma AH-13, leukemia P388에 유효하며 작용 기전은 세포의 면역성을 높이는 것으로 생각되었다.

항돌연변이 원성 및 암 세포 성장 억제③: 13종의 야생 버섯 추출물을 항 돌연변이 효과를 *S. typhymurium* TA98과 TA100로 실험한 결과, 직접 변이 원인

MNNG에 대해 산속그물버섯아재비, 구름버섯의 MeOH ex가 TA100에 90~94%의 강한 항변이 원성을, 갓버섯과 구름버섯의 열수 추출물도 58~61% 저해 효과를 보였다. 간접 변이 원인 B(α)p에 대해서 TA98과 TA100에서 구름버섯과 턱받이금버섯 MeOH ex가 가장 강한 저해 효과를, 열수 추출물 중 잔피막혹주름버섯과 수원무당버섯은 TA98에서 60~70% 저해활성을, 갓버섯은 TA100에 45% 돌연변이 억제를 보였으나, 그 외에는 없었다. 또 야생버섯 MeOH ex 0.5㎎/㎖ 투여 시 결장암 세포 HT29에 대해 그물버섯, 산속그물버섯아재비, 방패외대버섯, 황소비단그물버섯, 구름버섯, 턱받이금버섯, 덕다리버섯에서 55~78% 이상 저해를 보였고, 1㎎/㎖에서 11종의 버섯에서 50% 이상 억제 효과를 보였다. 간암 세포 $HepG_2$에는 방패외대버섯 MeOH ex 1㎎/㎖에서만 58.4% 저해능을, 나머지 시료에서는 45% 낮은 저해를 보였다. 혈액암 세포주인 U937에는 그물버섯, 산속그물버섯아재비, 수원무당버섯, 황소비단그물버섯, 밀버섯, 잔피막혹주름버섯, MeOH ex에서 60% 이상 저해 활성을, 구름버섯 열수 추출물은 $HepG_2$와 U937에 53~65% 저해를, 대부분의 버섯 열수 추출물은 40% 이하의 저해 활성을 보였다. 정상 임파구에서 야생 버섯 추출물 0.5~1㎎/㎖에서 75~80% 이상의 생존율을 보여 야생 버섯 추출물 1㎎/㎖에서 암 세포에 높은 억제 효과를 보였으며, 정상 세포에는 비교적 독성이 낮았다.

항암 성분④ : 80g의 시료(구름버섯)를 carpophore 수욕에서 8시간 추출, 이 수침 ex를 감압 증류한 후, 3배량의 EtOH에 녹여 하룻밤 방치 후 얻은 침전을 증류수로 다시 용해시켜 갈색 분말 2.7g을 얻었다. sarcoma 180을 이식한 ICR mouse에 시료 20㎎/㎏/day을 투여하여 27%의 저해율을 보였다. 이 시료를 분석한 결과, polysaccharide와 protein을 확인할 수 있었고, polysaccharide를 가수 분해한 결과, fucose(0.6%), xylose(0.6%), mannose (12.7%), galactose (8.7%), glucose(75.0%) 및 미지당(2.8%)이었다.

암 세포 증식 억제⑤ : 인삼박에 버섯 균사체를 접종·배양하여 추출액의 전자공여능 및 간암 세포(Hep 38)와 고형암(S-180)의 증식에 미치는 영향을 조사한 결과, 인삼박 균사체의 전자 공여능은 500~10,000ppm 범위에서 농도

의존적으로 나타났으며, 운지가 4종의 균사체 추출물 중 가장 강하였다. 간암세포의 형태 변화 및 증식 억제는 EtOH 추출물이 물 추출보다 효과적이었으며, 60% EtOH 추출물 5,000ppm에서 상황, 영지, 운지에 비해 99.1%로 가장 강한 세포 증식 억제 효과를 보였다. S-180 고형암 억제 효과는 대조군에 비해 운지가 65%로 가장 컸으며, 영지 61%, 표고 56%, 상황 59%의 고혈압 억세 효과를 보였다. 따라서 인삼박에서 배양된 버섯 균사체가 간암세포와 고형암 증식 억제에 효과가 있어 항암 자원으로 활용이 기대되었다.

항암 성분 생성⑥ : 구름버섯의 균사체를 24종 배지에서 액내 배양법으로 배양, 그중 glucose, yeast extract 함유 배지에서 균사 성장이 양호하였다. 이 배지에 cotton seed flour나 인삼박 첨가 시 균사 성장이 증가하였고, glucose를 전분으로 대치한 배지에서도 균사가 성장, 배양 균사와 배양액에서 각각 분리한 항암 성분은 다당체와 단백질이 결합된 것이며, 다당체는 4종의 단당으로, 단백 부분은 15종의 amino acid로 구성되어 있었다.

항암성의 차이⑦ : 구름버섯의 배양균사와 배양액에서 각각 분리한 항암 성분인 단백질과 결합된 다당체와 이에서 단백질을 제거한 다당체의 항암 실험을 행한 결과, sarcoma 180을 흰쥐에 이식 후, 3일부터 10일까지 복강 내 주사한 결과, 현저한 항암 효과를 관찰하였다. 단백질 제거 다당체에서 항암성이 컸다.

항암 성분의 면역능 촉진 효과⑧ : 구름버섯의 균사를 배양, 추출하여, 항암 성분을 분리하고, 면역 반응 증진 효과를 실험하였다. 단백 다당체와 단백 제거 다당체를 각각 5일간 흰쥐 복강 내 투여, 10일 경과 후, 면양의 적혈구를 주사한 흰쥐의 비장 세포 중 용혈반을 만드는 세포의 수가 현저히 증가하였다. 단백 다당체가 다당체보다 면역능 증가 효과가 더 강하였다.

Copolang의 면역 활성① : 구름버섯에서 분리된 다당체 Copolang의 항암성과 면역 활성을 PS-K와 비교한 결과, Copolang의 항암성은 PS-K와 유사하였고 과민반응 유도항체에는 현저히 증가되어 과민반응과 암 유발 동물에서는 NK-cell 활성을 지연시켰다. 정상 쥐에서는 항체분비 세포나 대식세포 작용에는 별 작용이 없었다. 이러한 결과는 Copolang의 항암 작용과 면역 자극 효과가 PS-K(단백다당체)와 유사함을 나타내었다.

Copolang과 LLC 이식 생쥐의 면역 조절② : 천연 운지버섯의 단백 다당체(Copolang)는 Lewis Lung Carcinoma(LLC) 이식 mice에서 IL-2 생성과 비특이성 억제 활성이 현저하였고, LLC 이식 mice의 면역 억제는 Copolang 투여로 나타났다. LLC 이식 15일 후 복강 내 20~200㎎/㎏ 연속 투여 시, 면역성은 Copolang 마지막 투여 3일 후에 나타나, Copolang이 LLC 고형암의 성장을 억제하지 않는 것을 시사하였다. mitogen-유도 증식은, IL-2 생성과 selenocyte의 재조합은 Copolang 처리로 현저한 증가를 보였다. 그러나 suppressor cell 활성은 Copolang 영향이 없었다. IL-2 생성과 IL-2 재조합의 증가를 통해 Copolang은 강력한 면역조절 작용이 나타났다. 이러한 결과는 종양 성장에 영향을 주지 않았고, 암 이식 mice에서 억제되는 것으로 알려졌다.

항균 효과(*Helicobacter pylori*)① : 국산 버섯—장수버섯, 동충하초, 운지, 상황버섯—열수 추출물의 *H. pylori*(Hp)에 항균 효과를 실험한 결과, 소나무잔나비버섯(*Fomitopsis pinicola*, Fp)이 15㎜의 생육 저해환으로 가장 강하였고, 동충하초*(C. militaris)*, 운지, 상황, 아까시재목버섯(장수버섯, *Fomitella fraxinea*)이 비교적 높은 항균성을 보였다. MeOH ex에서도 Fp가 생육 저해환 44㎜로 가장 강한 항균력을 보였다. 버섯의 생리 활성은 단백 다당체로 이들의 함량 의존적으로 나타나는 것으로 추정된다. Fp의 MeOH ex가 DEAE-sepadex 초기 분획에서 Hp에 항균 효과를 보였으며, 이 분획이 단백 다당체 함량이 높았다. Hp에 대한 항균력은 *Fomitopsis pinicola*와 *Cordyceps militaris*가 우수하였다.

균사체 배양 추출물의 항균 활성② : 구름버섯, 상황버섯(*Phellinus linteus*), 노루궁뎅이버섯의 균사체 배양액의 EtOAc 추출물이 돼지와 가금류의 설사 유발 세균류인 *E. coli* K88, *E. coli* K99, *E. coli* 987P와 *Salmonella typhimurium* 14058 균주에 항균 활성을 보였다. 특히 구름버섯 추출물은 가장 강한 항균 활성을 보였고, kanamycin과 ampicillin에 내성을 보이는 *Staphylococcus aureus* CARM 3230과 *E. coli* CARM1381 균주에도 세 버섯 배양 추출물 모두 항균 활성을 보였으며, 구름버섯 추출물이 강하였다.

균사체 배양 추출물의 복합내성 세균에 대한 항균 활성과 항균성 물질[3] : 구름버섯 균사체를 12% 감귤 추출액에서 7일간 배양한 배양액을 열탕 추출 후 균사체를 여과한 여액에 동량의 EtOAc 1:1로 재추출. EtOAc 추출물은 복합내성을 가진 MRSA 균주인 *S. aureus* CCARM 3230과 *P. aeruginosa* CCARM 2171에 대해 현저한 생육 저지 활성을 확인하였다. 본 추출물을 silica gel chromatography 하여 CH_2Cl_2 : MeOH(9:1)로 추출한 분획이 항균성이 가장 높았으며, 활성물질이 단일 물질로 HPLC로 확인, 다제내성 균주들에 현저한 항균 활성을 보였다. 특히 gram(-)균 *P. aeruginosa* CCARM 2171과 gram(+)균 *S. aureus* CCARM 3230 균주 모두에서 현저한 항균 활성을 보였다.

항균 성분 검출[4] : 구름버섯 균사를 액내 배양하여 얻은 배양 균사 및 배양액에서 항암 성분을 추출하고, 난 폐액을 농축한 후, 용매로 추출한 분획에 대하여 항균 실험을 시행한 결과, Et_2O 분획에서 항균성을 보였다.

원형질체 형성과 재생-생리 활성 향상 : 구름버섯의 항종양성이 인정되고, 또 근래 AIS virus 억제 효과도 보고되고 있음에, 운지 균주 간의 세포 융합, 운지 외 타 유효 버섯과의 세포 융합을 시행, 더욱 효능의 우수성과 다양성을 높이기 위하여 원형질체 분리, 재생 및 두 영양 요구균 융합에 대하여 연구하였다. 균사체를 2.5일 배양, Novozyme 234와 cellulase Onozuka R-10이 각각 15㎎/㎖와 10㎎/㎖ 포함된 0.6M sucrose 용액에서 30℃, 3~4.5시간 반응 시, 원형질체 수득률이 가장 높았다. 삼투압 안정제로 0.6M sucrose 원형질체 형성과, 재생에서 최적 조건이었고, 0.6M sucrose 포함 고체 배지에서의 재생 빈도는 3.48%, UV 조사 시 생존율 0.02~7.4%이었으며, 원형질체 융합은 30℃, 10분간 polyethylene glycol(M.W 4,000)을 이용 시행한 결과, 그 융합 빈도는 1.86%이었다.

간 세포 보호 활성 : murine embryonic normal liver cell인 BNL cl.2 세포주를 이용, CCl_4-유도 세포 독성을 일으켜 한방과 민간에서 간질환 치료제로 이용되는 9종의 생약 물 추출물에 대한 효과를 검색하였다. 시료의 전 처리 시험에서는 편축, 울금이 각각 88.2, 89.7㎍/㎖의 ED_{50}치를 보였고, 후 처리 시험에서는 편축, 단삼, 운지, 울금, 상황의 물 추출물이 100㎍/㎖ 이하의 ED_{50}치를 보였다. 또한 동시 처리에서는 상황버섯 물 추출물이 24.7㎍/㎖의 ED_{50}치를 보여 양성대로 약물인 silymarin(ED_{50}=22.4㎍/㎖)과 동등한 효과를 보였다.

혈액 응고 저해 기작① : 구름버섯 자실체에서 분리한 항응고성 다당(CV-40-Va-1)은 VWF의 활성 감소로 혈소판 응집을 억제하며, 혈액 응고 인자 중 thrombin뿐 아니라 내인성 경로 factor Ⅶ, Ⅸ, Ⅺ, Ⅻ의 활성 또한 억제하였다. 그러나 CV-40-Va-1의 항응고 활성은 thrombin에 직접 작용하는 것이 아니라 antithrombin Ⅲ 의존적 활성을 보였다. sulfation에 의해 CV-40-Va-1의 항응고 활성의 증가와 다당의 desulfation 시, 상반된 결과에서 CV-40-Va-1의 황산기가 항응고 활성의 중요 인자임을 알 수 있었다. CV-40-Va-1을 TFA로 부분 가수분해하여 얻은 획분들 Fr. Ⅰ, Fr. Ⅱ에서는 항응고 활성이 감소하였으나, 분자량 1,000 정도로 추정되는 획분 Fr. Ⅱ는 오히려 혈소판 응집을 강력히 억제하였다.

혈액 항응고 활성 다당체② : 73종의 한약재, 41종의 산채, 5종의 채소류, 5종의 해조류를 열수 추출하여 혈액 응고 지연 시간을 측정한 결과, 1차 검색에서 활성이 높은 택사, 운지, 마늘, 청각, 삼칠근은 대조군의 4.3배 항응고 활성을 보였다. 이를 0.8% 염산 수용액으로 추출 후, 투석하여 활성이 2배 증가된 조다당 CF-1을 얻어 조사한 결과, 다당체 80.8%, 단백질 8.7%, 황산기 13.3%로 구성되어 있었으며, 다당체는 arabinose, galactose 및 glucose가 주 구성당이었고, CF-1의 본체를 알고자 pronase 처리와 periodate 산화를 행한 결과, pronase에는 변화가 없었으나, periodate 산화 후, 70% 활성이 감소되었으므로 CF-1 항응고 활성은 다당체에 기인함을 알 수 있었다.

단백 다당류 생산① : 구름버섯의 고체 배양에서 zeolite와 난 재배 토양을 이용한 고체 발효에서 단백 다당체 생산의 탄소원은 glucose, sucrose 및 starch가 생산량을 높였으며, 질소원 중에는 bactosoytone과 peptone이 단백 다당체 생산에 가장 적합하였다. 이때 최적 pH는 5~6, 고체 재료 100g당 조단백 다당체 생산량은 5~6㎎이었다. 배지의 최적 조성은 CVM에서 최고의 생산성을 보였으며, 종합적으로는 균사 성장에 적합한 조건이 단백 다당체 생산성도 높았다.

단백 다당체의 추출, 정제② : 구름버섯의 배양액과 균사체에서 항암성 단백 다당체를 실온에서 비ion성 계면활성제 2% Triton X-100과 교반 추출 시 얻어진 단백 다당체의 함량이 100℃ 열수 추출 보다 수율이 높았으나, 4N-NaCl 함유 2% Triton X-100이용 시 추출 후, EtOH 침전 과정에서 단백 다당체 침전물을 얻을 수 없었다. 열수 추출과 EtOH 침전으로 얻은 단백 다당체를 alumina와 DEAE-cellulose, DEAE-sephadex 충전 chromatography한 결과, DEAE-cellulose와 DEAE-sephadex 충전 chromatography가 효과적이었다.

균사체 배양액과 자실체의 단백 다당체 수율③ : 구름버섯의 균사체 배양액과 자실체의 단백 다당체 수율을 비교한 결과, 계통이 다른 4종의 균주 중 16002 균주가 0.58%로 가장 수율이 높았고, 평판 배지상에서 균사 생장이 양호한 CVT-Ⅲ이 0.51%로 가장 높았다. 약재 추출박과 구름버섯 자실체 추출박 배지는 비슷한 수율을 보였으나, 인삼박 추출박 첨가 시 11.4~48%의 수율 증가를 보였다. 인공 재배 자실체의 단백 다당체 수율은 균사체 배양액에서 같은 경향을 보였으며, 어린 시기에 자실체 수확이 단백 다당체 수율이 높았다.

배양 균사체와 야생 운지 자실체의 성분 비교④ : 배양 균사체와 야생 자실체에서 얻은 protein-bound polysaccharide의 당과 단백질을 비교한 결과, 배양 균사체는 야생 자실체보다 당의 함량은 적었고, 단백질은 많았다. 운지에서 얻은 시료를 methanolysis 후 HPLC로 분석한 결과, 배양 균사체에서 4종의 단당이 검출, 그중 mannose가 가장 많은 반면, 야생 자실체는 3종의 단당이 검출, 그중 glucose가 많았다. 구름버섯에서 얻은 시료에 lactose가 혼합되었을 때 HPLC로 구별할 수 있다. 구성 아미노산은 시료에서 동일한 17종의 amino acid가 동정되었다.

염료 제거 특성① : 고체 배양 10종의 균주 중 선별된 고활성 균주 *T. versicolor* KCTC 16781은 100㎎/ *l* 의 6가지 염료(reactive blue 19, 49, reactive black 5, acid black 52, reactive orange 16, acid violet 43)를 15일 내에 효율적으로 분해하였다. *T. versicolor* KCTC 16781은 액체 배양에서 반응 2~3일 이

내에 6가지 염료 색도를 100% 제거시켰으며, 배양 초기에 빠른 속도로 효소를 생산, 활성을 높였다. 서로 다른 염료 분해 실험에서 효소 활성이 반응 초기에 작은 차이를 보였으나, 최대 효소 활성에 도달 후의 값이 2.0± 0.5 U/㎖에서 비슷한 활성을 보여, 염료 색도 제거가 이루어진 후에도 효소 활성은 감소되지 않았으며, 배양 말까지 2.0U/㎖ 이상의 효소 활성을 유지, 고농도의 염료를 제거할 것으로 기대되었다.

염료의 색도 제거 능력② : 한국 자생 버섯 중 염료의 색도 제거 능력이 우수한 균주를 분리한 결과, 송편버섯속(*Trametes* sp. CJ-105), 느타리속(*Pleurotus* sp. CJ-212), 말굽버섯속(*Fomes* sp. CJ-315)이 동정되었고, 이들 각각 remazol brilliant blue R 및 acid red 264 함유 액체 배지에서 배양한 결과, 2~8일에 색도가 제거되었으며, lignin 분해 효소 laccase의 활성이 다량 존재하였다. 이들 균주의 색도 제거 능력은 laccase, Lip. Mnp의 활성과 관계가 있으며, 색도 제거는 lignin 분해 효소와 관련이 있는 것으로 판단되었다.

국산과 일본산 구름버섯의 성분 비교 : 한국산 3종과 일본산 1종의 구름버섯을 배양하여 전기 영동법으로 portein과 isoenzyme pattern을 분석한 결과, protein과 esterase, peroxidase, acid phosphatase, leucine amino peptidase에서 각각 다른 band를 형성하여, 서로 다른 균주임을 나타내었다. 또 배양 균사체에서 얻은 polysaccharide의 수율은 서로 큰 차이가 없었으나, 배지 종류에 따라 큰 차이를 보였다.

섬유소 분해 효소 : 담자 균류인 *Trametes trogii* 균주를 합성 배지에서 celllulase 생성 최적 배양 조건을 검토한 결과, 합성 배지에서 cellulase 생산은 30~35℃, pH 4.0~6.0, 11~15일 배양이 가장 높았고, 탄소원은 avicelase와 β-glucosidase는 CMC를, CMCase는 cellulose를 탄소원으로 했을 때 최고 생산성을 보였으며, CMC의 최적 농도는 세 효소 모두 3%이었다. 질소원은 ammonium tartrate 첨가 시 cellulase 생산이 높았으며, 그 최적 농도로 avicelase와 β-glucosidase는 0.03N, CMCase는 0.04N이었다.

각종 버섯의 β-Glucan의 수용성(새송이, 느타리, 장수버섯, 팽이, 신령, 표고, 운지, 석이) : 12종의 식용 버섯 중 수용성 β-glucan을 측정한 결과, 4.71~

46.2.0%(in dry basis)이었고, 석이(*Gyrophours esculenta*), 표고, 운지, 영지, 팽이버섯이 β-glucan을 많이 함유하였다. 수용성 β-glucan의 많은 버섯이 생리 활성이 강한 것으로 이들의 수용성 β-glucan은 2.12~19.66%이었고, 총 β-glucan의 42.55~73.35%이었다. 12종의 시료 중 총 glucan이 가장 많은 버섯은 석이 46.49±0.24%, α체 0.29±0.03%, β체 46.20±0.27%이었고, 불용성은 총 26.79±0.82%, α체는 0.25±0.01%, β체는 26.54+0.82%이었다. 운지는 총 glucan 22.69±2.15%, β체는 22.24±1.84%, 불용성 glucan은 26.79±0.82%, 11.62±1.22%, 영지의 총 glucan은 22.24±1.32%, β체는 21.61±1.39%, 불용성 glucan은 6.16± 0.08%, β체는 5.76±0.16%이었다. 표고버섯의 glucan 함량은 33.99+0.65%이며 α체는 5.91±0.57%, β체는 28.08 ±0.08%, 불용성 glucan은 총 13.78±0.16%, α체는 2.98±0.21%, β체는 10.83± 0.04%이었다.

영양 성분 : 구름버섯의 일반 성분을 분석한 결과, 유리 아미노산 18종, 포화 지방산 11종, 불포화 지방산 9종이 확인되었다.

Sterol 성분 : 구름버섯의 $CHCl_3$: MeOH 추출액의 비검화 부분에서 ergosterol을 확인하였고, β-sitosterol로 추정되는 peak를 관찰하였다.

인공 재배법 개발 : 배지 재료는 경북 지역에 많은 사과나무, 참나무, 버드나무, 육송을 이용하였고, 그중 사과나무 톱밥과 참나무 톱밥의 C/N율이 각각 58.3, 54.2이었다. YCV 균주로 사과나무 톱밥 재배기 850pp 병에서 배양 일수 19일, 초발이 소요 일수 15일, 생체량은 28g, 자실체의 색은 갈색이었다. 구름버섯 균주로 원목 재배 시험 결과, 지름 15㎝, 길이 20㎝의 사과 원목에서 배양 완성 일수 83일, 자실체 직경 46㎜, 색은 짙은 갈색, 생체량은 270g이었다. 구름버섯 균주 YCV로 버섯 재배는 일반 톱밥 병 재배나 원목 재배로 가능하였으나, 균배양 기간이 길고, 배양 후 발생시키는 기술, 버섯 채취 시기 및 이용법 등의 연구가 필요하며, 균주 선발도 요구되었다.

식용 야생 버섯 : 식용 야생 버섯을 조사한 결과, 송이, 목이, 팽나무버섯, 노루궁뎅이버섯, 꽃잎버섯, 그물버섯, 비단그물버섯, 구름버섯, 애기무당버섯, 기와버섯, 국수버섯, 나팔버섯, 젖버섯, 굴털이, 향버섯(능이), 갓버섯, 들버섯, 주름버섯, 싸리버섯, 붉은싸리버섯, 말뚝버섯, 알버섯, 긴대안장버섯, 말

불버섯, 곰보버섯, 망태버섯, 덕다리버섯, 흰가시버섯 등이 있었다.

이용 실태 : 대구 지역 주부들의 버섯 이용 실태를 조사한 결과, 버섯을 대부분(97.7%), 자연식품, 건강식품으로 인식하고 있었고, 인지도는 느타리, 건조표고, 영지, 양송이, 송이, 생표고, 싸리, 팽이 순이었으며, 소득이 높고, 교육 수준이 높을수록, 인지도가 높았다. 항암 효과에 대한 버섯은 영지, 운지, 송이, 건조 표고 순으로 약용 효과가 높다고 생각하였고, 기호도는 느타리, 송이, 양송이, 건조 표고 순이었으며, 선호 특성은 맛, 질감, 향기 순이었다. 느타리와 팽이버섯은 질감, 다른 버섯은 맛을 선호하였고, 느타리는 질감, 송이는 맛과 향기로 가장 선호도가 높았다. 이용상 문제점은 가격(61.3%), 조리법(18.7%) 보관 및 저장(14.8%) 순이었다.

기타 연구 : 구름버섯은 sarcoma 180(mouse)에 억제율 100%의 antitumor activity, gram 양성균(*Staphylococcus aureus*)에 antibacterial activity, cholesterol lowering effect, antihyperglycemic activity, compliment activation effect(immunity promotion) 등이 있다.

✻ 효능과 이용

1) 효능 : 祛濕, 化痰, 療肺疾
2) 식용 : 여러 기능성 건강음료 및 식품 개발에 응용되고 있다.
3) 약용 : B형 간염, 간염, 만성 간염, 만성 기관지염, 간암, 소화기계 암, 유암, 폐 암 등에 응용한다.

※ Krestin(PSK)은 항암 · 면역 요법제제(oral)로 단백다당체이다.

참고문헌

1) 고진복, 최미애, **식품영양학회지,** 2004, 33(3), 512 (운지버섯 균사체 배양액이 성장기 흰쥐의 지질 대사, 단백질 농도 및 효소 활성에 미치는 영향)
2) 권미향, 박경, 나경수, 성하진, 양한철, **응용생명화학회지,** 1996, 39(2), 159

(식물로부터 혈액 항응고 활성 다당체의 검색—택사, 운지, 마늘, 청각, 삼칠근)
3) 김명숙, 홍재식, 김명곤, 윤숙, 최윤희, **균학회지**, 1997, 25(1), 68 (*Trametes trogii* 에 의한 섬유소 분해 효소의 생산에 있어서 탄소원과 질소원의 영향)
4) 김병각, 박은규, **균학회지**, 1978, 6(2), 59 (한국산 버섯의 항암 성분 - 구름버섯, 표고, 느타리)
5) 김병각, 장승엽, 심미자, **균학회지**, 1978, 6(1), 1 〔한국산 고등 균류의 성분 연구(8), 구름버섯의 Sterol 성분〕
6) 김선희, 이종숙, 박경숙, **균학회지**, 1999, 93, 373 (천연물을 이용한 담자균의 균사체 배양)
7) 김정숙, 한재숙, 이재성, **조리과학회지**, 1994, 10(3), 291 (버섯의 이용 실태에 관한 조사 연구 - 느타리, 양송이, 표고, 영지, 송이, 팽이, 운지, 싸리)
8) 김진숙, 박희주, 이정옥, 정경수, 최응칠, 김병각, **균학회지**, 1983, 11(1), 68 〔한국산 고등 균류의 성분 연구(제43보), 구름버섯 제48호의 항암 성분〕
9) 김현정, 이인선, **식품과학회지**, 2004, 36(4), 662 (한국산 야생 버섯 추출물의 항돌연변이 원성 및 암 세포 성장 억제 효과—갓버섯, 구름버섯, 밀버섯, 황소비단그물버섯, 덕다리버섯, 그물버섯, 수원무당버섯, 턱받이버섯, 방패외대버섯, 잔피막흑주름버섯)
10) 문상필, 고진복, **영양학회지**, 2004, 37(2), 88 (운지버섯 균사체 배양액이 고지방 식이를 급여한 흰쥐의 지질대사 및 효소 활성에 미치는 영향)
11) 문창규, 이수환, 목명수, 김대욱, **약학회지**, 1987, 31(2), 126 〔구름버섯의 항암성 다당체 분획(Copolang)이 마우스의 면역기능에 미치는영향에 관한 연구〕
12) 문창규, 임철홍, 목명수, 양경미, 한혜승, 최재영, **약학회지**, 1993, 37(1), 9 〔Lewis Lung Carcinoma(LLC) 이식 생쥐에 있어서 천연 운지 단백 다당체(Copolang)의 면역 조절 활성〕
13) 박경숙, 박신, 정인창, 하효철, 김선희, 이재성, **균학회지**, 1994, 22(2), 184 (구름버섯의 고체 발효에 의한 단백 다당체 생산)
14) 박경숙, 이재성, **생물공학회지**, 1991, 6, 91 (*Coriolus versicolor* 와 *Lentinus edodes*의 영양 배지 조성 및 배양 조건의 최적화)

15) 박경숙, 이재양, 이상직, 김선희, 이재성, **균학회지,** 1992, 20(1), 72 (구름버섯 배양액으로부터 단백 다당체의 추출 및 정제 방법)
16) 박영도, 홍용기, 황완균, 허재두, **생약학회지,** 1989, 20(1), 61 (구름버섯에 있어 한국산과 일본산 간의 유전적 생화학적인 차이와 균사체로부터 얻어진 다당체의 수율 비교)
17) 박영도, 홍용기, 황완균, 허재두, 박신, **균학회지,** 1989, 17(4), 223 (구름버섯의 균사 배양액 및 자실체로부터 얻어진 단백 다당체의 수율 비교)
18) 박영도, 황완균, 허재두, 김성환, 박원목, **균학회지,** 1989, 17(1), 7 (한국산 구름버섯의 균주간 생리적 특성 비교 : 한국산과 일본산 비교)
19) 박은규, 김병각, **균학회지,** 1977, 5(2), 25 〔버섯의 항암성 성분(1), 구름버섯의 단백 다당체의 항암 효과〕
20) 박은미, 김수정, 예은주, 배만종, 조경철, **식품영양과학회지,** 2005, 34(3), 323 (인삼박으로 배양된 버섯 균사체 추출물이 암 세포 증식에 미치는 영향—상황, 영지, 운지, 표고버섯)
21) 박철환, 이유리, 김탁현, 이명구, 이병환, 이진원, 김상용, **생물공학회지,** 2003, 18(5), 398 (*Trametes versicolor* KCTC 16781에 의한 다양한 염료의 색도 제거 특성)
22) 복진우, 박설희, 최웅칠, 김병각, 유영복, **균학회지,** 1990, 18(3), 115 (구름버섯의 원형질체 형성과 재생에 관한 연구—구름버섯의 생리 활성향상을 위한)
23) 손동원, **동국대 연습림 논문집,** 1995, 4, 77 (갈색부패균 *Tyromyces palustris*와 백색부패균 *Coriolus versicolor*의 부패형 비교)
24) 심미자, **균학회지,** 1980, 8(3), 170 〔한국산 고등 균류의 성분 및 배양에 관한 연구(제1보), 구름 버섯의 액내 배양에 의한 항암 성분 생성〕
25) 심미자, **균학회지,** 1980, 8(3), 171 〔한국산 고등 균류의 성분 및 배양에 관한 연구(제4보), 구름 버섯 배양 여액중의 항균 성분 검출〕
26) 오광근, 김현수, 조무환, 채영규, 전영중, **산업미생물학회지,** 1999, 27(6), 500 (염료의 색도 제거능력이 우수한 백색 부후균 분리 및 특성 연구 – *Trametes, Pleurotus, Fomes*)
27) 유태방, 최우영, **펄프·종이 기술,** 1990, 43, 47 (리그닌 분해균 *Coriolus*

*versicolor*의 분리 및 특성)

28) 윤경하, 최양순, **순천향자연과학연구,** 2001, 7(1), 89 (구름버섯 VK7에 의한 Anthracene, Phenanthrene 및 Benzopyrene의 분해)

29) 윤민호, **충남대 농업과학연구,** 1991, 18(2), 157 (Production of Extracellular Laccase by Lignin degrading Basidiomycete *Coriolus versicolor* CV3)

30) 이미정, 전상철, 황일기, 최한구, 김규중, **균학회지,** 2005, 33(1), 1 (강원도 지역 구름버섯균의 rDNA의 ITS 부위 염기 서열 분석)

31) 이병우, 이명섭, 박기문, 김창한, 안평욱, 최춘언, **산업미생물학회지,** 1992, 20(3), 311 (운지버섯 균사체 추출물의 항암 효과에 관한 연구)

32) 이재경, 윤정원, **균학회지,** 2004, 32(2), 142 (한국산 버섯 추출물의 *Helicobacter pyroi*에 대한 항균력 검색과 특성–소나무잔나비버섯, 동충하초, 운지, 장수, 상황)

33) 이정선, 김태, 이윤희, 김성민, 김현철, 김우중, 오덕칠, 박용일, **균학회지,** 2006, 34(2), 92 (구름 버섯 균사체 배양 추출물의 복합내성 세균에 대한 항균 활성 및 활성물질의 정제)

34) 이지열, **균학회지,** 1975, 3(1), 40 (야생 버섯을 식용하자–구름버섯 등)

35) 이현순, 권미향, 임왕진, 성하진, 양한철, **식품과학회지,** 1997, 29(4), 817 (구름 버섯 기원 항응고성 다당체의 혈액응고 저해 기작)

36) 임웅규, **서울대 농학연구지,** 1993, 18(1), 25 (한국산 · 중국산 운지의 항종양 성분에 관한 비교 연구)

37) 정인수, 한철수, **전북대 논문집(자연과학),** 1995, 40, 149 (*Coriolus versicolor*균의 분해에 의한 몇가지 활엽수재의 이화학적 성질에 관한 연구–중량감소율과 주요 성분의 변화)

38) 조우식, 윤영석, 류영현, 박선도, 최부술, 엄재열, **균학회지,** 1998, 26(1), 25 (구름버섯 [*Corious versicolor* (Fr.) Quél.]의 인공 재배법 개발)

39) 조희정, 심미자, 최웅칠, 김병각, **균학회지,** 1988, 16(3), 162 〔한국산 고등균류의 성분 연구(제57보), 구름버섯의 항암 성분 비교〕

40) 홍재식, **균학회지,** 1987, 41, 99 (*Coriolus versicolor*에 의한 Laccase 생산 및 성질에 관한 연구)

41) Abraham, W. -R. et al., **Phytochemistry,** 1991, 30, 371 (isol, cryst, 4-Hydroxymethylquinoline)

42) Archibald, F., Paice, M. G., Jurasek, L., **Enzyme Microb. Technol.,** 1990, 12, 846 [Decolorization of kraft leachery effluent chromophores by *Coriolus* (*Trametes*) *versicolor*]

43) Benito, G. G., Miranda, M. P., Santos, D. R. D. L., **Biores. Technol.,** 1997, 61, 33 (Decolorization of wastwater from an alcoholic fermentation process with *T. versicolor*)

44) Bourbonnais, R., Paice, M. G., **Appl. Microbiol. Biotechnol.,** 1992, 36, 823 (Demethylation and delignification of Kraft pulp by *Trametes versicolor* laccase in lignin biodegradation)

45) Bourbonnais, R., Paice, M. G., Reid, I. D., Lanthier, P., Yaguchi, M., **Appl. Environ. Microbiol.,** 1995, 61(5), 1876 [Lignin oxidation by laccase isoenzymes from *Trametes versicolor* and role of the mediator 2, 2'-azino-bis(3-ethylbeniazoline-6-sulfonate) in Kraft depolymerization]

46) Brown, I. et al., **J. Chem. Soc.,** 1960, 2783 (isol, Octacosane)

47) Cambie, R. C. et al., **J. Chem. Soc. C.**, 1966, 72 (Perfumery, Flavouring, *1-Heptanol)

48) Collins, R. A., Ng, T. B., **Life Sci.,** 1977, 60, 383 (Polysaccharopeptide from *Coriolus versicolor* has potential for use against human immunodeficiency type 1 infection)

49) Cui, I., Chisti, Y., **Biotech. Adv.,** 2003, 21, 109 (Polysaccharopeptides of *Coriolus versicolor* physiological activity, uses and production)

50) Demuth, M. et al., **J. Am. Chem. Soc.**, 1986, 108, 4149 (bibl, Coriolin B, C, D)

51) Dong, Y., Kwan, C. Y., Chen, Z. N., **Res. Commun. Mol. Pathol. Pharmacol.,** 1996, 92, 140 (Antitumor effects of a refined polysaccharide peptide fraction isolated from *Coriolus versicolor* : in vitro and in vivo studies)

52) Faharaeus, G. B., Reinhammar, H., **Acta Chem. Scandinavica,** 1967, 21, 2367 (Large scale production and purification of laccase from cultures of

the fungus *Polyporus versicolor* and some properties of laccase A)

53) Gregory, F. J., Healy, E. M., Agerborg, H. P. K., Jr., Warren, G. H., **Mycologia,** 1966, 58, 80 (Studies on antitumor substances produced by Basidiomycetes)

54) Hirase, S., Nakai, S., Akatus, T., Kobayashi, A., Oohara, M., Matsunaga, K., Fujii, M., Kodaria, S., Fujii, T., Furusho, T., Ohmura, Y., Wada, T., Yoshikumi, C., Ueno, S., Ohtsuka, S., **Yakugaku Zasshi,** 1976a, 96(4), 413 〔Structural studies on the antitumor active polysaccharides from *Coriolus versicolor*(Basidiomycetes) 1, Fractionation with barium hydroxide〕

55) Hirase, S., Nakai, S., Akatus, T., Kobayashi, A., Oohara, M., Matsunaga, K., Fujii, M., Kodaria, S., Fujii, T., Furusho, T., Ohmura, Y., Wada, T., Yoshikumi, C., Ueno, S., Ohtsuka, S., **Yakugaku Zasshi,** 1976b, 96(4), 419 〔Structural studies on the antitumor active polysaccharides from *Coriolus versicolor*(Basidiomycetes) II, Structural of β-D-glucan moieties of fractionated polysaccharides〕

56) Hiroshi, F., Satsui, O., Masanori, I., Mikio, M., Shinji, N., Michie, S., Masanori, T., Yoshikumi, C., Yoshio, K., **Int. J. Immunopharmacol,.** 1988, 10, 445 (Effect of PSK, A protein bound polysaccharide from *Coriolus versicolor* on drug metabolizing enzyme in sarcoma 180 bearing and normal mice)

57) Hunter, G. L. K. et al., **Phytochemistry,** 1966, 5, 807 (isol, cryst, Tetracosane)

58) Ito, H., Haruse, S., Shicura, K., **Mie Med. J.,** 1977, 26, 147 (Studies on antitumor activity of basidiomycete polysaccharides)

59) **Japan. Pat.,** 80 89 274, (1980); **CA,** 94, 15539x (isol, Coriloxin)

60) Kapdan, I. K., Kargi, F., McMullan, G., Marchant, R., **Enzyme Microb. Technol.,** 2000, 26, 381 (Effect of environmental conditions on biological decolorization of textile dyestuff by *C. versicolor*)

61) Kariya, K., Nakamura, K., Nomoto, K., Matama, S., Saigengi, K., **Mol. Biotechnol.,** 1992, 4, 40 (Mimicking of Superoxide dismutase activity by

protein-bound polysaccharide of *Coriolus versicolor* and oxidative stress relief for cancer paitients)

62) Kennedy, T. et al., **J. Chem. Soc.**, 1939, 250 (struct, Ergosterol)

63) Kim, B. K., Jang, S. Y., Shim, M. J., **Kor. J. Mycol.**, 1978, 6(1), 1 [Studies on the higher fungi of Korea (VIII), Sterols of *Coriolus versicolor*]

64) Kim, B. K., Park, E. K., Shim. M. J., **Arch. Pharm. Res.**, 1979, 2, 145 [Studies on the constituent of higher fungi of Korea (XXIII), Antineoplastic activities of *Coriolus versicolor, Pleurotus ostreatus* and *Lentinus edodes*]

65) Kim, C. K., Choi, E. C., Kim, B. K., **Arch. Pharm. Res.**, 2000, 23(1), 79 (Generation of Nuclear Hybrids Overcoming the Natural Barrier of Incompatibility : Transfer of Nuclei from *Lentinula edodes* into Protoplasts of *Coriolus versicolor*)

66) Kim, C. K., Kim, B. K., **Mycobiology.**, 2001, 29(1), 15 (Ultrastructural process of protoplast fusion between *Lentinula edodes* and *Coriolus versicolor*)

67) Lee, B. W., Lee, M. S., Park, K. M., Kim, C. H., Ahn, P. U., Choi, C. U., **Kor. J. Appl. Microbiol. Biotechnol.**, 1992, 20, 311 (Anticancer activities of the extract from the mycelia of *Coriolus versicolor*)

68) Lee, H. S., Kweon, M. H., Lim, H. C., **Kor. J. Food Sci. Technol.**, 1997, 29, 369 (An anticoagulant polysaccharide isolated from the alkali extract of *Coriolus versicolor*)

69) Lee, H. S., Kweon, M. H., Lim, H. C., Sung, H. C., Yang, H. C., **J. Food Sci. Technol.**, 1997, 29, 817 (Inhibitory mechanism of blood coagulation by the anticoagulant polysaccharide from *Coriolus versicolor*)

70) Lemberg, R., **Aust. J. Exp. Biol. Med. Sci.**, 1952, 30, 271 (Aganist *Staphylococcus aureus*, Fungi, Cinnabarine)

71) Li, X. Y., Wang, J. F., Zhu, P. P., **Zhobgguo Yao Li Xue Bao**, 1990, 11, 542 (Immune enhancement of a polysaccharide peptide isolated from

Coriolus versicolor)

72) Liao, **J. Agric. Res. China,** 1990, 39(3), 190 (Nutritional and environmental condition for the growth of *Coriolus versicolor*)

73) Manzanares, P., Fajardo S., Martin. C., **J. Biotech.,** 1995, 43, 125 (Production of ligninolytic activities when treating paper pulp effluents by *Trametes versicolor*)

74) Milstein, O., Nickls., B., **Appl. Microbiol. Biotechnol.,** 1989, 31, 70 (Oxidation of aromatic compounds in organic solvents with laccase from *Trametes versicolor*)

75) Moon, C. K., Lee, S. H., Mock, M. S., Kim, D. O., **Yakhak Hoeji,** 1987, 31, 126 〔Antitumor activity of the polysaccharide-fraction (Copolang) from *Coriolus versicolor* and its effects on the immune function〕

76) Munro, H. D. et al., **J. Chem. Soc. C.,** 1971, 685 (cryst, Campesta-7, 22-dien-3-one)

77) Ng, T. B., **Gen, Pharmac.,** 1998, 30(1), 1 〔A review of research on the protein bound polysaccharide (polysaccharopeptide; psp) from the mushroom *Coriolus versicolor* (Basidiomycetes; polyporaceae)〕

78) Nicolini, L., Hunolstein, C. V., Orsi, N., **J. Gen. Appl. Microbiol.,** 1986, 32, 185 (Production of laccase A and B by a mutant strain of *Trametes versicolor*)

79) Nozoe, S. et al., **Tetrahedron Lett.,** 1976, 195 (struct, oil, Hirsutene)

80) Osman, A. M. et al., **Aust. J. Chem.,** 1975, 28, 217 (isol, β-Sitosterol)

81) Park, S. H., **Arch. Pharm. Res.,** 1991, 14(3), 282 (Studies on intergenertic protoplast fusion and Nuclear transfer between *Ganoderma lucidum* and *Coriolus versicolor*)

82) Park, Y. M., Yoon, S. K., Park, S. H., Bang, N. J., Kim, B. S., **Kor. J. Pharmacol. Ther.,** 1993, 1, 45 〔Efficacy and safety of *Coriolus versicolor* polysaccharide (Licovek) in the treatment of chronic type B hepatitis〕

83) Roy-Arcand, L., Archibald, F. S., **Enzyme Microbiol. Technol.,** 1991, 13,

194 〔Direct dechlorination of chlorophenolic compounds by laccase from *Trametes* (*Coriolus*) *versicolor*〕

84) Rogalski, J., Lundell, T., Leonowicz, A., Hattaka, A., **Acta Microbiol. Polon.**, 1991, 40, 221 (Production of laccase, lignin peroxidase and manganese-dependent peroxidase by various strains of *Trametes versicolor* depending on culture conditions)

85) Saxena, S. K., Bisaria, V. S., Verma, J., Gopalkrishman, K. S., **J. Ferment. Technol.**, 1985, 63, 307 (Lignan degrading potential of new isolate of *Coriolus hirsutus*)

86) Schlosser, D., Grey, R., Fritsche, W., **Appl. Microbiol. Biotechnol.**, 1997, 47, 412 (Patterns of ligninolytic enzymes in *Trametes versicolor*. Distribution of extra- and intracellular enzyme activities during cultivation on glucose, wheat straw and beech wood)

87) Shim, M. J., **Kor. J. Mycol.**, 1980, 8, 115 〔Studies on constituents and culture of the higher fungi of Korea(XXV), Stimulating effects of *Coriolus versicolor*〕

88) Some, Y., Okuda, R., Wade, N., Kishida, E., Misaki, A., **Kor. J. Appl. Mycol.**, 1989, 17, 223 (Comparisons of protein-bound polysaccharide contents obtained from mycelia cultured broth fruit body of *Coriolus versicolor*)

89) Strunk, C., **Biol. Rundsch.**, 1965, 3, 242 (Über die Entstehung and Reversion enzymatisch erzeugter Protoplasten von *Polysticus versicolor*)

90) Sullivan, G. et al., **J. Pharm. Sci.**, 1971, 60, 1727 (isol, black powder, Thelphoric acid)

91) Takahashi, S. et al., **Tetrahedron Lett.**, 1969, 4663; 1970, 1637; 1971, 1955 (isol, struct, Coriolin)

92) Takaishi, Y. et al., **Phytochemistry**, 1989, 28, 945 (isol, deriv, α-Dihydroergosterol)

93) Tsang, K. W., Lam, C. L., Lam, W. K., **Respira. Med.**, 2003, 97, 618(*Coriolus versicolor* polysaccharide peptide slows progression of advanced non small cell lung cancer)

94) Tsukagoshi, S., Ohashi, F., **Gann.**, 1974, 65, 557 (Protein bound polysaccharide preparation, PS-K, effective against mouse sarcoma 180 and acsities hepatoma AH-13 by oral use)

95) Vanisolalao, J., Luu, B., Ourisson, G., **Tetrahedron,** 1983, 39, 2779 (Steroids cytotoxiqus de *Polyporus versicolor*)

96) Wang, H. X., Ng, T. B., Liu, W. K., Ooi, V. E. C., Chang, S. T., **Int. J. Biochem. Cell Biol.**, 1996, 28(5), 601 (Polysaccharide-peptide complex from the cultured mycelia of the mushroom *Coriolus versicolor* and their culture medium activate mouse lymphocytes and macrophages)

97) Williams, E. N. D., Todd, N. K., Rayner, A. D. M., **Trans. Br. Mycol. Soc.**, 1981, 77(2), 409 (Propagation and development of fruit bodies of *C. versicolor*)

98) Yang, M. M., Chen, Z., Kwok, J. S., **Kor. J. Mycolo.**, 1992, 20, 221 (The antitumor effect of a small polypeptide from *Coriolus versicolor*)

99) Yodoyama, A. et al., **Phytochemistry**, 1975, 14, 487 (bibl, cryst, Polyporenic acid C)

100) Yoshikumi, C., Wada, T., Makita, H., Audo, T., **U. S. Patent 4, 159, 225,** 1977 (Method of producing a stable monokaryotic mycelium of *Coriolus versicolor* and its use in polysaccharide production)

101) Youichi, M., Osamu, Y., **J. Urology,** 1991, 145, 1082 〔Activation by protein bound polysaccharide PSK(Kresin) cytotoxic lymphocytes that act on fresh autologous tumor cells and T24 human urinary bladder transitional carcinoma cell line in patients with urinary bladder cancer〕

굴털이버섯

Lactarius piperatus (Scop. ex Fr.) S. F. Gray
Lactarius pergamenus (Swartz. ex Fr.) Fr.

굴털이버섯 7

무당버섯과 (Russulaceae)

• 중국명 | 白乳菇
• 분포 | 한국, 중국, 일본, 호주
• 용도 | 자실체(식용)

✻ 식물학적 특성

봄부터 가을까지 침엽수림, 활엽수림 혼합림 내, 땅위에 군생하는 외생 균근성 버섯, 갓 지름 4~18㎝, 초기에 오목반구형, 후에 깔때기형. 표면은 백색, 후에 담황색. 황색~황갈색의 얼룩, 조직은 백색, 주름살은 내린 형. 빽빽하고 백색~백갈색~담황색. 상처 유액은 우유빛, 대의 속은 해면상, 갓과 동일한 색. 포자는 유구형. 표면에는 미세한 돌기와 줄이 있고, 포자문은 백색이다.

동속 식용 버섯에는 민맛젖버섯(*L. camphoratus*)과 호박젖버섯(*L. laeticolorus*) 등이 있다.

✻ 성분

1) 특수 성분

굴털이버섯에서 Alkaloid, Thiaminase, α-Amino-2-carboxy-5-oxo-1-pyrrolidine butanoic acid(2S, 3'S, A-01249), Piperalol(P-01366), Piperalal (P-01366), Lactardial(L-00170), Lactarol(L-00170), Piperdial(P-01366) 등이 분리되었고, 동속 식물에서 3, 8-Dihydroxylactarius furan(D-02187), 4, 8-

Dihydroxylactarius furan(D-02188), Isovelleral(I-00904), Lactarolide A(L-00173); 3-Ether, 14-Ketone(L-00173); B(L-00173), Steroylvelutinal(V-00105), Velutinal(V-00105) 등이 분리되었다.

❋ 생리 활성

항암 활성 : 굴털이버섯은 Lewis 폐선암(mouse)과, sarcoma 180(mouse)에 억제율이 80%, Ehrlich 복수암(mouse)에 억제율 70%의 antitumor activity가 있다.

항균 효과 : gram 양성균 *Bacillus licheniformis*(위염균), gram 음성균 *Pseudomonas aeruginosa*(폐혈증 유발균) 등에 antibacterial activity가 있다. 굴털이버섯 성분 중 lactardial, lactarol, piperdial, puperalol은 항균 효과 물질이다.

Gultorin 분리 : 굴털이 버섯의 EtOH 추출물에서 분리 정제한 성분을 gultorin이라 명명하였고, mp는 160~162℃이었다.

아미노산 조성 : 굴털이버섯의 유리 아미노산은 Asp(0.03㎎/g), Thr(0.03), Ser(0.02), Glu(0.04), Pro(0.05), Gly(0.03), Ala(0.06), Val(0.03), Leu(0.02), Isol(0.02), Phe(0.05), Lys(0.02), Arg(0.02)이었고, 총 amino acid는 Asp 6.94, Thr 3.55, Ser 2.84, Glu 11.05, Pro 11.84, Gly 5.33, Ala 6.33, Val 20.99, Isol 7.81, Leu 12.34, Tyr 1.13, Phe 6.97, Lys 8.57, His 4.97, Arg 10.55, 총 121.74㎎/g이었다. 버섯 중 유리 아미노산은 alanine이 가장 많았고, glutamic acid, arginine, proline, histidine 순으로, 총 아미노산은 glutamic acid, proline, valine, aspartic acid, alanine, leucine 순이었다.

필수 아미노산 : 필수 아미노산의 총량은 갓버섯 0.640㎎/g, 민그물버섯 2.712㎎/g, 쓴맛그물버섯 1.305㎎/g, 뽈버섯 0. 646㎎/g, 잣버섯 4.102㎎/g, 애기무당버섯 0.485㎎/g, 굴털이버섯 0. 190㎎/g, 밤버섯 0.184㎎/g 순이었다.

식용 야생 버섯 : 식용 야생 버섯을 조사한 결과, 송이, 목이, 팽나무버섯, 노루궁뎅이버섯, 꽃잎버섯, 그물버섯, 비단그물버섯, 구름버섯, 애기무당버섯, 기와버섯, 국수버섯, 나팔버섯, 젖버섯, 굴털이, 향버섯(능이), 갓버섯, 들버

섯, 주름버섯, 싸리 버섯, 붉은 싸리 버섯, 말뚝버섯, 알버섯, 긴대안장버섯, 말불버섯, 곰보버섯, 망태버섯, 덕다리버섯, 흰가시버섯 등이 있었다.

기타 연구 : 굴털이버섯 성분 중 piperalol, piperalal, piperadial은 신미(辛味)와 섭식 저해 성분으로 밝혀졌다.

✻ 효능과 이용

1) 효능 : 追風散寒, 舒筋活洛
2) 식용 : 유액은 독성이 있어 버섯을 잘게 썰어 유액을 제거한 후 조리하여 식용. 매우 매운 자극성 맛이 있다.
3) 약용 : 수족 마비, 요통, 筋骨不活 등에 응용.

※ 생식은 금한다.

참고문헌

1) 金三純, 金養燮, **韓國産 버섯 圖鑑,** 裕豊出版社, 서울, 1990
2) 김병각, 김낙두, 최남수, 이영남, **약학회지,** 1970, 14(1), 10 〔한국 고등균류의 성분연구(1)〕
3) 農村振興廳 農業技術硏究所編, **韓國産 버섯類 原色圖鑑**(I), 1987
4) 卯曉嵐, 莊長坪, 歐株次旺, **西藏大型經濟眞菌,** 北京科學技術出版社, 1991
5) 민태진, 김은미, 이선정, 배강규, **균학회지,** 1995, 23(1), 14 (버섯 중 항균 물질의 검색 및 개발에 관한 연구, 버섯 중 항진균 활성 물질의 검색 I)
6) 朴婉熙, 李虎得, **한국의 버섯,** 교학사, 서울, 1991, 185
7) 應建浙, 卯曉嵐, 馬啓明, 宗毓臣, 文華安, **中國藥用眞菌圖鑑,** 科學出版社, 1987 (생리 활성)
8) 이지열, **균학회지,** 1975, 3(1), 40 (야생 버섯을 식용하자—굴털이버섯 등)
9) 이지열, **균학회지,** 2005, 33(1), 54 〔한국 기록종 버섯 추가 목록(2001-2004)〕
10) 李址烈, **韓國 버섯 圖鑑,** 아카데미서적, 서울, 1988, 197

11) 이태수, 이지열, **한국기특종 버섯 재정리 목록,** 임업연구원, 2000

12) 정규선, **약학회지,** 1979, 23(3,4), 153 (한국산 고등균류의성분에 관한 연구—아미노산 조성 : 굴털이버섯, 밤버섯, 갓버섯, 잣버섯, 뿔버섯, 쓴맛 그물버섯, 민그물버섯)

13) 中國 本草 圖錄 編輯 委員會 編, **中國 本草圖錄,** 鼎談 出版社, 1992

14) 최응칠, 김병각, **생약학회지,** 1975, 6(1) 〔한국산 고등 균류의 성분 연구(4), *Lactarius pipertitus* (Fr.) S. F. Gray의 Gultorin 분리〕

15) 한국 균학회, **버섯 이름, 한국명 통일안,** 2000, 176

16) Chang, S. T., Miles, P.G., **Edible Mushroom and their Cultivation,** CRC Press, New York, USA, 1989

17) Cheung, L. M., Cheung Peter, C. K., Ooi Vincent, E. C., **Food Chem.,** 2003, 81, 249 (Antioxidant activity and total phenolics of edible mushroom extracts)

18) Daniewski, W. M. et al., **Phytochemistry**, 1988, 27, 3315 (isol, Pungent oil, Piperalal)

19) David, G. S., Barry, H. R., **Mushroom Poisoning,** CRC Press, USA, 1994

20) Dickinson, H., Lucas, J., **The Encyclopedia of Mushrooms,** Crescent Books, New York, USA, 1983

21) Fushiya, S. et al, **Chem. Pharm. Bull.,** 1988, 36, 1366 (isol, amorph, α-Amino-2-carboxy-5-oxo-1-pyrrolidine butanoic acid)

22) Gerhardt, E., **Pilze,** BLV Handbook, 1995

23) Hui, Y. F., Den, E. S., Chi, T. H., **J. Food Lipids,** 2002, 9, 35 (Antioxidant and free radical scavenging activities of edible mushrooms)

24) Imazeki, R., Otani, Y., Hongo, T., **Color Illustration Mushrooms of Japan,** Yama-Kei Publisher Co. Ltd., Tokyo, Japan, 1988

25) Kabir, Y., Kimura, S., **J. Nutr. Sci. Vitaminol.,** 1989, 35, 91 (Dietary mushrooms reduce blood pressure in spontaneously hypertensive rats)

26) Lee, G. D., Chang, H. G., Kim, H. K., **Kor. J. Food Sci. Technol.,** 1997, 29, 432 (Antioxidative and nitric-scavenging activities of edible mush-

rooms)

27) Liu, F., Ooi, V. E. C., Chang, S. T., **Life Sci.**, 1997, 60, 763 (Free radical scavenging activities of mushroom polysaccharide extracts)

28) McDonnell, J. E. W., Esselen, W. B. Jr., **Food Res.**, 1947, 12, 118 (Carbohydrates in Cultivated mushrooms)

29) Magnusson, G. et al., **Tetrahedron**, 1974, 30, 1431 (isol, Lactarol, isol, Lactardial)

30) Mau, J. L., Lim, H. C., Song, S. F., **Food Res. Int.**, 2002, 35, 519 (Anti-oxidant properties of several specialty mushroom)

31) Pegler, D. N., **The Concise Illustrated Book of Mushrooms and Other Fungi**, Gallery Books, New York, USA, 1989

32) Sterner, O. et al., **Tetrahedron Lett.**, 1985, 26, 3163 (isol, struct, Pungent oil, Piperalol)

33) Ying, I., Mao, X., Ma, Q., Zong, Y., Wen, H., **Icones of Medicinal Fungi from China**, Science Press, Beijing, China, 1989, 413

균핵동충하초

Cordyceps ophioglossoides (Ehrh.) Fr.

균핵동충하초 8

맥각균과 (Clavicipitaceae)

• 중국명 | 大團囊蟲草(대단낭충초)
• 분포 | 한국, 일본, 중국
• 용도 | 약용(자실체)

✲ 식물학적 특성

여름부터 가을까지 소나무나 너도밤나무 밑 땅속에 발생한 *Elaphomyces granulatus* Fr. 자실체는 지름 1~2㎝로 구형~유구형이며, 표면은 갈황색이고 소나무, 너도밤나무와 균근을 형성하는 지중생 버섯에 기생하여 단생 또는 속생하는 균생균(버섯에 기생하는 동충하초)이다. 자실체는 길이가 3~15㎝이며, 대의 지상부는 높이 2~8㎝, 지름 0.5~0.7㎝로 원주형이다. 두부는 곤봉형, 방추형 또는 난형(卵形)이며, 표면은 초기에는 담황갈색이나 차차 암 녹갈색이 되며, 크기는 0.5~3×0.3~1㎝이다. 자낭각은 매몰형이며, 자낭 포자는 실 모양으로 다수의 격막이 있고, 성숙하면 크기 3~4×2~2.5㎛의 2차 포자로 분열하며 백색이다.

동속 식물에는 번데기동충하초(*Cordyceps militaris*)와 매미동충하초(*C. sobolifera*)가 있다.

✲ 성분

1) 특수 성분

균핵동충하초에서 β(1→3)Glucan(P-02216), Galactosminoglucan(L-00533),

Ophiocordin(O-00462), 번데기 동충하초(*C. militaris*)에서 3'-Amino-3'-deoxy-adenosine(A-01274), *Cordycepin(C-01815), Homocitrullylamine adenosine (H-00973), *C. pruinosa*에서 N^6-(2-Hydroxyethyl)adenosine (H-01709) 등이 분리되었다.

✻ 생리 활성

항암 활성 : 균핵동충하초의 성분 중 β-(1→3) glucan, galactosaminoglucan은 항종양 성분이다.

항진균 활성① : 균핵동충하초의 성분 중 ophiogodein은 항진균 물질이다.

항균 효과(*Helicobacter pylori*)② : 국산 버섯－장수버섯, 동충하초, 운지, 상황버섯－열수 추출물의 *H. pylori*(Hp)에 항균 효과를 실험한 결과, 소나무잔나비버섯(*Fomitopsis pinicola*, Fp)이 15㎜의 생육 저해환으로 가장 강하였고, 동충하초(*C. militaris*), 운지, 상황, 아까시재목버섯(장수버섯, *Fomitella* (*fraxinea*)이 비교적 높은 항균성을 보였다. MeOH ex에서도 Fp가 생육 저해환 44㎜로 가장 강한 항균력을 보였다. 버섯의 생리 활성은 단백 다당체로 이들의 함량 의존적으로 나타나는 것으로 추정된다. Fp의 MeOH ex가 DEAE-sepadex 초기 분획에서 Hp에 항균 효과를 보였으며, 이 분획이 단백 다당체 함량이 높았다. Hp에 대한 항균력은 *Fomitopsis pinicola*와 *Cordyceps militaris*가 우수하였다.

뽕나무 배지 균사체 생리 활성-산화억제① : 뽕나무가루 첨가 배지에서 배양한 느타리 균사체 배양물의 조추출물이 자유라디칼로 유도한 linoleic acid 산화 대조구보다 75.9% 감소시켰고, mouse liver microsome 산화에서도 NADPH/Fe^{++} system에서 64.3% 감소시켰다. 상황버섯과 동충하초버섯 균사체 배양물의 조추출물에서도 자유라디칼 유도 산화 억제 효과가 느타리 조추출물과 유사하나 낮았다.

뽕나무 배지와 자동산화억제② : 뽕나무 첨가 배지에서 배양한 버섯 균사체 배양물의 자동 산화 억제 효과를 알고자 뽕나무 첨가 배지에 상황, 느타리, 동충하초, 신령버섯, 노루궁뎅이버섯을 7일간 액체 배양하고, 균사를 제거한 배양물에 대한 항산화성을 275μM linoleic acid에 시료(1㎎)를 첨가, 40℃ 에서 16일간 배양한 결과, 신령버섯과 노루궁뎅이버섯의 항산화능이 우수하여, 뽕나무는 버섯 균사체 액체 배양물의 항산화성을 증가시켰다.

항보체 활성 버섯 : 국내 자생 61주의 고등 균류의 면역 증강 효과를 검색하고자, 이들 성분을 분리하여 항보체 활성을 측정한 결과, krestin의 보체 활성도는 20.6%보다 우수한 보체 활성 효과를 보인 균주는 11주였으며, 이 중 영지(*Ganoderma lucidum*) 5주, 표고(*Lentinus edodes*) 3주, 동충하초류(*Cordyceps* sp.) 3주, 주름버섯(*Agaricus campetries*) 1주였다.

Isozyme Patterns : 영지, 치마버섯, 동충하초의 isozyme pattern을 비교한 결과, 자생 지역이 다른 영지의 동위효소 pattern은 IY003, IY004, IY005 및 IY008 균주 사이 70% 이상이 유사하였으나, IY009와 IY010은 차이가 많았고, 치마버섯 IY803과 IY805의 유사 지수는 57%로 가장 유연성이 높았고, 동충하초는 나방이에서 분류된 IY901과 IY904의 유사도 지수 67%, 풍뎅이와 나방이류에서 분리된 IY903과 IY904 사이 역시 67%의 유연성을 보였으며, 애벌레류로 분류된 IY905와 IY909의 유사도 지수는 42%로 균종 간 유연관계가 높았으나, 나머지는 12%~43%로 낮았다.

β-Glucan 파운드 케이크 특성 : β-Glucan은 곡류(보리, 귀리, 호밀), 버섯 균사체와 자실체에 존재하며 생리 활성은 혈당 강하, 담즙산과 지질 흡수 제한, cholesterol 합성 제한, 체지방 축적 억제, 면역 세포의 기능 활성화로 암세포 증식 억제, 항균성, 항virus성, 항염증, 피부 노화 방지 등이 있다. β-glucan 0, 3, 6, 9% 첨가 파운드 케이크를 만들어 품질 특성을 조사한 결과, β-glucan 첨가 농도 의존적으로 부드러움 유지가 길어 보존성이 증가하였고, L, b(황색도)값은 차이가 없었으나 적색도는 저장 기간의 증가에 따라 증가, TPA 조직감 중 경도는 저장 6일에 대조군은 제조직 후 165%까지 증가, β-glucan 6, 9%구는 경도가 유지, β-glucan 첨가 케이크 노화가 지연되었고, 전체적 기호도는 6%구가 가장 우수하였고, 저장 7일째 β-glucan 첨가구의 기호도가 높았고, 특히 3, 6% 첨가구가 높았다.

✻ 효능과 이용

1) 효능 : 자궁출혈, 활혈(活血), 생리 불순(調經).
2) 식용 : 기능성 식품 재료로 이용되고 있다.
3) 약용 : 자궁 출혈, 생리 불순에 지유와 함께 달여 1일 2회 복용한다.

참고문헌

1) 金三純, 金養燮, **韓國産 버섯 圖鑑,** 裕豐出版社, 서울, 1990
2) 農村振興廳 農業技術研究所編, **韓國産 버섯類 原色圖鑑**(I), 1987
3) 卯曉嵐, 莊長坪, 歐株次旺, **西藏大型經濟眞菌,** 北京科學技術出版社, 1991
4) 박완희, 이호득, **한국약용버섯도감,** 서울, 1999, 647
5) 朴婉熙, 李虎得, **한국의 버섯,** 교학사, 서울, 1991, 458
6) 신유미, 양윤형, 김미경, 조한영, 김미리, **조리과학회지**, 2005, 21(6), 950 (β-Glucan 첨가 파운드 케이크의 저장 중 품질 특성)
7) 應建浙, 卯曉嵐, 馬啓明, 宗毓臣, 文華安, **中國藥用眞菌圖鑑,** 科學出版社, 1987 (생리 활성)
8) 이재경, 윤정원, **균학회지,** 2004, 32(2), 142 (한국산 버섯 추출물의 *Helicobacter pyroi*에 대한 항균력 검색과 특성－소나무잔나비버섯, 동충하초, 운지, 장수, 상황)
9) 이준우, 이권행, **균학회지**, 1991, 19(2), 101 (Isozyme patterns 차이에 의한 영지, 치마버섯 및 동충하초의 계통 분류)
10) 이지열, **균학회지**, 2005, 33(1), 54 〔한국 기록종 버섯 추가 목록(2001-2004)〕
11) 이태수, 이지열, **한국기록종 버섯 재정리 목록,** 임업연구원, 2000
12) 정훈, 이준우, 이권행, **균학회지,** 1990, 18(3), 145 (한국산 고등균류의 항보체활성에 관한 연구－영지, 동충하초, 표고, 주름버섯)
13) 한국 균학회, **버섯 이름, 한국명 통일안,** 2000, 176
14) Battilana, P., Ornstein, K., Minihira, K., Schwarz, J. M., Acheson, K.,

Schneiter, P., Burri, J., Jequier, E., Tappy, L., **Eur. J. Clin. Nutr.**, 2001, 55, 327 (Mechanisms of action of β-glucan in postprendial glucose metabolism in healthy men)

15) Bohn, J. A., Be Miller, J. N., **Carbohydr. Polymers,** 1995, 28 (1), 3 [(1→3) β-D-Glucans as biological respons modifier review of structrue functinal activity relationships]

16) Chang, S.T., Miles, P.G., **Edible Mushroom and their Cultivation,** CRC Press, New York, USA, 1989

17) Cheung, L. M., Cheung Peter, C. K., Ooi Vincent, E. C., **Food Chem.,** 2003, 81, 249 (Antioxidant activity and total phenolics of edible mushroom extracts)

18) David, G. S., Barry, H. R., **Mushroom Poisoning,** CRC Press, USA, 1994

19) Dickinson, H., Lucas, J., **The Encyclopedia of Mushrooms,** Crescent Books, New York, USA, 1983

20) Gerhardt, E., **Pilze,** BLV Handbook, 1995

21) Hui, Y. F., Den, E. S., Chi, T. H., **J. Food Lipids,** 2002, 9, 35 (Antioxidant and free radical scavenging activities of edible mushrooms)

22) Imazeki, R., Otani, Y., Hongo, T., **Color Illustration Mushrooms of Japan,** Yama-Kei Publisher Co. Ltd., Tokyo, Japan, 1988

23) Kabir, Y., Kimura, S., **J. Nutr. Sci. Vitaminol.,** 1989, 35,91 (Dietary mushrooms reduce blood pressure in spontaneously hypertensive rats)

24) Lee, G. D., Chang, H. G., Kim, H. K., **Kor. J. Food Sci. Technol.,** 1997, 29, 432 (Antioxidative and nitric-scavenging activities of edible mushrooms)

26) Manzi, P., Pizzoferrato, L., **Food Chem.,** 1999, 65, 477 (β-Glucan in edible mushrooms)

27) Mau, J. L., Lin, H. C., Song, S. F., **Food Res. Int.,** 2002, 35, 519 (Antioxidant properties of several specialty mushrooms)

28) McDonnell, J. E. W., Esselen, W. B. Jr., **Food Res.,** 1947, 12, 118 (Carbo-

hydrates in Cultivated mushrooms)

29) Ohmori, T., Tamura, K., Fukui, K., Kawanishi, G., Mitsuyama, M., Nomoto, K., Miyazaki, T., **Chem. Pharm Bull.**, 1989, 37, 1019 (Isolation of galactosaminoglycan moiety(Co-N) from protein-bound polysaccharide of *Cordyceps ophioglossoides* and its effect against murine tumors)

30) Ohmori, T., Tamura, K., Wakaiki, A., Kawanishi, G., Tsuru, S., Yadomae, T., Nomoto, K., **Chem. Pharm. Bull.**, 1988, 36, 4612 (Dissociation of a glycan fraction(CO-1) from protein-bound polysaccharide of *Cordyceps ophioglossoides* and analysis of its antitumor effect)

31) Pegler, D. N., **The Concise Illustrated Book of Mushrooms and Other Fungi**, Gallery Books, New York, USA, 1989

32) Ukai, S., Kiho, T., Hara, C., Morita, M., Goto, A., Imaizumi, N., Hasegawa, Y., **Chem. Pharm. Bull.**, 1983, 31, 741 (Polysaccharides isolated from *Dictyophora indusiata, Ganoderm japonicum, Cordyceps cicadae, Auricularia auricula-judae* and *Auricularia* species)

33) Wasser, S. P., Weiss, A. L., **Crit. Rev. Immunol.**, 1999, 19, 65 (Therapeutic effects of substances occurring in higher Basidiomycetes mushroom: a modern perspective)

34) Yamada, H., **Carbohydr. Res.**, 1984, 125, 107 (Structure and antitumor activity of an alkali-soluble polysaccharide from *Cordyceps ophioglossides*)

35) Ying, I., Mao, X., Ma, Q., Zong, Y., Wen, H., **Icones of Medicinal Fungi from China**, Science Press, Beijing, China, 1989, 19

Boletus edulis Bull. ex Fr.

그물버섯 9

그물버섯과 (Boletaceae)

• 영명 | King Bolete

• 중국명 | 美味牛肝菌

• 분포 | 한국, 중국, 일본, 시베리아 등 북반구 온대, 아한대

• 용도 | 자실체 (식용)

✻ 식물학적 특성

여름과 가을에 활엽수림과 혼합림 내 땅 위에 단생 또는 산생하는 외생 균근성 버섯. 갓의 지름 6~20㎝, 처음에 구형. 차차 반구형~편평형. 갓 표면은 평활. 암갈색~적갈색, 습하면 점성이 생기고, 조직은 백색, 관공은 홈형, 처음에는 백색, 후에는 담녹황색, 관공구(管孔口)는 원형. 대는 5~15㎝, 굵기는 1.5~5㎝(지름), 아래쪽이 굵어 곤봉형. 표면은 담황색~담갈색. 백색의 그물무늬가 있다. 포자는 장방추형. 표면은 평활, 포자문은 황갈색이다.

동속 식물에는 큰그물버섯(*B. speciosus*), 가지색그물버섯(*B. violaceofuscus*), 수원그물버섯(*B. auripes*) 등이 우리나라에 있고 모두 식용한다.

✻ 성분

1) 특수 성분

그물버섯에서 Histidine(H-00925), Trimethylbetaine(S, H-00926), Lectin 등이, 또 1-Octen-3-ol(O-00217)외 향기 성분 8종이 분리. 동속 식물에서 2-

그물버섯

Amino-4-methyl-5-hexenoic acid;(2S, 4S, A-01459), *B. bovinus*에서 Dibovi-quinone-4,4(D-00694), *B. calopus*에서 Xerocomic acid(X-00072)가 분리되었고, volatile compound는 *1-Octene-3-ol(O-00241) 외에 Pyrazine, 2-Formyl pyrrole을 포함 70종이 검색되었다.

※ 생리 활성

항돌연변이 원형 및 암 세포 성장 억제 : 13종의 한국 야생 버섯 추출물의 항돌연변이 효과를 *S. typhimurium* TA98과 TA100의 Ames test한 결과, 직접 변이원 MNNG에 대해 산속그물버섯아재비와 구름버섯의 MeOH ex에 TA100에서 90~94%의 항변이원성을 보였고, 갓버섯과 구름버섯의 열수 추출물도 58~61%의 저해를 보였다. 간접변이 원인 B(a)P에 대해 TA98과 TA100에서 구름버섯과 턱받이금버섯 MeOH ex가 가장 강한 저해를 보였고, 열수 추출물 중 잔피막흑주름버섯과 수원무당버섯은 TA98에서 60~70% 저해를, 갓버섯은 TA100에 45% 돌연변이를 억제하였다. 야생 버섯의 MeOH ex 0.5㎎/㎖ 투여 시 HT29(결장암)에 그물버섯, 산속그물버섯아재비, 방패외대버섯, 황소비단그물버섯, 구름버섯, 턱받이금버섯, 덕다리버섯에서 55~78% 이상 저해를 보였고, $HepG_2$(간암 세포)에 대해서 방패외대버섯 MeOH ex 1㎎/㎖에서만 58.4% 저해되었다. U937(혈액암 세포주)에 그물버섯, 산속그물버섯아재비, 수원무당버섯, 황소비단그물버섯, 밀버섯, 잔피막흑주름버섯의 MeOH ex에서 60% 이상 저해 활성을 보였다. 구름버섯 열수 추출물의 $HepG_2$와 U937에 53~65% 저해를 보였다. 정상 임파구에 대하여는 야생 버섯 추출물 0.5~1㎎/㎖에서 75~80% 이상의 생존율을 보여, 시료 추출물 1㎎/㎖ 처리에서 암 세포에는 높은 억제 효과를, 정상 세포에는 비교적 낮은 독성을 보였다.
혈전 용해 효소 활성 : 칠갑산에 자생하는 야생 버섯 67종의 fibrin 분해 활성을 검색한 결과, *Marasmius pulcherripes* (종이꽃낙엽버섯)은 plasmin 0.75 units의 112% fibrin 분해 활성을, *Helvella elastica* (긴대안장버섯)은 60%, *Psathyrella* sp.는 49%, *Fomitella fraxinea* (장수버섯)은 40%, *Leucoagaricus*

rubrotinctus(돌여우버섯)은 39%, *Lepista sordida*(자주방망이버섯아재비)와 *Oudemansiella* sp.는 각각 41%, 26%의 fibrin 분해 활성을 보였다. 그러나 광대버섯과, 그물버섯과, 끈적버섯과, 난버섯과, 무당버섯과, 귀신그물버섯과, 독청버섯과, 꾀꼬리버섯과, 불로초과, 소나무비늘버섯과, 바구니버섯과, 말뚝버섯과, 어리알버섯과, 붉은목이과 및 술산버섯과의 버섯은 모두 활성이 없었다.

항균 활성①: 그물버섯은 gram 양성균 및 음성균에 antibacterial activity가 있다. 특히 음성균 *Pseudomonas aeruginosa*(폐혈증균), *Serratia marcescens*(폐질환균), *Klebsiella pneumoniae, E. coli*에 대해 antibacterial effect가 있다.

항진균 활성 검색②: 32종의 한국산 버섯을 석유 ether, 80% EtOH, 증류로 각각 추출, 항진균성을 검색한 결과, 수원그물버섯, 거친껄껄이그물버섯, 나팔버섯, 해면버섯, 주걱간버섯 및 석이버섯의 EtOH ex, 큰낙엽버섯의 석유 ether ex가 효모에 활성을 보였다. 석이의 EtOH ex는 *C. neoformans*균에 큰 활성을 보여 MIC 값은 600㎍/㎖, 애광대버섯, 거친껄껄이그물버섯, 나팔버섯, 해면버섯, 주걱간버섯, 큰낙엽버섯, 석이버섯, EtOH ex와 석유 ether ex는 곰팡이에 각각 항균성을 보였다. 나팔버섯의 EtOH ex는 *M. gypseum*균(1,000㎍/㎖)에, 석이버섯 EtOH ex는 *T. mentagrophytes, M. gypseum* 및 *P. oryzae*에 각각 300, 600㎍/㎖이었으며, 석유 ether ex는 *M. gypseum* 균에 MIC가 300㎍/㎖이었다.

항암 활성: 그물버섯은 sarcoma 180(mouse)에 억제율이 100%이고 Ehrlich 복수암(mouse)에 억제율이 90%이다.

항산화 활성: 63종의 버섯 자실체를 80% EtOH ex를 각각 만들어 지질과산화 반응, AO 및 SOD의 활성도에 미치는 영향을 관찰한 결과, 데미로버섯(*D. dickinsii*), 뽕나무버섯, 아카시재목버섯(*F. fraxinea*) 추출물이 간 조직 micorsome의 지질과산화 반응을 억제, 뽕나무버섯, 데미로버섯, 아카시재목버섯, 삼색도장버섯, 송편버섯, 옷솔버섯, 제주쓴맛그물버섯, 노란그물버섯 및 산그물버섯 추출물은 간 세포질 내의 초산화 ion 생성효소 AO 활성을 크게 억제시켰다. 삼색도장버섯, 뽕나무버섯, 데미로버섯, 아카시재목버섯

추출물은 간 세포질의 SOD 활성을 증가시켰다. 이로써 뽕나무버섯, 데미로버섯, 아카시재목버섯의 추출물이 항산화 활성이 인정되었다.

렉틴 성분의 림프구 응집 효과 : 젖버섯, 그물버섯, 영지, 비늘버섯, 쓴송이, 자주싸리버섯 등 20종에 대하여 적혈구(사람)와 비장(mouse)에서 얻은 림프구로 lectin 성분을 검색하고자 응집 현상을 시험한 결과, 그물버섯, 젖버섯, 자주싸리버섯, 비늘버섯, 영지 등 8종에서만 나타났다.

저분자 화합물의 분리 동정 : 젖비단그물버섯(*Suillus granulatus, Boletus granulatus*)에서 저분자 화합을 분리 동정한 결과, 4-hydroxyphenyl acetic acid, 4-hydroxy benzaldehyde, 2, 5-dihydroxybenzoic acid methylester, 5'-hydroxy-5'-methylthioadenosine, indole-3-carboxylic acid methyl ester, indole-3-carboxaldehyde, 1, 3, 5-trihydroxy-7-methylanthraquinone, nicotinamide, 3-geranyl-4-hydroxy benzoic acid로 동정되었다.

송이 발생지와 주요 야생 버섯 분포① : 야생 송이 대표적인 발생지인 전북 남원 지역을 조사한 결과, 송이 발생지에 출현 종수는 11~29종이었고, 교목층에서는 소나무, 관목층에서 진달래, 졸참나무, 초목층에서 산경우가 많았다. 송이 발생지의 주요 야생 버섯은 그물버섯과(Boletaccae)의 평원비단그물버섯(*Suillus placidus*)과 싸리버섯과(Ramariaceae)의 싸리버섯(*Ramaria botrytis*) 등이 주종이었다.

내장산 외생균근성 버섯 분포② : 2004년 6월~2005년 10월 내장산 국립공원 내 외생균근성 버섯을 조사한 결과, 고등균류는 총 5강 16목, 63과 149속, 358종, 이 중 외생균근성 버섯은 총 2강, 3목, 17과 36속, 152종 1285개체가 조사되었다. 주름버섯목이 9과 27속, 136종, 1045개체, 민주름버섯목은 5과 6속, 12종 221개체 및 복균강은 3과, 3속, 4종, 19개체였다. 무당버섯과가 35종으로 가장 많았고, 그물버섯과(34종), 광대버섯과(22종), 끈적버섯과(21종) 순이었다. 외생균근성 버섯 발생은 강수량이 많고 대기 온도가 높은 시기인 기후환경과 관계가 깊은 7~9월에 집중되었다. 외생균근성 버섯 분포에 영향을 주는 환경은 토양 pH와 유효 인산, 강수량 및 대기 온도가 중요 인자로 나타났다.

식용 야생 버섯 : 식용 야생 버섯을 조사한 결과, 송이, 목이, 팽나무버섯, 노루궁뎅이버섯, 꽃잎버섯, 그물버섯, 비단그물버섯, 구름버섯, 애기무당버섯, 기와버섯, 국수버섯, 나팔버섯, 젖버섯, 굴털이, 향버섯(능이), 갓버섯, 들버섯, 주름버섯, 싸리버섯, 붉은싸리버섯, 말뚝버섯, 알버섯, 긴대안장버섯, 말불버섯, 곰보버섯, 망태버섯, 덕다리버섯, 흰가시버섯 등이 있었다.

Sterol 성분 : 동속 버섯인 구리빛그물버섯(*Boletus aereus* Bull.)의 $CHCl_3$-MeOH 추출물의 비검화 분획에서 ergosterol을 분리 동정하였다.

기타 연구 : 그물버섯의 2-Amino-4-methyl-5-hexenoic acid는 antibiotic, xerocomic acid는 active against phytopathogen bacteria 물질이며, 1-octen-3-ol은 strong fungal odour 물질이다.

✲ 효능과 이용

1) 효능 : 추풍(追風), 산한(散寒), 서근활락(舒筋活絡).
2) 식용 : 여름에서 가을이 제철. 향이 좋고, 요리에도 어울린다. 양파, 마늘, 파 등을 썰어 오븐에 굽는다. 버터에 볶거나 요리에 곁드리며, 튀김에도 잘 어울린다. 일본풍의 냄비요리나 조림, 국물에도 응용. 유럽에서는 최고급 버섯으로 애용되고 있다.
3) 약용 : 요퇴 동통, 수족 마비, 백대하, 불임증 등에 응용하며, 장복하면 건강 증진 효과가 있다.

참고문헌

1) 金三純, 金養燮, **韓國産 버섯 圖鑑**, 裕豐出版社, 서울, 1990
2) 김병각, 권용, **균학회지**, 1978, 6(2), 11 〔한국산 고등 균류의 성분연구(13), 구리빛그물버섯의 Sterol 성분〕
3) 김준호, 유관희, 석순자, 김양섭, **균학회지**, 2005, 33(1), 18 (칠갑산 야생 버섯 추출물로부터 혈전 용해 효소의 활성 검색－장수버섯, 그물버섯, 말뚝버

섯, 자주방망이아재비, 긴대안장버섯)
4) 김현정, 이인석, **식품과학회지,** 2004, 36(4), 662 (한국산 야생 버섯 추출물의 항돌연변이 원성 및 암 세포 성장 억제 효과—갓버섯, 구름버섯, 밀버섯, 황소비단그물버섯, 덕다리버섯, 그물버섯, 수원무당버섯, 턱받이버섯, 방패외대버섯, 잔피막흑주름버섯)
5) 나종성, 류정, **균학회지,** 1992, 20(2), 144(송이 발생지의 식생과 주요 야생버섯 분포 조사)
6) 農村振興廳 農業技術硏究所編, **韓國産 버섯類 原色圖鑑**(Ⅰ), 1987
7) 卯曉嵐, 莊長坪, 歐株次旺, **西藏大型經濟眞菌,** 北京科學技術出版社, 1991
8) 민태진, 김은미, 이선정, 배강규, **균학회지,** 1995, 23(1), 14 (항진균 활성 물질의 검색 Ⅰ)
9) 박상신, 유국현, 민태진, **균학회지,** 1998, 26(1), 69 (버섯 추출물의 항산화 활성에 관한 연구—뽕나무버섯, 산그물버섯, 테미로버섯, 아카시재목버섯, 삼색도장버섯 등)
10) 朴婉熙, 李虎得, **한국의 버섯,** 교학사, 서울, 1991, 276 (그물버섯)
11) 應建浙, 卯曉嵐, 馬啓明, 宗毓臣, 文華安, **中國藥用眞菌圖鑑,** 科學出版社, 1987
12) 이지열, **균학회지,** 1975, 3(1), 40 (야생 버섯을 식용하자-그물버섯 외)
13) 이지열, **균학회지,** 2005, 33(1), 54 〔한국 기록종 버섯 추가 목록(2001-2004)〕
14) 이지열, **서울여대 논문집,** 1980, 8, 331 (그물버섯 품종)
15) 李址烈, **韓國 버섯 圖鑑,** 아카데미서적, 서울, 1988, 154 (그물버섯)
16) 이태수, 이지열, **한국기록종 버섯 재정리 목록,** 임업연구원, 2000
17) 장석기, **균학회지,** 2006, 34(2), 54 (내장산 국립공원의 고도에 따른 외생균근성 버섯 분포)
18) 정학성, **균학회지,** 1994, 22(1), 62 〔한국산 목재 부후균류의 분포상에 관한 연구(Ⅱ), 담자균류 민주름버섯의 분포에 대하여〕
19) 전경희, 김무경, 정시련, **약학회지**, 1987, 31(4), 213 〔버섯류의 렉틴 성분개발 연구(Ⅱ), 야생 버섯류의 생리 활성 물질, 렉틴 성분 검색—젖버섯, 큰비단그물버섯, 그물버섯, 영지, 비늘버섯, 쓴송이버섯 등〕
20) 한국 균학회, **버섯 이름, 한국명 통일안,** 2000, 176

21) 황선철, **병원 미생물학** (Gram 음성균), 신광출판사, 서울, 1985

22) Beaumont, P. C. et al., **J. Chem. Soc. C.**, 1971, 2582 (isol, Orange red, cryst, Diboviquinone-4, 4)

23) Chang, S. T., Miles, P. G., **Edible Mushroom and their Cultivation,** CRC Press, New York, USA, 1989

24) Cheung, L. M., Cheung Peter, C. K., Ooi Vincent, E. C., **Food Chem.**, 2003, 81, 249 (Antioxidant activity and total phenolics of edible mushroom extracts)

25) David, G. S., Barry, H. R., **Mushroom Poisoning,** CRC Press, USA, 1994

26) Dickinson, H., Lucas, J., **The Encyclopedia of Mushrooms,** Crescent Books, New York, USA, 1983

27) Edwards, R. L. et al., **J. Chem. Soc.**, 1971, 2582 (Active against phytopathogen bacteria, cryst, Xerocomic acid)

28) Fries, N., Neumann, W., **Mycol. Res.**, 1990, 94, 64 (Sexual incompatibility in *Suilus luteus* and *S. granulatus*)

29) Geraci, C., Piattelli, M., Tringali, C., Verbist, J. -F., Roussakis, C., **J. Nat. Prod.**, 1992, 55, 1772 (Cytotoxic activity of tetraprenylphenols related to suillin, an antitumor principle from *Suillus granulatus*)

30) Gerhardt, E., **Pilze,** BLV Handbook, 1995

31) Greenstein, J. P. et al., **Chemistry of the Amino Acids,** Wiley, N. Y., Vol. 3, 1961, 1971(Histidine, rev)

32) Hui, Y. F., Den, E. S., Chi, T. H., **J. Food Lipids,** 2002, 9, 35 (Antioxidant and free radical scavenging activities of edible mushrooms)

33) Imazeki, R., Otani, Y., Hongo, T., **Color Illustration Mushrooms of Japan,** Yama-Kei Publisher Co. Ltd., Tokyo, Japan, 1988

34) Kabir, Y., Kimura, S., **J. Nutr. Sci. Vitaminol.**, 1989, 35, 91 (Dietary mushrooms reduce blood pressure in spontaneously hypertensive rats)

35) Kelly, R. B. et al., **Can. J. Chem.**, 1969, 47, 2504 (isol, Antibiotic, Antimetabolite, cryst, 2S, 4S, 2-Amino-4-methyl-5-hexenoic acid)

36) Kim, H. W., Choi, E. C., Kim, B. K., **Kor. J. Mycol.**, 1986, 14(4), 265 (Studies on the Constituents of Higher Fungi of Korea(LIV), Studies on toxic component of *Auricularia polytricha*)

37) Lee, G. D., Chang, H. G., Kim, B. K., **Kor. J. Food Sci. Technol.**, 1997, 29, 432 (Antioxidative and nitric-scavenging activities of edible mushrooms)

38) Lucas, E. H., Ringler, R. L., **Antibiot. Chemother.**, 1957, 7(1), 1 (Tumor inhibitors in *Boletus edulis* and other holobasidiomycetes)

39) McDonnell, J. E. W., Esselen, W. B. Jr., **Food Res.**, 1947, 12, 118 (Carbohydrates in Cultivated mushrooms)

40) Mau, J. L., Lin, H. C., Song, S. F., **Food Res. Int.**, 2002, 35, 519 (Antioxidant properties of several specialty mushroom)

41) Pegler, D. N., **The Concise Illustrated Book of Mushrooms and Other Fungi,** Gallery Books, New York, USA, 1989

42) Pyysalo, H., Suihko, M., **Lebensm. Wiss. Technol.**, 1976, 9, 371 (1-Octen-3-ol)

43) Sullivan, R., Smith, J. E., Rowan, N. J., **Prespect. Biol. Med.**, 2006, 49, 159 (Medicinal mushrooms and cancer theraphy: translating practice into western medicine)

44) Tan, C. H. et al., **Phytochemistry,** 1968, 7, 109 (isol, Histidine trimethylbetaine)

45) Tringali, C., Geraci, C., Nicolisi, G., Verbist, J., Roussokis, C., **J. Nat. Prod.**, 1989, 52, 844 (An Antitumor principle from *Suillus granulatus*)

46) Tringali, C., Piattell, M., Geraci, C., Nicolisi, G., **J. Nat. Prod.**, 1989, 52, 941 (Antimicrobial tetraprenylphenols from *Suillus granulatus*)

47) Wada, T., Hayashi, Y., Shibata, H., **Biosci. Biotech. Biochem.**, 1996, 60, 120 〔Asiaticusin A and B novel prenylated phenolics from *Boletinus asiaticus* and *B. paluster* (Boletaceae) fungi〕

48) Wang, Y., Sinclar, L., Hall, I. R., Cole, A. L., **New Zealand J. Crop**

Horticul. Sci., 1995, 23, 227 (*Boletus edulis* sensulato: a new record for New Zealand)

49) Wasser, S. P., Weiss, A. L., **Crit. Rev. Immunol.**, 1999, 19, 65 (Therapeutic effects of substances occurring in higher Basidiomycetes mushroom: a modern perspective)

50) Ying, I., Mao, X., Ma, Q., Zong, Y., Wen, H., **Icones of Medicinal Fungi from China,** Science Press, Beijing, China, 1989, 371

Helvella elastica
Bull. ex Fr.

긴대안장버섯 10

안장버섯과(Helvellaceae)

• 중국명 | 馬鞍菌
• 분포 | 한국, 중국, 일본, 유럽, 북미
• 용도 | 자실체(식용)

✲ 식물학적 특성

여름~가을에 정원, 산림 내 땅 위에 단생. 자실체는 높이 4~10㎝. 자낭반은 지름 2~4㎝로 말안장형, 담황갈색. 표면에 자실층. 대는 3~8×0.5㎝ 원통형. 백색~담갈색. 포자는 19~22×10~12㎛로 타원형. 유구가 있고, 표면은 평활, 포자문은 백색이다.

동속 식용 버섯에는 안장버섯(*H. lacunosa*)와 주름안장버섯(*H. crispa*) 등이 있다.

✲ 생리 활성

혈전 용해 효소 활성 : 칠갑산에 자생하는 야생 버섯 67종의 fibrin 분해 활성을 검색한 결과, *Marasmius pulcherripes* (종이꽃낙엽버섯)은 plasmin 0.75 units의 112% fibrin 분해 활성을, *Helvella elastica* (긴대안장버섯)은 60%, *Psathyrella* sp.는 49%, *Fomitella fraxinea* (장수버섯)은 40%, *Leucoagaricus rubrotinctus* (돌여우버섯)은 39%, *Lepista sordida* (자주방망이버섯아재비)와 *Oudemansiella* sp.는 각각 41%, 26%의 fibrin 분해 활성을 보였다. 그러

나 광대버섯과, 그물버섯과, 끈적버섯과, 난버섯과, 무당버섯과, 귀신그물버섯과, 독청버섯과, 꾀꼬리버섯과, 불로초과, 소나무비늘버섯과, 바구니버섯과, 말뚝버섯과, 어리알버섯과, 붉은목이과 및 술산버섯과의 버섯은 모두 활성이 없었다.

식용 야생 버섯 : 식용 야생 버섯을 조사한 결과 송이, 목이, 팽나무버섯, 노루궁뎅이버섯, 꽃잎버섯, 그물버섯, 비단그물버섯, 구름버섯, 애기무당버섯, 기와버섯, 국수버섯, 나팔버섯, 젖버섯, 굴털이, 향버섯(능이), 갓버섯, 들버섯, 주름버섯, 싸리버섯, 붉은싸리버섯, 말뚝버섯, 알버섯, 긴대안장버섯, 말불버섯, 곰보버섯, 망태버섯, 덕다리버섯, 흰가시버섯 등이 있었다.

✻ 효능과 이용

1) 효능 : 거담(祛痰), 지해(止咳), 보기(補氣).
2) 식용 : 식용 버섯이나 위장 자극이 있으므로 주의.
3) 약용 : 해소, 신체 허약에 응용.
내몽골 수렵인은 사슴 목장의 상비약으로 사용.

※ 위장자극에 주의(날것).

참고문헌

1) 金三純, 金養燮, **韓國産 버섯 圖鑑,** 裕豐出版社, 서울, 1990
2) 김준호, 유관희, 석순자, 김양섭, **균학회지,** 2005, 33(1), 18 (칠갑산 야생 버섯 추출물로부터 혈전 용해 효소의 활성 검색—긴대안장버섯, 장수버섯, 독청버섯, 영지, 그물버섯, 말뚝버섯, 자주방망이버섯아재비)
3) 農村振興廳 農業技術硏究所編, **韓國産 버섯類 原色圖鑑**(Ⅰ), 1987
4) 朴婉熙, 李虎得, **한국의 버섯,** 교학사, 서울, 1991, 438
5) 應建浙, 卯曉嵐, 馬啓明, 宗毓臣, 文華安, **中國藥用眞菌圖鑑,** 科學出版社, 1987
6) 이지열, **균학회지,** 1975, 3(1), 40 (야생 버섯을 식용하자—긴대안장버섯 외)

7) 李址烈, **韓國 버섯 圖鑑,** 아카데미서적, 서울, 1988, 308

8) 이지열, **균학회지,** 2005, 33(1), 54 〔한국 기록종 버섯 추가 목록(2001-2004)〕

9) 한국 균학회, **버섯 이름, 한국명 통일안,** 2000, 176

10) Chang, S. T., Miles, P.G., **Edible Mushroom and their Cultivation,** CRC Press, New York, USA, 1989

11) Cheung, L. M., Cheung Peter, C. K., Ooi Vincent, E. C., **Food Chem.,** 2003, 81, 249 (Antioxidant activity and total phenolics of edible mushroom extracts)

12) David, G. S., Barry, H. R., **Mushroom Poisoning,** CRC Press, USA, 1994

13) Dickinson, H., Lucas, J., **The Encyclopedia of Mushrooms,** Crescent Books, New York, USA, 1983

14) Gerhardt, E., **Pilze,** BLV Handbook, 1995

15) Hui, Y. F., Den, E. S., Chi, T. H., **J. Food Lipids,** 2002, 9, 35 (Antioxidant and free radical scavenging activities of edible mushrooms)

19) Imazeki, R., Otani, Y., Hongo, T., **Color Illustration Mushrooms of Japan,** Yama-Kei Publisher Co. Ltd., Tokyo, Japan, 1988

20) Kabir, Y., Kimura, S., **J. Nutr. Sci. Vitaminol.,** 1989, 35, 91 (Dietary mushrooms reduce blood pressure in spontaneously hypertensive rats)

21) Lee, G. D., Chang, H. G., Kim, H. K., **Kor. J. Food Sci. Technol.,** 1997, 29, 432 (Antioxidative and nitric-scavenging activities of edible mushrooms)

22) Mau, J. L., Lin, H. C., Song, S. F., **Food Res. Int.,** 2002, 35, 519 (Antioxidant properties of several specialty mushrooms)

23) McDonnell, J. E.W., Esselen, W. B. Jr., **Food Res.,** 1947, 12, 118 (Carbohydrates in Cultivated mushrooms)

24) Pegler, D. N., **The Concise Illustrated Book of Mushrooms and Other Fungi,** Gallery Books, New York, USA, 1989

25) Wasser, S. P., Weiss, A. L., **Crit. Rev. Immunol.,** 1999, 19, 65 (Therapeutic effects of substances occurring in higher Basidiomycetes mushroom: a modern perspective)

까치버섯

Polyozellus multiplex (Underw.) Murr.
Cantharellus multiplex Underw.

까치버섯 11

굴뚝버섯과 (Thelephoraceae)

• 별명 | 먹버섯(강원도)
• 분포 | 한국, 일본, 동아시아, 북아메리카
• 용도 | 자실체(식용)

✲ 식물학적 특성

여름~가을에 침엽수림, 활엽수림 내 땅 위에 군생 또는 속생. 자실체 6~12㎝(길이), 7~30㎝(너비), 하부대는 하나, 분지하여 여러 개의 갓. 갓 지름 6~7㎝, 꽃양배추형, 얇으며, 표면은 평활. 남흑색. 갓 끝은 파도형. 조직은 얇고 담남색. 질긴 육질. 하면의 자실층은 내린 형, 회백색~회청색. 백색 가루로 덮여 있고, 포자는 유구형. 미세한 반점상 돌기, 포자문은 백색이다.

✲ 성분

1) 특수 성분

까치버섯에서 Polyozellin(항균), Esgost-4, 6, 8, 22-tetraen-3-one, 4-Methoxy-6-methyl-2H-pyran-2-one, *p*-Anisic acid, *p*-Hydroxy benzoic acid가 분리. 동속 *C. cibarius*에서 Cibaric acid(D-02540), *C. cinnabarinus*에서 Canthaxanthin(I-00921) 등도 확인되었다.

✲ 생리 활성

항산화 및 항암 효과[①] : 까치버섯 MeOH ex와 H_2O ex는 산화 유발 물질인 H_2O_2에 대해 각각 53.5%, 29.4%의 생존율을 보여 항산화 효과를 확인하였고, 또한 동물에 강력한 발암 물질 MNNG 투여 후, 항산화 효소를 측정한 결과, H_2O ex는 glutathione s-transferase(GST)와 superoxide dismutase(SOD)의 활성과 조직 내 해독 물질 glutathione(GSH)의 함량을 증가시켰다. 또한 0.5% H_2O ex는 암 억제 유전자인 P_{53}의 발현을 대폭 증가시켰다. 이 결과로 까치버섯은 항산화능이 있으며, 특히 H_2O ex는 체내 항산화 효소를 활성화시키고, 항산화 물질을 증가시켰으며, 암 억제 유전자 P_{53}의 발현을 증가시켜 항암 효과가 있음을 알게 되었다.

암 예방 효과[②] : 까치버섯 MeOH ex와 그 분획물이 여러 암세포주 성장 억제를 높였다. 특히 물 분획은 위암 세포 SNU 668에 강한 저해 활성을 보였다. 또한 물 분획은 MNNG 투여 후, 감소된 glutathione s-transferase와 superoxide dismutase의 활성과 glutathione 함량을 증가시켰으며, 위 조직 내에서도 PCNA의 발현을 저해, 종양 세포의 비정상적 세포 증식을 억제하였다.

항산화 활성 : 까치버섯에서 분리한 thelephoric acid(TA)와 polyozellin(PZ)의 항산화 활성을 조사한 결과, TA는 0.01mM에서 73%의 hydroxy radical을 저해하였고, 32.6%의 superoxide anion radical(SOD) 및 27.4% DPPH radical을 소거하였으나, 동 농도에서 hyrogen peroxide에는 활성이 없었다. 또 0.1mM에서 ROS(활성 산소종)에 대해 45.7% 소거를 보여 BHA(22.0%)와 α-tocopherol보다 1.8~2배 높은 활성을 보였다. polyozellin도 고농도에서 hydrogen peroxide 소거능이 TA보다 높았다. 활성 산소 소거 활성을 보인 SOD에 ESR에의 소거능을 조사한 결과, PZ의 IC_{50}은 218.0μM에서, TA의 IC_{50}은 21.1μM로 vitamin C 4.8μM보다 많았다. TA와 PZ의 각종 ROS에 대한 소거 활성이 있음을 알 수 있었다.

2차 대사 산물 분석 : 까치버섯의 MeOH ex에서 이 버섯의 2차 대사 산물을 조사한 결과, polyozellin, esgost-4, 6, 8, 22-tetraen-3-one, 4-methoxy-6-methyl-

2H-pyran-2-one, *p*-anisic acid, *p*-hydroxy benzoic acid로 동정되었다. 또한 이들에 대해 prolylendopeptidase 및 acetylcholine esterase에 대한 저해 활성을 측정하였으나, 최고 100ppm에서도 저해활성이 없었다.

일반 성분 : 까치버섯의 아미노산을 분석한 결과, 유리 아미노산 25종이 분리되었다.

기타 연구 : 까치버섯은 대상암, 폐암, 중추신경세 등의 암 세포(인간)에 대한 antitumor activity가 있고, antibacterial, lipid peroxidation inhibition effect가 있다. polyozellin은 antibacterial effect 물질로 보고되고 있다.

✻ 효능과 이용

1) 효능 : 항암 효과.
2) 식용 : 맛 좋은 식용 버섯이다. 신선할 때는 갈조류 녹미채와 유사한 향기가 있고, 건조하면 향기가 더 강해 진다.
3) 약용 : 인체의 대장암, 폐암, 중추신경계암에 응용.

참고문헌

1) 곽주연, **경북대 대학원**, 1999 (까치버섯으로부터 Prolylendopeptidase inhibitor의 분리)
2) 김현정, 한정, 양의주, **식품영양과학회지**, 2000, 29(1), 161 (야생 식용 버섯인 까치버섯의 암 예방 효과)
3) 이지열, **균학회지**, 2005, 33(1), 54 〔한국 기록종 버섯 추가 목록(2001-2004)〕
4) 이지열, **원색 한국 버섯 도감**, 아카데미서적, 서울, 1988, 222
5) 이태수, 이지열, **한국기록종 버섯 재정리 목록**, 임업연구원, 2000
6) 이현진, **경북대 대학원**, 2000 (까지버섯으로부터 분리한 신규 Benzofuran 화합물의 화학구조 및 in vitro에서의 항치매 활성)
7) 정학성, **균학회지**, 1994, 22(1), 62 〔한국산 목재 부후균류의 분포상에 관한

연구(II), 담자균류 민주름버섯의 분포에 대하여]
8) 정신교, 전소영, 이희주, 김숙경, 김상인, 김금숙, 권순호, 김자영, 송경식, **응용생명화학회지,** 2004, 47(2), 283 (까치버섯으로부터 분리한 Polyzellin과 Thelephoric acid의 항산화 활성)
9) 한국 균학회, **버섯 이름, 한국명 통일안,** 2000, 176
10) 한정, **계명대 대학원,** 2000 (까치버섯 추출물이 항암 활성에 미치는 영향)
11) 한정, 이인선, **균학회지,** 2000, 28(1), 55 (까치버섯 추출물의 항산화 및 항암 효과)
12) 황지숙, **부산대학교 박사학위논문,** 1994 [*Polyozellus mutiplex*(까치버섯)가 생산하는 지질 과산화 저해물질의 화학구조 및 생물활성에 관한 연구]
13) 황지숙, 류종하, 구교철, 곽주현, 김상인, 유익동, 송경식, **균학회지,** 1998, 26(4), 519 (까치버섯이 생산하는 미량 유기화합물의 화학구조)
14) Chang, S. T., Miles, P.G., **Edible Mushroom and their Cultivation,** CRC Press, New York, USA, 1989
15) Cheung, L. M., Cheung Peter, C. K., Ooi Vincent, E. C., **Food Chem.,** 2003, 81, 249 (Antioxidant activity and total phenolics of edible mushroom extracts)
16) Gregory, F. J., Healy, E. M., Agerborg, H. P. K. Jr., Warren, G. H., **Mycologia,** 1966, 58, 80 (Studies on antitumor substances produces by Basidiomycetes)
17) Gripenberg, J., **Tetrahedron,** 1960, 10, 135 (Fungus pigments-XII, The structure and synthesis of thelephoric acid)
18) Hui, Y. F., Den, E. S., Chi, T. H., **J. Food Lipids,** 2002, 9, 35 (Antioxidant and free radical scavenging activities of edible mushrooms)
19) Hwang, J. S., Son, K. S., Kim, Y. S., Seok, S. J., Lee, T. H., Yoo, I. D., **Kor. J. Appl. Microbiol. Biotechnol.,** 1996, 24, 591 (Lipid peroxidation inhibitors from *Polyozellus multiplex*)
20) Hwang, J. S., Song, K. S., Kim, W. G., Lee., T. H., Koshino, H., Yoo, I. D., **J. Antibiot.,** 1997, 50, 773 (Polyozellin, a new inhibitor of prolyl-

endopeptidase from *Polyozellus multiplex*)

21) Kabir, Y., Kimura, S., **J. Nutr. Sci. Vitaminol.**, 1989, 35, 91 (Dietary mushrooms reduce blood pressure in spontaneously hypertensive rats)

22) Kwak, J. Y., Rhee, I. K., Lee, K. B., Hwang, J. S., Yoo, I. D., Song, K. S., **J. Microbiol. Biotechnol.**, 1999, 9, 798 (Thelephoric acid and Kynapcin-9 in mooshroom *Polyozellus multiplex* inhibit prolylendopeptidase in vitro)

23) Lee, I. -S., Nishikawa, A., **Life Sci.**, 2003, 73, 3225 (*Polyozellus multiplex,* a Korean wild mushroom, as a potent chemopreventive agent against stomach cancer)

24) Lee, G. D., Chang, H. G., Kim, H. K., **Kor. J. Food Sci. Technol.**, 1997, 29, 432 (Antioxidative and nitric-scavenging activities of edible mushrooms)

25) Liu, F., Ooi, V. E. C., Chang, S. T., **Life Sci.**, 1997, 60, 763 (Free radical scavenging activities of mushroom polysaccharide extracts)

26) McDonnell, J. E.W., Esselen, W. B. Jr., **Food Res.**, 1947, 12, 118 (Carbohydrates in Cultivated mushrooms)

27) Mau, J. L., Lin, H. C., Song, S. F., **Food Res. Int.**, 2002, 35, 519 (Antioxidant properties of several specialty mushrooms)

28) Pegler, D. N., **The Concise Illustrated Book of Mushrooms and Other Fungi,** Gallery Books, New York, USA, 1989

깔때기버섯

Clitocybe gibba (Pers. ex Fr.) Kummer
Clitocybe infundibuliformis (Schaeff.) Quél.

깔때기버섯 12

송이과 (Tricholomataceae)

- 중국명 | 杯傘
- 분포 | 한국, 동아시아, 유럽, 북미
- 용도 | 자실체(식용)

✻ 식물학적 특성

여름과 가을에 활엽수림, 침엽수림, 혼합수림 내 땅 위, 낙엽 위에 군생 또는 단생. 갓의 지름 3~8㎝, 처음에는 평반구형 후에 깔때기형, 표면은 건성, 비단상. 담홍색~담홍갈색, 조직은 단단하고 백색. 주름살은 내린 형, 빽빽하고 좁으며 백색~담황색. 대는 위아래 굵기가 같고, 표면은 건성 섬유상 갓과 같은 색~약간 옅은색. 포자는 타원형, 표면은 평활, 포자문은 백색~담황색이다.

동속 식용 버섯에는 굽다리깔때기버섯(*C. geotropa*)과 회색깔때기버섯(*C. nebularis*) 등이 있다.

✻ 성분

1) 특수 성분

*C. nebularis*에서 *Nebularine(N-00129), Portensterol(E-01447), *C. fragrans*에서 *Diatretin 1(O-00237) 등이 동정되었다.

*Clitocybe*속 식물에서 Cerebroside B(C-00769), *Muscarine(M-01822) 및 alkaloid 등도 분리되었다.

✲ 생리 활성

생리 활성 : 깔대기버섯은 sarcoma 180(mouse)에 억제율 55%의 antitumor activity가 있고, cerebroside B는 antifungal 물질이다.

항암 성분 : 깔때기버섯(*Clitocybe infundibuliformis*)의 수침 ex를 얻어, sarcoma 180 mouse에 대해 20㎎/kg/day 투여에서 55%의 저해율을 보였다. 이 수침 ex는 polysaccharide와 단백질이며, polysaccharide 가수 분해 결과, xylose (68.5%), glucose(14.6%), galactose(6.8%) mannose(10.1%)이었다.

✲ 효능과 이용

1) 효능 : 진통, 추풍산한(追風散寒), 서근활락(舒筋活絡).
2) 식용 : 자실체를 식용한다.
3) 약용 : 요통, 풍습증에 응용한다.

참고문헌

1) 김병각, 김낙두, 최남주, 이영남, **약학회지,** 1970, 14(1), 10 (한국산 고등균류의 성분 연구 I, Alkaloid)
2) 김유진, 우정원, 이정옥, 정경수, 최응칠, 김병각, **균학회지,** 1983, 11(1), 66 〔한국산 고등 균류의 성분 연구 (제 41보), 깔때기버섯의 항암 성분〕
3) 박완희, 이호득, **한국약용버섯도감,** 교학사, 서울, 1999, 152
4) 이지열, **균학회지,** 2005, 33(1), 54 〔한국 기록종 버섯 추가 목록(2001-2004)〕
5) 이태수, 이지열, **한국기록종 버섯 재정리 목록,** 임업연구원, 2000
6) 中國 本草 圖錄 編輯 委員會 編, **中國 本草圖錄,** 鼎談 出版社, 1992 (생리 활성)
7) 한국 균학회, **버섯 이름, 한국명 통일안,** 2000, 176
8) Chang, S. T., Miles, P. G., **Edible Mushroom and their Cultivation,** CRC Press, New York, USA, 1989

9) Cheung, L. M., Cheung Peter, C. K., Ooi Vincent, E. C., **Food Chem.**, 2003, 81, 249 (Antioxidant activity and total phenolics of edible mushroom extracts)

10) Hui, Y. F., Den, E. S., Chi, T. H., **J. Food Lipids**, 2002, 9, 35 (Antioxidant and free radical scavenging activities of edible mushrooms)

11) Kabir, Y., Kimura, S., **J. Nutr. Sci. Vitaminol.**, 1989, 35, 91 (Dietary mushrooms reduce blood pressure in spontaneously hypertensive rats)

12) Kawai, G. et al., **Biochem. Biophys. Acta**, 1982, 719, 612; 1983, 754, 243 (isol, Antifungal, Cerebroside B)

13) Kim, B. K., Chung, H. S., Chung, K. S., Yang, M. S., **K. J. Mycol.**, 1980, 8(2), 107 (Studies on the Antineoplastic Components of Korean Basidiomycetes, Polysaccharide)

14) Lee, G. D., Chang, H. G., Kim, H. K., **Kor. J. Food Sci. Technol.**, 1997, 29, 432 (Antioxidative and nitric-scavenging activities of edible mushrooms)

15) Mau, J. L., Lin, H. C., Song, S. F., **Food Res. Int.**, 2002, 35, 519 (Antioxidant properties of several specialty mushrooms)

16) McDonnell, J. E. W., Esselen, W. B. Jr., **Food Res.**, 1947, 12, 118 (Carbohydrates in Cultivated mushrooms)

17) Pegler, D. N., **The Concise Illustrated Book of Mushrooms and Other Fungi**, Gallery Books, New York, USA, 1989

18) Wilkinson, S., **Q. Res. Chem. Soc.**, 1961, 15, 153 (rev, Muscarine, Powerful parasympathomimetic)

나도팽나무버섯

Pholiota nameko (T. Ito)
S. Ito et Imai in Imai
Pholiota glutinosa
Kawamura (nom. nud.)
Kuehneromyces nameko (T. Ito)
S. Ito

나도 팽나무버섯 13

독청버섯과 (Strophariaceae)

- 중국명 | 光帽黃傘
- 일명 | Nameko
- 별명 | 맛버섯
- 분포 | 한국, 중국, 일본, 타이완
- 용도 | 자실체(식용)

✲ 식물학적 특성

가을 활엽수의 그루터기, 고목 위에 군생 또는 속생. 갓 지름은 3~8㎝, 초기에 반구형. 차차 편평형. 갓 표면은 두꺼운 점액으로 덮여 있다. 황갈색. 중앙부는 갈황색. 조직은 담황색~담황백색, 주름살은 완전 붙은 형. 빽빽. 담황색~담갈색. 대는 원통형. 상부에 아교질의 융기상 턱받이는 곧 없어지고, 턱받이 위는 백색, 아래는 담황갈색~갈색, 점액으로 덮여 있다. 포자는 타원형~난형. 발아공은 불명확. 포자문은 갈색이다.

동속 식용 버섯에는 노란갓비늘버섯(*P. spumosa*), 흰비늘버섯(*P. lenta*) 등이 있다.

✲ 성분

1) 특수 성분

나도팽이버섯에서 Saccharopine(S-00003), Galacto-β-glucan(L-00533),

Peptidoglucan(Phytoalexin 유기 성분), 5'-GMP(G-00873, C-02220), 5'-AMP (A-00446), 효소 Cellulase, Polyphenoloxidase와 당류, Mannitol(M-00209), Glycerol(G-00542), Glucose, Trehalose(T-01623), Cellulose(C-00659), Hemicellulose, Chitin(C-00924), Pectin, Lignin 등이 분리되었다.

✻ 생리 활성

생리 활성 : 나도팽나무버섯은 sarcoma 180(mouse, 86.5%)에 antitumor activity가 있고, *Staphylococcus, Escherichia coli* 및 폐렴균, 결핵균에 대한 감염 예방 효과가 있다. 또한 cholesterol 저하와 phytoalexin 유기(誘起) 작용 활성도 있었다.

아미노산① : 나도팽나무버섯(맛버섯, *P. nameko*)의 아미노산을 TLC로 분석한 결과, glycine alanine, isoleucine, leucine, proline, phenylalanine, tyrosine, serine, threonine, methionine, glutamic acid, aspartic acid, lysine, arginine, histidine 등이 분리되었다.

Amino acid② : 나도팽나무버섯의 유리 아미노산을 정량 분석 결과, aspartic acid(0.89㎎/g), threonine(0.09), serine(0.51), glutamic acid(2.06), proline (0.54), glycine(0.25), alanine(1.08), valine(0.51), cysteine(0.15), methionine (trace), isoleucine(0.37), leucine(0.41), tyrosine(0.15), phenylalanine(0.08), lysine(0.19), histidine(0.35), arginine(0.58)이었다.

일반 성분 : 나도팽나무버섯의 성분을 분석한 결과, 유리 아미노산 27종, 지방산 10종, 미량 무기질 6종, vitamin B_1, B_2, C, D 및 niacin 및 당류, mannitol, glycerol, glucose, trehalose, cellulose, hemicellulose, chitin, pectin, lignin 등이 분리되었다.

β-Glucan 파운드 케이크 특성 : β-glucan은 곡류(보리, 귀리, 호밀), 버섯 균사체와 자실체에 존재하며 생리 활성은, 혈당 강하, 담즙산과 지질 흡수 제한, cholesterol 합성 제한, 체지방 축적 억제, 면역 세포의 기능 활성화로 암 세포 증식 억제, 항균성, 항virus성, 항염증, 피부 노화 방지 등이 있다. β-glucan

0, 3, 6, 9% 첨가 파운드 케이크를 만들어 품질 특성을 조사한 결과, β-glucan 첨가 농도 의존적으로 부드러움 유지가 길어 보존성이 증가하였고, L값, b (황색도)는 차이가 없었으나, 적색도는 저장 기간이 길어짐에 따라 증가, TPA 조직감 중 경도는 저장 6일에 대조군은 제조 직후 165%까지 증가, β-glucan 6과 9%구는 경도가 유지, β-glucan 첨가 케이크 노화가 지연되었고, 전체적 기호도는 6%구가 가장 우수하였으며, 저장 7일째 β-glucan 첨가구가 기호도가 높았고, 특히 3과 6% 첨가구가 높았다.

✻ 효능과 이용

1) 식용 : 맛이 좋아 '맛 버섯'이라고도 하며, 인공 재배하고 있다.
2) 약용 : 항암, 향균(폐렴 및 결핵균 예방), cholesterol 저하에 응용한다.

참고문헌

1) 노일협, **숙명여자대학교 논문집**, 1976, 16, 427 (식용 버섯의 아미노산 규명)
2) 노일협, **숙명여자대학교 논문집**, 1981, 21, 141 (한국산 식용 버섯 중의 미량 금속 원소의 함유량에 관한 연구)
3) 卯曉嵐, 莊長坪, 歐株次旺, **西藏大型經濟眞菌**, 北京科學技術出版社, 1991
4) 박완희, 이호득, **한국약용버섯도감**, 교학사, 서울, 1999, 329
5) 박완희, **생약학회지**, 1982, 13(1), 43 (버섯의 성분 연구 I, TLC에 의한 아미노산 분석－나도팽나무버섯, 송이, 표고, 싸리, 느타리, 목이, 흰목이)
6) 신유미, 양윤형, 김미경, 조한영, 김미리, **조리과학회지**, 2005, 21 (6), 950 (β-Glucan 첨가 파운드 케이크의 저장 중 품질 특성)
7) 應建浙, 卯曉嵐, 馬啓明, 宗毓臣, 文華安, **中國藥用眞菌圖鑑**, 科學出版社, 1987
8) 이지열, **균학회지**, 2005, 33(1), 54 〔한국 기록종 버섯 추가 목록(2001-2004)〕
9) 이태수, 이지열, **한국기록종 버섯 재정리 목록**, 임업연구원, 2000
10) 표명윤, 노일협, **영양학회지**, 1975, 8(1), 47 (식용 버섯류의 아미노산에 관

한 연구)

11) 한국 균학회, **버섯 이름, 한국명 통일안,** 2000, 176

12) Austin, P. R. et al., **Science** (Washington. D.C.), 1981, 212, 749 (rev, Chitin)

13) Battilana, P., Ornstein, K., Minihira, K., Schwarz, J. M., Acheson, K., Schneiter, P., Burri, J., Jequier, E., Tappy, L., **Eur. J. Clin. Nutr.,** 2001, 55, 327 (Mechanisms of action of β-glucan in postprendial glucose metabolism in healthy men)

14) Birch, G., **Adv. Carbohydr. Chem.,** 1963, 18, 201 (rev, Trehalose)

15) Brimacombe, J. S. et al., **The Carbohydrate,** Academic Press, 1972, 1A, 479 (Needles, Mannitol)

16) Chang, S.T., Miles, P.G., **Edible Mushroom and their Cultivation,** CRC Press, New York, USA, 1989

17) Cheung, L. M., Cheung Peter, C. K., Ooi Vincent, E. C., **Food Chem.,** 2003, 81, 249 (Antioxidant activity and total phenolics of edible mushroom extracts)

18) Cyong, J. C. et al., **Chem. Pharm. Bull.,** 1982, 30, 2463 (isol, Peptidoglucan)

19) Gregory, F. J., Healy, E. M., Agerborg, H. P. K. Jr., Warren, G. H., **Mycologia,** 1966, 58, 80 (Studies on antitumor substances produces by Basidiomycetes)

20) Hampton, A. et al., **J. Med. Chem.,** 1976, 19, 1029 (muscle, 5'-AMP)

21) Hui, Y. F., Den, E. S., Chi, T. H., **J. Food Lipids,** 2002, 9, 35 (Antioxidant and free radical scavenging activities of edible mushrooms)

22) Kabir, Y., Kimura, S., **J. Nutr. Sci. Vitaminol.,** 1989, 35, 91 (Dietary mushrooms reduce blood pressure in spontaneously hypertensive rats)

23) Lee, G. D., Chang, H. G., Kim, H. K., **Kor. J. Food Sci. Technol.,** 1997, 29, 432 (Antioxidative and nitric-scavenging activities of edible mushrooms)

24) Mau, J. L., Lin, H. C., Song, S. F., **Food Res. Int.**, 2002, 35, 519 (Antioxidant properties of several specialty mushrooms)
25) McDonnell, J. E. W., Esselen, W. B. Jr., **Food Res.**, 1947, 12, 118 (Carbohydrates in Cultivated mushrooms)
26) Oka, Y. et al., **Agric. Biol. Chem.**, 1979, 43, 1995 (isol, Saccharopine)
27) Pegler, D. N., **The Concise Illustrated Book of Mushrooms and Other Fungi**, Gallery Books, New York, USA, 1989
28) Ward, K. Jr. et al., **The Carbohydrate**, Academic Press, 1970, 2A, 413 (Galacto-β-Glucan)
29) Wasser, S. P., Weiss, A. L., **Crit. Rev. Immunol.**, 1999, 19, 65 (Therapeutic effects of substances occurring in higher Basidiomycetes mushroom: a modern perspective)
30) Ying, I., Mao, X., Ma, Q., Zong, Y., Wen, H., **Icones of Medicinal Fungi from China**, Science Press, Beijing, China, 1989, 329

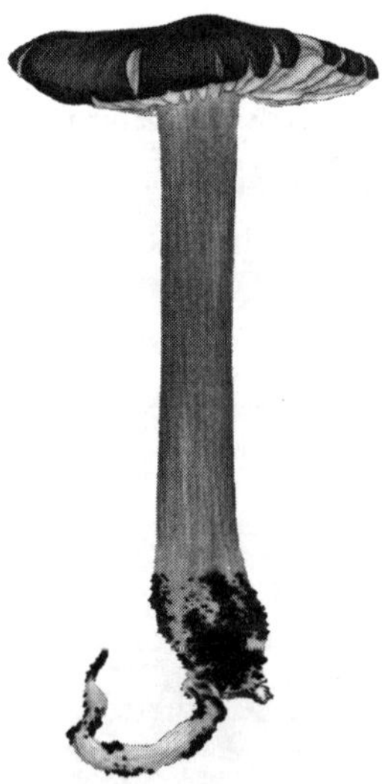

넓은주름긴뿌리버섯

Oudemansiella platyphylla
(Pers. ex Fr.) Moser in Gams
Collybia platyphylla
(Pers. ex Fr.) Kummer.
Tricholomopsis platyphylla
(Pers. ex Fr.) Sing.

넓은주름긴뿌리버섯 14

송이과 (Tricholomataceae)

• 중국명 | 寬褶菇
• 별명 | 넓은 솔버섯
• 분포 | 한국, 중국, 일본 등 북반구 온대 이북
• 용도 | 자실체(식용)

✲ 식물학적 특성

여름~가을에 활엽수의 고목, 그루터기 위에 군생 또는 단생. 갓 지름은 5~20㎝, 초기에 평반구형. 차차 오목편평형. 갓 표면은 회색~회갈색. 방사상의 섬유줄, 조직은 얇고 백색. 주름살은 홈형. 성기고 크고 넓으며, 백색. 대는 원통형. 속은 빔. 표면은 백색~회색. 기부에는 섬유상 백색털이 있고, 포자는 타원형. 표면은 평활. 포자문은 백색이다.

동속 식용 버섯에는 끈적긴뿌리버섯(*O. mucida*), 민긴뿌리버섯(*O. radicata*) 등이 있다.

✲ 성분

1) 특수 성분

넓은주름긴뿌리버섯에서 Pipecolic acid(P-01371), 유리 아미노산 25종, Cellulose(C-00659), Hemicellulose, Pectin, Lignin(Lignan J_1, P-00459 ; J_2, T-00639)도 분리되었다.

동속 *O. mucida*에서 4'-Methoxymucidin(M-01716), *Mucidin(M-01716), Oudemansin A(O-00565), *O. radicata*에서 Oudemansin X(O-00567), *Oudenone (S, O-00568) 등도 확인되었다.

✻ 생리 활성

항암 활성 : 넓은주름긴뿌리버섯은 sarcoma 180(mouse)에 억제율이 80%, Ehrlich 복수암(mouse)에 90% 억제율의 antitumor activity가 있다.

혈전 용해 활성 : 칠갑산에 자생하는 야생 버섯 67종의 fibrin 분해 활성을 검색한 결과, *Marasmius pulcherripes*(종이꽃낙엽버섯)은 plasmin 0.75units의 112% fibrin 분해 활성을, *Helvella elastica*(긴대안장버섯)은 60%, *Psathyrella* sp.는 49%, *Fomitella fraxinea* (장수버섯)은 40%, *Leucoagaricus rubrotinctus* (돌여우버섯)은 39%, *Lepista sordida* (자주방망이버섯아재비)와 *Oudemansiella* sp. 버섯에서 각각 41%, 26%의 fibrin 분해 활성을 보였다. 그러나 광대버섯과, 그물버섯과, 끈적버섯과, 난버섯과, 무당버섯과, 귀신그물버섯과, 독청버섯과, 꾀꼬리버섯과, 불로초과, 소나무 비늘버섯과, 바구니버섯과, 말뚝버섯과, 어리알버섯과, 붉은목이과 및 술산버섯과의 버섯은 모두 활성이 없었다.

✻ 효능과 이용

1) 효능 : 항암.
2) 식용 : 맛있는 식용 버섯.
3) 약용 : 항종양.

※ 조리한 것도 위장 자극이 있을 수 있다.

참고문헌

1) 김준호, 유관희, 석순자, 김양섭, **균학회지,** 2005, 33(1), 18 (칠갑산 야생 버섯 추출물로부터 혈전 용해 효소의 활성 검색－긴뿌리버섯속, 장수버섯, 긴대안장버섯 등)
2) 박완희, 이호득, **한국의 버섯,** 교학사, 서울, 1991, 103
3) 이지열, **균학회지,** 2005, 33(1), 54 〔한국 기록종 버섯 추가 목록(2001-2004)〕
4) 이태수, 이지열, **한국기록종 버섯 재정리 목록,** 임업연구원, 2000
5) Chang, S. T., Miles, P.G., **Edible Mushroom and their Cultivation,** CRC Press, New York, USA, 1989
6) Cheung, L. M., Cheung Peter, C. K., Ooi Vincent, E. C., **Food Chem.,** 2003, 81, 249 (Antioxidant activity and total phenolics of edible mushroom extracts)
7) Gregory, F. J., Healy, E. M., Agerborg, H. P. K. Jr., Warren, G. H., **Mycologia,** 1966, 58, 80 (Studies on antitumor substances produces by Basidiomycetes)
8) Hui, Y. F., Den, E. S., Chi, T. H., **J. Food Lipids,** 2002, 9, 35 (Antioxidant and free radical scavenging activities of edible mushrooms)
9) Kabir, Y., Kimura, S., **J. Nutr. Sci. Vitaminol.,** 1989, 35, 91 (Dietary mushrooms reduce blood pressure in spontaneously hypertensive rats)
10) Lee, G. D., Chang, H. G., Kim, H. K., **Kor. J. Food Sci. Technol.,** 1997, 29, 432 (Antioxidative and nitric-scavenging activities of edible mushrooms)
11) Liu, F., Ooi, V. E. C., Chang, S. T., **Life Sci.,** 1997, 60, 763 (Free radical scavenging activities of mushroom polysaccharide extracts)
12) Mau, J. L., Lin, H. C., Song, S. F., **Food Res. Int.,** 2002, 35, 519 (Anti oxidant properties of several specialty mushrooms)
13) McDonnell, J. E. W., Esselen, W. B. Jr., **Food Res.,** 1947, 12, 118 (Carbohydrates in Cultivated mushrooms)
14) Pegler, D. N., **The Concise Illustrated Book of Mushrooms and Other**

Fungi, Gallery Books, New York, USA, 1989

15) Rodwell, V. W., **Methods Enzymol.**, 1971, 17B, 174 (rev, Pipecolic acid)

16) Trujillo, J. M. et al., **Phytochemistry,** 1990, 29, 2991 (Lignan J_1, J_2,)

17) Wasser, S. P., Weiss, A. L., **Crit. Rev. Immunol.**, 1999, 19, 65 (Therapeutic effects of substances occurring in higher Basidiomycetes mushroom: a modern perspective)

18) Whistler, R. L. et al., **Methods Carbohydr. Chem.**, 1963, 3, 3 (Cellulose)

Pleurotus cornucopiae (Paulet) Rolland var. *citrinopileatus* (Sing.) Ohira

노랑느타리 15

느타리과 (Pleurotaceae)

• 중국명 | 白黃側耳
• 분포 | 한국, 중국, 일본, 유럽, 러시아, 북미
• 용도 | 자실체(식용)

✲ 식물학적 특성

여름~가을에 활엽수, 특히 느릅나무고목, 썩은 토막, 그루터기 위에 군생하는 목재 백색, 부후성 버섯. 갓지름 2~8㎝, 콩팥형. 또는 깔때기형. 갓 표면은 평활. 황색~담황색. 중앙부나 갓 둘레에 섬유상 또는 솜털 모양의 백색 인편. 조직은 백색. 밀가루 냄새, 주름살은 내린 형. 빽빽. 백색에서 차차 황색으로 변하며, 대는 중심생. 기부에서 여러 개로 분지된다. 표면은 백색~담황색. 세로로 홈선이 있고, 포자는 타원형. 표면은 평활. 포자문은 백색이다.

동속 식용 버섯에는 느타리(*P. ostreatus*)와 산느타리(*P. pulmonarius*) 등이 있다.

✲ 성분

1) 특수 성분

동속 식물에서 Emitanins(E-00220), Arabitol(A-02631), Mannitol(M-00209), Trehalose(T-01623, T-01624), Lectin, Glucose(G-00494), Lignin(Lignan J_1 P-00459, Lignan J_2 T-00639), Pectin, Vitamin D(S-00425), Glycerol(G-00542), Glucose, Cellulose(C-00659) 및 효소 Carboxymethylcellulase, 산성 Protease

노랑느타리

등이 분리되었다.

✲ 생리 활성

항암 활성 : 노랑느타리는 sarcoma 180(mouse, 억제율 80%)과 Ehrlich 복수암(mouse, 억제율 70%)에 antitumor activity가 있다.

단백질 분리 정제 : *P. cornucopiae*에서 분리한 단백질은 총 분자량은 255,000 dalton, 이는 29,500, 31,500, 34,000, 71,000 및 89,000dalton의 복합체로 친화성 단백질 중 amino acid 함량은 비극성 amino acid가 45.68%, 극성 amino acid가 26.93%, 양성 amino acid가 11.81%, 음성 amino acid가 15.58%이었다.

일반 성분 : 노랑느타리의 성분을 분석한 결과, 유리 아미노산 30종, 무기질 12종, vitamin D, arabitol, mannitol, glycerol, 당류는 glucose, trehalose, cellulose, hemicellulose, pectin, lignin, lectin, 효소는 carboxymethyl-cellulase, 산성 protease 등이 동정되었다.

✲ 효능과 이용

1) 식용 : 인공 재배가 가능한 식용 버섯, 균사체 심층 발효 배양도 된다.
2) 약용 : 항 종양 및 살선충(殺線蟲)에 응용한다.

참고문헌

1) 강진하, 임현아, **펄프종이기술**, 1996, 68, 38 (백색부후균을 이용한 펄프 · 제지 공정 폐수 치리에 관한 연구 제1보—*Pleurotus cornucopiae*균을 중심으로)
2) 金三純, 金養燮, **韓國産 버섯 圖鑑**, 裕豊出版社, 서울, 1990
3) 農村振興廳 農業技術硏究所編, **韓國産 버섯類 原色圖鑑**(I), 1987
4) 卯曉嵐, 莊長坪, 歐株次旺, **西藏大型經濟眞菌**, 北京科學技術出版社, 1991

(생리 활성)

5) 민태진, 장홍배, 최원기, **균학회지,** 1988, 16(3), 121 〔친화성 고분자 유도체의 합성 및 단백질의 분리 정제에 관한 연구－Benzoyl-AH-sepharose 4B의 합성 및 흰느타리(*P. cornucopiae* per.)중 단백질 분리 정제〕

6) 朴婉熙, 李虎得, **한국약용버섯도감,** 교학사, 서울, 1999, 403 (노랑느타리)

7) 손형락, **연구와지도,** 2002, 43(12), 20 (여름 재배용 느타리 재배 기술)

8) 오정수, **동국대 연습림연구보고,** 1992, 2, 74 (침엽수 톱밥을 이용한 노랑느타리와 버들송이의 인공 재배)

9) 유영복, **균학회지,** 1992, 20(2), 118 (원형질체 융합에 의한 노랑느타리와 사철느타리의 종간 교잡)

10) 應建浙, 卯曉嵐, 馬啓明, 宗毓臣, 文華安, **中國藥用眞菌圖鑑,** 科學出版社, 1987

11) 이연희, **균학회지,** 1986, 38, 215 (노랑느타리의 원형질체 재생 및 환원)

12) 이연희, 민경희, 유창현, 박용환, 유영복, **균학회지,** 1985, 13(4), 271 (노랑느타리 *Pleurotus cornucopiae*의 원형질 재생 및 Mutagenesis에 관한 연구)

13) 이연희, 박용환, 유영복, 민경희, **균학회지,** 1986, 14(2), 141 (노랑느타리의 원형질체 분리에 관한 연구)

14) 이연희, 박용환, 유영복, 민경희, **균학회지,** 1986, 14(2), 185 (자외선 조사에 의한 노랑느타리 담자 포자의 영양 요구성 균주 선발에 관한 연구)

15) 이지열, **균학회지,** 2005, 33(1), 54 〔한국 기록종 버섯 추가 목록(2001-2004)〕

16) 李址烈, **韓國 버섯 圖鑑,** 아카데미서적, 서울, 1988, 109

17) 이태수, 이지열, **한국기록종 버섯 재정리 목록,** 임업연구원, 2000

18) 최돈하, **서울대 대학원,** 1993 (노랑느타리의 Laccase에 의한 리그닌의 분해)

19) 한국 균학회, **버섯 이름, 한국명 통일안,** 2000, 176

20) Birch, G., **Adv. Carbohydr. Chem.,** 1963, 18, 201 (rev, Trehalose)

21) Brimacombe, J. S. et al., **The Carbohydrate,** Academic Press, 1972, 1A, 479 (Needles, Mannitol)

22) Chang, S. T., Miles, P. G., **Edible Mushroom and their Cultivation,** CRC Press, New York, USA, 1989

23) Cheung, L. M., Cheung Peter, C. K., Ooi Vincent, E. C., **Food Chem.,**

2003, 81, 249 (Antioxidant activity and total phenolics of edible mushroom extracts)

24) David, G. S., Barry, H. R., **Mushroom Poisoning,** CRC Press, USA, 1994

25) Dickinson, H., Lucas, J., **The Encyclopedia of Mushrooms,** Crescent Books, New York, USA, 1983

26) Gerhardt, E., **Pilze,** BLV Handbook, 1995

27) Hui, Y. F., Den, E. S., Chi, T. H., **J. Food Lipids,** 2002, 9, 35 (Antioxidant and free radical scavenging activities of edible mushrooms)

28) Ikekawa, T., Uehara, N., Maeda, Y., Nankinishi, M., Fukoka, F., **Cancer Res.,** 1969, 29, 734 (Antitumor activity of aqueous extracts of edible mushrooms－표고, 느타리, 팽이, 송이, 목이, 나메꼬)

29) Imazeki, R., Otani, Y., Hongo, T., **Color Illustration Mushrooms of Japan,** Yama-Kei Publisher Co. Ltd., Tokyo, Japan, 1988

30) **Japan Pat.,** 80 68, 293(1980); **CA,** 93, 148116 (Antitumor, Emitanins)

31) Kabir, Y., Kimura, S., **J. Nutr. Sci. Vitaminol.,** 1989, 35, 91 (Dietary mushrooms reduce blood pressure in spontaneously hypertensive rats)

32) Lee, G. D., Chang, H. G., Kim, H. K., **Kor. J. Food Sci. Technol.,** 1997, 29, 432 (Antioxidative and nitric-scavenging activities of edible mushrooms)

33) Lingberg, B. et al., **Acta Chem. Scand.,** 1953, 7, 591 (occur, Arabitol)

34) McDonnell, J. E. W., Esselen, W. B. Jr., **Food Res.,** 1947, 12, 118 (Carbohydrates in Cultivated mushrooms)

35) Manzi, P., Gambelli, L., Marconi, S., Vivanti, V., Laura Pizzoferrato, L. **Food Chem.,** 1999, 65, 477 (Nutrients in edible mushroom and interspecies comparative study—*P. ostreatus, P. eryngii, P. pulmonarius, Lentious edodes*)

36) Pegler, D. N., **The Concise Illustrated Book of Mushrooms and Other Fungi,** Gallery Books, New York, USA, 1989

37) Suzuki, W., Ikegawa, T., **J. Kokai, Tokyo, Koho,** 1978, 78, 106 (Anti-

cancer substances and emitanin)

38) Toyomasu, T., Mori, K., **Mushroom Sci.**, 1989, 12(1), 151 (Characteristics of the fusion products obtained by intra-and inter specific protoplast fusion between *Pleurotus* species)

39) Yoshida, M., Kato, S. -I., Oguri, S., Nagata, Y., **Biosci. Biotech. Biochem.**, 1994, 58(3), 498 (Purification and properties of lectins from mushroom, *Pleurotus cornucopiae*)

Hericium erinaceum
(Bull. ex. Fr.) Pers.
Hericium caput-medusae (Fr.) Pers.
Hydnum erinaceum Fr.

노루궁뎅이버섯 16

산호침버섯과 (Hericiaceae)

- 중국명 | 猴頭(원숭이머리버섯)
- 일명 | Yamabushitake, Houtou
- 분포 | 한국, 북반구 온대 이북
- 용도 | 자실체(식용)

✽ 식물학적 특성

가을에 활엽수의 생나무, 죽은 나무에 발생하는 목재 백색 부후균. 자실체는 지름 5~25㎝, 반구형. 나무 줄기에 매달림. 윗면에는 짧은 털이 빽빽, 전면에는 길이 1~5㎝의 무수한 침이 수염 모양으로 땅을 향하여 늘어짐. 처음에는 백색, 후에 담황색. 조직은 백색 스펀지상, 자실층은 침 표면. 포자는 유구형, 표면에 미세한 돌기, 아밀로이드, 포자문은 백색이다.

동속 버섯에는 수실노루궁뎅이버섯(*H. ramosum*)과 산호침버섯(*H. coralloides*) 등이 있고, 모두 식용한다.

✽ 성분

1) 특수 성분

노루궁뎅이버섯에서 9, 10-Dihydroxy-8-oxo-12-octadecen acid (O-00160), *Chitin(C-00924), Erinicine(E-01494), Erinacine A, B, C(E-01494), Hericenone A(H-00477), B(H-00478), Hericenone C(D-03243), D(D-03243), E(D-03243), F, G, H, Hericerin(H-00479), HerierinⅢ(B-00546), Herierin Ⅳ(H-01720),

9, 10-Dihydroxy-8-oxo-12-octadecenic acid, Erinacine A, B, C, D, Oleanolic acid(H-02589), 4-Chloro-3,5-dimethoxybenzoic acid; Me ester(D-02946), Behenic acid(D-03514), Palmitic acid(H-00575), Teracosanic acid(T-00278), 5α-Ergostan-3-one(E-01483), 5α-Stigmaten-22-en-3-one(S-01372), 5α-Stigmastan-3-one(S-01345), Lectin, Heteroxylglucan(L-00533), Glucoxylanprotein(X-00092), Galactoxylglucan(L-00533), Glucoxylan(X-00092), Xylan (X-00092), Sialic acid binding lectin 등이 분리되었다.

✲ 생리 활성

생리 활성 : 노루궁뎅이버섯은 sarcoma 180(mouse)과 HeLa 세포 증식 억제, 항염 및 항균 효과가 있고, 소화 촉진, 위점막 보호 및 기능 증강, 궤양 치유 촉진, 면역 증강 효과가 있다. HeLa cell 증식 억제는 hericenone A, B와 9, 10-dihydroxy-8-oxo-12-oxodecenic acid에 의하며, 추출물에서 antimutagenic activity 및 quinone reductase 유도 효과, benzopyrene 유발 간독성에 대한 보호 효과가 있으며, atrophic gastritis, immunomodulatory effect, antitumor 효과가 있다.

간 독성 보호 효과 : 노루궁뎅이버섯의 간 손상 억제 작용을 확인하고자, B(α)P 유도 간 독성 mouse에서 과산화 지질, 항산화 관련 효소 및 물질 변화를 관찰한 결과, B(α)P 투여로 혈청 ALT와 AST 활성, 간 조직의 과산화 지질, cytochrome P450, SOD, catalase, GSH-Px의 활성은 증가되었고, GSH와 GST 활성은 감소하였다. 반면, 노루궁뎅이버섯 MeOH ex 전처리로 ALT, AST, 과산화지질, cytochrome P450, 항산화 효소, SOD, catalase 및 GSH-Px 활성이 유의적 감소를 보였으며, GSH 함량과 GST 활성은 증가하였다. 그리고 mouse의 간 조직 cytochrome P450A isoenzyme의 단백질 발현을 western blotting 조사 결과, B(α)P 투여로 대조군에 비해 현저히 증가한 단백질 발현이 노루궁뎅이버섯 MeOH ex 투여로 감소됨을 확인하였다. 이상으로 노루궁뎅이버섯 MeOH ex는 생체 내에서 자유기로 야기되는 간장의 산화적 손상을 효과적으로 억제할 수 있을 것으로 생각되었다.

항 돌연변이 및 암 예방 효과① : 노루궁뎅이버섯의 돌연변이 억제 효과를 Ames test로 검색한 결과, 시료 MeOH ex와 분획물 자체에 돌연변이 원성은 없었으며, MeOH ex는 직접 변이 원인 MNNG와 간접 변이 원인 B(α)P의 돌연변이 유발성을 크게 저해하였다. 또 시료 MeOH ex에서 분리한 분획들도 유의성 돌연변이 억제 효과를 보였다. 특히 hexane, $CHCl_3$ 및 EtOAc 분획은 BuOH와 H_2O 분획보다 MNNG와 B(α)P에 더 큰 항돌연변이 효과를 보였다. 또 시료의 암 예방 효소계인 QR(Quinone Reductase)의 유도 활성을 hepalcle 7 세포주에 MeOH ex와 hexane, $CHCl_3$, EtOAc 분획물이 QR 활성을 유의적으로 증가시켰으나, 나머지 분획은 활성이 나타나지 않았다. 이상으로 노루궁뎅이버섯은 발암 물질로부터 생체를 보호하는 물질을 함유하고 있음을 알 수 있었다.

암 세포 성장 억제 조절 기전② : 암 세포 성장 저해 효과와 세포 주기 조절 인자 cyclin 단백질의 발현에 미치는 노루궁뎅이버섯(시료)의 영향을 조사하였다. 시료의 MeOH ex와 그 분획물의 인체 암 세포주 HT29와 $HepG_2$에 대한 MTT assay로 저해 효과를 실험 결과, MeOH ex와 hexane, $CHCl_3$, EtOAc 분획이 높은 암 세포 성장 저해 효과를 보였고, 농도 의존적이었다. 그러나 인체 정상 세포 Chang cell에 세포 독성은 없었다. 시료 MeOH ex는 $HepG_2$(간암 세포주)의 cyclin 발현에 미치는 영향은 MeOH ex가 cyclin A와 D 발현을 다소 감소시켰으며, 특히 cyclin B_1이 효과가 커 1㎎/㎖에서 48시간 처리 후, 대조군보다 단백질 발현을 30% 감소시켰다. 이 결과로 노루궁뎅이버섯은 세포 주기 중, G_2기에서 M기로 전환에 관여하는 cyclin B_1을 크게 감소시키므로 세포 주기 진행을 차단시켜 간암 세포의 증식을 억제시키는 것으로 나타났다.

추출 방법과 대식 세포 활성화 : 노루궁뎅이버섯의 열수 및 50% EtOH 추출 분획이 대식 세포의 활성화에 미치는 효과를 mouse 대식 세포주 RAW 264.7로 측정한 결과, NO 생산능은 2시간 열수 추출 분획과 60W에서 50% EtOH 3분간 microwave로 추출한 분획이 높았고, 활성 산소 종(ROS)에 대한 소거 활성은 2시간 또는 3시간 열수 추출 분획과 60W에서 50% EtOH로 3분간 microwave로 추출한 분획 및 0.5% HCl로 추출한 분획에서 높았다. 50% EtOH 추출에서 60W, 80W 및 120W에서 3분간 microwave로 추출한 분획들이 RAW 264.7 세포의 *Candida albicans*에 대한 포식 활성의 유도가 크게 나타났다. 특히 50% EtOH로 60W에서 3분간 microwave로 추출한 분획은 NO 생산, ROS 소거 및 *C. albicans*에 대한 포식 활성의 전반적인 대식 세포의 활성화를 유도하였다. 즉 노루궁뎅이버섯의 60W에서 3분간 microwave에서 50% EtOH 추출 조건이 함유된 다당체 관련 대식 세포 활성화 성분이 유용하게 상용될 수 있음을 보였고, 단백 다당체가 활성 성분과 유관함을 시사 하였다.

균사체 배양 추출물의 항균 활성 : 구름버섯, 상황버섯(*Phellinus linteus*), 노루궁뎅이버섯의 균사체 배양액의 EtOAc 추출물이 돼지와 가금류의 설사유발 세균류인 *E. coli* K88, *E. coli* K99, *E. coli* 987P와 *Salmonella typhimurium* 14058 균주에 항균 활성을 보였다. 특히 구름버섯 추출물은 가장 강한 항균 활성을 보였고, kanamycin과 ampicillin에 내성을 보이는 *Staphylococcus aureus* CARM 3230과 *E. coli* CARM1381 균주에도 세 버섯 배양 추출물 모두 항균 활성을 보였으며, 구름버섯 추출물이 강하였다.

혈전 분해 효소 활성 : 인공 재배 버섯의 배양액과 균사체의 혈전 분해 효소 활성을 조사한 결과, 조효소 추출물의 혈전 분해 활성은 활성이 매우 낮거나 없었으며, 장수, 만가닥, 영지, 느타리, 토끼털 송편, 뽕나무버섯 균사체의 혈전 분해 활성이 0.42u 이상으로 높았고, 자실체의 혈전 용해 활성은 0.17~0.94u로 느타리, 새송이, 아위버섯의 활성이 0.54, 0.57, 0.94u로 매우 높았으며(모두 느타리과), 팽이, 양송이, 노루궁뎅이버섯의 활성은 0.23u 이하로 매우 낮았다.

새로운 균사 배양 조성 : 노루궁뎅이 균사체의 증산 배양기 조성을 실험한 결과, 최적 온도 25℃, pH 4에서 160.5㎎으로 가장 건물중이 높았고, 탄소원 중 glucose, sucrose, galactose, mannose 순으로 균사 생장과 균사 밀도가 우수하였다. 무기태 질소원은 ammonium acetate 30mM에서 생장이 양호,

amino acid 중 arginine 15mM에서 우수하였다. C/N율 200에서 35.9㎜균사 생장 최대치를 보였다. 이 새로운 Ko 배지와 기존 배지 간의 한천 배지상에서 균사 생장을 비교한 결과, Ko 배지에서 가장 우수한 균사 생장과 균사 밀도를 보였으며, Ko 배지 조성은 glucose 18.02g, arginine 3.613g, ammonium acetate 2.313g, $CaCl_2$ 0.33g, KH_2PO_4 8.5g, $MgSO_4 \cdot 7H_2O$ 2.0g, $FeSO_4 \cdot 7H_2O$ 0.02g, $ZnSO_4 \cdot 7H_2O$ 0.02g, $MnSO_4 \cdot 7H_2O$ 0.02g, 물 1 *l* 였다.

균사 생장과 자실체 형성 조건 : 노루궁뎅이버섯의 재배를 위한 기질을 연구한 결과, 참나무 톱밥 80% + 미강 20% 기질이 균사 생장, 균사 밀도, 자실체 생산량, 생물학적 효율이 우수하여 종균용 기질로 적합하였다. 그러나 봉지 재배법을 이용한 농가에서는 면조각 40% + 참나무 톱밥 40% 기질에 옥수수 및 미강을 각각 10%씩 영양원으로 첨가한 기질에서 자실체 생산 및 생물학적 효율이 우수하였다.

뽕나무 배지와 자동 산화 억제 : 뽕나무 첨가 배지에서 배양한 버섯 균사체 배양물의 자동 산화 억제 효과를 알고자, 뽕나무 첨가 배지에 상황, 느타리, 동충하초, 신령버섯, 노루궁뎅이버섯을 7일간 액체 배양하고, 균사를 제거한 배양물에 대한 항산화성을 275μM linoleic acid에 시료(1㎎)를 첨가 40℃ 에서 16일간 배양한 결과, 신령버섯과 노루궁뎅이버섯의 항산화능이 우수하여, 뽕나무는 버섯 균사체 액체배양물의 항산화성을 증가시켰다.

재배 방법과 수율 : 노루궁뎅이버섯의 수확량은 병재배시 356g/850㎖로, 봉지(pot) 재배 시 810g/2500㎖보다 많았으나, 회수율은 병(850㎖) 재배 시(147.8%)가, 봉지(pot) 재배 시(114.3%)보다 많았다. 발이 유기 시 병 긁기는 하지 않는 것이 좋았으며, 특히 병 마개를 막아 두는 것이 수확량도 가장 많았고, 생물적 효율도 높았다. 노루궁뎅이버섯의 원목 재배 수종은 참나무, 물오리 나무, 포플러, 아카시아 나무 원목 순으로 좋았고, 참나무 원목 수량이 1195.5g/0.1㎥, 생물학적 효율이 17.3%, 초발이 소요 일수는 69일, 개체 중량은 14.3g이었다.

종균 배양 특성 : 노루궁뎅이버섯의 적합한 균 배양 조건은 적정온도 25℃, pH 5, 톱밥 배지의 수분 함량은 65~70%, 참나무 톱밥, 첨가 재료는 밀기울 이

었다. 또한 적정 첨가재료인 밀기울의 첨가량은 20%, $CaCO_3$ 첨가량은 0.1%, $MgSO_4$는 0.2%, sucrose 0.2%이었다.

열수 추출 조건의 최적화 : 노루궁뎅이버섯 추출물의 가용성 고형분은 설정된 추출 온도와 시간에는 영향을 받지 않는 것으로 나타났으며, 용매에 대한 시료비가 증가할수록 가용성 고형분이 증가하였고, phenol성 물질과 조단백 함량도 추출 온도보다 용매에 대한 시료비가 더 큰 영향을 주었다. 추출물의 전자공여 작용은 용매에 대한 시료비와 추출 온도의 상승에 따라 증가하다가 최적 추출 조건에서 최대점을 보이다가 이후 감소하였다. 이들 추출물의 특성을 모두 만족시키는 추출 온도는 91.5~96.5℃, 용매에 대한 시료비 3.5~4.2g/100㎖이었다.

식용 야생 버섯 : 식용 야생 버섯을 조사한 결과, 송이, 목이, 팽나무버섯, 노루궁뎅이버섯, 꽃잎버섯, 그물버섯, 비단그물버섯, 구름버섯, 애기무당버섯, 기와버섯, 국수버섯, 나팔버섯, 젖버섯, 굴털이, 향버섯(능이), 갓버섯, 들버섯, 주름버섯, 싸리버섯, 붉은싸리버섯, 말뚝버섯, 알버섯, 긴대안장버섯, 말불버섯, 곰보버섯, 망태버섯, 덕다리버섯, 흰가시버섯 등이 있었다.

설기떡의 품질 특성 : 노루궁뎅이버섯을 0, 3, 6, 9% 첨가하여 제조한 설기떡의 품질 특성을 관찰한 결과, 수분 함량은 39.98~41.63%(대조구 39.02%), 색도는 버섯 첨가량 증가에 따라 명도는 낮아졌고, 적색도와 황색도는 증가하였다. texture는 버섯 첨가량에 따라 별 변화가 없었고, 관능 검사 결과 3%(4.90)과 6%(5.10)첨가 설기떡에서 선호도가 높았다.

✲ 효능과 이용

1) 효능 : 소화 촉진, 자양, 이오장(利五臟).
2) 식용 : 채소나 스프로 식용. 약선요리 재료, 통조림(중국)으로 개발.
3) 약용 : 한방에서는 위궤양, 십이지장궤양, 만성위염, 만성위축성 위염 등 소화기계 질병, 식도암, 위암, 장암 및 신경쇠약, 신체 허약 등에 응용되며, 민간에서는 소화불량, 신경쇠약, 신체 허약 등에 이용.

참고문헌

1) 고한규, 김동영, 박원목, **균학회지,** 1997, 25(4), 369 〔노루궁뎅이버섯(*Hericium erinaceus*)의 새로운 균사 배양의 조성〕

2) 고한규, 박혁구, 김성환, 박원목, **균학회지,** 2004, 32(2), 89 〔톱밥 및 농업 부산물 이용 배지상에서 노루궁뎅이버섯(*Hericium erinaceum*)의 균사 생장 및 자실체 형성〕

3) 김경수, 유창현, 차동열(공역), **최신 식용 버섯 재배 기술,** 현암, 1995

4) 김석종, 임동길, 박철우, 세르보로다메, 형석원, 이강권, 김정옥, 하영래, **식품영양학회지,** 2004, 33(2), 255 (뽕나무가루 첨가 배지에서 배양한 버섯 균사체 배양물의 자유라디칼 유도산화억제–동충하초, 신령버섯, 느타리, 노루궁뎅이버섯)

5) 김성필, 최용희, 강미영, 남석현, **응용생명화학회지,** 2005, 48(3), 285 (노루궁넹이버섯 추출 공정별 추출물의 내식 세포 활성화에 대한 효과)

6) 박선희, 김옥미, 이갑량, **식품영양과학회지,** 2001, 30(6), 1287 (노루궁뎅이버섯 추출물의 항돌연변이원성 및 Quinone Reductase 유도 효과)

7) 박선희, 김지영, 장종선, 오은정, 김옥미, 배준태, 김현정, 하대중, 이갑랑, **식품영양과학회지,** 2001, 30(5), 928 (노루궁뎅이버섯 추출물의 벤조피렌 유발 간 독성에 대한 보호 효과)

8) 박선희, 장종선, 이갑랑, **식품영양과학회지,** 2003, 32(6), 931 (노루궁뎅이버섯 추출물이 암 세포의 성장과 세포 주기 조절 단백질에 미치는 영향)

9) 박완희, 이호득, **한국약용버섯도감,** 교학사, 서울, 1999, 442

10) 박주웅, 김택, 임동준, 이향범, 주이석, 박용일, **균학회지,** 2004, 32(2), 145 (가축 질병 세균 및 항생제 내성 세균에 대한 버섯 균사체 배양 추출물의 항균 활성)

11) 福島清吾譯, **抗癌中藥 臨床應用,** 医歯薬出判 株式會社, 1988

12) 윤숙자, 이미영, **조리과학회지,** 2004, 20(6), 575 (노루궁뎅이버섯 분말을 첨가한 설기떡의 품질 특성)

13) 應建浙, 卯曉嵐, 馬啓明, 宗毓臣, 文華安, **中國藥用眞菌圖鑑,** 科學出版社, 1987 (생리 활성)

14) 이지열, **균학회지,** 1975, 3(1), 40 (야생 버섯을 식용하자—노루궁뎅이버섯 등)

15) 장현우, 노문기, **균학회지,** 1999a, 27(4), 249 (노루궁뎅이버섯의 재배 방법에 따른 수량성)

16) 장현우, 노문기, **균학회지,** 1999b, 27(4), 252 (노루궁뎅이버섯의 종균 배양적 특성)

17) 정재현, **충주대 논문집**, 2000, 35(2), 711 (*Hericium erinaceum* 균사체 생산을 위한 액체배양)

18) 中國 本草 圖錄 編輯 委員會 編, **中國 本草圖錄,** 鼎談 出版社, 1992

19) 최낙식, 서승염, 김승호, **식품과학회지,** 1999, 31, 533 (혈전용해능을 갖은 버섯류의 탐색 - 만가닥, 영지, 느타리, 토끼털송편, 새송이, 송이, 노루궁뎅이, 팽이, 양송이, 장수버섯)

20) 최미애, 박난영, 정용진, **식품영양학회지,** 2004, 33(6), 1068 (노루궁뎅이버섯의 열수 추출 조건의 최적화)

21) 최한석, 김명곤, 박효숙, 김재성, 심명화, 김성준, **식품과학회지,** 2005, 37(6), 1039 (인공 재배 버섯의 혈전분해 효소 활성검색—노루궁뎅이, 만가닥버섯, 영지, 느타리, 뽕나무버섯, 새송이, 양송이, 팽이, 장수버섯)

22) Aronone, A., Cardillo, R., Nasini, G., de Pava, O. V., **J. Natrual Prod.,** 1994, 57, 602 (Secondary mold metabolites : part 46, Hericines A-C and Erinapyrone C, New metabolites produced by the Fungus *Hericium erinaceus*)

23) Austin, P. R., et al., **Science** (Washington D. C.) 1981, 212, 749 (rev. Chitin)

24) Battilana, P., Ornstein, K., Minihira, K., Schwarz, J. M., Acheson, K., Schneiter, P., Burri, J., Jequier, E., Tappy, L., **Eur. J. Clin. Nutr.,** 2001, 55, 327 (Mechanisms of action of β-glucan in postprendial glucose metabolism in healthy men)

25) Bischoff, B. et al., **Helv. Chim. Acta,** 1949, 32, 1911 (struct, Oleanolic acid)

26) Bleyberg, W. et al., **Chem. Ber.**, 1931, 64, 2504 (oil, cryst, Teracosanic acid)

27) Chanda, S. K. et al., **J. Chem. Soc.**, 1950, 1289 (isol, Xylan, Hemicellulose, Pentosan)

28) Chang, H. Y., Roh, M. G., **Kor. J. Mycol.**, 1999, 27, 252 (Physiological characteristics of *Hericium erinaceus* in saw dust media)

29) Chang, S. T., Miles, P. G., **Edible Mushroom and Their Cultivation,** CRC press, 1989, 120, 307

30) Chen, G. L., **The Edible Fungi Research Institute of the Shanghai Academy of Agricultural Science,** China, 1992 (Studies on the cultivation and the medicinal efficacy of *Hericium erinaceus*)

31) Cheung, L. M., Cheung Peter, C. K., Ooi Vincent, E. C., **Food Chem.**, 2003, 81, 249 (Antioxidant activity and total phenolics of edible mushroom extracts−노루궁뎅이, 왕송이)

32) Chiu, R. S., **Edible Fungi,** 1981, 1, 24 (Growth conditions for *Hericium*)

33) Choi, M. A., Park, N. Y., Jeong, Y. J., Shin, S. R., **Kor. J. Food Preservation,** 2003, 10, 560 (Characteristics of *Hericium erinaceus* and its extracts)

34) Choi, M. A., Park, N. Y., Woo, S. M., Jeong, Y. J., **Kor. J. Food Sci. Technol.**, 2003, 35, 777 (Optimization of extraction conditions from *Hericium erinaceus* by response surface methodology)

35) Conti, G. et al., **J. Mol. Struct.**, 1984, 118, 237 (cryst, struct, Behenic acid)

36) De Pascual, T. J. et al., **An. Quim.**, 1978, 74, 311 (isol, 4-Chloro-3,5-dimethoxy benzoic acid; Me ester)

37) Gregory, F. J., Healy, E. M., Agersboeg, H. P. K. Jr., Warren, G. H., **Mycologia,** 1966, 58, 80 (Studies on antitumor substances produced by Basidiomycetes)

38) Gunstone, F. D., **Chem. Phys. Lipids,** 1977, 18, 115 (9, 10-Dihydroxy-8-oxo-12-octadecenoic acid)

39) Ikekawa, T., Uehara, N., Maeda, Y., Nakamishi, M., Fukuoka, F., **Cancer Res.**, 1969, 29, 734 (Antitumor activity of aqueous extracts of some edible mushroom)

40) Hayashi, S. et al., **Chem. Pharm. Bull.**, 1969, 17, 163 (isol, 5α-Ergostan-3-one)

41) Huguang, P., **Edible Fungi of China**, 1992, 2(4), 40 ; 2(5), 29 (High yield and quality cultivation of *Hericium erinaceus* under new technology)

42) Kabir, Y., Kimura, S., **J. Nutr. Sci. Vitaminol.**, 1989, 35, 91 (Dietary mushrooms reduce blood pressure in spontaneously hypertensive rats)

43) Kawagish, H. et al., **Tetrahedron Lett.**, 1990, 31, 373 (isol, cytotoxic, cryst, Hericenone A, B)

44) Kawagish, H. et al., **Tetrahedron Lett.**, 1991, 32, 4561 (Synthesis of stimulates nerve growth factor, Hericenone C, D, E)

45) Kawagishi, H., Shimada, A., Hosokawa, S., Mori, H., Sakamoto, H., Ishiguro, Y., Sakemi, S., Bordner, J., Furukawa, S., Erinacines, E. F., **Tetrahedron Lett.**, 1996, 37, 7399 〔G stimulators of nerve growth factor (NGF) synthesis from mycelia of *Hericium erinaceum*〕

46) Kawagishi, H., Shimada, A., Shirai, R., Okamoto, K., Ojima, F., Sakamoto, H., Ishiguro, Y., Furukawa, S., **Tetrahedron Lett.**, 1994, 35, 1569 〔Erinacines A, B and C, Strong stimulators of Nerve Growth Factor (NGF)-Synthesis, from the mycelia of *H. erinaceum*〕

47) Kawagishi, H., Shimada, A., Shizuki, K., Mori, H., Okamoto, K., Sakamoto, H., Furukawa, S., **Heterocyclic Commun.**, 1996, 2, 51 (Stimulator of NGF—Synthesis, from the Mycelia of *Hercium erinaceum*)

48) Kimura, Y. et al., **Agric. Biol. Chem.**, 1991, 55, 2673 (isol, pollen growth inhibitor, needles, Hericerin)

49) McDonnell, J. E. W., Esselen, W. B. Jr., **Food Res.**, 1947, 12, 118 (Carbohydrates in Cultivated mushrooms)

50) Micozzi, M. S., Tangrea, J. A., **Nutrition and Cancer prevention**, Moon,

T. E., Micozzi, M. S(eds.), Marcel Dekker, Inc. New York, USA, 1989, 3 (General introduction : Relation for the nutritional prevention of cancer)

51) Mizuno, T., Wasa, T., Ito, H., Suzuki, C., Uka, N., **Biosci. Biotechnol. Biochem.**, 1992, 56, 347 (Antitumor active polysaccharides isolated from the fruiting body of *Hericium erinaceus*, an edible and medicinal mushroom called yamabushitake or houtou)

52) Mizuno, T., **Food Res. International,** 1995, 11, 173 (Yamabushitake, *Hericium erinacium* : Bioactive substances and medicinal utilization)

53) Okamoto, K. A., Shimada, R., Shirai, H., Sakamito, S., Yoshida, F., Olima, Y., Ishiguro, T., Sakai, T., Kawagishi, H., **Phytochemistry,** 1993, 34, 1445 (Antimicrobial chlorinated orcinol derivatives from mycelia of *Hericium erinaceum*)

54) Park, S. H., Kim, J. Y., Chang, J. S., Oh, E. J., Kim, O. M., Bae, J. T., Kim, H. J., Hae, D. J., Lee, K. R., **J. Kor. Soc. Food Sci. Nutr.**, 2001, 30, 928 〔Protective effect of *Hericium erinaceus* extracts on hepatic injury induced by benzo(α)pyrene in mice〕

55) Pervaiz, S, M, et al., **Z. Naturforsch. C,** 1975, 30, 571 (struct. Chitin)

56) Polensky, J. et al., **Bull. Soc. Chim. Fr.**, 1962, 1715 (isol, cryst, 5α-Stigmastan-3-one)

57) Qian, F. et al., **CA**, 1991, 114, 20976g (isol, Herierin Ⅲ, Herierin Ⅳ)

58) Takeda, K. et al., **Chem. Pharm. Bull.**, 1958, 6, 536 (isol, struct, 5α-Stigmaten-22-en-3-one)

59) Ward, K. Jr. et al., **The Carbohydrates,** Academic Press, USA, 1970, 2A, 413 (β-glucan, Lichenin)

60) Wasser, S. P., Weiss, A. L., **Crit. Rev. Immunol.**, 1999, 19, 65 (Therapeutic effects of substances occurring in higher Basidiomycetes mushroom: a modern perspective)

61) Xu, C. P. et al., **Chin. Med. J.**, 1985, 98, 455 (Atrophic gastritis therapeutic effect)

62) Yang, B. K., Park, J. B., Song, C. H., **Biosci. Biotechnol. Biochem.**, 2003, 67, 1292 (Hypolipidemic effect of a submerged mycelial culture of *Hericium erinaceus*)

63) Yearul, K. A., Shuichi, K., **J. Nutr. Sci. Vitaminol.**, 1989, 35, 91 (Dietary mushroom reduce blood pressure in spontaneously hypertensive rat)

64) Ying, I., Mao, X., Ma, Q., Zong, Y., Wen, H., **Icones of Medicinal Fungi from China**, Science Press, Beijing, China, 1989, 279

Isaria japonica Yasuda
Paecilomyces japonica

눈꽃동충하초 17

맥각균과 (Clavicipitaceae)

• 영명 | Vegetable wasps, plant worms, Cordyceps.
• 중국명 | 雪花冬蟲夏草(설화동충하초)
• 분포 | 한국, 일본, 네팔
• 용도 | 자실체(약용, 식용)

✲ 식물학적 특성

자실체는 높이 1~4㎝, 산호형, 황갈색의 분생자 병속(分生子炳束)과 산호형의 두부로 이루어지고, 두부 표면에는 흰 눈꽃이 핀 것같이 분말상의 백색 분생포자(分生胞子)로 덮여 있다. 분생 포자는 자극에 의해 쉽게 비산(飛散)한다. 가을 숲속의 낙엽 속 또는 땅속의 곤충, 특히 나비목의 유충, 성충, 번데기에 침입하여 기생하고, 산호형 다발의 자좌(子座)를 형성하는 불완전 세대형 버섯이다.

근래 잠사 곤충 연구소에서 누에를 이용, 인공 배양에 성공하였다.

✲ 성분

1) 특수 성분

눈꽃동충하초에서 * N^6-(2-Hydroxyethyl) adenosine(H-01709)이 분리되었으며, *Isaria* 속 식물에서 Beauverolide B(B-00182), C(B-00184), N^6-(2-Hydroxyethyl) adenosine(H-01709), Isarolide (I-00254)가 분리 규명되었고,

Paecilomyces(japonica) 속 식물에서 β-(1→3)-Glucan, Galactosaminoglucan (항종양 성분), Ophiocodin(항진균 성분) 등이 분리되었다.

✻ 생리 활성

항고혈압 효과 : 동충하초(*Isaria japonica*)의 MeOH ex를 SHR 고혈압 쥐에 2~4주 투여한 후, 혈압과 심장박동을 간접적 tail-cuff와 직접적 방법으로 12 주령 rat(♂)에서 관찰한 결과, 시료 30㎎/㎏/day에서 수축 기압이 200에서 112㎜Hg로, 이완 기압 114에서 88㎜Hg로 감소하였다. 더구나 이 MeOH ex는 positive control인 captopril 30㎎/㎏/day은 ACE 저해로 수축 기압 201에서 130㎜Hg로, 이완 기압 102에서 92㎜Hg로 감소시켰으나, 정상 wistar Kyoto rat에서 동충하초 MeOH ex는 정상 혈압에는 작용이 없어, 혈압에 대해서는 선택적인 효과를 보여 동충하초는 항고혈압 식품/항고혈압제로 이용될 수 있을 것으로 생각되었다.

고지방 식이와 지질 대사 : 표준 식이에 15% 돈지를 첨가 급여한 고지방 식이군과, 고지방 식이에 3% 시료 균사체 첨가 식이로 각각 5주간 사육한 후, 체중, 간의 무게를 측정한 결과, 대조군과 유사하였으나, 간의 cholesterol과 중성 지질은 감소되어 눈꽃동충하초가 지질대사에 바람직한 영향을 주는 것으로 나타났다.

항균 작용 : 동충하초(눈꽃, 번데기동충하초), 쑥, 솔잎을 물과 70% EtOH로 추출물을 3종의 gram(+)균〔*Bacillus subtilis* (Bs), *Listeria monocytogens* (Lm), *Staphylococcus aureus* (Sa)〕과 3종의 gram(-)균 〔*E. coli* (Ec), *Shigella sonni* (Ss), *Salmonella typhimurium* (St)〕인 식중독 및 병원성 세균에 대해 항균성을 검색한 결과, 눈꽃동충하초의 EtOH ex 1%에서 Lm에 항균성을, 번데기동충하초의 EtOH ex 3%에서 Sa에 항균성을 보였다. 쑥의 EtOH ex 1%에서 Lm과 Sa에 항균성을 보였으나, 눈꽃과 번데기동충하초 및 쑥의 H_2O ex는 항균성이 없었다. 솔잎 H_2O ex는 Ec 제외 모든 균주에, 솔잎 EtOH ex는 모든 시험 균주에 항균성을 보여 가장 광범한 항균 spectrum을 나타내었다.

액제 배지 내 솔잎 ex의 세균 증식 억제 작용은 EtOH ex가 H_2O ex보다 컸다(동충하초의 추출수율은 물과 EtOH 모두 자실체의 39~58%로 균사체 9~24%보다 2.4~4.4배 많았다).

혈당 저하능① : 동충하초 섭취 후 공복 혈당은 27.5%, 식후 혈당은 35.5%가 감소하였으며, 복용 중단 2주 후에도 실험 전 혈당 수준과 비교할 때 각각 18.2%, 27.2% 저하가 유지되었다. 남자 당뇨환자의 공복 혈당은 28.5%, 식후 혈당은 33.5%, 여자 당뇨환자의 공복 혈당은 26.1%, 식후 혈당은 37.3% 감소되었다. 이 결과로 동충하초는 인슐린 비의존형(NIDDM) 성인 당뇨환자의 혈당을 감소시키는 기능성 식품으로의 활용이 기대되었다.

혈당 강하 성분과 Glucokinase 활성② : 혈당 강하 기능성 성분을 *P. japonica*와 *Cordyceps militaris*에서 분리, 간 세포 내 glucokinase 활성을 측정, 항 당뇨 기전을 규명코자 하였다. 동충하초에서 분리된 fraction A의 간 세포 내 glucokinase 활성은 대조군과 비교, *C. militaris*는 371.4%, *P. japonica*는 379%로 증가하였고, fraction B는 *C. militaris* 314.2%, *P. japonica* 147.4% 증가하여 *C. militaris*의 fraction B가 *P. japonica*보다 2배 이상의 glucokinase의 활성이 증가하였다. in vivo에서는 *C. militaris* 첨가군의 glucokinase 활성은 대조군에 비해 1,300% 이상 활성 증가를 보여 간세포 내 glucokinase 활성을 현저히 증가시켰다.

버섯 균사체와 배양 곡물의 혈당 강하③ : 혈당 강하 효능이 있는 버섯 배양 곡물을 개발하기 위해 수 종의 버섯균과 버섯 배양 곡물의 식후 혈당 상승 억제를 조사하였다. 균사체의 포도당 투과 지연 효과를 측정한 결과, 120분 동안 투석 후 전체 포도당 중 13.1±3.6~41.8±8.0% 포도당이 투석막 내액에 잔존하여 대부분의 균사체가 pectin보다 포도당의 투석막 투과가 지연되었다. 당뇨 쥐에 균사체를 투여 후, 혈당은 30분 후에 389.4±43.8~426.8±49.4㎎/*dl*로 대조구(535.3±78.6)보다 낮아 버섯 균사체가 식후 혈당 상승 억제가 우수한 것으로, 특히 *Phellinus linteus*와 *Paecilomyces japonica*가 우수하였다. *P. japonica* 배양 버섯 배양 곡물을 당뇨 쥐에 투여한 후 혈당 변화를 조사한 결과, 균사체를 배양하지 않은 곡물에 비해 혈당의 상승이 낮은 것으로 나타났다(동충하초, 영지, 목진흙버섯, 느타리).

뽕나무 배지 균사체 생리 활성-산화억제① : 뽕나무가루 첨가 배지에서 배양한 느타리 균사체 배양물의 조추출물이 자유라디칼로 유도한 linoleic acid 산화 대조구보다 75.9% 감소시켰고, mouse liver microsome 산화에서도 NADPH/Fe^{++} system에서 64.3%감소시켰다. 상황버섯과 동충하초버섯 균사체 배양물의 조추출물에서도 자유라디칼 유도 산화 억제 효과가 느타리 조추출물과 유사하나 낮았다.

뽕나무 배지와 자동 산화 억제 효과② : 뽕나무 첨가 배지에서 배양한 버섯 균사체 배양물의 자동 산화 억제 효과를 알고자, 뽕나무 첨가 배지에 상황, 느타리, 동충하초, 신령버섯, 노루궁뎅이버섯을 7일간 액체 배양하고, 균사를 제거한 배양물에 대한 항산화성을 275㎛M linoleic acid에 시료(1㎎)를 첨가 40℃에서 16일간 배양한 결과, 신령 버섯과 노루궁뎅이버섯의 항산화능이 우수하여, 뽕나무는 버섯 균사체 액체배양물의 항산화성을 증가시켰다.

지방대사, 항산화 및 면역능 : 누에동충하초(*C. militaris*)와 *P. tenuipes* 동충하초의 건분과 물 추출 첨가 식이로 4주간 사육 후, 혈장, 간, 변의 총 지방, 중성지방, cholesterol을 분석하여 지질 대사를, 혈장과 간의 TBARS량, 적혈구와 간의 SOD활성, 간에서의 SOD활성으로 항산화능을, 비장 세포의 증식능과 말초혈액 면역 세포 분포로 면역능을 조사한 결과, *C. militaris*와 *P. tenuipes*는 모두 항산화능과 면역능을 향상시켰으며, *C. militaris*의 물 추출물은 항산화 및 면역능을 가장 효과적으로 향상시켰으나, *P. tenuipes*는 건분(2%)군의 항산화능은 *C. militaris* 물 추출물보다 약하였고, 대조군보다는 약간 증가시켰다.

단백질 분석과 동충하초 분류 : 동충하초의 종간 또는 종내의 근연 관계를 규명코자 단백질 분석을 실시한 결과, 25개 공시 균주는 85% 유사도 범위 내 3개 group으로 분류되었다. *C. militaris*군과 가장 가까운 군은 *C. kyushuensis*와 *C. pruinosa*로 87% 상동성을, *C. pruinosa*와 *kyushuensis* 간에 88% 상동성을 보였다. 평판 배지에서 분자포자를 형성하는 *C. bifusispore*는 불완전균인 *Paecilomyces tenuipes*와는 89%, *C. scarabaeicola*는 이 두종과 82%

상동성을 보였다.

형태적 특징과 단백질 Pattern에 의한 분류 : 강원도 춘성군 강원대 연습림 등 강원 일대 산지에서 1993년 6~9월까지 채집된 동충하초속균의 자실체는 *C. militaris, C. roseostromata, C. kyushuensis, C. scarabaeicola, Phytocordyceps ninchukiospora, C. mutans, Paecilomyces tenuipes, C. sphecocephala, Hymenostille adonatae, Torrubiella* sp. 등 10종이었고, 분리 동정된 균주를 배양한 결과, PDA 배지가 가장 우수한 균사생장을 보였으며, 배지 내 산도는 *C. militaris* pH 5, *C. mutans*와 *Phytocordyceps ninchukiospora*는 pH 6, *Paecilomyces tenuipes*는 pH 7, *C. scarabaeicola*는 pH 9에서 균사생장이 왕성하였고, 20℃에서 생장율이 우수하였다. 유사한 균주 종간 또는 종내 유연관계를 protein banding pattern으로 관찰한 결과, *C. militaris , C. roseostromata, C. kyushuensis*는 근연종으로 clustering되었으며, *C. scarabaeicola, Phytocordyceps ninchukiospora*는 비교적 유연 관계가 먼 것으로 보였다.

분포와 분류 : 1990~1996년까지 16개소 채집지에서 분류 동정된 동충하초는 12속 33종으로 *Cordyceps bifusispora, C. martialis, C. oxycephala, C. paludosa, C. pentatomi, C. rosea, C. ryogamiensis, Shimizomyces, Paradoxa, Akanthomyces aculeatus, Polycephalomyces ramosus, Triachlidiopsis nigra* 등 14종은 국내 미기록종, 다수 채집된 동충하초는 *C. mutans, C. specocephala, Paecilomyces tenuipes* 전 채집지에 분포되었고, *C. militaris, C. kyushuensis, C. pruinosa* 등은 상대습도가 높은 7월 중순~8월 중순까지 나타났다. 채집된 동충하초 중 분리된 종은 *C. bifusispora*를 포함 *Cordyceps*속 9종, 불완전 균류의 *Beauveria bassiana, Metharizium anisopliae, Paecilomyces tenuipes, Verticillium lecanii* 등 총 13종, 분리된 *Cordyceps* 속 동충하초를 이용, 완전 세대와 불완전 세대의 관계를 규명한 결과, *C. militaris*와 *C. kyushuensis*는 *Verticillium* 속으로, *C. pruinosa*는 *Acremonium* 속으로 *C. sphecocephala*는 *Hymenostilbe* 속으로, *C. scarabaeicola*는 *Beauveria* 속으로 각각 규명되었다.

민속주의 생리 기능성 : 눈꽃동충하초 1.0% 함유-술덧밥에 코지 10%를 첨가, *Saccharomyces cerevisiae*로 25℃, 15일간 발효에서 알코올 함량이 가장 많았다. 눈꽃동충하초를 0.1, 0.5, 1.0, 2.0% 씩 첨가하여 제조한 눈꽃동충하초 민속주의 관능 검사와 생리 기능을 조사한 결과, 눈꽃동충하초 0.1% 첨가 민속주의 기호도가 가장 높았고, 혈전 용해 활성과 아질산염 제거 작용이 각각 11.2u와 19.8%로 대조구(동충하초 무첨가)보다 우수하였다.

동충하초 죽의 제조 최적화 : 동충하초 첨가 기능성 죽 제조에서 4차원 반응 표면 분석에 의하여 배합 조건에 따른 관능적 품질의 최적 조건을 연구한 결과, 색상의 최적 조건은 수침미의 찹쌀 비는 38.52%, 주입액량은 321.46㎖, 동충하초 함량은 1.30g, 맛의 최적 조건은 수침미의 찹쌀 비율은 64.86%, 주입액량은 270.66 ㎖, 동충하초량은 2.32g량의 최적 조건은 수침미의 찹쌀 비율은 65.33%, 주입액량은 275.37㎖, 동충하초량은 2.41g이었다. 즉석죽의 전반적인 기호도에 대한 최적 조건은 수침미에 대한 찹쌀은 40.94%, 주입액량 352.79㎖, 동충하초 함량은 1.27g으로 나타났다(눈꽃동충하초 *Paecilomyces japonica*).

동충하초 고추장의 특성 : 동충하초 분말 및 추출액을 고추장의 15% 첨가, 20℃, 90일간 숙성, 30일 간격으로 수분, pH, amino태 질소, 색도, 생균수를 측정한 결과, pH는 동충하초 고추장이 낮았고, 숙성에 따라 감소, 아미노태 질소는 숙성 60일까지 지속적 증가, 90일에 다소 감소하였고, 동충하초 첨가 고추장이 높았으며, 30일에 179.2㎎%, 60일에 282.2㎎으로 증가하였다. 색도는 동충하초 고추장이 L, a, b값이 감소되었고, 30일 숙성 동충하초 고추장의 관능 검사 결과, 대조군보다 어두운 색을 띄었고, 질감은 부드럽고, 윤기가 낮았으며, 짠맛은 시료 분말 첨가 고추장이 추출액 첨가 고추장이 강하였으며, 매운맛은 대조군보다 낮았다. 풍미는 시료 분말 첨가 고추장이 가장 좋았으나, 전체적인 선호도는 열수 추출액 첨가 고추장이 가장 좋았다.

동충하초 증편의 특성① : 눈꽃동충하초 증편을 제조, 발효 시간별 특성을 조사하였다. 색도에서 명도와 황색도는 1차 발효 후의 증편이 가장 높았으며, 발효 시간이 길어질수록 낮았고, 견고성은 2차 발효 90분 후 증편이 가장 높았으며, 껌성과 부서짐성도 발효시간 경과에 따라 상승하였다. 조직은 2차 발효 시간이 길어질수록 sponge상의 조직이 파괴되어 기공이 뚜렷하지 않았다. 관능 검사에서 색의 강도는 2차 발효 진행에 따라 강하였고, 단단함, 질김성, 쓴맛은 발효 시간 증가에 따라 높게 나타났다. 전반적 기호도는 1차 발효 3시간 후와 35℃에서, 2차 발효 30분이 최적 발효 조건이었다.

증편의 품질 특성과 저장성② : 쌀가루의 0~7%의 눈꽃동충하초를 첨가 증편을 제조하였다. 발효 전의 증편 반죽의 일반세균, 효모, 젖산균 수는 각각 $6.0\sim9.8\times10^6$, $5.3\sim9.0\times10^6$, $5.4\sim8.5\times10^6$ CFU/g이었다. 발효 과정에서 미생물 수는 0.3~0.4 log cycle 증가하였고, pH는 감소, 산도는 증가하였다. 증편의 저장 직전의 미생물 수는 5.0×10^1 CFU/g, 5℃ 저장 중 대조구의 세균 수, 효모, 젖산균 수는 각각 2.6, 2.4, 2.1 log cycle, 20℃ 저장 시 4.8, 4.6, 4.5 log cycle 최대의 균수에 도달하였다. 증편의 5℃와 20℃ 저장 중 동충하초의 첨가량이 많을수록 미생물의 증식이 억제, 높은 pH와 낮은 산도를 유지, 눈꽃동충하초 첨가는 미생물의 증식, pH와 산도의 변화를 억제, 증편의 저장성을 연장시키는 것으로 나타났다.

동충하초 빵의 특성 : 단백질 보강을 목적으로 눈꽃과 번데기동충하초를 첨가, 빵을 제조한 결과, 눈꽃동충하초 빵은 구수한 맛, 감촉, 향 등의 기호도가 높았으나, 번데기동충하초 빵은 기호도가 낮았다. 특히 번데기동충하초 첨가량 증가에 따라 부피가 감소, L값이 낮았고, 황색도(b)는 높았으며 경도도 높았다. 탄력성은 눈꽃과 번데기동충하초 첨가 식빵의 유의적인 차이가 없었다. 관능 시험 결과, 눈꽃동충하초는 4% 첨가빵이, 번데기동충하초는 2% 첨가빵이 기호도가 높았다.

일반 성분 : 동충하초 가식부 100g 중 수분 10.84%, 지방 8.4%, 조단백 25.32%, 탄수화물 28.9%, 회분 4.1%이며, 지방 성분 중 포화 지방산이 13%, 불포화 지방산이 82.2%, vitamin B_{12} 0.29㎎이었다.

✻ 효능과 이용

1) 효능 : 항종양 효과.
2) 식용 : 기능성 떡이나, 빵을 만들기도 하며, 음료에 첨가하여 식용한다.

3) 약용 : 복수암(mouse), 수명 연장 효과가 있고, 병후 허약증, 천식, 가래 등에 응용한다.

참고문헌

1) 고진복, 최미애, **식품영양과학회지,** 2003, 32(2), 238 (눈꽃동충하초가 고지방식이를 섭취한 흰쥐의 지질 대사에 미치는 영향)
2) 권상희, 우희종, 한대석, 김미경, **영양학회지,** 2001, 34(3), 271 (동충하초의 건분및 물 추출물이 흰쥐의 지방대사, 항산화 및 면역능에 미치는 효과)
3) 김병각, 김양섭, 석순자, 성재모, 신재용, 안영남, 한정혜, **버섯 건강요법,** 가림출판사, 서울, 2004
4) 김현숙, 노영주, 최면, **식품영양과학회지,** 2005, 34(2), 158 (*Cordyceps militaris*에 함유된 혈당 강화 성분이 간 Glucokinase 활성에 미치는 영향)
5) 김현숙, 최면, **식품영양과학회지,** 2005, 34(6), 821 (누에동충하초 섭취가 당뇨환자의 혈당 저하능에 미치는 영향—*Paecilomyces japonica*)
6) 성재모, **한국의 동충하초,** 교학사, 서울, 1966, 272
7) 심진영, 이연실, 임순성, 신국현, 현진이, 김성열, 이은방, **생약학회지,** 2000, 31, 163 (눈꽃동충하초의 약물 활성)
8) 박금순, 안상희, 최미애, **동아시아 식생활 학회지,** 2001, 11, 112 (동충하초를 첨가한 식빵의 품질 특성)
9) 박금순, 박어진, **식품영양과학회지,** 2004, 33(10), 1703 (발효시간에 따른 동충하초 첨가 증편의 품질 특성)
10) 박정식, 이대형, 김재호, 김나미, 이종수, **균학회지,** 2002, 30(2), 142 〔눈꽃동충하초(*Paecilomyces japonica*)를 이용한 민속주의 제조 및 생리 기능성〕
11) 박찬성, 권충정, 최미애, 최경호, **식품저장유통학회지,** 2002, 9(1), 102 (동충하초, 쑥 및 솔잎 추출물의 항균 작용)
12) 박찬성, 최미애, 박금순, **조리과학회지,** 2004, 20(6), 561 〔눈꽃동충하초(*Paecilomyces japonica*)를 첨가한 증편의 미생물학적 품질 특성 및 저장성〕
13) 방혜열, 박무현, 김건희, **식품과학회지,** 2004, 36(1), 44 〔누에동충하초

(*Pacecilomyces japonica*)를 첨가하여 제조한 고추장의 품질 특성 변화에 관한 연구]
14) 성재모, 이현성, 최영상, 김용욱, 김상희, 성기호, **균학회지,** 1997, 25(4), 239 (한국에서 채집된 동충하초의 분포와 분류)
15) 이기동, 김숙경, 정용진, 윤광섭, 신승렬, 구재관, **식품영양과학회지,** 2001, 30(5), 870 [동충하초(*Paecilomyces japonica*) 균사체를 이용한 즉석죽 제조조건의 최적화]
16) 이태수, 이지열, **한국기록종 버섯 재정리 목록,** 임업연구원, 2000
17) 송태철, 한대석, 이창호, 김명언, 정경아, 김해영, **식품과학회지,** 2005, 37(4), 648 (자양강장용 기능성식품이 흰쥐의 강제수영 능력에 미치는 영향—눈꽃동충하초 15%)
18) 정명희, 박금순, **식품영양과학회지,** 2002, 31(5), 743 (눈꽃과 번데기동충하초 첨가가 식빵의 품질 특성에 미치는 영향)
19) 최희돈, 석호문, 박용곤, 박영도, 김정애, **식품영양과학회지,** 2007, 36(10), 1257 (버섯 균사체 및 배양곡물의 혈당 강하 효과—동충하초, 영지, 목진흙버섯, 느타리)
20) 한국 균학회, **버섯 이름, 한국명 통일안,** 2000, 176
21) 한대석, 송효남, 김상희, **식품과학과 산업,** 1999, 32, 56 (동충하초—새로운 기능성 식품 소재)
22) Ahn, M. Y., Jee, S. D., Kim, J. Y., Han, J. W., Lee, Y. K., Lee, Y. W., Ryu, K. S., Lee, B. M., Jung, N. J., Kim, S. N., **J. Toxicol. Pub. Health,** 2004, 20, 339 (Thirteen-week repeated oral toxicity study of *Paecilomyces sinclairii* Sprague-Dawely rats)
23) Ahn, M. Y., Jung, Y. S., Jee, S. D., Kim, C. S., Lee, S. H., Moon, C. H., Cho, S. I., Lee, B. M., Ryu, K. S., **Arch. Pharm. Res.,** 2007, 30(4), 493 (Antihypertensive Effect of the Dongchughacho, *Isaria sinclairii*, in the Spontaneously Hypertensive rats)
24) Bang, H. Y., Park, M. H., Kim, G. H., **Kor. Food Sci. Technol.,** 2004, 36(1), 44 (Quality Characteristics of Kochujang prepared with *Paecilomyces*

japonica from silkworm)

25) Briggs, L. H. et al., **Tetrahedron, Suppl., No 8,** 1966, 269 (Struct. Isarolide)

26) Chang, S. T., Miles, P.G., **Edible Mushroom and their Cultivation,** CRC Press, New York, USA, 1989

27) Cheung, L. M., Cheung Peter, C. K., Ooi Vincent, E. C., **Food Chem.,** 2003, 81, 249 (Antioxidant activity and total phenolics of edible mushroom extracts)

28) Cho, S. Y., **Kor. Soc. Sericultural Sci., Kor. Soc. Lif. Sci.,** 1999, 78, Seoul, Korea [Cultivation and distribution of silkworm dongchunghacho (*Paceilomyces japonica*). Paper presented at 1st International Symposium on *Cordyceps*]

29) Choi, Y. W., Ahn, C. K., Cho, D., Son, B. G., Kang, J. S., Choi, Y. H., Lee, S. M., **J. Agric. Tech. Dev. Inst.,** 1998, 2, 90 (Effect of sugars and silk worm in culture medium on artificial fruit body of *Paceilomyces japonica*)

30) Elsworth, J. E., **J. Chem. Soc., Perkin Trans. 1,** 1980, 2878 (isol. Beauverolide Ca)

31) Furuya, T., Hirotani, M., Matsuzawa, M., **Phytochemistry,** 1983, 22, 2509 [N_6-(2-hydroxy ethyl) adenosine, A biologically active compound from cultured mycelia of *Cordyceps* and *Isaria* species]

32) Grove, J. F., **J. Chem. Soc., Perkin Trans. 1,** 1980, 2878 (isol. Beauverolide Ba)

33) Han, D. S., Lee, Y. C., Kim, S. H., Kim, Y. E., Song, H. N., **Kor. Food Res. Inst. Rep.,** 1999, 41 (Development of Dong-Chung-Ha-Cho beverage from *Paecilomyces japonica* mushroom cultured on silk worm)

34) Hartmann, G. C., Wasti, S. S., Hendrickson, D. L., **Appl. Ent. Zool.,** 1979, 14(2), 217 [Murine safety of two species of entomogenous fungi, *Cordyceps militaris*(Fries) Link and *Paecilomyces fumosoroseus*(Wize) Brown and Smith]

35) Hui, Y. F., Den, E. S., Chi, T. H., **J. Food Lipids,** 2002, 9, 35 (Antioxidant

and free radical scavenging activities of edible mushrooms)

36) Hung, L. F., Liang, Y. Z., Guo, F. Q., Zhou, Z. F., Cheng, B. M., **J. Pharm. Biomed. Anal.**, 2003, 33, 1155(Simultanous in *Cordyceps sinensis* and *Cordyceps militarris* by LC/ESI-MS)

37) Ikumoto, T., Sasaki, S., Namba, H., Toyama, R., Moritoki, H., Mouri, T., **Yakugaku Zasshi.**, 1991, 111, 504 (Physiologically active Compounds in the extracts from tochukao and Cultured mycelia of *Cordyceps* and *Isaria*)

38) Jaggfer, D. V., Kredich, N. M., Guarino, A. J., **Cancer Res.**, 1996, 21, 216 (Inhibition of Ehrlich mouse ascites tumor growth by cordycepin)

39) Kabir, Y., Kimura, S., **J. Nutr. Sci. Vitaminol.**, 1989, 35, 91 (Dietary mushrooms reduce blood pressure in spontaneously hypertensive rats)

40) Klenow, H., Overgaard-Hansen, K., **Biochim. Biophys. Acta,** 1964, 80, 500 〔Effect of cordycepin triphosphate on the incorporation of (18-^{14}C) adenine and (^{37}P) orthophosphate into the acid-soluble ribotides of Ehrich ascities tumor cells〕

41) Kwon, H. C., Zee, S. D., Cho, S. Y., Choi, S. U., Lee, K. R., **Arch. Pharm. Res.**, 2002, 25, 851 (Cytotoxic ergosterols from *Paecliomyces* sp. J 300)

42) Kwon, S. H., Woo, H. J., Han, D. S., Kim, M.K., **Kor. J. Nutr.**, 2001, 34, 271 (Effect of dried powders and water extracts of *Paecilomyces tenaipes* and *Cordyceps militaris* on lipid metabolism, antioxidative capacity and immume status in rats)

43) Lee, G. D., Chang, H. G., Kim, H. K., **Kor. J. Food Sci. Technol.**, 1997, 29, 432 (Antioxidative and nitric-scavenging activities of edible mushrooms)

44) Liu, Y. X., Wu, C. Z., Li, C. C., **Chin. J. Trad. Med.**, 1991, 16(4), 240 〔Antioxidation of *Paecilomyces sinensis* (S.pnov.)〕

45) Mau, J. L., Lin, H. C., Song, S. F., **Food Res. Int.**, 2002, 35, 519 (Antioxidant properties of several specialty mushrooms)

46) McDonnell, J. E. W., Esselen, W. B. Jr., **Food Res.**, 1947, 12, 118 (Carbohydrates in Cultivated mushrooms)

47) Mizuno, T., **Food Res. Int.**, 1995, 11, 7 (Bioactive biomolecules of mushroom fungi)

48) Oh, G. S., Hong, K. H., Oh, H., Pae, H. O., Kim, I. K., Kim, N. Y., Kwon, T. O., Shin, M. K., Chung, H. T., **Biol. Pharm. Bull.**, 2001, 24, 785 〔4-Acetyl-12, 13-lpoxyl-9-trichothecens-3, 15-diol isolated from the fruiting bodies of *Isaria japonica* induced apoptosis of human leukemia cell (HL-60)〕

49) Pacioni, G., Frizzi, G., **Can. J. Bot.**, 1977, 56, 391 (*Paecilomyces farinosus*, the condial state of *Cordyceps memorabilis*)

50) Park, Y. H., Moon, E. K., Shin, Y. K., Bae, M. A., Kim, J. G., Kim, Y. H., **J. Microbiol. Biotech.**, 2000, 10(1), 16 (Antitumor activity of *Paecilomyces japonica* in mediated by apoptotic cell death)

51) Park, C. S., Choi, M. A., Park, G. S., **Kor. J. Food Cook. Sci.**, 2004, 20, 561 (Effect of *Paecilomyces japonica* on the microbiological quality and shelf-life of Jeungpyeon)

52) Park, G. S., Park., C. S., Choi, M. A., Kim, J. S., Cho, H. J., **Kor. J. Soc. Food Cook. Sci.**, 2003, 19(3), 354 (Quality Characteristics of Jeung-pyun added with concentration of *Paecilomyces japonica*, powder)

53) Park, G. S., Youn, K. S., Hwang, S. H., Cho, H. J., Kim, J. S., **Kor. J. Soc. Food Cook. Sci.**, 2003, 19(4), 504 (Optimization for the preparation of Jeung-Pyun with added *Paecilomyces japonica* powder, using a response surface methodolgy)

54) Petch, T., **Trans. Brit. Mycol. Soc.**, 1936, 20, 216 (*Cordyceps militaris* and *Isaria farinosa*)

55) Rottman, F., Guatino, A., **Biochim. Biophys. Acta**, 1964, 80, 640 (The inhibition on purine biosynthesis de novo in *Bacillus subtilis* by cordycepin)

56) Samson, R. A., Evans, H. C., Latge, J. P., **Atlas of Entomopathogenic Fungi,** Springer, Heidelberg, Germany, 1988, 189

57) Shim, J. Y., Lee, Y. S., Lim, S. S., Shin, K. H., Hyun, J. E., Kim, S. Y., Lee, E. B., **Kor. J. Pharmacogn.**, 2000, 31, 163 (Pharmacological activities of *Paecilomyces japonica,* a new type *Cordyceps* sp.)

58) Shim, S. M., Im, K. H., Kim, J. W., Lee, U. Y., Shim, M. J., Lee, M. W., Lee, T. S., **Kor. J. Mycol.**, 2003, 31(3), 155 (Studies on immunomodulartory and antitumor effects of crude polysaccharides extracted from *Paecilomyces sinclairii*)

59) Shim, J. S., Min, E. G., Han, Y. H., **Kor. J. Microbiol.**, 2000, 36, 312 (Cytotoxicity against human cancer cell lines by *Paecilomyces tenuipes* DUGM 32001)

60) Takano, F., Yahagi, N., Yahagi, R., Takada, S., Yamaguchi, M., Shoda, S., Murase, T., Fushiya, S., Ohta, T., **Int. Immunopharmacol.**, 2002, 5, 903 〔The liquid culture filtrates of *Paecilomyces tenuipes*(Peck) Samson (=*Isaria japonica*) and *Paecilomyces cicadae* Samson(=*Isaria sinclairii*) Th1 and Th2 cytokine response in murine Peyer's Patch cells in vitro and ex vivo〕

61) Yamanaka, K., Inatomi, S., Hanaoka, M., **Mycoscience,** 1998, 39, 43 (Cultivation characteristics of *Isaria japonica*)

62) Xu, C. P., Yun, J. W., **Enzyme Microb. Technol.**, 2004, 35, 33 (Influence of areation on the production and the quality of the exopolysaccharides from *Paecilomyces tenuipes* C_{40} in a Stirred-tank fermenter)

느타리

Pleurotus ostreatus (Jacq. ex Fr.) Kummer
Pleurotus spodoleucus s. Imaz. et Toki
Pleurotus columbinus Quél. in Brcs.
Agaricus ostreatus Jacq.
Crepidotus ostreatus S. F. Gray
Pleurotus subfunereus Sacc.

느타리 18

느타리과 (Pleurotaceae)

- 영명 | Oyster mushroom
- 중국명, 생약명 | 側耳
- 일명 | Hiratake
- 분포 | 전 세계, 동남아시아, 유럽, 북미, 호주
- 용도 | 자실체(식용)

✲ 식물학적 특성

늦은 가을부터 이듬해 봄에 활엽수 또는 침엽수의 죽은 가지나 그루터기에 군생 또는 중생하는 목재백색 부후균(腐朽菌). 갓은 너비 5~15㎝로 처음에는 반구형이나 차차 콩팥형, 조개형, 깔대기형으로 된다. 갓 표면은 처음 흑색~회청색, 후에 회색, 회갈색, 회백색, 백색 등 다양하다. 조직은 두껍고 탄력성, 백색, 주름살은 내린형, 약간 빽빽, 백색~회색. 대는 측심형 또는 편심형, 표면은 백색, 기부는 백색의 짧은 털 모양의 균사가 덮여 있다. 포자는 타원형. 표면은 평활하고, 포자문은 백색~담자색이다.

동속 식용 버섯에는 산느타리(*P. pulmonarius*)와 노랑느타리(*P. cornucopiae*)가 있다.

✲ 성분

1) 영양 성분

① **느타리(생것, 7002)** 가식부 100g 중 열량 25.0㎉, 단백질 2.7g, 지질 0.2g, 당

질 4.6g, 조섬유 0.6g, Ca 3.0mg, P 107.0mg, Fe 1.2mg, Zn 0.64mg, vitamin B_1 0.38mg, B_2 0.32mg, B_6 0.12mg, niacin 5.2mg, C 0.0mg, 엽산 3.0μg. 식이섬유 3.88g.

② **느타리(말린것, 7003)** 가식부 100g 중 열량 283.0kcal, 단백질 12.8g, 지질 2.0g, 당질 61.6g, 조섬유 5.30g, Ca 16.0mg, P 220.0mg, Fe 3.7mg, Zn 6mg, vitamin B_1 0.5mg, B_2 0.8mg, B_6 0.12mg, niacin 10.0mg, C 0.0mg, 엽산 14.0μg.

③ **느타리(삶은것, 7004)** 가식부 100g 중 열량 22.0kcal, 단백질 3.6g, 지질 0.1g, 당질 3.5g, 조섬유 1.0g, Ca 3.0mg, P 88.0mg, Fe 0.9mg, Zn 0.68mg, vitamin B_1 0.06mg, B_2 0.04mg, B_6 0.12mg, niacin 0.3mg, C 0.0mg, 엽산 47.0μg.

④ **애느타리(생것, 7021)** 가식부 100g 중 열량 21.0kcal, 단백질 4.2g, 지질 0.1g, 당질 2.5g, 조섬유 1.0g, Ca 3.0mg, P 84.0mg, Fe 1.0mg, Zn 0.64mg, vitamin B_1 0.09mg, B_2 0.29mg, B_6 0.12mg, niacin 1.3mg, C 3.0mg, 엽산 47.0μg.

2) 특수 성분

느타리에서 Androst-5-ene-3,16,17-triol;(3β,16β,17β, A-01699), Mannitol (M-00209), β-D-Glucan(L-00533), Peptidoglucan(Phytoalexin, 유기 작용), Sterols, Sesquiterpenoids, 동속 식물에서 Emitanins(E-00220), *P. griseus* 에서 Pleurotin(P-01500), *P. mutilus*에서 Mutilin(M-01843), Pleuromulin (P-01496) 등이 분리되었고, 향기 성분에는 1-Octene-3-ol(O-00217), 3-Octane (O-00214), 3-Octanol(O-00219), 2-Octanol(O-00218), 2,4-Decadienol(D-00162) 등 22종이 검색되었고, Ostreatin, Pleurotolysine(P-01498), *Agaritine (A-00543), γ-Glutamyl-4-hydroxyaniline, γ-Glutamyl-3, 4-dihydroxy aniline 등이 분리되었다. 분리된 효소는 ATPase, Aminopeptidase, Carboxymethyl-cellulase, Cellulase, Lysineaminopeptidase, Polyphenoloxidase, Serineprotease, 금속 Protease, 산성 Protease 등이었다.

✲ 생리 활성

항산화 효과① : 느타리의 항산화 효과를 알고자, 느타리 자실체와 액체 배양한 균사체의 hexane, EtOH, H_2O 추출 분획을 만들고, 그들의 항산화 활성을 조사한 결과, phenol성 화합물은 자실체, 균사체 모두 hexane 분획에 많았고, 각 분획에 대두유 500~3,000ppm을 첨가한 후, 일정 시간마다 과산화 물가를 측정한 결과, 자실체와 균사체 모두 EtOH 분획이 물과 hexane 분획보다 강한 항산화능을 보였으며, BHA와 BHT 비교구와 무처리구에 비해 항산화 활성이 우수하였으며, 열 안정성도 확인되었다.

뽕나무 배지 균사체 항산화 효과② : 뽕나무 가루 첨가 배지에서 배양한 느타리 균사체 배양물의 조추출물이 자유라디칼로 유도한 linoleic acid 산화 대조구보다 75.9% 감소시켰고, mouse liver microsome 산화에서도 NADPH/ Fe^{++} system에서 64.3% 감소시켰다. 상황버섯과 동충하초버섯 균사체 배양물의 조추출물에서도 자유라디칼 유도 산화 억제 효과가 느타리 조추출물과 유사하나 낮았다.

뽕나무 배지 자동산화 억제③ : 뽕나무 첨가 배지에서 배양한 버섯 균사체 배양물의 자동 산화 억제 효과를 알고자, 뽕나무 첨가 배지에 상황, 느타리, 동충하초, 신령버섯, 노루궁뎅이버섯을 7일간 액체 배양하고, 균사를 제거한 배양물에 대한 항산화성을 275μM linoleic acid에 시료(1㎎)를 첨가 40℃ 에서 16일간 배양한 결과, 신령 버섯과 노루궁뎅이버섯의 항산화능이 우수하여, 뽕나무는 버섯 균사체 액체 배양물의 항산화성을 증가시켰다.

항암 효과① : 표고버섯과 느타리 자실체, 균사체 및 폐상의 조단백 다당체 분말을 0, 5, 25㎎/㎏ 농도로 생리 식염수에 용해시켜, 실험 마우스(DBA/2와 ICR)에 주사하여 L1210(백혈병), H22(간암), S180(mouse sarcoma 180)에 대한 항암 효과와 면역 기전에 관련된 장기 중량 변화, 용혈반 형성, 세포수 변화 등 조단백 다당이 면역에 미치는 영향 및 세포독성(in vitro) 등을 관찰한 결과, 모든 조단백 다당체는 L1210에 항암 효과를 보였고, 그중 표고버섯 자실체(25㎎/㎏)가 가장 강한 저지율(86%)을 보였다. H22에 대한 항암 효과는 표고버섯 균사체 5㎎/㎏ 제외한 모든 시험군에서 저지 효과를 보였으며, 그중 느타리 폐상 25㎎/㎏군이 가장 강한 저지율(87.6%)을 보였고, 표고버섯 자실체 25㎎/㎏군(저지율 71%) 순이었다. sarcoma 180에 대한 항암 효과는 표고버섯 균사체와 자실체 25㎎/㎏군에서 각각 30.9%, 33.9%의 저지율을 보였다. 세포 독성 검사(in vitro)에서 각 시료 농도 50, 100, 200, 400 ㎍/㎖에서 L1210에 유의적 세포사는 보이지 않았다. 면역 효과는 간장과 비장 무게에서 농도 의존적 증가 경향이 있었으나, 현저한 차이는 없었다. 표고버섯 균사체와 자실체 처리 시 항체 생성 능력을 지닌 용혈반 형성 세포 수는 대조군보다 현저히 높았다.

항암 효과②: 느타리 추출물의 sarcoma 180에 대한 항종양 동물실험에서 약 75%의 종양 억제 효과를, Ehrlich 복수암(mouse)에 억제율은 60%이었고, 섭식 억제 활성도 동물 실험에서 나타났다.

균사체 된장의 항종양성과 항돌연변이성③ : S-180에서 항종양성은 느타리, 영지, 상황, 신령 버섯 균사체 된장이 각각 33, 30, 26, 25% 억제하여 재래식 된장 11%보다 높았고, *St. typhimurium* TA98에 IQ와 AFB_1에 돌연변이성을 각각 39.7~46.1%, 38.0~39.7% 억제(대조 된장 32.0, 33.2%)시켜 항돌연변이성이 우수하였다. TA100에서 IQ와 AFB_1의 돌연변이성은 각각 31.9~ 35.6%, 24.9~30.4%억제하여 대조 된장(27.5, 22.5%)보다 강하였다. 관련 물질로는 β-D-glucan이 버섯 균사체 된장이 재래된장의 3~8배, 총 phenolic 화합물과 isoflavone량은 느타리 균사체 된장과 신령버섯 균사체가 가장 높았다.

항암성과 향미 개선 버섯 메주 제조④ : 잎새버섯, 동충하초, 표고, 영지, 신령, 느타리, 상황버섯 균사체를 메주 무개의 10%를 접종, 25℃에서 4주간 배양한 버섯 균사체 메주 중 상황, 영지, 신령 버섯 균사체 메주가 항암성과 향미 완화 기능이 우수하였다.

면역 세포 활성화 : 동결 건조 큰느타리 자실체에서 분리한 조 다당체 추출물(시료)이 면역 세포 활성에 미치는 효과를 조사한 결과, 시료 300과 1000㎍/㎖에서 비장 세포의 증식을 유도하였으며, 이때 비장 세포는 IL-6과 IFN-γ 분비를 유도하였고, 특히 100㎍/㎖ 이상에서 B 세포 증식이 증가하였다. 시

료 1,000㎍/㎖에서 B-세포가 생산하는 IgG, IgG_{2a}, IgG_3의 분비량이 현저히 증가하였다. 또한 농도 의존적으로 대식 세포주의 일산화 질소 생산을 유도하였고, 대식 세포가 분비하는 IL-6, TNF-α, GM-CSF의 생산도 현저히 증가하는 것을 확인하였다.

항보체 다당 생산 : 느타리(*Pleurotus sajor-caju*)를 각각 다른 영양원과 배양 조건을 달리하여 배양할 때, 항보체 활성 다당체 생산을 실험한 결과, 배양액이 lactose 탄소원으로, 균사체를 열수 추출에는 탄소원으로 maltose 사용 시 가장 강한 항보체 다당을 얻었다. 질소원은 $NH_4H_2PO_4$, amino acid는 serine이 배양원일 때, 활성이 최대치를 보였다. 온도 조건은 25℃에서 최대 활성치를 보였으며, 생산된 다당체의 조성을 분석한 결과, *P. sajor-caju* 배양액에서 분리한 다당체는 peptidoglycan으로 확인되었다.

혈당과 혈청 지질에 대한 영향 : SD계 흰쥐(♂)를 정상군, STZ-당뇨 대조군, 큰느타리군, 3군으로 나누어 2주간 실험 식이를 공급한 결과, 식이와 물 섭취량은 큰느타리군이 당뇨 대조군에 비해 적었고, 2주 후의 체중은 큰느타리군과 당뇨 대조군 모두 초기 체중에 비해 약 18% 감소하였다. 큰느타리군의 혈당은 당뇨 대조군에 비해 16.9% 감소, 총 당화혈색소(total glycosylated hemoglobin, GHb)의 함량도 큰느타리군이 당뇨 대조군에 비해 감소하였다. 큰느타리군과 당뇨 대조군의 총 cholesterol과 LDL-cholesterol 및 동맥경화 지수(AI)는 유의성이 없었으나, HDL-cholesterol은 큰느타리군이 당뇨 대조군에 비해 약 28% 증가하였고, 중성 지질은 큰느타리군이 당뇨 대조군에 비해 높았으나, 인지질은 낮았다.

Cholesterol 저하 효과 : 0.5% cholesterol과 0.25% cholic acid-Na를 첨가한 식이와 choelsterol 식이에 4.0% 버섯 분말(표고 : 영지 : 느타리 = 5 : 3 : 2)첨가 식이를 SD계 흰쥐(♀)에 4주 투여 사육한 후, 조사한 결과, 혈청 cholesterol은 버섯 분말(시료) 첨가군에서 57% 감소하였고, 혈청 HDL-cholesterol은 230% 증가하여 동맥경화 지수가 68.4% 감소하여 버섯 분말에 항동맥경화 효과가 있는 것으로 나타났다. 간장 cholesterol은 cholesterol 식이군에 비해 시료 첨가 식이에서 24.7% 감소하였으나, TG는 50% 증가를 보였다. 이로써 cholesterol 식이에 버섯 분말 첨가는 혈중 cholesterol 저하 효과와 동시에 항동맥경화 효과가 인정되었다.

CCl_4 - 간 손상과 버섯 추출물① : 버섯 추출물 150㎎/㎏을 3일간 투여, 최종 투여 24시간 후, CCl_4을 복강 내에 투여하고, 혈장, 간 조직을 분석하였다. 체중 100g당 간 무게는 CCl_4 투여군에서 23.6% 증가, CCl_4 투여군보다 표고버섯 추출물 전 처리군은 혈장 ALT 및 AST 활성도는 각각 34.0%, 61.5% 감소하였고, 느타리 전 처리군은 혈청 AST 활성도가 2.0% 감소하였다. 표고버섯 추출물은 CCl_4로 증가된 ALT 활성도를 유의성 감소를 보였으나, 단백 함량은 유의성 변화는 없었다. 혈장 cholesterol은 모든 투여군에서 CCl_4 투여군보다 낮았고, 혈중 중성 지방은 감소하였다. 이 실험에서 CCl_4로 상승된 혈장 ALT 및 AST 활성도와 지질량이 버섯 전 처리로 감소된 것으로 보아 버섯의 추출물은 CCl_4 유도 간 손상 예방 효과가 있었다.

7-Ketocholosterol-간 손상과 식용 버섯 다당체의 세포 변화 효과② : 7-ketocholesterol (7-KC) 손상 간 세포에 식용 버섯(팽이, 느타리, 표고, 버들송이, 신령버섯, 번데기동충하초)의 다당체를 열수 ex의 알코올 침전 다당체를 만들어 7-KC 존재하에 정상 배아 간 세포(BNLCLi2)에 대하여 세포 보호능을 조사한 결과, 7-KC 80㎍/㎖에서 독성이 강하여, 20시간 배양 후 98% 없어졌고, 각 다당체의 200㎍/㎖ 첨가에서 세포 독성을 방어하였다. 특히 팽이와 느타리만이 7-KC 유도 세포 독성을 감소시켰다.

발효 버섯 우유의 고지혈증과 간 손상에 대한 효과③ : STZ 당뇨와 Zucker diabetic fatty(ZDF) rat에 발효 버섯 우유를 투여하고 관찰한 결과, STZ-당뇨 쥐에서는 혈청 TG와 cholesterol이 현저히 높았고, GOT, GPT, ALP, LDH 활성이 높았으나, 발효 버섯 우유 투여 후 낮아졌다. ZDF rat에서 cholesterol 농도는 시료 투여로 증가하였으나 TG 농도는 현저하지 않았다. 당뇨 쥐의 고지혈증과 간 손상은 주로 lactic acid와 느타리 수침액 혼합에 의한 발효유의 상승 작용에 의한 것으로 생각되었다.

혈전 분해 효소 활성 : 인공 재배 버섯의 배양액과 균사체의 혈전 분해 효소 활성을 조사한 결과, 조효소 추출물의 혈전 분해 활성은 활성이 매우 낮거나 없었으며, 장수, 만가닥, 영지, 느타리, 토끼털송편버섯, 뽕나무버섯 균사체의 혈전 분해 활성이 0.42u 이상으로 높았고, 자실체의 혈전 용해 활성은 0.17~0.94u로 느타리, 새송이, 아위버섯의 활성이 0.54, 0.57, 0.94u로 매우 높았으나(모두 느타리과), 팽이, 양송이, 노루궁뎅이 버섯의 활성은 0.23u 이하로 매우 낮았다.

균사 배양과 ACE 저해 활성 : 가시오가피와 인진쑥을 현미 배지 첨가 시 농도 증가에 따라 균사의 생육 속도가 감소하였고, 특히 가시오가피 첨가가 인진쑥에 비해 큰느타리 균사 생육에 영향이 컸다. 배양 산물 분석 결과, 수분은 10.9~12.0%, 조단백, 지질 및 섬유질은 현미 배지에서 높았으며, 무기질 (K, Ca, P) 함량은 가시오가피 배지가 가장 많았다. 추출 수율은 인진쑥 첨가 배지가 4.80%로 가장 높았고, 추출물의 pH는 현미 배지 pH 6.1로 가장 낮았다. 세 가지 시료 추출물의 명도는 85.8~87.1 범위였고, 적색도는 현미와 가시오가피 첨가 배지가 높은 반면, 황색도는 인진쑥 배지가 가장 높았다. 당 성분은 TLC 결과, glucose와 maltose, ACE 저해율 측정 결과, 가시오가피 배지가 시료 0.2~1.0㎎/㎖에서 활성이 가장 높았다.

버섯 균사체와 배양 곡물의 혈당 강하 : 혈당 강하 효능이 있는 버섯 배양 곡물을 개발하기 위해 수 종의 버섯균과 버섯 배양 곡물의 식후 혈당 상승 억제를 조사하였다. 균사체의 포도당 투과 지연 효과를 측정한 결과, 120분 동안 투석 후 전체 포도당 중 13.1±3.6~41.8±8.0% 포도당이 투석막 내액에 잔존하여 대부분의 균사체가 pectin보다 포도당의 투석막 투과가 지연되었다. 당뇨 쥐에 균사체를 투여 후, 혈당은 30분 후에 389.4±43.8~426.8±49.4㎎/㎗로 대조구(535.3±78.6)보다 낮아 버섯 균사체가 식후 혈당 상승 억제가 우수한 것으로, 특히 *Phellinus linteus*와 *Paecilomyces japonica*가 우수하였다. *P. japonica* 배양 버섯 배양 곡물을 당뇨 쥐에 투여한 후 혈당 변화를 조사한 결과, 균사체를 배양하지 않은 곡물에 비해 혈당의 상승이 낮은 것으로 나타났다(동충하초, 영지, 목진흙버섯, 느타리).

Isoenzyme Band pattern 1 : 자생 지역이 다른 느타리의 전기 영동 isoenzyme patterns 중 malate dehydrogenase와 acid phosphatase는 유사하였으나,

esterase, peroxidase, leucine aminopeptidase, superoxide dismutase의 pattern은 차이가 있었다. *Pleurotus ostreatus, P. cornucopiae, P. florida*의 종간 esterase band pattern은 많은 차이가 있어, 전기 영동에 의한 느타리 종의 구별이 가능하였다.

Isoenzyme Band pattern 2 : 느타리 균주 중 지역별로 기주가 다른 균주를 수집, esterase isoenayme과 leucine aminopeptidase 동위 효소를 등전점 전기 영동으로 균사와 자실체를 비교한 결과, *P. ostreatus*의 esterase band pattern은 균사와 자실체의 차이가 많았으나, 자실체 중 primordia, 갓, 줄기 등의 isoenzyme pattern은 유사하였다. *P. ostreatus, P. cornucopiae, P. florida*의 esterase band pattern은 차이가 많아 종 간 균주 구별이 가능하였다. leucine aminopeptidase band는 *P. ostreatus, P. cornucopiae, P. florida* 간에는 뚜렷한 차이가 없었으나, 균사와 자실체 간에는 약간의 band pattern 차이가 있었다.

빛과 ATP 활성 효소 특성① : 빛이 느타리 내의 대사에 미치는 영향을 검토하고자, 재배 지역이 다른 느타리 중 mitochondria를 설탕 밀도 기울기 원심분리법으로 설탕 44% 농도에서 분리 정제한 결과, 파장 변화에 따른 mito ATP synthase 활성도는 490㎚에서 가장 활성화가 컸고, 15초 조사 시에 활성화가 가장 컸다. 최적 ATP synthase는 phenazine methasulfate로 224%, 2, 6-dichlorophenol indophenol로 168% 활성화되었고, oiligomycin에 90%, 2, 4-dinitrophenol에 75%, 2-heptyl-4-hydroxyquinoline-N-oxide에 15% 효소 활성이 억제되었다. 최적 조건에서 ATP synthase는 Mn^{2+}에 78% 억제, Ca^{2+}에 35%, Co^{2+}에 14% 활성이 억제되었으며, 또한 CN^-과 SO_4^{2-}에 각각 80%, 46% 활성이 억제, NO_3^-와 CO_3^{2-}에 28% 억제되었다. 이와 같이 버섯의 종류에 관계없이 청색광 영역 빛에 활성화 됨과 그 광 수용체도 유사한 형태일 것으로 예측되었다.

광 감응성 Mito-ATP synthase② : 44%의 설탕 용액으로 느타리에서 mitochondria를 분리하였고, 480㎚ 15분 조사에서 mito-ATP synthase의 활성도가 가장 높았으며, 최적 pH 7.5, 최적 온도는 56℃ 였다. 최적 광 조건에서

Fe^{3+}, Fe^{2+}, K^{+} ion에서 활성화되었으나, Na^{+} ion에서는 억제되었다.

광 감응성 Mito-ATP ase③ : Mito-ATPase의 활성도는 580㎚ 10초 조사에서 가장 활성도가 컸고, 이 효소의 최적 pH는 7.4, 최적 온도는 60℃ 였다. Fe^{3+}, Fe^{2+}, Ca^{2+}, Mg^{2+}, K^{+} ion에서 활성화되었으나, Na^{+} ion에서는 억제되었다.

Mn-Peroxidase 생산과 특성 : lignin 분해 균인 느타리(*Pleurotus ostreatus*) K-2946을 glucose-pentose-yeast(G-P-Y) 액체 배지에서 배양하여 Mn-peroxidase를 생산하였다. 본 실험 조건하에 lignin peroxidase는 생산되지 않았다. 느타리균 K-2946이 생산하는 Mn-peroxidase를 ion-chromatography, gel-chromatography로 정제한 이 효소의 분자량은 36,400Da이었고, 최적 pH는 5.0, 최적 온도는 55℃ 이었다.

지질 성분① : 느타리의 지방질은 $CHCl_3$: MeOH(2:1 v/v)로 추출, TLC, GLC로 분리 정량한 결과, 조지방은 약 0.51%, 그중 중성 지질은 33.8%, 당 지질은 19.7%, 인 지질은 46.5%이었고, 중성 지질 중 triglyceride(38.2%), free fatty acid(20%), free sterol(10%), 그 외 diglyceride, monoglyceride, sterol ester 등이 있었다. 당 지질 중에는 steryl glycoside(28.9%), esterified steryl glycoside(23.7%), 그 외 digalactosyl diglyceride, monogalactosyl diglyceride 등이, 인 지질에는 phosphatidyl choline과 serine(48.2%), phosphatidyl ethonolamine(44.4%), 그 외 phosphatidyl inositol이 있었다. 중성 지질의 주요 지방산은 linoleic(34.2%), palmitoleic(21.7%), oleic(17.7%), palmitic acid(15.3%)이며, 당 지질의 주요 지방산은 linoleic(47.4%), palmitoleic acid (15.7%)이었고, 인 지질의 주요 지방산은 linoleic(72.8%), palmitic acid(16.5%)이었다.

지방산 조성(생육기)② : 느타리(원형 1호) 자실체의 부위별 지방산을 조사한 결과, linoleic acid는 갓 부위가 가장 많았고, 대 부위로 갈수록 적어졌으며, stearic acid와 palmitic acid는 대 부위로 갈수록 증가하였다. 생육기별 지방산 조성은 oleic acid는 버섯 원기 형성 후, 11~12일까지 증가하다가 이후에 감소하였고, linoleic acid와 불포화 지방산 대비 포화 지방산 비율은 원기 형성 후 3~4일까지 증가, 그 후 감소하였다.

지방질 성분③ : 재배 일반 느타리(*Pleurotus ostreatus*)와 고온성 느타리(*P. sajor-caju*) 및 야생 버섯인 싸리버섯(*Ramaria botrytis*)과 젖버섯(*Lactarius volimus*)의 지질 성분을 조사한 결과, 지방 함량은 0.32~0.39%, 조성은 인지질(19.4~47.4%), 중성 지질(32.1~51.9%), 당 지질(14.8~28.7%) 순으로 많았으나, 고온성 느타리는 다른 버섯에 비해 중성 지질(51.9%)이 많았다. 중성 지질에서는 triglyceride(21.2~38.2%), free sterol(21.0~21.9%), sterol ester(10.3~18.6%) 순이었으나, 고온성 느타리는 free fatty acid(34.1%)가 다른 버섯보다 많았다. 당 지질은 steryl glycoside(15.6~29.4%), esterified steryl glycoside(13.4~23.9%), monogalactosyl diglyceride(15.6~24.6%) 순이었으며, 인 지질 조성은 phosphatidyl choline(36.7~49.5%), phosphatidyl ethanolamine(20.9~29.7%), phosphatidyl inositol(18.4~26.1%) 순이었다. 각 구성 지질의 지방산 조성은 4종의 버섯 공히 linoleic acid와 palmitic acid가 주요 지방산이었으나, 싸리버섯은 중성 지질에서 oleic acid의 함량이 많았다.

지방질 성분④ : 느타리 100g당 총 지방은 390㎎, neutral lipid 125㎎(32.1%), glycolipid 88㎎(22.6%), phospholipid 177㎎(45.3%), neutral lipid 중 sterol ester 17.5%, TG 29.2%, FFA 8.8%, free sterol 21.9%, DG 8.6%, MG 4.8%, glycolipid 중 esterified steryl glycoside 23.9%, monogalactosyl DG 21.4%, steryl glycoside 15.6%, digalactosyl DG 10.3%, phospholipid는 phosphatidyl(P) ethanolamine 28.4%, P-choline 및 serine 36.7%, P-inositol 24.3%, lysophosphatidyl choline 10.6%, 총 지방 중 지방산 함량은 lauric 0.3%, myristic 0.2%, pentadecanoic 0.4%, palmitic 19.4%, heptadecanoic 0.9%, stearic 7.9%, oleic 24.6%, linoleic 45.2%, linolenic acid 1.1%이었다.

각종 버섯의 β-Glucan의 수용성(새송이, 느타리, 장수버섯, 신령, 표고, 운지, 팽이, 석이): 12종의 식용 버섯 중 수용성 β-glucan을 측정한 결과, 4.71~46.2.0%(in dry basis)이었고 석이(*Gyrophours esculenta*), 표고, 운지, 영지, 팽이 버섯이 β-glucan을 많이 함유하였다. 수용성 β-glucan이 많은 버섯의 생리 활성이 강한 것으로 이들의 수용성 β-glucan은 2.12~19.66%이었고, 총 β-glucan

의 42.55~73.35%이었다. 12종의 시료 중 총 glucan이 가장 많은 버섯은 석이 46.49±0.24%, α체 0.29±0.03%, β체 46.20±0.27%이었고, 불용성 glucan은 총 26.79±0.82%, α체는 0.25±0.01%, β체는 26.54± 0.82%이었다. 운지는 총 glucan 22.69±2.15%, β체는 22.24±1.84%, 불용성 glucan은 26.79± 0.82, 11.62±1.22%, 영지의 총 glucan은 22.24±1.32%, β체는 21.61±1.39%, 불용성 glucan은 6.16±0.08%, β체는 5.76±0.16%이었다. 표고버섯의 glucan 함량은 33.99±0.65%이며 α체는 5.91±0.57%, β체는 28.08±0.08%, 불용성 glucan은 총 13.78±0.16%, α체는 2.98±0.21%, β체는 10.83±0.04%이었다.

버섯 발효액의 품질과 생리 기능성—느타리, 표고, 팽이버섯 : 버섯 발효액의 품질 특성과 효소 활성 및 생리 기능성을 조사한 결과, 점도와 색상(L, a, b값)은 모두 3개월까지 급격히 감소한 후 증가하였고, 관능 특성은 발효 기간이 증가함에 따라 고유의 냄새, 맛은 감소, 다른 맛과 냄새는 증가하는 경향이 있었으며, 전체적 기호도는 발효 3개월 버섯 발효액이 가장 우수하였다. 버섯 발효액 중 α-amylase 활성은 발효 1개월까지 급격히 증가, invertase와 cellulase는 대부분 활성이 낮거나 없었다. 항산화 활성은 발효 4개월에 가장 높았고(팽이〉표고〉느타리), 그 후 감소하였다. tyrosinase 저해 활성은 모든 시료에서 활성이 높았다(팽이〉느타리〉표고). 발효 기간의 경과에 따라 변화가 없었다. SOD 유사 활성은 팽이 발효액에서 비교적 높았고(팽이〉표고〉느타리), 발효 기간에 큰 변화는 없었다. 이상의 실험에서 설탕을 이용한 버섯 발효액 제품 생산시 최저 발효 기간은 3~4개월이 적합한 것으로 나타났다.

생리적 특성—형태 : 전복느타리(*Pleurotus cystidious*)의 형태는 갓 모양이 평편형, 크기 7.6~9.8㎝, 대의 길이는 1.4~2.9㎝이며, 적정 배지는 실험 결과, 퇴비 추출 배지(CSA)에서 균사 생장이 가장 높았다. 균사 생장 조건은 모든 균주가 25~30℃, pH 7~9에서 가장 생육이 좋았으며, 균사의 질소원은 ASI 2009는 NH_4NO_3, ASI 2019, 2079, 2170은 $(NH_4)_2SO_4$, AI2049는 L-Asparagine, 탄소원으로 ASI 2009, 2019, 2049는 glucose, ASI 2079는 fructose, ASI 2170는 sucrose, C/N비는 20:1에서 가장 양호하였으며, C/N비가 증가할수록 감소하였다.

MA 저장과 품질 : 여러 포장재를 실험한 결과, polyolefin 계 PD 941 밀봉 포장이 PVC wrap 포장보다 관능 평가 결과 우수하였고, 큰느타리의 저장 가능 기간은 PVC wrap 포장에서 0℃, 50일, 5℃, 28일, 10℃, 12일이 가능하고, polyolefin 계 PD 941 밀봉 포장은 0℃에서 50일, 5℃, 21일이 가능하였다.

Laccase의 생산과 특성① : 균사 접종 후 보리짚 배지에서 20일부터 나타나 36일째 최대의 활성치를 보이는 laccase는 팽이버섯의 laccase 생산 능력보다 못하였다. pH 안정성을 조사한 결과, pH 4.5~9.5에 60분 방치에서 효소 활성은 안정하였고, 느타리의 laccase에 비해 pH 영역이 넓었다(pH 4.7~8.0). 열에 대한 안정성은 40℃까지 40분간은 95%, 50℃에서 78%의 활성이 유지되어 느타리 laccase보다 안정성이 높았다. 활성 저해 물질 Na-azide에 의해 100% 저해를 받았으나, 다시 acetone에 침전시킨 것은 활성이 높았다.

Laccase의 정제와 특성② : 영지 배양 여액에 $(NH_4)SO_4$를 가해 침전, 여과, ion exchange chromatography, DEAE-sephadex A-50으로 정제한 후, 특성을 조사한 결과, 최적 pH는 6.45로 느타리 laccase pH 5.94와 팽이버섯 laccase의 6.62와 차이가 있었고, pH 안전성은 5.0~9.0 사이였다. 열 안정성은 50℃에서 40분 후 58%가 잔유하여 비교적 열에 안정하였으며, 용매에 대하여는 MeOH에 42%, EtOH에 25% 저해가 있어 느타리와 팽이버섯의 laccase는 거의 저해가 없는 것과 차이가 있었다.

느타리, 영지 배양과 홍삼박 : 수집된 담자균 중 *G. lucidum*과 *P. ostreatus*의 액체 배양에서 균체 증식이 양호한 균주가 선발되었으며, 홍삼박 추출물을 0.2% 첨가 시 균체 증식량이 가장 많았으며, 단백질 함량은 0.5%첨가 시 1~3% 증가하였다. amino acid 함량은 인삼박 추출물을 0.2% 첨가 시 거의 변화가 없었으나, 0.5% 첨가 시에는 *G. lucidum, P. ostreatus* 모두 상당히 증가하였으며, 그중 cysteine의 증가가 가장 컸다.

저장 조건과 생화학 성분 : 느타리의 생체 저장 시 안전 저장 기간과 저장 방법에 따라 자실체의 화학 성분을 조사한 결과, 생체 저장 시 1℃에서 29.7㎎/kg/hr, 5℃에서 32.7㎎/kg/hr, 20℃에서 46.3㎎/kg/hr로 온도 상승에 따라 증가하였으며, 저장 2일 후가 가장 높았다. 저장 기간 중 총 당과 환원 당의 변화는 초기에 급격히 증가, 5일에 가장 높았고, 저장 기간에 따른 자실체의 가용성 단백질과 총 유리 amino acid의 변화는 저장 기간이 길어짐에 따라 감소되었으나, 총 유리 amino acid 및 핵산은 증가하였다.

재배법 개발 : *P. sajor-caju* 균사체에 oil 첨가는 좋은 결과를 보였으며, cotton seed oil을 배지 100㎖에 2.5㎖ 첨가 시 균체량이 대조구의 약 4배였고, 자실체 생산 기질은 농신 및 산업폐기물을 이용한 결과, 볏짚의 biological efficiency (BE)가 36.4%, 땅콩박 32.6%, 또 볏짚과 맥주박(50 : 50)일 때, BE 109. 6%, 땅콩박과 맥주박(50 : 50)에서 BE가 74.5%로 높았다.

배지량과 자실체 수량 : 폐면 이용 느타리 가을 재배에서 배지량에 따른 자실체 수량과 초발이 소요 일수에 미치는 영향을 실험한 결과, 전 배지량의 증가에 따라 수량이 증가되었으며, 그중 폐면 +볏집(6 : 4 v/v), 혼합 처리가 증수 폭이 가장 컸으며(10~22%), 폐면 단용 처리가 입상량 간 증수 폭이 가장 완만하였다(7~15%). 초발이 소요 일수는 입상량이 적을수록 빨랐고, 특히 왕겨 혼합 처리(5 : 5, v/v) 50㎏/㎡가 다소 빨랐다.

배지량과 종균 재식량 : 볏짚을 이용한 느타리 재배에 있어서 배지량 및 종균 재배량이 자실체 수량에 미치는 영향을 조사한 결과, 볏짚량 90㎏/3.3㎡까지 증가시켰을때, 자실체 수량은 102㎏/3.3㎡로 가장 많았고, 종료 표면 재식 시 종균량은 8㎏/3.3㎡까지 증수되었으며, 기간도 단축되었다.

톱밥 균사 생장 시 효소의 변화 : 느타리 균사를 톱밥에 배양함에 분비되는 여러 extracellular enzyme 중 protease, phenol oxidase, cellulase가 배양 조건에 따라 변하였다. 참나무 톱밥에 비해 포플러 톱밥이 specific activity가 높았고, 첨가제 종류에 따라 밀기울에 비해 미강이 약간 높았으며, 혼합 비율이 30, 20, 10% 순으로 높았다. 수분 함량은 3가지 효소 모두 70%에서, 배지 pH에 따라 protease는 pH 4와 9, cellulase는 pH 6, phenol oxidase는 pH 5와 7, 배양 온도는 3효소 모두 25℃, 목초액 농도에 따른 protease와 phenol oxidase는 대조군보다 총 활성이 높았으며, cellulase는 0.5%에서 총 활성이 최대치를 보였다.

마늘 껍질 인공 재배 : 톱밥과 마늘 껍질의 단독 또는 혼합 조제한 배지에서 느타리 균사의 직경 0.1~8.3㎜로 생장이 불량하였으나, 미강 20% 첨가 배지에서 균사 생장이 22.5~27.8㎜로 미강 첨가 효과가 컸다. 톱밥과 미강 비는 8 : 2로, 무기물 용액 0~20㎖/병에서 균사 발달이 145.5~161.0㎜, 톱밥에 무기물 용액 2.5~10㎖ 첨가 시, 균사 발달에 144.9~159.4㎜로 미강 첨가와 차이가 없었으나, 자실체 생산에는 미강 첨가구가 55.7~63.9g/병으로 미강 무첨가 0.0~35.0g에 비해 미강 첨가 효과가 컸다. 톱밥, 미강, 마늘 껍질의 첨가에서 미강 20%, 톱밥 및 마늘 껍질 혼합비를 10, 40, 50, 70% 증량 또는 마늘 껍질만 80% 첨가 배지에서도 균사 생장량 차이 없이 121.2~162.3㎜이었으나, 자실체 생산은 톱밥 첨가구에서 72.3~78.5g이나, 무첨가구는 자실체 생산이 없어, 버섯자실체 생산에는 톱밥이 필수적이었다. 마늘 껍질의 첨가는 10~70%로 버섯 생산과 발이 과정이 기존 톱밥과 미강 혼합 배지의 비 4:1과 같거나 또는 더 우수하므로 폐자원 이용으로 경제적이었다.

폐면포 배지 개발 : 볏짚 배지 대용으로 폐면포(메리야스 조각)에 미강 20% 첨가 배지에서 균사 활착이 양호하였고, 수량도 47.5㎏/3.3㎡로 11%가 증수되었다. 볏짚 배지보다 폐면포 배지에서 생산된 자실체 조단백질이 많았고, 조회분은 적었으나, 조지방과 고섬유의 양은 같았다. 느타리의 아미노산 함량은 glutamic acid가 많았고, cysteine이 가장 적었으며, 볏짚 배지보다 폐면포 배지의 자실체에 총 아미노산과 필수아미노산 함량이 많았다.

왕호장근 배지 : 국내에서 대단히 많이 자라는 왕호장 시료를 배지로 이용, 대조구인 malt extract agar보다 시료 1/4 희석 배지에서는 느타리 균사 생장이 우수하였고, 1/8 희석 배지에서 대조구보다 3배나 균사 생장이 빨랐으며, 균총의 밀도도 매우 높았다. 왕호장근 한천 배양기의 최적 산도는 pH 6.5, 희석비율은 1/8이 적합하였다. 시료, 톱밥, 미강을 각각 혼합한 배지에서 생성을 비교한 결과, 시료 혼합 배지에서 1.5~2배 생장을 보였다. 시료 한천 배양기의 희석비는 1/4, 1/8, pH 4.5, 6.5, 8.5 느타리 균사 생장이 월등히 우수하였다. 혼합 배지는 톱밥 + 왕호장근10% + 미강10%에서 균사 활착이 4~5일 빨랐고, 2배 이상의 균사 생장과 밀도도 우수하였다.

인공 재배 균사 배양 조건① : *Pleurotus erygnii* (큰느타리) 균사 배양 최적 배지는 Lilly 배지로 균사 생장량이 가장 많았고, 최적 배양 온도는 25~30℃, 최적 pH는 6.0이었다. 최적 탄소원은 단당류 glucose, 다당체 dextrin이었으며, 최적 농도는 glucose 3~4%, dextrin 5%에서 균체량이 가장 많았다. 최적 질소원은 유기체 질소인 casamino acid에서 균체량이 가장 많았으며, 최적 농도는 0.12%이었다.

자실체의 형태와 재배 조건② : 톱밥으로 인공 재배한 자실체의 형태는 갓 직경 1.5~ 7.0㎝, 갓 두께 0.8~3.0㎝, 대 직경 1.2~2.5㎝, 대 길이 4.5~9.0㎝ 포자의 문은 흰색, 포자의 크기 10.87~12.2×4.35~5.65㎜, 참나무 톱밥에 미강과 밀기울을 30% 혼합했을 때, 균사 밀도와 자실체 발생이 좋았고, 톱밥 배지의 최적 수분은 60~65%에서 균사 생육이 빠르고 양호하였다. PP병 재배 시 균사 배양 기간은 20~22일, 초발이 소요 일수는 균 긁기를 안 한 군에서 6~8일 빨랐으나, 자실체 수량은 균 긁기 처리군이 높았다. PP 봉지 재배는 참나무 톱밥에 미강 첨가군에서 초발이 소요 일수가 10일로 빠르고, 자실체 수량은 밀기울 30% 처리군에서 높았다. 자실체 경도는 큰느타리에서 갓보다 줄기가 2~3배 육질이 단단하였다.

미강 함량과 종균 영양 : 느타리 볏짚 재배에 종균의 영양원으로 미강 첨가량이 버섯 재배에 미치는 영향을 시험한 결과, 톱밥 배지에서 균주에 따라 약간의 차이는 있으나, 균사 생장 및 밀도가 가장 우수한 것은 10~20%이었고, 미강 첨가량에 따른 균사 생장의 차이는 없었으며, 접종된 종균의 균사 밀도는 미강 첨가량 증가에 따라 높아졌다. 포장 시험에서 15~20%의 미강 첨가구에서 수량이 가장 많았고, 초발이 소요 일수는 짧았으며, 병해의 발생이 없어 가장 우수하였다.

균사 생장 촉진 고온성 곰팡이의 특징 : 느타리의 균사 생장을 촉진시키고, 병원균 생장을 억제, 느타리 증산 고온성 미생물을 분리, 그 원인을 생화학적으로 조사하였다. 느타리 배지에서 분리한 7종의 고온성 곰팡이는 모두 lignin 분해 활성이 확인되지 않았으며, xylanase 분해능은 모두 있었다. 특히 *H. grisea* var. *thermoidea*와 *Sepedonium* sp. S-2 분리 균류는 활성이 높았다. cellulose 배지에서 균사가 생장되었으며, 그 분해가 확인되지 않았으나,

MUF-test로 확인한 세포 외분비 cellulase의 활성도는 *Sepedonium* sp. S-2와 S-5에서 활성이 가장 높았고, 이들 균류는 느타리 생장을 50% 증가시켰으며, 푸른곰팡이균(*Trichoderma* sp. SJg-61) 생장을 억제시켰다. 이로써 고온성 곰팡이 *Sepedonium* sp. 일부는 느타리 재배 시 배지의 물성을 변화시켜, 효소를 분비, 버섯 생장율 증가 및 유해 균류의 생장을 억제하였다.

인공 재배 조건① : 배지는 톱밥과 콘 코프의 배합 75:25(v/v)에서 배양 기간은 다소 길었으나, 수량과 품질이 좋았다. 배지 영양은 미강과 밀기울, 면실박 12:12:6(v/v)의 혼합 배지에서 수확량이 가장 많았고, 밀기울과 면실박 각각 15% 혼합구에서 수확량이 낮았다. PP병의 용량이 클수록 수확량과 품질이 양호하였고, 1100㎖, 병구 직경 75㎜가 가장 양호하였다. 발이 상태는 24~42일 배양 기간 별 차이는 없었으나, 배양 기간이 단축되면 갓 형성과 수확량이 불량하였다. 적정 배양 기간은 22±2℃, 약 35일이었다.

인공 재배 조건② : 전복느타리의 인공 재배 조건을 연구한 결과 ,공시 균주 중 ASI 2079가 수량과 품질에서 가장 우수하였고, 재배 시험 결과, 톱밥병 재배 시 미송 톱밥에 미강 20% 첨가에서 수량이 많았으며, 초발이 소요일도 빨랐다. 850㎖병 용기가 수량인, 회수율이 좋았으며, 초발이 소요 일수도 단축되었고, 수량도 우수하였다. PP봉지 전복느타리 재배 시험 결과, 배지는 절단 볏짚을 첨가하지 않은 폐면 단용구의 수확이 많았고, 여름 재배가 가장 적당하였다.

균사 재배와 인공 재배 조건③ : 공시 배지 중 MYPA 배지에서 큰느타리의 균사 생장 및 밀도가 가장 양호하였으며, 균사 생장 최적 온도는 25℃, pH는 6.0, 최적 회전 진탕 배양 일수는 7일, 큰느타리균사 생장을 위한 최적 배지 조성은 탄소원 soluble starch 3%(w/v), 질소원 malt extract 0.25%(w/v), yeast extract 0.25%(w/v), 무기염류 $CaCl_2 \cdot 2H_2O$ 0.05%(w/v)이었다. 기본 배지 MYP 배지와 최적 배지로 액체 배양하여 균체량을 비교한 결과, 최적 배지가 균체 생산량 및 생장 수율이 높았다. 큰느타리 균사 생장과 균밀도 최적 톱밥은 참나무 톱밥이었고, 첨가제는 미강과 밀기울 30%(v/v)이었으며, 최적 수분량은 70%(v/v), 자실체 생산의 최적 첨가제는 쌀겨 20%(v/v)이었다.

액체 배양 최적 조건[④] : 느타리 8품종의 균사 생장 최적 조건을 조사한 결과, 온도는 25~30℃, pH는 5.5~6.5가 가장 우수하였고, 탄소 영양원은 황백당, 밀가루 및 옥수수 가루가, 질소원은 대두분이 공시 균주의 균사 생장이 가장 우수하였다. 농업적으로 우수한 황백당 3%, 대두분 0.3%, 인산칼슘 0.05%, 황산마그네슘 0.05%를 액체 배지 조성이 최적이었다.

인공 재배 가능성 검토[⑤] : 우리나라에 자생하는 야생 버섯 중, 영지(*G. lucidum*), 느타리(*Pleurotus* sp.), 참버섯(*Panus rudis*), 검은비늘버섯(*Pholiota adiposa*)의 인공 재배 가능성을 검토한 결과, 영지는 균사 생장에 알맞은 배지는 MES, 온도는 25~30℃, pH 4~5, 수분 75% (w/w), 톱밥 충진 시 비중은 0.12g/ml, 배지는 포플러 톱밥이며, 참버섯의 균사 생장 배지는 MHS, 온도 30~35℃, pH는 5.0, 수분은 75%(w/w) 톱밥 충진 시 가비중은 0.12g/ml, 종균 제조 시 참나무 톱밥 배지가 적합하였다. 검은비늘버섯 균사 생장은 MSDS와 MHS, 온도 25~30℃, pH 4~5, 수분 함량 75~80%(w/w), 가비중은 0.12~0.13g/mg, 종균 제조 시 밀 배지가 우수하였다. 느타리속 균사 생장은 MSDS, MHS 배지, 온도 30~35℃, pH 4~5 수분 함량은 75~80%(w/w), 가비중은 0.12g/ml, 종균 제조 시 포플러 톱밥 배지가 좋았다. 공시 균주 중 영지와 검은 비늘 버섯, 느타리 속은 포플러 톱밥 배지에서 자실체를 얻을 수 있고, 참버섯은 참나무 톱밥 배지에서도 자실체를 얻을 수 있으나, 육질이 질겼다.

울릉도의 균류 : 1989.10~1991.9까지 98점의 주름버섯류를 채집하여, 분류한 결과, 주름버섯목 10과, 22속, 30종으로 확인, 그중 3종은 미기록 종으로 귀신버섯과의 땅귀버섯(*Grepidotus geophilus*)과, 송이과의 긴대애주름버섯(*Mycena elegans*) 및 큰 애주름버섯(*M. carolinensis*)이었다. 동정된 균주는 느타리(*P. ostreatus*), 졸각버섯(*Laccaria laccata*), 뽕나무버섯(*Armillariella mellea*), 긴대애주름버섯(*Mycena elegans*), 갈색먹물버섯(*Coprinus micaceus*) 등 5종이었다. 많은 종류의 주름버섯이 땅에 자라고 있었으나, 너도밤나무와 마가목은 느타리속, 귀신버섯속, 부채버섯속, 먹물버섯속 및 개암버섯속, 혹은 뽕나무버섯속같은 목재서식주름버섯이 가장 좋은 숙주이며, 우산고로쇠나무와 소나무도 먹물 버섯속, 무당버섯속, 비단그물버섯속 같은 토

양 서식 주름버섯의 가장 좋은 숙주였다.

효모 생산 : 느타리 2주기 퇴비 당화액에서 효모 생산을 위해 효모 배양 조건을 검토한 결과, 여러 효모 중 *Candida quilliermondii* JAFM 215가 가장 양호하였고, 최적 pH와 최적 온도는 5.0, 30℃, 효모 생산은 NH_4Cl 0.3%, KH_2PO_4, 0.15%, $MgSO_4 \cdot 7H_2O$ 0.02%, $CaCl_2$ 0.05% 첨가가 가장 양호하였다. furfural은 0.001~0.01% 농도에서 효모의 생육이 약간 증가되었으나, 그 이상에서는 저해되었다. 당의 이용률은 86.2%, 당에 대한 효모의 수율은 50.45%, 효모의 조단백질은 50~52%이었다.

동위효소와 종 간 유연성 : 국내외 *Pleurotus* 속 13종 32 균주와 종이 미상인 4 균주 모두 36 균주의 동위효소 분석에 의한 종 간 유연성을 파악한 결과, 등전점 전기 영동 isoenzyme polymorphic banding pattern법으로 6종의 동위 효소 즉 esterase, glucose phosphatase, isomerase, leucine amino peptidase, malate dehydrogenase, peroxidase, phosphoglucomutase를 분석 총 166개 band를 확인, 36개 느타리 균주의 종 간 다형성을 관찰, 동위효소 분석 결과, 유연 관계가 가장 가까운 종은 *P. florida*와 *P. sajor-caju*로 유사도는 약 89%, 연구에 이용된 총 13종 간의 유사도는 약 77%이었다. *P. ostreatus*는 *P. pulmonaris*와 확실히 구별되었으나, *P. sapidus*와 *P. spodoleucus*는 판별이 어려웠다.

재배 기간과 배지의 성분 변화 : 나왕과 소나무 배지에서 느타리 재배 기간 중 배지의 성분 변화를 관찰하였다. 느타리 전체 수량은 나황 배지에서 6.39kg/m^2, 소나무 배지에서 6.31kg/m^2로 양 배지 모두 94%가 1,2주기에서 얻어졌고, 재배 기간 중 양 배지의 회분량은 증가되었으나, 유기물은 감소, 수분은 종균 접종 시 약 79%이었으나, 수용성 질소보다 컸으며, 아미노태 질소는 계속 증가하였다. 두 배지에서 pentosan, α-cellulose, lignan 및 C/N 비는 점차 감소, 환원당, trehalose, mannitol은 계속 증가하였고, P, K, Mn, Zn은 감소, Mg, Ca, Fe, Cu는 불규칙 변화를 보였다. 재배 기간 중, CMC 당화 활성과 액화 활성은 균사 번식 후부터 2주기 수확까지 두 배지 모두 증가하였으나, 그 후 감소하였다. xylanase 활성은 1주기보다 2주기에서 급격히 상승하였고, 3주기부터 서서히 감소, protease 활성은 균사 번식 후 최고 활성을 보이다 점차 감소하였고, pH는 재배 기간 중 다소 감소, 두 배지에서 버섯의 각 주기별 성분 변화는 1~3주기까지 거의 비슷, 4주기에는 다소 감소하였다.

향기 성분①: 느타리의 휘발성 향기 성분을 분리한 후, GC, GC/MS로 성분을 확인한 결과, 버섯 고유의 향이었고, 수율은 123ppm이었다. 확인된 성분은 27종으로 1-octen-3-ol은 67%로 가장 많았고, 다음 3-octanone, 3-octanol, 2-octenol 및 2, 4-decadienal이었으며 C_8 화합물이 전량의 80%이었다. 버섯 마쇄 후 시간 경과에 따른 n-hexanol, 3-octanol, 1-octen-3-ol 등 alcohol류가 증가하였으나, n-hexanol, 1-octen-3-one 등의 aldehyde 및 ketone류는 감소하였으며, 전체 지방산에 대한 불포화 지방산 비율도 감소하였다. 버섯에 linoleic acid와 linolenic acid를 각각 첨가, 마쇄하였을 때, 향기 성분 중 C_8-C_{10} 화합물의 비율도 증가하였고, linolenic acid보다 linoleic acid 첨가 시 더 많이 증가하였다.

저장 조건과 향기 성분②: 인공 재배 여름느타리(*P. sajor-caju*)의 실온과 냉장하에 저장 중 휘발성 향기 성분은 SDE법으로 분리 후, GC/MS로 향기 성분을 조사한 결과, 총 aroma concentrates는 냉장 시 큰 차이가 없었으나 실온 저장 시 큰 감소를 보였고, 확인된 38종의 휘발성 물질 중 실온 저장 시 δ-decalactone만 증가, 기타 성분은 현저히 감소하였다. 냉장 시에는 2-metlyl butanal, 1-octen-3-ol, cis, cis-1.5-octadien-3-ol, pentadecanoic acid 등은 감소, 3-octanone, 1-octen-3-one, 3-octanol, 5-undecanol은 증가하였다. 또한 중량 감소와 관능적 특성은 실온 저장 시 냉장 시보다 심한 변화를 보였다.

휘발성 향기 성분③: 인공 재배 느타리류(*Pleurotus* sp.)의 향기 성분을 SDE법으로 분리, GC/MS로 성분을 조사한 결과, 54종의 휘발성 성분을 확인, 이 중 저온성 느타리(*P. ostreatus* ASI. 201)에 1-octen-3-ol, 3-octanone, 3-octanol 등이, 원형 느타리(*P. florida, ostreatus-ostreatus*)에 1-octen-3-ol, n-hexanol, 3-octenone, 3-octenol, phenol 등이, 애느타리 (*P. ostreatus*)에 1-octen-3-ol, n-pentanal, n-hexanal, 3-octanone, 3-octanol, 1,5-octadien-3-one 등이었다. 특히 확인된 성분 중 C_8 화합물의 비는 각각 56.60, 72.46, 54.84,

35.85%이었다.

향기 성분[④] : 느타리의 생것과 조리 중의 향기 성분을 GC, GC/MS로 분석한 결과, 생느타리의 향기 성분은 24종, 이 중 3-octanol 46.01%, 3-octanone은 18.75%, 1-octene-3-ol이 15.39%, isobutylalcohol 3.48%, isoamylalcohol 3.07%, 2-methyl butyl alcohol 2.34% 등 6 성분이 89.4%을 차지하였고, 조리 중 느타리의 향기 성분은 16종이 동정되었으며, 이 중 1-octen-3-ol 66.50%, 3-octanol 10.99%, 3-octanone 9.77%, 1-octen-3-one 1.3%, octyl alcohol 1.12%로 이 5종 성분이 89.61%이었다. 느타리 생것과 조리 중 향기 성분은 대부분 carbonyl 화합물과 alcohol류이며 탄소수는 2~8개의 저급지방족 화합물로 이루어졌다.

유기산 및 지방산 조성 : 유기산은 느타리, 표고, 양송이 3종의 버섯에서 lactic, fumaric, succinic, malic, citric, pyroglutamic acid가 확인되었고, malic, citric, pyroglutamic acid가 많았다. 총 유기산 함량은 느타리(2.4~4.0%), 표고버섯(1.7~3.6%), 양송이(1.9~3.1%) 순이었고, 부위별 함량은 갓 부위가 자루 부위보다 많았으며, 느타리는 oxalic과 pyroglutamic acid가, 표고는 malic과 citric acid가, 양송이는 fumaric acid가 특히 많았다. 크기별로는 클수록 총 유기산이 많았으며, 특히 citric acid의 감소가 컸다. 지방산은 linoleic, palmitic, oleic acid가 주이고, 부위와 크기별 함량에는 별 차이 없었다.

유리당과 당 알코올 조성 : 국내에서 인공 재배되고 있는 느타리, 표고, 양송이 3종의 버섯에서 trehalose, glucose, fructose, mannitol, arabitol 및 glycerol이 확인되었고, 유리당과 당 알코올 함량은 표고버섯 (12.7~18.9%), 양송이 (9.2~16.1%), 느타리 (8.2~10.6%) 순이었으며, 표고에는 mannitol과 arabitol, 양송이에는 mannitol, 느타리에는 trehalose와 mannitol이 많이 함유되었고, 부위별 함량은 느타리와 양송이는 자루보다 갓 부위에, 표고는 자루 부위에 많았으나, 크기별 함량은 자실체가 클수록 유리당과 당 알코올이 감소하였다.

무기 성분 : 널리 식용되고 있는 7종 버섯, 능이, 양송이, 밤버섯, 표고버섯, 느

타리, 송이버섯에 대해 20종의 무기 성분을 측정한 결과, 대부분 Fe, Na 및 Zn 함량이 다른 무기질보다 많았고, 유해 금속 Cd, Hg, Pb 및 As 등은 흔적만 있고, Sb, Se 및 Sn은 전 시료에는 없었다. 능이버섯에는 Na 73.634㎎, Zn 58.171㎎, P 2.388㎎, Mn 2.105㎎ 순, 양송이에는 Na 56.997㎎, Zn 43.273㎎, Mn 2.875㎎, P 2.288㎎ 순, 밤버섯에는 Zn 43.835㎎ Na 16.727㎎, Mn 5.732㎎, Pb 1.676㎎, 표고버섯에는 Na 62.653㎎, Zn 36.402㎎, Mn 55.502㎎, P 2.325㎎, 싸리버섯에는 Zn 91.820㎎, Na 91.763㎎, Mn 10.214㎎, P 2.325, 느타리에는 Na 170.350㎎, Zn 64.222㎎, Ni 0.872㎎, Mn 0.702㎎, 송이버섯에는 Zn 56.708㎎, Na 15.966㎎, P 5.752㎎, Pb 5.291㎎이었다.

일반 성분 : 느타리를 분석한 결과, 당류는 glucose, trehalose, cellulose, hemicellulose, chitin, pectin, 당 알코올은 mannitol, 유리 아미노산 30종, 무기질 13종 및 게르마늄이 분리되었다.

아미노산 분석 : 느타리의 아미노산을 TLC로 분리한 결과, glycine, alanine, valine, isoleucine, leucine, proline, phenylalanine, tyrosine, lysine, serine, threonine, cysteine, aspartic acid, glutamic acid, arginine, histidine 등이 있었다.

Amino acids : 느타리의 유리 아미노산을 분석한 결과, aspartic acid (1.55㎎/g), threonine(3.10), serine(0.91), glutamic acid(5.30), proline(0.39), glycine(0.63), alanine(4.24), valine(1.30), cysteine(0.22), methionine(0.08), isoleucine(0.77), leucine(1.01), tyrosine(0.53), phenylalanine(0.46), lysine(0.01), histidine(0.46), arginine(0.47)이었다. 느타리의 아미노산을 TLC로 분리한 결과, glycine, alanine, valine, isoleucine, leucine, proline, phenylalanine, tyrosine, lysine, serine, threonine, cysteine, aspartic acid, glutamic acid, arginine, histidine 등이 있었다.

엽산 함량 : 느타리 생것의 엽산 함량은 100.9± 3.18㎍/100g, 조리한 것 36.7㎍/100g으로 조리로 78%가 손실되며, 팽이 생것은 76.4±12.4㎍/100g, 조리한 것 62.7㎍/100g으로 조리로 35%가 손실되고, 표고버섯 생것은 61.8± 9.9㎍/100g, 조리한 것 22.7㎍/100g으로 조리로 57%가 손실된다.

조리법과 Vitamin D_2와 B_2 함량 : 표고, 느타리, 양송이를 물에 넣고 끓이는 조리법에 ergosterol 함량에 변화는 없었으나, riboflavin은 5분 가열에서 표고 11.72±0.50㎍/g (dry base)에서 2.35±0.07㎍/g, 느타리는 3.26±0.15㎍/g에서 1.44±0.07㎍/g, 양송이는 27.33±2.10㎍/g에서 18.68±1.5㎍/g로 감소하였고, 시간이 지남에 따라 더 많이 감소하였다. 소금물에 끓일 경우 소금 농도에 따라 ergocalciferol 함량은 표고와 느타리가 감소하였고, 모든 버섯에서 riboflavin은 감소하였다. 150℃, 200℃, 250℃ 오븐에서 15분 구우면 ergocalciferol은 표고와 느타리에서 감소하였으나, 양송이는 변화가 없었고, riboflavin은 가열 온도 상승에 따라 3개 버섯 모두 감소 경향이 나타났다. 저온에서 장시간 수침보다 고온에서 단시간 수침이 더 효과적이며, riboflavin은 수침 온도가 높을수록 감소하는 경향이 있었다.

***Pseudomonas tolaasii* 오염** : 갈변병에 감염된 느타리에서 125균주가 분리되었고, 그중 45 균주는 병원성 균주, WLFO 6 strain, WLRO 6 strain, WLRO의 몇 균주는 병원성으로 나타났다. WLFO 6 균주는 모두 느타리의 갈변병 주원인 균으로 알려진 *P. tolaasii*로 미생물 신속 동정기(MIDI)에 의해 동정되었고, WLRO는 *P. gingeri, P. fluoressens* biotype A와 type C로 동정되었다. *P. tolaasii*에 의해 생성된 세포 독소인 tolaasin 활성은 600㎚에서 용혈성을 측정한 결과, *P. tolaasii*로 동정된 6 균주는 0.8~0.9, 약한 병원성의 WLROS는 0.9~1.0, *Pseudomonas* sp.는 1.0~1.2로 나타났다.

갈반병 길항균 : 갈반병 원인 균주 P-24와 P-28은 *Pseudomonas putida*로 P-27, P-33은 *P. tolaasii*로 동정되었고, 길항 균주 중 A-11, A-20은 *Pseudomonas fluorescence*로 A-29는 *Pseudomonas* sp.로 동정되었으며, 그중 A-11 균주가 버섯 균사 및 자실체에 해가 없이 길항성이 우수한 균주로 선발되었다. 길항성은 갈반 병원균과 길항균의 농도비를 1 : 1로 처리하였을 때 길항성이 양호하였다.

염료의 색도 제거 능력 : 한국 자생 버섯중 염료의 색도 제거 능력이 우수한 균주를 분리한 결과, *Trametes* sp. CJ-105, *Pleurotus* sp. CJ-212, *Fomes* sp. CJ-315로 동정되었고, 이들 각각 remazol brilliant blue R 및 acid red 264 함

유 액체 배지에서 배양한 결과, 2~8일에 색도가 제거되었고, lignin 분해 효소 laccase의 활성이 다량 존재하였다. 이들 균주의 색도 제거 능력은 laccase, Lip. Mnp의 활성과 관계가 있으며, 색도 제거는 lignin 분해 효소와 관련이 있는 것으로 판단되었다.

큰느타리 어묵 특성 : 항암성 및 혈압 강하 작용이 있는 큰느타리(*P. eryngii*)을 각각 0, 5, 10, 15, 20% 첨가 튀김 어묵을 제조한 후 색조, 물성 특성, 관능적 특성을 조사한 결과, 색도는 큰느타리 함량의 증가에 따라 L 값은 감소, a와 b값은 증가하였고, 어묵의 유연성(절곡 검사)은 시료 첨가에는 영향 없이 우수하였다. 10% 시료 첨가 어묵에서 강도, 응집성, 탄성, 껌성 및 파쇄성이 가장 높았고, 관능 검사 결과, 버섯 첨가량이 증가할수록, 향기 선호도는 높았으나 맛과 조직감은 낮았다. 전체적인 선호도는 큰느타리 10% 첨가 어묵이었다.

버섯 고추장의 특성 : 느타리와 표고버섯을 각각 9%를 첨가한 고추장에서 수분은 표고 첨가 고추장이, 알코올은 느타리 첨가 고추장이 많았고, 느타리 첨가량이 많을수록 알코올이 많았으나 표고버섯은 그 반대였다. 아미노산 질소는 발효 진행에 따라 증가, 버섯 9% 첨가 고추장에서 높았다. 색도는 버섯 첨가에 관계없이 발효 기간 동안 a값의 감소 폭이 가장 컸으며, 버섯 첨가량이 많을수록 L, a, b값이 대조구보다 높았다. 버섯 첨가 고추장에서는 세균 증식이 약간 지연되었고 버섯 종류에 따라 효모 증식 양상에서 차이가 있었으나 발효 말기의 세균 수와 효모 수에는 차이가 없었다. 관능 평가에서 버섯 첨가 고추장의 평점이 높았으며 느타리 첨가 고추장이 높은 점수를 얻었다.

느타리 김치의 생리 활성 : 버섯 김치 시료를 만들어 이의 항산화, 항돌연변이, 항암 및 면역활성을 측정하였다. 항산화 효과는 linoleic acid의 과산화물가와 흰쥐 간의 TBA 측정 결과, 배추김치(대조군)보다 효과가 있었으며, 특히 생버섯 추출물의 효과가 더 컸다. 시료 MeOH ex는 농도 의존적 항돌연변이 및 암 세포 성장 억제 효과가 있었으며, 특히 생버섯 추출물의 효과가 더 컸다. 시료 MeOH ex는 흰쥐의 비장에서 분리한 면역 세포의 증식을 단독으로 유도하지는 못하였으나, Con A 처리구에서 비장 세포의 증식이 유도되었고, 생버섯 김치가 데친 버섯 김치보다 더 많은 증식을 유도하였다.

느타리 김치의 숙성 중 식품학적 성분 변화 : 숙성 중 pH는 처음에 배추김치(대조군)보다 높았으나, 질소 함량은 숙성에 따라 증가하였고, 생시료 김치는 대조군보다 높았으며, 데친 시료 김치는 대조군과 비슷하였다. 환원당은 숙성에 따라 감소하였고, 생시료 김치의 함량은 대조군보다 많았으나, 데친 시료 김치는 조금 낮았다. 대조군의 생균 수는 숙성 2일에 급격히 증가하였고, 그 이후 거의 비슷하였다. 시료 김치도 대조군과 같은 경향으로 균 수는 대조군보다 약간 적었고, 젖산균 수는 생균 수와 거의 같았다. 상온에서 1일간 저장한 시료 김치의 관능 검사 결과 데친 시료 김치보다 생시료 김치가 좋은 값을 보였으나 대조군보다는 기호도가 낮았다.

느타리 빵의 특성 : 느타리 가루를 0, 1, 2, 3, 4%를 첨가, 식빵을 제조하여 특성을 관찰한 결과, 물리적 특성과 관능 평가에서 1% 첨가 빵이 가장 선호도가 높았다.

식이 섬유 : 채소류, 버섯류, 과일류, 및 해조류의 식이 섬유를 조사한 결과, 총 식이 섬유의 평균은 과일류와 가공품〈녹황색 채소류〈담색 채소류〈해조류 및 가공품〈버섯류 순이며, 녹황색 채소류 3.62±12.68%이었고, 버섯류 중 건조 석이버섯이 52.87%로 가장 많았으며, 느타리 3.88%, 양송이 1.42%이었다. 과실류에서 사과는 1.50%, 딸기 1.55%이었고, 해조류는 미역과 김이 각각 37.77, 31.36%이었다.

Flavonoid 함량 : 100여 종의 식용, 약용 식물의 총 flavonoid를 측정한 결과, 영지버섯, 표고버섯, 느타리, 팽이버섯은 2㎎ 이하였다.

이화학적 특성 : 큰느타리 자실체를 분석한 결과, 조 단백질과 총 당이 많았으며, 무기 성분은 Mg〉Na〉Zn〉Fe〉Ca〉Cu 순이었고, 구성 아미노산은 arginine, 509.03㎎%, lysine 410.53㎎%, glutamic acid 190.05㎎%, phenylalanine 150.63㎎%, histidine 139.12㎎% 순이었다. 유기산은 citric acid 26.60 ㎎%, oxalic acid 18.01㎎%, formic acid 10.50㎎%, malic acid 10.20㎎% 순이었다. 유리당은 glucose 2,040㎎%로 가장 많았고, fructose 1,846㎎%, galactose

1,076mg%, lactose 1,020mg%, arabinose 846mg%, maltose 472mg% 순이었다.

이용 실태 : 대구 지역 주부들의 버섯 이용 실태를 조사한 결과, 버섯을 대부분(97.7%) 자연식품이나 건강식품으로 인식하고 있었고, 인지도는 느타리, 건조표고, 영지, 양송이, 송이, 생표고, 싸리, 팽이 순이었으며, 소득이 높고, 교육 수준이 높을수록 인지도가 높았다. 항암 효과에 대한 버섯은 영지, 운지, 송이, 건조 표고 순으로 약용 효과가 높다고 생각하였고, 기호도는 느타리, 송이, 양송이, 건조 표고 순이었으며, 선호 특성은 맛, 질감, 향기 순이었다. 느타리와 팽이버섯은 질감, 다른 버섯은 맛을 선호하였고, 느타리는 질감, 송이는 맛과 향기로 가장 선호도가 높았다. 이용상 문제점은 가격(61.3%), 조리법(18.7%), 보관 저장(14.8%) 순이었다.

기타 생리활성 : hypocholesterolaemic effect, antioxidant, lipid peroxidation effect, immunomodulatory effect, antitumor effect에 대한 보고가 있다.

✻ 효능과 이용

1) 효능 : 허약증, 강근장골(强筋壯骨).

2) 식용 : 자연산은 10~11월에 맛과 향기가 좋다. 근래는 볏짚, 다발 재배법, 병 재배법으로 재배되어 언제나 살 수 있다. 냄비 요리, 튀김, 식초 요리, 찜, 국, 볶음, 스파게티, 오믈릿 등에 이용된다.

3) 약용 : 허약증에 응용. 근육 경련, 수족 마비 등에 탕제로 이용된다.

※ 날것으로 먹지 말 것.

참고문헌

1) 갈상완, 이상원, **응용생명화학회지**, 2002, 45(2), 71 (버섯의 안정적 생산을 위한 최적 배지의 개발—송이버섯, 느타리)

2) 강갑열, 전창성, 신철우, 박정식, 정종천, 최선규, 성재모, **균학회지**, 2003, 31(3), 141 〔전복느타리(*Pleurotus cystidious*)의 형태적 및 생리적 특성에

관한 연구〕

3) 강경홍, 송주희, 김홍남, **균학회지,** 2002, 30(1), 23 〔느타리속(*Pleurotus* spp.)의 계대 배양에 따른 유전적 변이〕
4) 강미선, **강원대학교 석사학위 논문,** 1999, 〔큰느타리(*Pleurotus eryngii*)의 인공 재배 및 생리 활성에 관한 연구〕
5) 강미선, 강태수, 강안석, 손형락, 성재모, **균학회지,** 2000, 28(2), 73 〔큰느타리(*P. eryngii*)의 균사배양 및 인공 재배에 관한 연구〕
6) 강태수, 강미선, 성재모, 강안석, 손형락, 이신영, **균학회지,** 2001, 29(2), 86 (큰느타리가 당뇨쥐의 혈당 및 혈중 Cholesterol에 미치는 영향)
7) 강태수, 정헌상, 이명렬, 박희정, 조택상, 지성택, 신명근, **균학회지,** 2003, 31(3), 175 (천연물을 이용한 큰느타리 균사 배양 및 Angiotensin Converting Enzyme 저해활성)
8) 강혜인, 김재용, 문광덕, 서권일, 조영숙, 이상대, 이성태, **식품영양과학회지,** 2004, 33(7), 1092 〔큰느타리(*P. eryngii*) 조 다당체의 면역 세포 활성화 효과〕
9) 고승주, 박용환, 차동열, **농촌진흥청 농업기술연구소 시험보고서,** 1979, 122 (느타리 볏짚 조제 방법 개선에 관한 시험)
10) 고승주, 유창현, 박용환, **균학회지**, 1984. 12(1), 15 (여름느타리와 느타리의 균사체 생장에 영향을 미치는 몇가지 요인에 관한 시험)
11) 고승주, 유창현, 신관철, **균학회지,** 1989, 17(3), 137 (느타리의 불화합성이 종내 및 종간 원형질체 융합에 미치는 영향)
12) 고승주, 차동열, 박용환, **균학회지,** 1980, 8(3), 178 (느타리 육종에 관하여)
13) 고승주, 차동열, 박용환, **균학회지,** 1981, 9(1), 13 (느타리와 사철느타리의 균주간 및 종간 교배)
14) 고승주, 차동열, 신관철, **균학회지**, 1992, 20(2), 149 (균사생장이 부진한 사철느타리 및 느타리으로부터 Virus 입자분리)
15) 권영주, 엄태봉, **식품영양과학회지,** 1984, 13(2), 175 (느타리의 지질 성분에 관한 연구)
16) 김나미, 이종수, **균학회지,** 2003, 31(1), 28 (발효 기간이 버섯 발효액의 품질과 생리 기능성에 미치는 영향—느타리, 표고, 팽이버섯)

17) 김동현, 공원식, 김경수, 김영호, 유창현, 김영배, **균학회지,** 1998, 26(2), 173 〔느타리류(*Pleurotus* spp.)의 생화학적 방법에 의한 품종 구분〕
18) 김명곤, **균학회지,** 1985, 13(2), 105 (*Trichoderma*속의 생산하는 항생물질이 느타리균에 미치는 영향)
19) 김명조, 심재욱, 이윤수, **균학회지,** 1997, 25(1), 20 (느타리속균과 교잡종에 대한 단백질 밴드에 의한 분류)
20) 김범기, 신평균, 정미정, 박수철, 유영복, 류진창, 권석태, **균학회지,** 1997, 25(1), 1 (여름느타리로부터 β-tubulin cDNA의 분리 및 염기서열 결정)
21) 김범기, 정미정, 이창수, 이희경, 유영복, 류진창, **균학회지,** 1995, 23(3), 202 (느타리속의 DNA 다형성 분석에 영향을 미치는 PCR 조건)
22) 김병각, 박은규, **균학회지,** 1978, 6(2), 59 (한국산 버섯의 항암 성분－구름버섯, 표고, 느타리)
23) 김삼순, 김기주, **산업미생물학회지,** 1981, 9(3), 109 (야생 버섯의 인공 재배 가능성 검토－영지, 느타리, 참버섯, 검은 비늘 버섯)
24) 김석종, 박철우, 박숙자, 김영숙, 조현종, 임동길, 김정옥, 이주희, 하영태, **식품영양과학회지,** 2003, 32(1), 143 (재래식버섯 균사체 된장의 항종양성과 항돌연변이성－느타리, 영지, 상황, 신령버섯)
25) 김석종, 임동길, 박철우, 세르보로다메, 형석원, 이강권, 김정옥, 하영래, **식품영양학회지,** 2004, 33(2), 255 (뽕나무가루 첨가 배지에서 배양한 버섯 균사체 배양물의 자유라디칼 유도산화억제)
26) 김소영, 손미희, 하정욱, 이승철, **식품영양과학회지,** 2003, 32(6), 855 (큰느타리를 첨가한 튀김 어묵의 제조 및 특성)
27) 김영숙, 박철우, 김석중, 박숙자, 류중호, 조현종, 김정옥, 임동길, 하영래, **식품영양과학회지,** 2002, 31(6), 986 (항암성과 향미개선 재래식 버섯 균사체 메주의 제소－느타리, 신령버섯, 상황, 잎새버섯, 동충하초, 표고, 영지)
28) 김영희, **전북대학교 박사학위논문,** 1989 〔느타리(*Pleurotus ostreatus*)의 Volatile components 조성 및 Key compound 생성에 관한 연구〕
29) 김재용, 강혜인, 박경욱, 문광덕, 이상대, 조숙현, 위재준, 경종수, 송용범, 서권일, **식품영양과학회지,** 2004, 33(10), 1589 (큰느타리 조 다당체 분획

의 항산화 및 항 종양 활성)

30) 김재용, 문광덕, 이상대, 조숙현, 가혜인, 이성태, 서권일, **식품저장유통학회지,** 2004, 11(3), 347 〔큰느타리(*P. eryngii*)의 이화학적 특성-느타리, 양송이, 표고, 팽이와 비교〕

31) 김정숙, 한재숙, 이재성, **조리과학회지,** 1994, 10(3), 291 (버섯의 이용 실태에 관한 조사 연구-느타리, 양송이, 표고, 영지, 송이, 팽이, 운지, 싸리)

32) 김태성, **경상대학교 대학원 논문집,** 2000, 1 (큰느타리 병재배에서 균사 생육과 자실체 품질 및 수량에 미치는 배양 요인 연구)

33) 김태성, 이현욱, 이상대, 송근우, **경북농업 기술원, 영농 자료집,** 1999 (큰느타리 누대 배양 균주 활성 및 생산력 검정 시험)

34) 김태영, 홍재식, 이태규, 김명곤, 오경철, **응용생명화학회지,** 1989, 32(1), 14 (느타리의 일반 성분 및 유리당의 함량 변화)

35) 김한경, 정종천, 장현유, 김광포, 차동열, 문병주, **균학회지,** 1997a, 25(4), 305 〔큰느타리(*Pleurotus eryngii*) 균의 인공 재배 (1)-균사배양 조건에 관하여〕

36) 김한경, 정종천, 장현유, 김광포, 차동열, 문병주, **균학회지,** 1997b, 25(4), 311 〔큰느타리(*Pleurotus eryngii*) 균의 인공 재배 (2)-자실체의 형태적 특성 및 재배조건에 관하여〕

37) 노일협, **숙명여자대학교 논문집,** 1981, 21, 141 (한국산 식용 버섯 중의 미량 금속원소의 함유량 연구-능이, 양송이, 밤버섯, 표고, 싸리, 느타리, 송이)

38) 노일협, **숙명여자대학교 논문집,** 1981, 21, 427 (식용 버섯의 아미노산 규명)

39) 농업기술 연구소, **시험연구사업 보고서,** 1987, 598~602 (느타리 배지 재료 개발 시험)

40) 농업기술 연구소, **시험연구사업 보고서,** 1988, 763~766 (느타리 배지 재료 개발 시험)

41) 류영현, 조우식, 김찬용, 윤재탁, **균학회지,** 2000, 28(2), 93 (느타리 재배시 완효성 비료원 첨가 효과)

42) 류영현, 이숙희, 조우식, 윤재탁, **균학회지,** 2000, 28(2), 109 (느타리 자실체의 부위 및 생육 시기별 지방산 조성의 변화)

43) 卯曉嵐, 莊長坪, 歐株次旺, **西藏大型經濟眞菌,** 北京科學技術出版社, 1991
44) 민태진, 이강협, **균학회지,** 1991, 19(1), 32 〔느타리(*Pleurotus ostreatus*)중의 Light-induced mitochondrial ATP synthase의 효소적 특성 연구〕
45) 민태진, 이미애, 박상선, **균학회지,** 1993, 21(3), 157 (버섯 중 철 이온에 활성화된 광 감응성 mitochondria ATPase에 관한 연구)
46) 박동수, **강원대학교 석사학위논문,** 1998 〔원형 느타리(*Pleurotus ostreatus*)의 액체 종균의 배양적 특성 및 인공 재배에 관한 연구〕
47) 박동열, 차동열, 정환체, **농사시험연구보고서**(농업기술 연구소), 1984 (느타리 볏짚 배지의 수분 조절에 관한 시험)
48) 박무현, 오국용, 이병우, **식품과학회지,** 1998, 30(3), 702 (표고버섯과 느타리의 항암 효과)
49) 박수철, 정욱진, 정미정, 김범기, 유영복, 류진창, **균학회지,** 1998, 26(3), 314 (상처 및 자외선 자극에 반응하는 여름느타리 cDNA 단편의 분리 및 그 발현 특성)
50) 박완희, **생약학회지,** 1982, 13(1), 43 (버섯의 성분 연구 1, TLC에 의한 아미노산 분석—느타리, 양송이, 목이, 표고, 나도팽나무 버섯, 싸리, 흰목이, 송이)
51) 박용환, 고승주, 김동수 **균학회지,** 1974, 2(1), 40 (볏짚을 이용한 느타리 재배에 관한 연구)
52) 박용환, 고승주, **농촌진흥청 농업기술연구소 시험보고서,** 1975, 97 (느타리 볏짚 조제 방법 개선에 관한 시험)
53) 박용환, 고승주, 장현세, 김영배, **농촌진흥청 농업기술 연구소 시험보고서,** 1977 (느타리 볏짚 재배의 조제 방법 개선에 관한 시험)
54) 박용환, 변명옥, Fujii Hiroshi, **균학회지,** 1988, 16(2), 87 〔한국산 느타리(*Pleurotus* spp.)의 전기 영동 Isoenzyme Band Pattern 비교 1, Homogenous Gel〕
55) 박용환, 변명옥, Fujii Hiroshi, **균학회지,** 1988, 16(2), 95 〔한국산 느타리(*Pleurotus* spp.)의 전기 영동 Isoenzyme Band Pattern 비교 2, 등전점 전기 영동〕

56) 박용환, 장학길, 고승주, **균학회지,** 1977, 5(1), 1 (느타리 재배에 있어서 배지량 및 종균 재식량이 자실체 수량에 미치는 영향)

57) 박우길, **강원대학교, 석사학위논문,** 1996 〔비트펄프와 면실박을 이용한 애느타리 (*Pleurotus ostreatus* Jacq. ex Fr. Kummer) 병재배에 관한 연구〕

58) 박원목, 김규현, 현재욱, **균학회지,** 1995, 23(3), 275 〔느타리속(*Pleurotus* sp.)의 균사 배양을 위한 새로운 합성 배지〕

59) 박원목, 김영호, 고한규, **균학회지,** 1996, 24(4), 322 〔왕호장근(*Reynoutria sachalinensis*)을 이용한 배지에서의 느타리 균사 생장 효과〕

60) 박정식, 김성열, 차동열, 김한경, **균학회지,** 1985, 13(4), 271 (느타리의 저장조건이 생화학 성분에 미치는 영향)

61) 박희옥, 오혜숙, 윤선, **식생활문화학회지,** 2001, 16(5), 463 (버섯의 조건에 따른 Vitamin D_2와 B_2 함량 변화)

62) 배신철, 성기영, 이신우, 고승주, 은주영, 이인구, **균학회지,** 1996, 24(1), 155 (rDNA의 ITS 그 부위의 염기서열 분석에 의한 느타리 종간의 근연관계－느타리 배지 개발을 위한 폐면포 이용에 관한 연구)

63) 변명옥, 고승주, 박용환, 신관철, **균학회지,** 1984, 12(1), 9 (느타리 균사의 원형질체 나출에 관한 연구)

64) 변명옥, 유영복, 유창현, 차동열, 조무제, **균학회지,** 1989, 17(4), 209 (Neurospora pyr4 유전자를 이용한 사철 느타리의 형질 전환)

65) 변명옥, 정종천, 유창현, 차동열, 이두형, **균학회지,** 1997, 25(3), 233 (여름느타리에서 PABA 변이주의 Complementation에 의한 형질 변화)

66) 성재모, **농림부,** 1997, 1~136 (느타리 액체 종균을 이용한 느타리 생산에 관한 연구)

67) 성재모, 문희우, 박동수, **균학회지,** 1999, 27(1), 1 (액체 배양에서 느타리 균의 적합한 생장 조건 규명)

68) 성재모, 유영복, 차동열, **버섯학,** 교학사, 서울, 1998

69) 송치현, 김재홍, 양변근, 김길웅, **균학회지,** 1996, 24(2), 104 (느타리 균사체 액체 배양으로부터 항보체 다당 생산에 관한 연구)

70) 신관숙, 구자형, 유성준, **균학회지,** 1983, 11(4), 163 (이산화 유황이 느타

리 자실체의 생장에 미치는 영향)
71) 신관철, 오만진, **균학회지,** 1991, 19(4), 285 (여천 공업 단지에서 배출되는 이산화 유황이 느타리의 생육에 미치는 영향)
72) 신관철, 조수묵, 전낙범, 구자형, **균학회지,** 1994, 22, 190 〔Sodium hypochloride (NaOCl) 처리가 느타리의 세균성 갈반병에 미치는 효과〕
73) 신관철, **균학회지,** 1987, 15(2), 92 (느타리 볏짚 배지에 발행하는 유해 균류)
74) 안용선, 신동화, 강진하, 오승원, **식품영양과학회지,** 2000, 29(1), 85 (환경 친화적 포장재를 이용한 느타리의 저장성 연구)
75) 안장수, 이규한, **식품영양과학회지,** 1986, 15(3), 258 (한국산 식용 버섯의 향기 성분에 관한 연구 1－느타리의 향기 성분)
76) 안장수, 이규환, **식품위생안전성학회지,** 1986, 1(2), 177 (한국산 식용 버섯의 무기 성분에 관한 연구－능이, 양송이, 밤버섯, 표고, 느타리, 송이)
77) 연미영, 현태선, **영양학회지,** 2005, 38(7), 586 (한국인 상용식품의 엽산 함량 분석에 의한 식품영양가 표의 보완)
78) 오광근, 김현수, 조무환, 채영규, 전영중, **산업미생물학회지,** 1999, 27(6), 500 (염료의 색도 제거능력이 우수한 백색 부후균 분리 및 특성 연구－*Trametes, Pleurotus, Fomes*)
79) 오세종, 전창성, 박정식, 김희규, **균학회지,** 1999, 27(2), 107 〔느타리 재배 비닐 멀칭 효과에 관한 연구－느타리 품질과 수량(1)〕
80) 유성준, 신관철, **균학회지,** 1983, 11(4), 185; 1984, 12(1), 1 〔느타리의 Benomyl (침투성 살균제) 저항성에 관한 연구〕
81) 유영복, 김영태, 변명옥, 유창현, 차동연, 박용환, **균학회지,** 1990, 18(2), 77 (느타리의 원형질체 융합율에 영향을 미치는 요인)
82) 유영복, 변명옥, 고승주, 유창현, 박용환, **균학회지,** 1984, 12(4), 164 (느타리와 사철 느타리의 종간 원형질체 융합 균주의 특성)
83) 유영복, 신평균, **균학회지,** 1996, 24(2), 111 〔사철느타리(*Pleurotus florida*) 원형질 체내에 표고 (*Lentinus edodes*) 핵의 전이〕
84) 유영복, 신평균, 김한경, 변명옥, 유창현, 차동열, 장권열, **균학회지,** 1989, 17(3), 114 (사철 느타리 원형질체 내 버들볏짚버섯 핵의 전이)

85) 유영복, 송문태, 고승주, 유창현, 차동열, 박용환, 장권열, **균학회지,** 1989, 17(3), 119 (느타리와 잔나비걸상버섯과의 이목간 원형질체 융합)

86) 유영복, 유창현, 박용환, John F. Peberdy, **균학회지,** 1985, 14(1), 9 (원형질체 융합에 의한 느타리와 사철 느타리 체 세포 잡종의 유전 분석)

87) 유영복, 유창현, 차동열, **균학회지,** 1993, 21(3), 200 (원형질체 융합에 의한 느타리속의 품종개발)

88) 유재복, **증보 실용버섯재배,** 선진 문화사, 서울, 1995

89) 유정, 이공준, 정기태, 나종성, **균학회지,** 1994, 22(4), 338 (느타리의 배지별 Amino acid 함량 변화에 관한 연구)

90) 유정, 이공준, 정기태, 나종성, 황창주, **균학회지,** 1996, 24(3), 176 (느타리 배지 개발을 위한 폐면포 이용에 관한 연구)

91) 유창현, 유영복, 박연희, **균학회지,** 1988, 16(4), 214 〔맛느타리(*P. sapidus*)의 원형질체 분리 및 환원에 관한 연구〕

92) 유창현, 유영복, 변명옥, 박연희, **균학회지,** 1988, 16(4), 210 〔느타리 원형질 체내에 맛느타리 (*P. sapidus*) 핵의 전이에 관한 연구〕

93) 윤영석, 류영현, 박선도, 최무술, **균학회지,** 1996, 24(2), 89 (느타리 재배에 있어서 배지량이 자실체 수량에 미치는 영향)

94) 이갑득, 민태진, **균학회지,** 1989, 7(4), 169 (느타리 중의 광감응성 Mitochondrial ATPase에 관한 연구)

95) 이갑득, 민태진, **균학회지,** 1989, 17(4), 177 (느타리 중의 광감응성 Mitochondrial ATP Synthase에 관한 연구)

96) 이대진, 김광표, 이병의, **균학회지,** 2003, 31(3), 192 〔큰느타리(*Pleurotus eryngii*)의 인공 재배에 관한 연구〕

97) 이상선, 김순근, 이태수, 이민웅, **균학회지,** 1997, 25(4), 268 (마늘 껍질을 이용한 느타리의 인공 재배)

98) 이윤혜, 지정현, 김영호, 유승헌, **균학회지,** 1999, 27(5), 319 (저장 기간에 따른 *Pleurotus ostreatus* 톱밥 종균의 생산성 비교)

99) 이은관, 유승오, 조재선, 전억환, **생물공학회지,** 1999, 14(2), 146 (느타리 갈반병에 대한 길항균의 선발 및 특성 조사)

100) 이재성, 이은정, 서달선, **산업미생물학회지,** 1985, 13(1), 65 (*Pleurotus ostreatus*가 생산하는 Laccase의 부분 정제 및 효소적 특성)
101) 이종미, 오상석, 한대석, 손은심, **식생활문화학회지,** 2001, 16(5), 504 (식물성 식품 중 총 플라보노이드 함량과 생리 활성 탐색-영지, 표고, 느타리, 팽이버섯)
102) 이혜영, 장금일, 김광엽, **식품위생안전성학회지,** 2001, 16(3), 232 (느타리에서의 *Pseudomonas tolaasii* 오염 연구)
103) 이호연, 민태진, **균학회지,** 1992, 20(1), 51 (느타리 중 light -Induced Mitochondrial ATPase에 관한 연구-유기물 효과)
104) 이호용, 신창엽, 김준호, 김원록, 이영근, 장화형, 송인근, 현성희, 민봉희, **균학회지,** 2000, 28(2), 97 (*Pleurotus ostreatus* 균사의 생장 촉진 효과를 나타내는 고온성 곰팡이의 특징)
105) 이호용, 신창엽, 이영근, 장하령, 민봉희, **균학회지,** 1999, 27(1), 10 (느타리 배지 제조기를 이용한 배지의 제조 연구)
106) 이희경, 유영복, 민경희, **균학회지,** 1999, 27(5), 328 (동위효소 분석에 의한 *Pleurotus ostreatus* complex의 유전적 변이)
107) 이희경, 유영복, 차동열, 민경희, **균학회지,** 1998, 26(2), 163 (동위효소 분석에 의한 느타리속의 종간 유연 관계)
108) 이희덕, 김용균, 김홍규, 한규홍, 문창식, 허일범, **균학회지,** 1998, 26(1), 47 (농산 부산물을 이용한 애느타리 및 버들송이의 배지 재료 활용 효과)
109) 임수빈, 김미옥, 구성자, **조리과학회지,** 1991, 7(3), 69 (식용 버섯 중 식이 섬유소의 함량 측정)
110) 장갑열, 전창성, 신철우, 박정식, 오세종, 최선규, 성재모, **균학회지,** 2003, 31(3), 200 〔전복느타리(*Pleurotus cystidiosus*)의 인공 재배에 관한 연구〕
111) 장갑열, 전창성, 신철우, 박정식, 장종천, 최선규, 성재모, **균학회지,** 2003, 31(3), 141 〔전복느타리(*Pleurotus cystidious*)의 형태적 및 생리적 특성에 관한 연구〕
112) 정학성, **균학회지,** 1993, 21(1), 64 〔울릉도의 균류상(4), 수종 주름 버섯에 대하여〕

113) 장현유, 김광포, 차동열, **균학회지,** 1996, 24(2), 149 (톱밥배양한 느타리 균사생장시 생산되는 각종 효소변화)

114) 장호, 권미향, 임왕진, 성하진, 양한철, **농화학회 춘계학술발표,** 1997 (느타리 자실체로부터 분리한 면역 조절 기능성 다당체)

115) 전영주, 엄태봉, **식품영양과학회지**, 1984, 13(2), 175 (느타리의 지질 성분에 관한 연구)

116) 전창성, **농업기술연구소 시험 보고서**(생물편), 농촌 진흥청, 1988, 794 (느타리 병해 발생현황 조사)

117) 전창성, 김광포, 신철우, **균학회지,** 2000, 28(1), 1 (느타리 종균이 미강함량이 재배에 미치는 영향)

118) 전창성, 신동훈, 박정식, 오세종, **균학회지,** 2000, 28(2), 103 (볏짚 배지의 살균 조건이 느타리균의 균사 생장에 미치는 영향)

119) 전창성, 유창현, 차동열, 김광포, **균학회지,** 1990, 18(2), 89 (느타리 푸른곰팡이 병에 대한 Thiabandzole의 방제 효과)

120) 전창성, 차동열, **시험연구 보고서**(생물부), 농촌진흥청 농업기술 연구소, 1988, 794 (느타리 병해 발생 조사)

121) 전창성, 추장호, 장갑열, 백수봉, **균학회지,** 2000, 28(2), 67 (배지의 침수조건이 느타리의 균사 생장에 미치는 영향)

122) 정미정, 박수철, 김범기, 유영복, 류진창, **균학회지,** 1998, 26(3), 354 (여름느타리의 Chitin synthase 유전자 단편 분리 및 발현 특성 분석)

123) 정순택, 홍재식, **균학회지,** 1991, 19(4), 292 〔여름느타리(*P. sajor-caju*) 저장중의 향기 성분변화〕

124) 정순택, 홍재식, **균학회지,** 1991, 19(4), 295 〔한국산 느타리류(*Pleurotus* sp.)의 휘발성 향기 성분〕

125) 정인창, 박신, 박경숙, 하효철, 김선희, 권용일, 이재성, **식품과학회지,** 1996, 28(3), 464 (느타리의 항산화 효과)

126) 정환옥, **충남대학교 교육대학원 석사학위논문,** 1986 (느타리 볏짚 배지에서 발생하는 유해 균류에 관한 연구)

127) 정환채, **균학회지,** 1983, 11(4), 177 (느타리의 볏짚 배지 발효 방법에 관

한 연구)

128) 정환채, 김영배, 박용환, **농업기술 연구소 연구 보고서**(생물부 편), 1973, 211 (느타리 재배에 관한 시험)

129) 정환채, 박정식, 박용환, **농업기술 연구소 연구 보고서**(생물부 편), 1989, 598 (느타리 재배 재료 개발 시험)

130) 조광현, 박경선, 김영기, **응용생명과학회지**, 2000, 43(3), 190 (느타리 갈반 병 원인독소 Tolaasin의 용혈 특성)

131) 조숙현, 이상대, 류재산, 김낙구, 이동선, **식품저장유통학회지**, 2001, 8(4), 367 (큰느타리의 MA 저장 중 품질변화)

132) 조우식, 류영현, 김승환, 윤재탁, 최부술, **균학회지**, 1999, 27(6), 412 〔*Penicillium corylophillum*에 의한 큰느타리(*Pleurotus eryngii*) 푸른곰팡이병의 발생〕

133) 조우식, 윤영석, 박선도, 최부술, **균학회지**, 1995, 23(3), 197 〔제지 부산물을 이용한 느타리(*P. ostreatus*) 자실체 형성용 염가 배지 개발〕

134) 지정현, 이윤혜, **시험연구 보고서**, 경기도 농업 기술원, 1999 (느타리 상자재배 생력화 연중 생산 연구－상자 재배 배양율 향상 및 배지 개발에 관한 연구)

135) 차동열, 유창현, 김광포, **최신 버섯 재배 기술**, 상록사, 1989, 118

136) 최광제, 이근용, 정두호, 이동현, **농사 논문집**(농경, 농기계, 잠업, 이용편), 1992, 34(2), 9 (느타리 작부체계 및 기계장비 이용실태 조사 분석)

137) 최낙식, 서승염, 김승호, **식품과학회지**, 1999, 31, 533 (혈전용해능을 갖은 버섯류의 탐색－만가닥, 영지, 느타리, 토끼털송편, 새송이, 송이, 노루궁뎅이, 팽이, 양송이, 장수버섯)

138) 최미희, 김건희, **식품과학회지**, 2003, 35(6), 1079 (저장온도와 포장재에 따른 느타리의 MA 저장 중 품질변화)

139) 최한석, 김명곤, 박효숙, 김재성, 심명화, 김성준, **식품과학회지**, 2005, 37(6), 1039 (인공 재배 버섯의 혈전분해 효소 활성검색－만가닥, 영지, 장수, 느타리, 뽕나무버섯, 노루궁뎅이, 새송이, 양송이, 팽이버섯)

140) 최희돈, 석호문, 박용곤, 박영도, 김정애, **식품영양과학회지**, 2007, 36(10),

1257 (버섯 균사체 및 배양곡물의 혈당 강하 효과—동충하초, 영지, 목진흙버섯, 느타리)

141) 표명윤, 노일협, **영양학회지,** 1975, 8(1), 47 (식용 버섯류의 아미노산에 관한 연구)

142) 하효철, 이재성, **응용생명과학회지,** 2002, 45(2), 124 (느타리 균으로부터 Wood meal-wheat-bran 배지에서의 Lignin 분해 효소 생산)

143) 하효철, 이재성, **응용생명화학회지,** 2004, 47(1), 22 (액체 배양한 느타리 균으로부터 망간 Peroxidase의 생산 및 특성)

144) 한대석, 안병학, 신현경, **식품과학회지,** 1992, 24(4), 376 (환경가스조절 방법을 이용한 느타리와 표고버섯의 유통기간 영장)

145) 한서영, 박미숙, 서권일, **식품저장유용학회지,** 2002, 9(1), 51 (느타리 김치의 숙성 중 식품학적 성분변화)

146) 한서영, 박미숙, 서권일, **식품저장유용학회지,** 2002, 9(1), 56 (느타리 김치의 생리 활성)

147) 홍범식, 김세진, 송치현, 황세영, 양한절, **균학회지,** 1992. 20(4), 354 〔느타리*(P. sajor-caju)* 재배를 위한 기질 및 재배방법의 개발〕

148) 홍재식, **산업미생물학회지,** 1979, 7(1), 37 (느타리 재배 기간 중 배지의 성분 변화에 관한 연구)

149) 홍재식, 강귀환, **균학회지,** 1983, 11(3), 121 (합성 배지를 이용한 고온성 느타리의 자실체 형성에 관한 연구)

150) 홍재식, 고무석, 김정숙, 이극로, **응용생명화학회지,** 1984, 27(1), 29 (느타리 폐상 퇴비의 산 가수 분해)

151) 홍재식, 고무석, 김정숙, 이극로, **응용생명화학회지,** 1984, 27(4), 231 (느타리 폐상 퇴비 산 가수 분해 액을 이용한 효모 생산)

152) 홍재식, 권용주, 정기태, **균학회지,** 1983, 11(1), 1 〔담자균에 관한 연구 (2), 느타리와 목이의 진탕 배양에 의한 균사체 생산에 관하여〕

153) 홍재식, **균학회지,** 1981, 16(1), 19 (담자균에 관한 연구 1, 고온성 양송이와 느타리의 균사생육에 관하여)

154) 홍재식, **균학회지,** 1983, 24(1), 1 (담자균에 관한 연구 2, 느타리와 목이

의 진탕 배양에 의한 균사체 생산에 관하여)

155) 홍재식, 김영희, 김명곤, 김태영, 김근재, **식생활문화학회지,** 1990, 5(4), 437 (한국산 식용 버섯의 지방질 성분에 관한 연구－느타리, 싸리, 젖버섯)

156) 홍재식, 김영희, 이극로, 김명곤, 조정익, 박건호, 최윤희, 이종배, **식품과학회지,** 1988, 20(1), 100 (느타리, 표고와 양송이버섯의 유기산 및 지방산 조성)

157) 홍재식, 김태영, **식품과학회지,** 1988, 20(4), 459 (느타리, 표고, 양송이의 유리당과 당 알코올 조성)

158) 홍재식, **식품과학회지,** 1989, 21(1), 58 (양송이, 느타리, 표고버섯의 유리 아미노산 및 전아미노산 조성)

159) 홍재식, 이지열, 김동한, 유근석, **균학회지,** 1984, 12, 133 (*Pleurotus sajor-caju* 가 생산하는 섬유소 분해 효소 성질에 관한 연구)

160) 홍새식, 이지열, 김영희, 김명곤, 징기태 ,이극로, **균학회지,** 1986, 14(1), 31 (느타리의 향기 성분)

161) 황선희, 김정인, 승정자, **영양학회지,** 1996, 29(1), 89 (채소류, 버섯류, 과일류, 및 해조류 식품의 식이섬유 함량－해조류: 김, 미역, 버섯류: 느타리, 양송이).

162) Asasda, Y., Watanabe, A., Irie, T., Nakamura, Y., Kuwahara, M., **Biochem. Biophys. Acta,** 1995, 1251, 205 〔Structures of genomic and complementary DNAs coding for *Pleurotus ostreatus* managanese(II) peroxidase〕

163) Austin, P. R. et al., **Science** (Washington. D.C.), 1981, 212, 749 (rev, Chitin)

164) Bano, Z., Srinivisan Srivastava, H. C., **Appl. Microbiol.**, 1963, 11, 184 (Amino acid composition of the protein from a mushroom *Pleurotus* sp.)

165) Bano, Z., Rajaratham, S., **CRC Rev. Food Sci. Nutr.,** 1988, 27, 87 (*Pleurotus* mushroom Part II. Chemical composition Nutritional value, Postharvest physiology preservation, and role as human food)

166) Beig, G. H., Jandaik, C. L., **Mushroom Sci.,** 1989, 12(2), 67 (Artificial cultivation of *Pleurotus cystidiosus* O. K. Miller in India)

167) Bernie, M., Daniel, J. R., **Trans. Bri. Mycol. Soc.**, 1988, 90, 29 (Interspecific allozyme variation with the fungal germs *Pleurotus*)

168) Birch, G., **Adv. Carbohydr. Chem.**, 1963, 18, 201 (rev, Trehalose)

169) Block, S. S., Tsao, G., Han, L., **Mushroom Sci.**, 1959, 4, 309 (Experiments in the cultivation of *Pleurotus ostreatus*)

170) Bobek, P. et al., **Pharmazie,** 1995, 50, 441 (Antioxidant, Lipid peroxidation)

171) Bobek, P., Galbavy, S., Ozdin, L., **Oncol. Rep.**, 1998, 5, 727 [Effect of oyster mushroom (*Pleurotus ostreatus*) on pathological changes in dimethylhydrazine－induced rat colon cancer]

172) Bobek, P., Ginter, P., Kuniak, L., Jourcovicova, M., Ozdin, L., Cerven, J., **Nutrition,** 1991, 7, 105 (Effect of mushroom *P. ostreatus* and isolated fungal polysacchaide on serum and liver lipid in syrian hamsters with hyperlipoproteinemia ; Hypocholosterolemic)

173) Bobek, P., Kuniak. H., Ozidin. L., **Am. Nutr. Metab.**, 1993, 37, 142 (The mushroom *Pleurotus ostreatus* reduces secretion and accelerates the fractional turnover rate of very low density lipoproteins in the rat)

174) Bobek. P., Ozdin. L., Kajaba, I., **Physiol. Res.**, 1997, 47, 327 [Dose-dependent hypocholesterolemic effect of oyster mushroom (*Pleurotus ostreatus*) in rats]

175) Bobek. P., Galbavy. S., **Nahrung**, 1999, 43, 339 (Hypocholesterolemic and antiatherogenic effect of oyster mushroom in rabbit)

176) Bobek, P., Ozidin, L., Galbavy, S., **Nutrition,** 1998, 14, 282 〔Dose-and time-dependent hypocholesterolemic effect of oyster mushroom (*Pleurotus ostreatus*) in rats〕

177) Bobek, P., Ozidin, L., Kuniak, L., **J. Nutr. Biochem.**, 1997, 8, 469 (Effect of oyster mushroom and isolated β-glucan on lipid peroxidation and on the activities of antioxidative enzymes in rats fed the cholesterol diet)

178) Bockhout, T., **Flora Agaricina Neerlandica**, 1990, 2, 20 (*Pleurotus*)

179) Bresinsky, A., Fischer, M., Meixner, B., Paulus, W., **Mycologia**, 1987, 19, 234 (Speciation in *Pleurotus*)

180) Brimacombe, J. S. et al., **The Carbohydrate,** Academic Press, 1972, 1A, 479 (Needles, Mannitol)

181) Chang, R. et al., **Nutr. Rev.**, 1996, 54, 891 (Hypocholesterolemic)

182) Chang, S. T., Miles. P. G., **Mushroom Science in Edible Mushroom and their Cultivation,** CRC press, USA, 1989

183) Chobot, V., Opletal, L., Jahodar, L., Patel, A. V., Dacke, C. G., Blundem, G., **Phytochemistry**, 1997, 45, 1669 〔Ergosta-4,6,8,22-tetraen-3-one from the edible fungus, *Pleurotus ostreatus* (oyster fungus)〕

184) Coli, R., Granetti, B., Damiani, P., Fidanza, F., **Ann. Facol. Agaria, Univ. Stud. Pergia,** 1991, 42, 847 (Chemical composition and nutritive value of several starins of *Pleurotus eryngii, P. nebrodensis* and *P. ostreatus* grown in a greenhouse)

185) Crisan, E. V., Sands, A., **The Biology and Cultivation of Edible Mushrooms,** Academic press, USA, 1978, 137~168 (Nutritional Value of Edible Mushroom.)

186) Dermar, A., **Ceska Mykologie,** 1974, 28, 57 〔*Pleurotus eryngii* (DC ex Fr.) Quel. in Slovakia〕

187) Devinder, S. C., **J. Ferment. Bioeng.**, 1989, 68, 334 (Production of protein-rich mycelial biomass of a mushroom, *Pleurotus sajor-caju* on corn stover)

188) Eger, G., **The Biology and Breading of *Pleurotus*,** (The biology and cultivation of edible mushroom), Chang, S. T., Hayes, W. A., eds. Academic press, New York, USA, 1978

189) Eger, G., Eden, G., Wissig, E., **Theoret. Appl. Genetics,** 1976, 47, 155 (*Pleurotus ostreatus* — Breeding potential of a new cultvated mushroom)

190) Eger, G., Li, S. F., Leal-Lara, H., **Mycologia,** 1979, 71, 577 (Contribution to the discussion on the species concept in the *Pleurotus ostreatus*

complex)

191) Egger, H. et al., **J. Antibiot.**, 1976, 29, 915, 923 (Antibacterial gram+, Pleuromulin)

192) Filipel, J., **Pharmazie**, 1992, 47, 393 (The effect of the mushroom *Pleurotus ostreatus* on the lipid peroxidation of phosphatidyl choline liposomes Antioxidant)

193) Flegg. P. B., Spencer, D. M., Wood, D. A., **The Biology and Technology of the Cultivated Mushroom,** John Wiley & Sons Ltd., 1985

194) Fu, S. Y., Yu, H. -S., Buswell, J. A., **FEMS Microbiol. Lett.**, 1997, 147, 133 (Effect of nutrient nitrogen and manganese on manganese peroxidase and laccase production by *P. sajar-caju*)

195) Gallois, A. et al., **Mycol. Res.**, 1990, 94, 494

196) Giardina, P., Palmieri, G., Fontanella, B., Rivieccio, V., Sannia, G., **Arch. Biochem. Biophys.**, 2000, 376, 171 (Manganese peroxidase isoenzymes produced by *P. ostreatus* grown on wood Sawdust)

197) Ginterova, A., **Mushroom Sci.**, 1989, XIII(part II), 99 (*Pleurotus* in Modern Agricultural Production)

198) Guillen, F., Martinez, A. T., Martinez, M. J., **Appl. Microbiol.**, 1990, 32, 465 (Production of hydrogen peroxide arylalcohol oxidase from the ligninolytic fungus *Pleurotus ergynii*)

199) Guillen, F., Munoz, C., Gomez-Toribio, V., Martinez, A. T., Martinez, M. J., **Appl. Environ. Microbiol.**, 2000, 66, 170 (Oxygen activation during oxidation of methoxy hydroquinones by laccase from *Pleurotus eryngii*)

200) Ha, J. H., Koo, S. G., Hwang, Y. M., Lee, S. C., **J. KASBIR,** 2001, 1(1), 32 [Quality properties of fish paste containing oyster mushroom (*Pleurotus ostreatus*)]

201) Hadar, Y., Cohen-Arazi, E., **Appl. Environm. Microbiol.**, 1986, 51(6), 1352 (Chemical composition of the edible mushroom *Pleurotus ostreatus* produced by fermentation)

202) Han, Y. H., Chen, K. M., Cheng, S., **Mushroom Sci.**, 1974, IX(2), 167 (Characteristic and cultivation of new *Pleurotus* in Taiwan)

203) Hashimoto, K., Takahashi, Z., **Mushroom Sci.**, 1974, 9(1), 585 (Studies on the Growth of *Pleurotus ostreatus*)

204) Hilber, O., **Mushroom Sci.**, 1989, 12, 241 (Valid, invalid and confusing taxa of the genus *Pleurotus)*

205) Hiroi, T., Eriksson, K. E., **Svensk Papperstidning Nr.**, 1970, 5, 157 (Microbiological degradation of lignin, part 1. Influence of cellulose on the degradation of lignins by the white rot fungus *Pleurotus ostreatus*)

206) Hossain, S., Hashimoto, M., Choubhury, E. K., Alam, N., Hussain, S., Hasan, M., Choubhury, S. K., Mahamud, I., **Clin. Exp. Pharmacol. Physiol.**, 2003, 30, 470 〔Dietary mushroom(*Pleurotus osteratus*) ameliorates athcrogcnic lipid in hypercholesterolaemic rats〕

207) Hu, S. H., Wang, J. C., Hien, J. H., Liaw, E. T., Lee, M. Y., **Appl. Microbiol. Biotechnol.**, 2005, 7, 1 (Antihyperglycemic effect of polysaccharide from fermented broth of *Pleurotus citrinopileatus*)

208) Hwang, S. H., Kim, J. I., Sung, C. J., **J. Kor. Soc. Food Sci. Nutr.**, 1996, 25, 89 (Analysis of dietary fiber content of some vegetables, mushrooms, fruits and seaweeds)

209) Hong, G. H., Kim, Y. S., Song, G. S., **J. Food. Sci. Nutr.**, 2005, 10(3), 214, 〔Effect of Oyster Mushroom(*Pleurotus ostreatus*) powder on Bread Quality〕

210) Huynh, Kim Thoa, et al., **Collect, Czech. Chem. Commun.**, 1978, 43, 336 (Synth, Androst-5-ene-3,16,17-trioll; 3β,16β,17β)

211) Hwang, Y, J., Nam, H. K., Chang, M. J., Noh, G. W., **Kor. J. Soc. Food Sci. Nutr.**, 2003, 32 (Effect of *Lentinus edodes* and *Pleurotus eryngii* extracts on proliferation and apoptosis in human color cancer cell lines)

212) Iijima, Y., Yanagi, S. O., **Agric. Bio. Chem.**, 1986, 50(7), 1855 (A method for the hight yield preparation of and hight frequency regene-

ration of basidiomycete, *Pleurotus ostreatus* (Hiratake), Protoplast using sulfite pulp waste component)

213) Irie, T., Honda, Y., Ha, H. -C., Watanabe, T., Kuwahara, M., **J. Wood Sci.**, 2000, 46, 230 (Isolation of c-DNA and genomic fragments encoding the major managanese peroxidase isoenzyme from the white rot basidiomycetes, *P. ostreatus*)

214) Irie, T., Honda, Y., Ha, H. -C., Fontanella, B., Rivieccio, V., Sannia, G., **Arch. Biochem. Biophys.**, 2000, 376, 171 (Manganese peroxidase isoenzymes produced by *P. ostreatus* grown on wood sawdust)

215) Iwamoto, K., Ha, H. -C., Honda, Y., Watanabe, T., Kuwahara, M., **Wood Res.**, 1997, 84, 34 〔Isolation and characterization of Manganese (II), peroxidase (MnP) produced by *P. ostreatus*〕

216) Jandaik, C. L., Rangad, C. O., **Mushroom Sci.**, 1978, 10(1), 49 (Biochemical changes in *Pleurotus* species with Respect to different growth stages)

217) Jandaik, C. S., Kapoor, J. N., **Mushroom J.**, 1976, 41, 154 〔Amino acid composition of mushroom *Pleurotus sajor-caju*(Fr.) Sing.〕

218) **Japan Pat.**, 80, 68, 293 (1980); **CA**, 93, 148, 116 (Antitumor, Emitanins)

219) Jeon, B. S., Park, J. W., Shin, G. G., Kim, B. K., Kim, H. K., Cho, Y. S., Cha, J. Y., **Food Sci. Biotechnol.**, 2004, 13(5), 576 (Effect of Fermented Mushroom Milk on Hyperlipidemia and Hepatic Injury in Streptozotocin - induced Diabetic and Zucker Diabetic fatty Rats)

220) Jeong, C. H., Shim, K. H., **J. Kor. Soc. Food Sci. Nutr.**, 2004, 33, 716 (Quality characteristics of sponge cake with addition of *Pleurotus eryngii* mushroom powders)

221) Jose, N., Ajith, T.A., Janardhanan, K.K., **Phytother. Res.**, 2004, 18, 43 (Methanol extract of the oyster mushroom, *Pleurotus florida*, inhibits inflammation and platelet aggregation)

222) Jung, I. C., Lee, J. S., **J. Korean Soc. Hyg. Sci.**, 1999, 51, 19 (Anti-

oxidative effect of Mycelium free culture broth extracts of *Pleurotus ostreatus*)

223) Jwauny, E.W., Rashad, M.M., Abodu, H.M., **Appl. Biochem. Biotechnol.**, 1995, 50, 71 (Solid state fermentation of agricultural wastes into food through *Pleurotus* cultivation)

224) Kabir, Y., Kimura, S., **J. Nutr. Sci. Vitminol.**, 1989, 35, 91 〔Dietary mushrooms reduce blood pressure in spontaneously hypertensive rats(SHR)〕

225) Kalbere, R., Kunsch, U., **Lebensm. U. Technol.**, 1974, 7, 242 〔Amino acid composition of the Oyster mushroom (*Pleurotus ostreatus*)〕

226) Kamra, D. N., Zadrazil, F., **Agric. Wastes,** 1986, 18(1), 1 (Influence of gaseous phase, Light and substrate pretreatment on fruit body formation, lignin degradation and in vitro digestibility of wheat straw fermented with *Pleurotus* spp.)

227) Kang, M. S., **MS Thesis,** Kangwon Natl. Univ., 1999 (Studies on the artificial cultivation and physiological activity of *Pleurotus eryngii)*

228) Kazuno, C., Miura, H., **Nippon Shokuhin Kokyo Gakkaish.**, 1985, 32, 338 (Chemical constituents of *Pleurotus ostreatus*)

229) Khanna, P., Garcha, H. S., **Mushroom Sci.**, 1981, 11(2), 561 (Nutritive value of mushroom *Pleurotus florida*)

230) Khanna, P., Garcha, H. S., **Mushroom Sci.**, 1981, 11(2), 655 (Introducing the cultivation of *Pleurotus florida* in the plants of India)

231) Kichiro, K., Shinnosuke, M., **Asian Intoratin Mycological Congress, Preceedings,** 1996 (AIMC 96), 83, (Mycelial growth of *Pleurotus eryngii*)

232) Kim, B. K., Park, E. K., Shim, M. J., **Arch. Pharm. Res.**, 1979, 2, 145 〔Studies on the constituent of higher fungi of Korea (XXIII), Antineoplastic activities of *Coriolus versicolor, Pleurotus ostreatus* and *Lentinus edodes*〕

233) Kim, H. K., Cheong, J. C., Seok, S. J., Kim, G. P., Cha, D. Y., Moon, B.

J., **Kor. J. Mycol.**, 1997, 25, 311 〔The artificial cultivation of *Pleurotus eryngii* (II)〕

234) Kim, J. S., Chung, H. Y., Na, K., **Nutr. Res. Practice,** 2007, 1(3), 180 (Cytoprotective effect of polysaccharide isolated from different mushrooms against 7-Ketocholesterol induced damage in mouse liver cell line－동충하초, 신령버섯, 팽이, 느타리, 표고, 버들송이)

235) Kofujita, H., Asada, Y., Kuwahara, M., **Mokuzai Gakkaishi,** 1991, 37, 555 〔Alkyl-aryl Cleavage of phenolic *β-o*-4-lignan substructure model compound by Mn(II)-peroxidase isolated from *P. ostreatus*〕

236) Kurashige, S., Akuzawa, Y., Endo, F., **Immunopharmacol. Immunotoxicol.,** 1997, 19, 175 (Effect of *Lentinus edoeds, Grifola frondosa* and *Pleurotus osteatus* administration on cancer outbreak and activities of macrophage and lymphocytes in mice treated with a carcinogen, N-butyl-N-butanol nitrosamine)

237) Kurtzman, R. G. Jr., **Mycologia,** 1976, 68, 286 (Nutrition of *Pleurotus sapidus* : Effect of lipids)

238) Kurtzman, R. H., **Mushroom Sci.,** 1974, 9(1), 663 (The metabolism of fatty acid substances by the oyster mushroom)

239) Lee, D. J., **PhD. Dissertation,** Dankook Univ., 2002 (Studies on Characteristics of isolates, bioactivity and artificial cultivation of *Pleurotus eryngii* Quél.)

240) Lelly, J., **M. G. A. Bull.,** 1972, 271, 311 (*Pleurotus ostreatus* has great possibilities)

241) Li, S. F., Eger, G., **Mushroom Sci.,** 1978, 10 (part 1), 155 (Characteristics of some *Pleurotus* strains from Florida and practical and taxanomical importance)

242) Liu, H., Liang, P., **Acta Microbiologica Sinica,** 1986, 26, 221 (Ultrasection of infected *Pleurotus ostreatus*)

243) Madan, M., Bisaria, R., **Biotechnol. Lett.,** 1983, 5, 601 (Cellulolytic

enzymes from an edible mushroom *Pleurotus sajor-caju*)

244) Manu-Tawiah, W., Martin, A., **J. Appl. Biotechnol.**, 1987, 14, 221 (Study of operational variable in the submerged growth of *Pleurotus ostreatus* mushroom mycelium)

245) Magae, Y., Haga, K., Taniguchi, H., Sasaki, T., **J. Gen. Appl. Microbiol.**, 1990, 36, 69 〔Enzymes of strains *Pleurotus* species (Basidiomycetes) compared by electrophoresis〕

246) Martínez, M. J., Ruiz-Dueñas, F. J., Guillén, F., Martínez, Á. T., **Eur. J. Biochem.**, 1996, 237, 424 (Purification and catalytic properties of two manganese-peroxidase isoenzymes from *Pleurotus eryngii*)

247) Martínez-Carrera, D., **Mushroom Sci.**, 1989, 12, 169 (Simple technology to cultivate *Pleurotus* on coffee pulp in the tropics)

248) Massaphy, S., Levanon, D., **Appl. Microbiol. Biotechnol.**, 1992, 36, 828 (The effect of lignocellulose on lignocellulolytic activity of *Pleurotus pulmonarius* in submerged culture)

249) Michalski, C. J., Beneke, E, S., **Mycol.**, 1969, 61, 1041 (Enzymatic activities during basidocarp development of *Pleurotus ostreatus*)

250) Miller, O. K., **Mycologia,** 1969, 61, 887 (A new species of *Pleurotus* with a coremioid imperfect stage)

251) Nair, N. G., Song, C. H., Cho, K. Y., **Ann. Appl. Biol.**, 1989, 114, 167 (Lipid profile of *Pleurotus sajor-caju*)

252) Neda, H., Furukawa, H., **Trans. Mycol. Soc.**, Japan 1987, 28, 69 (*Pleurotus abalonus* Han, Chen et Cheng, a newly cultivated mushroom in Japan)

253) Nichols, R., Hammond, J. B. W., **J. Sci. Food Agric.**, 1973, 24, 1371 (Storage of mushroom in pre-packs : the effects of changes in carbon dioxide and oxygen on quality)

254) Park, E. K., Choi, E. C., Kim, B. K., **Arch. Pharm. Res.**, 1979, 2(2), 153 (Studies on the constituents of Higher Fungi of Korea(XXIV), Chemical analysis of antineoplastic components of *Coriolus versicolar, Pleurotus*

ostereatus and *Lentinus edodes*)

255) Paulik, S. et al., **Veterinarni Medicina,** 1992, 37, 675 (Immunomodulatory)

256) Pella, D., Rybar, R., **Atherosclerosis,** 1997, 134, 332 (*Pleurotus ostreatus* effective hypolipidemic agent)

257) Peng, M., Singh, N. K., Lemke, P. A., **Curr. Genet.**, 1992, 22, 53 (Recovery of recombinant plasmids from *Pleurotus ostreatus* transformants)

258) Prillinger, H., Molitoris, H. P., **Physiol. Plant,** 1979, 46, 265 (Genetic analysis in wood Decaying fungi 1, Genetic variation and evidence for allopathic speciation in *Pleurotus ostreatus* using phenoloxidase zymograns and morphological criteria)

259) Rajarathnam, S., Bano, Z., **CRC Crit. Food Sci. Nutr.**, 1987, 26, 157 (*Pleurotus* mushroom part 1, A morphology, lifecycle, taxanomy, breeding and cultivation)

260) Rajarathnam, S., Bano, Z., **Crit. Rev. Food Sci. Nutr.**, 1988, 26, 243 (*Pleurotus* mushrooms, Pathology in vitro and in vivo growth requirements and world status)

261) Riedel, K., **J. Antibiot.**, 1976, 29, 132 (props, Mutilin)

262) Riondel, J. et al., **Arzneim. Forsch.**, 1981, 31, 293 〔isol, Antibiotic, Antitumor, Antibacterial(Gram +), Mycobacteria, Pleurotin〕

263) Roxon, J. E., Jong, S. C., **Mycologia,** 1977, 69, 203 (Sexuality of an edible mushroom, *Pleurotus sajor-caju*)

264) Sarkar, S., Martínez, A. T., Martínez, M. J., **Biochim. Biophys. Acta,** 1997, 1339, 23 (Biochemical and molecular characterization of manganese peroxidase isoenzyme from *Pleurotus ostreatus*)

265) Sivaprakassam, K., Kundaswamy, T. K., **Mushroom J.**, 1981, 101, 178 (Waste materials for the cultivation of *Pleurotus sajor-caju*)

266) Sohi, H. S., Upadhyay, R. C., **Mushroom Sci.**, 1989, XII(part II), 49 (Effect of Temperature on mycelial Growth of *Pleurotus* species and Yield performance on selected Substrates)

267) Straatsma, G., Samson. R. A., Olijnsma, T. W., Op Den Camp, H. J. M., Gerrits, J. P. G., Van Griensven, L. J. L. D., **Appl. Environ. Microbiol.**, 1994a, 60(2), 454 (Ecology of thermophilic fungi in mushroom compost, with emphasis on *Scytalidium thermophilum* and growth stimulation of *Agaricus bisporus* mycelium)

268) Sumi, H., Yatagai, C., Matsubara, K., **J. Jpn. Soc. Food Sci. Technol.**, 1996, 43, 318 [Anti-platelet aggregation and plasma fibrinolysis accelerating activities in mushroom extracts (*Pleurotus ostreatus* and *Lentinus edodes*)]

269) Toyomasu, T., Mori, K., **Mushroom Sci.**, 1989, 12(1), 151 (Characteristics of the fusion products obtained by intra-and interspecific protoplast fusion between *Pleurotus* species)

270) Toyomasu, T., Mori, K., **Agric. Biol. Chem.**, 1987a, 51, 2037 (Fruit body formation of the fusion products obtained by interspeicific protoplast fusion between *Pleurotus* speices)

271) Toyomasu, T., Mori, K., **Agric. Biol. Chem.**, 1987b, 51, 35 (Intra-and interspecific protoplast fusion between some *Pleurotus* species)

272) Toyomasu, T., Matsumoto, T., Mori, K., **Agric. Biol. Chem.**, 1986, 50(1), 223 (Intraspecific protoplast fusion between *Pleurotus ostreatus* and *P. salmoneostramimeus*)

273) Upadhyay, R. C., Vijay, B., **Science and Cultivation of Edible Fungi**, 1991, 553 (Cultivation of *Pleurotus* species during winter in India)

274) Wang, H., Gao, J., Ng, T. B., **Bichem. Biophys. Res. Commun.**, 2000, 275, 810 (A new lectin with highly potent antihepatoma and anti-sarcoma activities from the oyster mushroom *Pleurotus ostreatus*)

275) Wang, D., Sakoda, A., Suzuki, M., **Bioresour. Techhnol.**, 2001, 78, 293 (Biological efficient and nutritional value of *Pleurotus ostreatus* cultivated on spent beer grain)

276) Wiegant, W. M., Wery, J., Buitenhuis, E. T., De Bont, J. A. M., **Appl.**

Environ. Microbiol., 1992, 58, 2654 (Growth-promoting effect of thermophilic fungi on the mycelium of the edible mushroom *Agaricus bisporus*)

277) Wood, D. A., Leatham, G. F., **FEMS Microbiol. Lett.**, 1983, 20, 421 (Lignocellulose degradation during the cycle of *Agaricus bisporus*)

278) Wuest, P. J., Royse, D. J., Beelamn, R. B., **Cultiv. Edible Fungi**, 1987, 109 (Effect of benomyl application and spawnmate supplementation on yield and size of selected genotypes of *Pleurotus* sp.)

279) Yamade, O., Magae, Y., Kashiwagi, W., Shiratori, T., Sasaki, T., **Nippon Shokuhin Kagyo Gakkaishi**, 1983, 30, 495 (Preparation and regeneration of mycelial protoplasts of *Collybia velutipes* and *Pleurotus ostreatus*)

280) Yang, J. H., Lin, H. C., Mau, J. L., **Food Chem.**, 2000, 72, 465 (Non-volatile taste components of several commercial mushrooms)

281) Yasuo, Y., Sugahara, T., Hayashi, J., **J. Soc. Food Sci. Technol.**, 1987, 34, 288 〔Changes in the contents of Carbohydrates and organic acids in fruit bodies of hiratake-mushroom (*Pleurotus ostreatus* Quél.) during development and post-harvest storage〕

282) Yoshioka, P., Ikekawa, T., Noda, M., Fukuoka, F., **Chem. Pharm. Bull.**, 1972, 20, 1175 〔Studies on antitumor activity of some fractions from basidiomycetes. 1. An antitumor acidic polysaccharide fraction from *Pleurotus ostreatus* (Fr.) Quél.〕

283) Yoshioka, Y. et al., **Carbohydr. Res.**, 1975, 43, 305 (Polysaccharides)

284) Yoshioka, Y., Tabeta, R., Saito, H., Uehara, N., Fukuoka, F., **Carbohydr. Res.**, 1985, 140, 93 〔Antitumor polysaccharides from *P. ostreatus*(Fr.) Quél. : Isolation and structure of a *β*-glucan〕

285) Yuko, Y., Ryoko, T., Hazime, S., Nobukaki, U., Funoko, F., **Carbohydr. Res.**, 1985, 140, 93 〔Antitumor polysaccharide from *Pleurotus ostreatus* (fr.) Quél. isolation and structure of a *β*-glucan〕

286) Zadrazil, F., **Mushroom Sci.**, 1974, 9(1), 621 (The ecology and industrial production of *Pleurotus ostreatus, P. florida, P. cornucopiae* and

P. eryngii)

287) Zadrazil, F., **Euro. J. Appl. Microbiol. Biotechnol.**, (Conversion of different plant waste into feed by basidiomycetes)

288) Zahooruddin, A., **Mushroom J.**, 1974, 28 (Cultivated *Pleurotus eryngii* for use in forest and uncultivable areas of temperate Zone)

289) Zervakis, G., Balis, C., **Mushroom Sci.**, 1991 Ⅷ(2), 537 (*Pleurotus* species of Greece: an evaluation of their morphological and physiological characteristics)

290) Zervakis, G., Balis, C., **Mycol. Res.**, 1996, 100(6), 717 (A pluralistic approach in the study of *Pleurotus* species with emphasis on compatibility and physiology of European morphotax)

291) Zervakis, G., Balis, C., **Science and Cultivation of Edible Fungi**, 1991, 537-544 (An evaluation of their morphological and physiological characteristics *Pleurotus* species of Greece)

292) Zervakis, G., Labarere, J., **J. Gen. Microbiol.**, 1992, 138, 635 (Taxanomic relationships within the fungal genus *Pleurotus* as determined by isoelectric focusing analysis of enzyme patterns)

293) Zervakis, G., Labarere, J., **Can. J. Bot.**, 1992, 71, 113 (Taxanomic relationships within the fungal *Pleurotus ostreatus* complex from the continental United States and adjacent Canada)

294) Zervakis, G., Sourdis, J., Balis, C., **Mycol. Res.**, 1992, 98, 329 (Genetic variability and systematics of eleven *Pleurotus* species based on isozyme analysis)

295) Zhang, J., Wang, G., Li, H., Zhuang, C., Mizuno, T., Ito, H., Suzuki, C., Okamoto, H., Li, J., **Biosci. Biotech. Biochem.**, 1994, 58, 1195 (Antitumor polysaccharides from a chinese mushroom Yuhuangmo, fruiting body of *Pleurotus citrinopileatus*)

296) Zusman, J., Reinfen, R., Livin, O., Smirnoff, P., Gurevich, P., Sandler, B., Nyska, A., Gal, R., Tendler, Y., Madar, Z., **Anticancer Res.**, 1997,

17, 2105 (Role of apoptosis proliferating cell nuclear antigen and p53 protein in chemically induced colon cancer in rats fed corn-cob fiber treated with the fungus *Pleurotus ostreatus*)

Hypsizigus marmoreus
(Peck) Bigelow
Lyophyllum ulmarium
(Bull. ex Fr.) Kühn.
Pleurotus elongatipes Peck

느티 만가닥버섯 19

송이과 (Tricholomataceae)

• 분포 | 북반구 온대이북
• 용도 | 자실체(식용)

✻ 식물학적 특성

말라죽은 활엽수 그루터기에 속생. 갓 지름 4~15㎝, 표면은 흰색~갈백색, 주름살이 있고 매끈하며 대(4~10×1~1.5㎝)는 흰색~백갈색. 완전붙은형 주름살이 있고, 대의 밑부분은 방추형을 이루며 표면은 섬유상, 백색이고, 포자는 넓은 난형~유구형, 표면은 평활하고 포자문은 백색이다.

✻ 성분

1) 특수 성분

느티만가닥버섯에서 Saccharopine(S-00003), Ds-Erythro-2-amino-3,4-dihydroxybutyric acid, Ds-Erythro-2-amino-4-ethoxy-3-hydroxy butyric acid, N-γ-Glutamylethanolamine, Pectin, Cellulose(C-00659), Hemicellulose, Polysaccharide, Lignin(Lignan : P-00459)등이, *Pleurotus* 속에서 Emitanins(E-00220)가 분리되었고, N$^{\delta}$-Acetylornithine(O-00509), L-Glutamyl-3-sulfo-alanyl glycine(S-01540), 효소 Lysine aminopeptidase도 분리. 동속버섯 *L. connatum* (흰주름만가닥버섯)에서 Connatin (S, C-01722), * N'-Hydroxy-N, N'-dimethylurea(H-01576), * Lyophyllin(L-00953)이 분리되었다.

느티만가닥버섯

✲ 생리 활성

항암 활성①: 느티만가닥버섯의 항종양성분 polysaccharide는 sarcoma 180 (mouse)에 억제율 73.8%의 antitumor activity가 있고, 면역 세포 활성화로 질병예방 효과도 있다.

항암 효과②: sarcoma 180을 피하 이식한 mouse에 버섯 자실체 열수 추출 분획(YH) 100㎎/㎏을 1회/일 10일간 복강내 주사한 결과, 100% 강력한 종양 증식 억제 효과가 있었고, 자실체 380㎎/일을 18일간 경구 투여한 결과, 48%의 종양 증식 억제 효과가 있었다. YH 분획의 구성당은 glucose(88%), xylose(3.6%), galactose(2.6%), mannose(2.3%), rhamnose(1.8%), arabinose (1.6%)였고, glutamic acid는 29.9%였다. 자실체를 α-amylase를 처리하였을 때, 60%의 종양 증식 억제 작용이 있었다. 또한 자실체 열수 추출 분획을 5%, 10% 첨가 동물 식이에서 13%의 과산화지질 값이 감소하여 항산화 활성도 인정되었다. Ikekawa는 생버섯 자실체를 25~50g/일 섭취하면 암 예방 및 항산화 효과를 기대할 수 있을 것으로 보고하고 있다.

항암 활성③: 만가닥버섯(*Hypsizipus marmoreus*)의 자실체 열수 추출물을 DEAE-cellulose 이온 교환수지와 sepharose Ch-4B gel filtration chromatography로 분리, 정제하여 Fr-1~IV를 얻어, sarcoma 180에 항암성을 실험한 결과, Fr.IV에서 sarcoma 180에 73.8% 억제를 보였다. Fr.IV의 분자량은 약 3×10^4dalton, 76.6% 다당체와 4.9% 단백질, 0.6% hexosamine으로 구성되었고, 다당체는 glucose, mannose, galactose, fucose 및 xylose로 구성된 heteroglucan, 단백질은 16종의 amino acid인 Asp. Thre. Ser. Glu. Prol. Alan. Cys. Val. Met. Isol. Leu. Tyr. Phen. Hys. His. Arg.을 포함하며, 이 항암 성분은 용혈반 형성, 세포 수를 3.2배 증가(mouse)시켰고, 이는 항암 성분이 면역 세포를 활성화시켜 항암 효과를 나타내었다.

혈전 분해 효소 활성: 인공 재배 버섯의 배양액과 균사체의 혈전 분해 효소 활성을 조사한 결과, 조효소 추출물의 혈전분해 활성은 활성이 매우 낮거나 없었으며, 장수, 만가닥, 영지, 느타리, 토끼털송편, 뽕나무버섯 균사체의 혈전 분해 활성이 0.42u 이상으로 높았고, 자실체의 혈전 용해 활성은 0.17~0.94u로 느타리, 새송이, 아위버섯의 활성이 0.54, 0.57, 0.94u로 매우 높았으나 (모두 느타리과), 팽이, 양송이, 노루궁뎅이버섯의 활성은 0.23u 이하로 매우 낮았다.

반응 표면 분석과 최적 추출 조건 : 만가닥버섯(*Lyophyllum ulmarium*) 추출수율은 EtOH농도에 가장 큰 영향을 받았고, 전자 공여 작용은 EtOH 농도가 높고, microwave power가 높은 조건에서 추출률이 높았다. 갈변도와 tyrosinase 저해 작용은 EtOH 농도가 증가하고, microwave power가 증가할수록 저해 활성이 컸다. 아질산염 소거 작용은 EtOH 농도와 추출 시간은 영향이 크지 않았으며, 총 polyphenol 함량은 EtOH 농도가 증가할수록 증가폭이 컸고, microwave power가 증가할수록 추출물의 생리 활성이 우수하였다. 따라서 만가닥버섯의 최적 추출 조건은 microwave power 60.15~102.75 watt, EtOH 농도 53.20~64.01%, 추출 시간은 7.77분이었다.

잔나비걸상과 만가닥버섯의 융합 : 야생형 만가닥버섯 ASI 8007에서 분리한 분열자와 잔나비걸상 영양 요구로 *Ganoderma applanatum* ASI 7-18(Cys met)의 원형질체로 polyethylene glycol로 융합, 융합주를 얻어 *Ganoderma* complete medium에서 양친 균총이 혼합된 형태였으나, 3회 계대 배양되면서 만가닥버섯 균층으로 변해 균사에는 클램프 연결체와 분열자를 지녔고, 만가닥과 거의 유사한 자실체를 형성하였다. 균사체로 esterase 동위효소를 분석하였는데 만가닥이 1개 밴드, 잔나비걸상이 2개인데, 융합주는 양친의 3개와 새로운 band 2개가 있었다. 이들 융합주는 균총 형태, 생장 속도, esterase 동위효소, 자실체 특성에 거의 차이가 없어 양친의 유전 물질을 보유하였다.

일반 성분① : 만가닥버섯의 맛 성분인 glutamic acid가 많았고, 수분 4.6%, 회분 10.2%, 탄수화물 35.8%, 단백질 9.7%이었다.

일반 성분과 생리 활성② : 만가닥버섯의 열량은 100g당 33㎉, 단백질 2.7g, 지방은 0.5g, 탄수화물 5.4g, 무기질과 vitamin을 함유하고 있으며, 생리 활성은 강심 작용과 비만억제 작용 등이 있다.

✲ 효능과 이용

1) 효능 : 항암, 강심.
2) 식용 : 맛이 좋은 식용 버섯으로 한국과 일본에서는 소비가 많으며 인공 재배하고 있다.
3) 약용 : 항종양, 면역 증강, 질병예방에 쓰인다.

참고문헌

1) 金三純, 金養燮, **韓國産 버섯 圖鑑,** 裕豊出版社, 서울, 1990
2) 김현구, 최맑음, 김미옥, 김공환, **식품영양과학회지,** 2003, 32(4), 574 (반응표면분석에 의한 만가닥버섯의 추출조건 최적화)
3) 農村振興廳 農業技術硏究所編, **韓國産 버섯類 原色圖鑑**(I), 1987
4) 卯曉嵐, 莊長坪, 歐株次旺, **西藏大型經濟眞菌,** 北京科學技術出版社, 1991 (생리 활성)
5) 朴婉熙, 李虎得, **한국약용버섯도감,** 교학사, 서울, 1999, 171
6) 박성미, 진미림, 김진숙, 최응칠, 김병각, **약학회지,** 1993, 57(5), 490 (한국산 고등 균류 만가닥버섯의 항암 성분)
7) 유영복, **균학회지,** 1989, 17(4), 197 (잔나비걸상버섯 원형질체와 만가닥버섯 분열자의 융합)
8) 應建浙, 卵曉嵐, 馬啓明, 宗毓臣, 文華安, **中國藥用眞菌圖鑑,** 科學出版社, 1987
9) 李址烈, **韓國버섯圖鑑,** 아카데미서적, 서울, 1988, 71
10) 이지열, **균학회지,** 2005, 33(1),54〔한국 기록종 버섯 추가 목록(2001-2004)〕
11) 이태수, 이지열, **한국기록종 버섯 재정리 목록,** 임업연구원, 2000
12) 최낙식, 서승염, 심승호, **식품과학회지,** 1999, 31, 533 (혈진용해능을 갖은 버섯류의 탐색-만가닥, 영지, 느타리, 토끼털송편, 새송이, 송이, 노루궁뎅이, 팽이, 양송이, 장수버섯)
13) 최한석, 김명곤, 박효숙, 김재성, 심명화, 김성준, **식품과학회지,** 2005, 37

(6), 1039 (인공 재배 버섯의 혈전분해 효소 활성검색－장수, 만가닥, 영지, 느타리, 토끼털송편, 뽕나무버섯)

14) 한국 균학회, **버섯 이름, 한국명 통일안,** 2000, 176

15) Breene. W. M., **J. Food. Prot.,** 1990, 53, 883 (Nutritional and Medicinal value of specialty mushrooms)

16) Chang, S. T., Miles, P.G., **Edible Mushroom and their Cultivation,** CRC Press, New York, USA, 1989, 335

17) Cheung, L. M., Cheung Peter, C. K., Ooi Vincent, E. C., **Food Chem.,** 2003, 81, 249 (Antioxidant activity and total phenolics of edible mushroom extracts)

18) Chieko, K., Motohiro, N., Hiroshi, M., Ikuzo, K., **Nippon Shokuhin Kogyo Gakkaish,** 1984, 37(10), 765 〔Structural examination of water soluble glucans from fruit body of *Lyophyllum ulmarium* No 1. (Studies on constituents of edible fungi)〕

19) Chieko, K., Motohiro, N., Hiroshi, M., Ikuzo, K., **Nippon Shokuhin Kogyo Gakkaish,** 1990, 37(10), 773 〔Structural examination of water soluble glucans from fruit body of *Lyophyllum ulmarium* No 2. (Studies on constituents of edible fungi)〕

20) David, G. S., Barry, H. R., **Mushroom Poisoning,** CRC Press, USA, 1994

21) Dickinson, H., Lucas, J., **The Encyclopedia of Mushrooms,** Crescent Books, New York, USA, 1983

22) Fowden, L., **Nature**(London), 1958, 182, 406 (occur, N^{δ}-Acetylornithine)

23) Gerhardt, E., **Pilze,** BLV Handbook, 1995

24) Hui, Y. F., Den, E. S., Chi, T. H., **J. Food Lipids,** 2002, 9, 35 (Antioxidant and free radical scavenging activities of edible mushrooms)

25) Ikekawa, T., Saitoh, H., Feng, W., Zhang, H., Li, L., **Chem. Pharm. Bull.,** 1992, 42(7), 1954 (Antitumor activity of extracts and polysaccharides)

26) Imazeki, R., Otani, Y., Hongo, T., **Color Illustration Mushrooms of Japan,** Yama-Kei Publisher Co. Ltd., Tokyo, Japan, 1988

27) **Japan Pat.** 8068, 293(1980); **CA**, 93, 148116 (Antitumor, Emitanins)

28) Kabir, Y., Kimura, S., **J. Nutr. Sci. Vitaminol.**, 1989, 35, 91 (Dietary mushrooms reduce blood pressure in spontaneously hypertensive rats)

29) Kazun, C., Nishijima, M., Miura, H., Kamoi, I., **Nippon Shokuhin Kogyo Gakkaishi**, 1990, 37, 765 (Structural examination of water-soluble glycans from fruit body of *Lyophyllum ulmarium*)

30) Kim, B. K., **J. Micobiol.**, 1993, 19, 45 (Mushroom Products)

31) Kim, B. K., Choi, E. C., Chung, K. S., Park, H. J., Kim, Y. S., Shim, M. J., **Arch. Pharm. Res.**, 1983, 6(2), 141 (Antitumor Constituents extracted from cultured mycelia several basidomycetes)

32) Kim, H. K., Choi, Y. J., Jeong, S. W., Kim, H. K., **Kor. J. Food Sci. Technol.**, 2002, 9, 385 (Functional activities of microwave - assisted extracts from *Lyophyllum ulmarium*)

33) Lee, G. D., Chang, H. G., Kim, H. K., **Kor. J. Food Sci. Technol.**, 1997, 29, 432 (Antioxidative and nitric-scavenging activities of edible mushrooms)

34) Matsuzawa, T., Sano, M., Tomita, I., Saitoh, H., Ikekawa, T., **Yakugaku Zasshi**, 1997, 117, 623 (Studies on antioxidants of *Hypsizigus marmoreus* I. Effects of *H. marmoreus* for antioxidants activities of mice plasma)

35) McDonnell, J. E. W., Esselen, W. B. Jr., **Food Res.**, 1947, 12, 118 (Carbohydrates in Cultivated mushrooms)

36) Mizuno, T., **Int. J. Med. Mushrooms**, 1999, 1, 9 〔The extraction and development of Antitumor-active polysaccharides from medicinal mushroom in Japan (review)〕

37) Oka, Y. et al., **Agric. Biol. Chem.**, 1979, 43, 1995 (isol, Saccharopine)

38) Pegler, D. N., **The Concise Illustrated Book of Mushrooms and Other Fungi**, Gallery Books, New York, USA, 1989

39) Ribeiro, B., Rangel, J., Valentão, P., Baptista, P., Seabra, R.M., Andrade, P.B., **J. Agric. Food Chem.**, 2006, 54, 8530 (Contents of carboxylic acids and two phenolics and antioxidant activity of dried Portuguese wild

edible mushrooms)

40) Robinson, H. C. et al., **Biochem. J.**, 1964, 93, 487 (isol, calflens tissue, L-Glutamyl-3-sulfo-alanyl glycine)

41) Suzuki, W., Ikegawa, T., **J. Kokai, Tokyo Koho**, 1978, 78, 106 (Anticancer substance and emitanin)

42) Trujillo, J. M. et al., **Phytochemistry**, 1990, 29, 2991 (Lignan)

43) Wasser, S. P., **Appl. Microbiol. Biotechnol.**, 2002, 60, 258 (Medicinal mushrooms as a source of antitumor and immunomodulating polysaccharides)

44) Whistler, R. L. et al., **Methods Carbohydr. Chem.**, 1963, 3, 3 (Cellulose)

45) Yoshimitsu, M., Tamotsu, S., Toshimi, Y., Kimiyoshi, N., Kobun, A., Hideki, Y., Yoichi, K., **Bull. Nagano Veg. Ornam. Crops. Exp. Sta. Japan**, 1991, 6, 39-46 [Cultivation Methods on *Hypsizigus marmoreus,* Kind and Characteristics of Nutritional substances of Bottle culture Media (2)]

Sarcodon aspratus (Berk.) S. Ito
Hydnum aspratum Berk.

능이 20

굴뚝버섯과 (Thelephoraceae)

- 중국명, 생약명 | 能耳
- 일명 | Sisiwage
- 별명 | 향버섯
- 분포 | 한국, 일본
- 용도 | 자실체(식용)

✻ 식물학적 특성

갓은 직경 10~25㎝, 대형의 깔때기 모양, 다갈색 뿔 모양의 돌기. 갓의 중앙부는 깊게 파이고, 때로는 줄기의 뿌리에 달하는 것도 있다. 처음 담홍색, 차차 갈색으로, 건조하면 흑변, 강한 향기. 갓 밑에는 가는 바늘이 있고, 줄기 중간까지 침이 붙어 있음. 가을에 참나무, 물참나무 등의 활엽수에 생김. 독특한 향기가 있어 향버섯이라하며, 씹으면 맛이 있고 씹히는 맛도 있다.

동속 식용 버섯에는 노루털버섯(*S. imbricatus*) 등이 있다.

✻ 성분

1) 특수 성분

능이버섯에서 Thelphoric acid(흑자색 색소, T-01317), Chitin(C-00924), Protease 등이, 지방산 10종, 미량 무기질 13종, 유리 아미노산 23종, Glycerol (G-00542), Mannitol(M-00209), Glucose(G-00494), Trehalose(T-01623, T-01624) 등이 분리되었다.

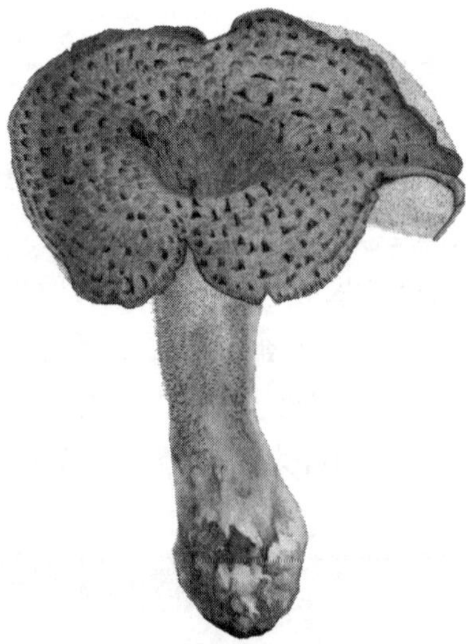

능이

✻ 생리 활성

단백질 분해 효소[①]: 능이(*Sarcodon aspratus*)에서 효소 분획을 추출, casein 및 여러 식품 단백질을 조제, 그에 대한 분해 작용을 실험한 결과, casein을 크게 분해하고, 각 식품 단백질도 분해하여 protease의 존재를 알게 되었고, 여러 기질에 대해 표준 pepsin과 비교한 결과, 동일한 역가를 나타내어, 우수한 protease의 존재를 규명하였다. 아울러 능이가 육류 체증 치료에 민간약으로 사용되는 근거를 입증하게 되었다.

Alkali성 Protease의 특성[②]: 능이버섯에서 알칼리성 protease를 분리 정제 하였다. 본 효소는 triacryl-CMC, ultra gel ACA 54, hydroxy apatite CC와 preparative isoelectric focusing에 의해 정제되었다. 이 효소는 PAGE상에서 단일 band이었고, 활성은 62.5㎎/protein으로 조 효소보다 8.01배 증가되었으며, 작용 최적 pH와 온도는 10.1과 57℃, SDS-PAGE의 분자량은 30,100, monomer, 등전점은 9.80이었다.

능이버섯 첨가 우육의 특성[③]: 단백질 분해 효소가 있는 능이버섯을 우유에 첨가하고, 키위와 배를 첨가한 우육과 비교한 결과, 우육의 미세 구조는 능이버섯(1,000unit)을 25℃, 10분 처리 시 근원 섬유 단백질이 분해되기 시작, 60분 후 근절, a-band, z-line 등을 구별할 수 없이 분해 현상이 현저하였다. 연육 효과가 있는 능이, 키위, 배를 우육에 첨가하였을 때, 각 군의 수분 함량은 첨가량의 증가에 따라 증가하였고, texture는 첨가량 증가에 따라 shear force는 감소, 배 첨가 시보다 키위나 능이버섯 첨가 시 연육 효과가 더 컸다. 색도에서 L값은 능이 첨가량 증가에 따라 감소하였으나, 키위나 배 첨가량이 많을수록 증가하였고, a와 b값은 능이, 배, 키위 첨가량 증가에 따라 감소하였다. 관능 검사 결과, 맛과 향미는 대조군을, 색은 배 10%군을 선호하였고, 다즙성은 키위 25%군이, 능이, 키위, 배 첨가량 증가에 때라 증가하였다. 연화도는 능이와 키위 첨가군이, 배 첨가군보다 높았다. 기호도에서는 대조군, 능이 0.05%, 0.1% 첨가군, 배 10% 첨가군이 차이가 없었으며, 보다 부드러운 조직감과 다즙성을 고려하면, 능이 0.05~0.1% 첨가가 바람직하였다.

단백질 가수 분해 효소의 분리 정제 특성④ : 능이에서 단백질 가수 분해 효소를 tri-acryl-CMC, ultra gel ACA 54, hydroxy apatite CC와 prepariative iso-electric focusing으로 순차정제, 정제 효소는 PAGE상에서 단일 band를 보였고, 활성은 62.5 O.D/㎎ · protein으로 조 효소(crude enzyme)보다 8.01배 증가하였다. 최적 반응 pH는 10.1로 alkaline protease, 최적 온도는 57℃ 부근이었다. 50℃ 이하의 온도와 pH 4.0~10.8에서 안정하였으나, 60℃ 에서 30분 후 26%, 65℃ 에서 65%가 실활되었다. Mn^{++}은 효소의 활성을 증가시켰으나, Hg^{++}와 Cu^{++}는 현저히 저해시켰다. SDS-PAGE에 의해 분자량은 30,100으로 측정되었고, monomer임이 확인되었다. 등전점은 9.80이었다.

단백질 가수 분해 효소의 특징⑤ : 능이에서 분리한 단백질 가수 분해 효소의 특징을 조사한 결과, 당 함유 protease이며, N-CBZ와 N-T-BOCL-L-amino acid의 alanine, glycine, methionine, glutamine, cysteine 유도체는 비교적 강하게 가수 분해시키나, valine, proline, isolucine 유도체는 거의 분해하지 못하였다. 따라서 이 효소는 amino acid에 대해 비교적 넓은 기질 특성이 있었고, bromelain inhibitor에 의해 저해되었으므로, 이 효소의 active site 주위는 bromelain의 active site와 유사한 것으로 보였다. 그러나 이 두 효소를 ribonuclease A를 기질로 peptide mapping한 결과, 이 효소와 bromelain은 cleavage site가 완전히 달랐다.

단백질 분해 효소의 아미노산 서열⑥ : 능이에서 분리한 단백질 가수 분해 효소의 특성을 조사한 결과, 당 함량이 2.1%, rose bengal, N-bromosuccinamide, phenylmethylsulfonylfluoride(PMSF)와 같은 화학적 수식 시약에 효소 활성이 저해되었으며, 1차 반응 속도론적 불활성 mode를 가지므로 활성 부위는 tryptophan과 serine으로 추정, N-말단에서 21번 잔기까지의 amino acid 배열은 V-T-T-K-Q-T-N-A-P-W-G-L-G-N-I-S-T-T-N-K-L로 동정되었다.

단백 분해 특성과 N-말단 아미노산 배열⑦ : 능이 protease를 chromatofocusing으로 정제, SDS-polyacrylamide gel상에서 분자량 약 29,000의 위치에 주밴드가 나타났으며, N-말단에서 21번째 잔기까지의 아미노산 배열은 Val-Thr-Thr-Lys-Glm-Thr-Asn-Ala-Asn-Lys-Leu이었으며 *Tritirachium album*에

함유된 subtilisin족에 속하는 proteinase K의 N-말단 아미노산 배열과 57.8%의 상동성을 보였다. 또한 능이 protease는 SDS에 대해 높은 안전성을 보였고, 100℃ 처리 후 재활성은 인정되지 않았다.

항돌연변이 원성과 DNA Topoisomerase : 향버섯 추출물 및 분획물의 항돌연변이 효과를 조사한 결과, 직접 변이원 N-methyl-N'-nitro-N-nitroso guanidine과 간접 변이 원인 benzo(a)pyrene, aflatoxin B_1에 강한 돌연변이 억제 효과를 보였다. 항암물질 검색으로 이용되는 DNA topoisomerase I의 억제 활성을 측정한 결과, 향버섯의 MeOH ex와 분획물 처리 시 supercoiled form인 pBR322 DNA가 relaxed form으로 전환되지 않는 것으로 보아 향버섯의 추출물과 분획물들에 의해 DNA topoisomerase I의 활성이 억제되었다.

식물 병원성 곰팡이에 대한 항균 활성① : 한국산 흰주름버섯 외 50종 버섯을 채집, 석유 ether, 80% EtOH 및 멸균 증류수로 각각 추출, 153종의 추출물을 얻어 식물 병원성 곰팡이에 대한 항균 활성을 검색한 결과, *A. alternata*에 항균 활성은 독우산광대버섯(H_2O ex), MPC-3버섯(EtOH ex), 큰낙엽버섯과 *Xanthoconium affine*(석유 ether ex)이 활성을 보였고, 잔디탄저병균, *C. graminicola*에는 애광대버섯, 노란길민그물버섯, 흰둘레무당버섯(석유 ether ex), 해면버섯, MPC-3버섯, 주걱송편버섯(EtOH ex), 조개껍질버섯(H_2O ex)이 각각 항균 활성을 보였다. 인삼뿌리썩음병균, *C. destructans*에는 애광대버섯, 수원그물버섯, 해면버섯, MPC-3버섯, 주걱송편버섯, 띠미로버섯, 외대버섯(EtOH ex), 애광대버섯, 흰둘레무당버섯, 향버섯, 큰낙엽버섯(석유 ether ex)이 각각 항균성을 보였다. 오이덩굴쪼김병균, *F. O. cucumerium*에는 MPC-3버섯(EtOH ex)이 항균성을, 감자시듦병균, *F. solani*에 진 갈색주름버섯(H_2O ex), 무변색무당버섯(EtOH ex)이 각각 항균성을 보였다. 잔디탄저병균, *I. bolleyie*에는 진갈색주름버섯(H_2O ex), MPC-3버섯(EtOH ex)이 항균 활성을 보였다.

항균 활성② : 능이버섯은 *Cylindrocarpon destructans*(인삼부식균) 및 gram 양성과 음성균에 antibacterial activity가 있고, cholesterol lowering effect도 있다.

항산화성과 항균성③ : 능이버섯을 열수(HW)와 에탄놀(EtOH)로 추출하고, 과산화물가(POV)는 항산화제인 α-tocopherol과 BHT로 측정, α-tocopherol과 BHT보다 EtOH ex가 높았고, 전자공여능은 추출물의 농도의존적으로 증가하였으며, HW ex가 EtOH ex보다 높았다. 추출물의 pH에 따른 아질산염 분해능과 농도에 따른 아질산염 분해능을 조사한 결과, 추출물 농도 증가에 따라 아질산염 분해능도 증가하였고, HW ex가 EtOH ex보다 분해능이 높았다. 능이의 SOD 유사활성은 EtOH ex가 HW ex보다 높았다. 항균성은 식중독균 6종인 *B. subtilis* KCTC 1659, *Listeria monocytogenes* ATCC 7644, *St. aureus* ATCC 43895, *Sal. thy.* ATCC 13565, gram 음성균인 *E. coli* O157 : H7 ATCC 43895, *Sal. thy.* ATCC 7988 *Shigella sonnei* KCTC 2009을 HW ex와 EtOH 모두 3%, 5%에서 *L. monocytogenes*와 *S. aureus*에 항균성을 보였다.

Diketopiperazine계 화합물 구조와 항산화 활성 : 능이버섯 자실체의 MeOH 추출물을 n-hexane, EtOAc, n-BuOH 및 물로 추출하고, 각 추출물의 free radical 소거활성을 나타내는 EtOAc 분획을 분리한 Sa-1, Sa-2, Sa-3을 분석한 결과, diketopiperazine계 물질, cyclo(prolyl, valyl), cyclo(prolyl-leucyl) 및 cyclo(proplylisoleucyl)로 동정되었고, 이들의 항산화 활성을 측정한 결과, DPPH radical 소거활성(EC_{50} 0.15~0.18mM)및 superoxide radical 소거활성(EC_{50} 0.21~0.24 mM)을 보였다.

간손상 예방 효과 : 향버섯 MeOH ex가 B(a)p유도 간장독 mouse에 간 손상 억제 및 cytochrome P450/A1 발현에 미치는 영향을 살펴본 결과, B(a)p 투여로 혈청 ALT와 AST활성, 간 조직 중 lipid peroxide, cytochrome P450, SOD, catalase, GSH-Px 활성의 유의성 증가를 보였으며, 향버섯 MeOH ex 투여 시 이들 활성 및 함량이 유의적으로 감소하였다. 반면 간 조직 중 GSH 함량과 GST 활성은 B(a)p 만 투여한 군에 비해 향버섯 MeOH ex 투여 시 다소 증가하였다. 또한 immunoblotting 결과로부터 B(a)p 투여로 현저히 증가 되었던 cytochrome P450/A1 isoenzyme 단백질 함량이 향버섯 MeOH 투여로 감소되었다. 이 결과로 향버섯 MeOH ex은 B(a)p에 의한 간 손상에 대한 보호 및 예방 효과가 있는 것으로 사료되었다.

Hep G_2 세포와 향버섯 추출물 : 인체 간암 세포 Hep G_2의 세포 성장 저해 효과를 MTT assay로 검토한 결과, 강한 저하 효과를 보였으며, 정상 간 세포 Chang cell에는 세포독성을 보이지 않았다. 또한 Hep G_2 세포에서 cyclin A와 D_1 단백질의 발현이 시료에 의해 억제되었고, cyclin B_1의 발현은 증가되었다. 암 억제 단백질인 P53의 발현은 전반적으로 증가되었으며, PCNA단백질은 감소되었고, 세포분열억제 단백질 P27은 증가되었다. 이 결과로 향버섯의 MeOH ex는 간암 세포의 세포 주기 중 G_1기에서 S기로의 진행을 조절하는 인자 cyclin A와 D_1 발현을 억제시키고 P53, P27단백질을 활성화, 동시에 PCNA 작용을 억제, 세포주기 중 G_1/S기 차단을 유도, 암 세포 증식을 억제하는 것으로 추정되었다.

향기 특성①: 능이버섯 향기 성분을 SDE, SFE, head space법으로 추출하고, GC, GC/MS로 동정하였으며, 능이버섯의 향기 특성은 GC-olfactometry법 중 AEDA법으로 조사한 결과, SDE주출에서 33개, SFE추출에서 26개, head space 추출에서 17개 화합물이 동정되었고, 확인된 주 성분은 1-octen-3-ol, 1-octen-3-one, 3-octenone, 2-octen-1-ol, 3-octanol, 1-octanol 등의 C_8 화합물과 benzene acetaldehyde 등이었다. AEDA 결과, 능이의 주 향기 특성은 새능이버섯내(unknown), 생버섯내 (1-octen-3-ol) 곰팡이내(1-octen-3-one), 흙내(3-octanol), 풀내(1-octanol), 강한 풀내(2-octenal), 단꽃내(benzene acetaldegyde), 목재내(L-linalool), 치즈내(3-hydroxy-2-butanone), 상큼한 단내(2-decanone), 약간의 불쾌한 고기내(3-methyl thiopropanol), 시큼한 우유내(propanoic acid) 등으로 나타났다.

건조 과정과 향기 성분②: 능이버섯을 30℃, 50℃, 70℃와 풍속 0.5m/sec, 1m/sec, 1.5m/sec에 건조 수행 결과, 건조 속도는 건조 온도가 높을 수록 증가하였으나, 풍속은 영향이 적었다. 50℃, 풍속 1.5m/sec 건조에서 1-octen-3-ol, 3-octanone, 1-octanol, 3-octanol 등의 peak area가 각각 17976, 11570, 1016, 1077로 다른 건조 조건에 비해 높았다. 건조 시간에 따른 능이버섯의 주요 향기 성분 변화는 1-octen-3-ol, 1-octanol, 2-octen-1-ol, 3-octanol 등의 C_8 화합물 peak area가 크게 감소하였고, C_8화합물 중 1-octen-3-one,

3-octanol 등의 상대적 함량비는 증가하였다. 건조 과정 중 butyric acid, propanoic acid, 3-methyl thiopropanol 등과 같은 화합물이 생성되었다.

저분자 화합물의 분리 동정 : 능이버섯의 MeOH ex에서 $CHCl_3$와 EtOAc 분획을 column chromatography와 TLC 및 HPLC로 분리하고, ^{1}H NMR, MS 등의 기기 분석 결과, 4-hydroxybenzoic acid methyl ester, 4-hydroxybenzaldehyde, cyclo(Ala-Pro), adenosine, nicotinamide, BL V, linoleic acid 등을 동정하였다.

무기질①: 능이버섯 중, 가장 많이 함유된 금속원소는 Ca이고, 그 다음 Fe, Zn, Mg, Mn, Cu, Pb, Cd, Hg의 순이었다. 능이의 단백질- 다당체 성분 중 단백질 함량은 31.5%, 다당체 함량은 52.8% 이었다.

무기 성분②: 널리 식용되고 있는 7종 버섯, 능이, 양송이, 밤버섯, 표고버섯, 느타리, 송이 버섯에 대해 20종의 무기 성분을 측정한 결과, 대부분 Fe, Na 및 Zn 함량이 다른 무기질 보다 많았고, 유해 금속 Cd, Hg, Pb 및 As 등은 흔적만 있었으나, Sb, Se 및 Sn은 전 시료에 없었다. 능이 버섯에는 Na 73.634㎎, Zn 58.171㎎, P 2.388㎎, Mn 2.105㎎ 순, 양송이에는 Na 56.997㎎, Zn 43.273㎎, Mn 2.875㎎, P 2.288㎎ 순, 밤버섯에는 Zn 43.835㎎, Na 16.727㎎, Mn 5.732㎎, Pb 1.676㎎, 표고버섯에는 Na 62.653㎎, Zn 36.402㎎, Mn 55.502㎎, P 2.325㎎, 싸리버섯에는 Zn 91.820㎎, Na 91.762㎎, Mn 10.214㎎, P 2.325㎎, 느타리에는 Na 170.350㎎, Zn 64.222㎎, Ni 0.872㎎, Mn 0.702㎎, 송이버섯에는 Zn 56.708㎎, Na 15.966㎎, P 5.752㎎, Pb 5.291㎎이었다.

영양 성분①: 능이버섯을 분석한 결과, 지방산 10종, 미량 무기질 13종, 유리 아미노산 23종, glycerol, mannitol, glucose, trehalose, 가식부 100g 중 vitamin B_2 1.129㎎, C 15.3㎎, provitamin D_2 0.157㎎가 함유되었다.

영양 성분②: 본 연구는 능이버섯의 식품영양학적 및 기능성을 평가하기 위한 기초적인 연구로서 영양 성분의 함량을 조사하였다. 능이버섯의 일반 성분은 수분 89.93%, 회분 1.18%, 조단백질 3.67%, 조지방 0.96%, 탄수화물 4.26%로 나타내었다. 능이버섯의 주요 유리당은 glucose, sucrose, trehalose, xylose로 구성되어 있었고, trehalose의 함량이 가장 높았다. 능이버섯의 총 아미노산의 함량은 796.85㎎/100g-fr.wt.이었고, 필수 아미노산의 함량은 300.77㎎/100g-fr.wt.으로 valine, leucine, threonine, lysine의 함량이 비교적 많았고, 비필수아미노산은 486.08㎎/100g-fr.wt.으로 alanine, glycine, aspartic acid, glutamic acid 등의 함량이 비교적 높았다. 총 유리 아미노산 중에 필수아미노산과 비필수아미노산의 함량은 각각 124.95, 138.52㎎/100g-fr.wt.이며, methionine, lysine, valine, arginine, aspartic acid, tyrosine 등의 함량이 높았다. 능이버섯에 존재하는 유리 아미노산 유도체의 함량은 46.81㎎/100g-fr.wt.이었고, ornithine, sarcosine, β-alanine, phosphoserine의 함량이 비교적 높았다. 능이버섯의 총 비타민 C 함량은 5.43㎎/100g이었고, 환원형과 산화형 비타민 C는 각각 3.50과1.93㎎/100g이었으며, 무기질 함량은 K, Na이 매우 많았고, 이들 함량은 각각 375.73, 61.82㎎/100g이었다.

Amino acids : 능이 자실체에 함유된 amino acid는 ethanol 추출물의 유리 amino acid는 21종, 산가수 분해물의 amino acid는 23종이 확인 정량되었고, glutamic acid가 가장 많았다. 희귀 amino acid 인 orthinine, α-amino-butyric acid, γ-aminobutyric acid, ethanolamine도 확인 정량 되었다.

식용 야생 버섯 : 식용 야생 버섯을 조사한 결과, 송이, 목이, 팽나무버섯, 노루궁뎅이버섯, 꽃잎버섯, 그물버섯, 비단그물버섯, 구름버섯, 애기무당버섯, 기와버섯, 국수버섯, 나팔버섯, 젖버섯, 굴털이, 향버섯(능이), 갓버섯, 들버섯, 주름버섯, 싸리버섯, 붉은싸리버섯, 말뚝버섯, 알버섯, 긴대안장버섯, 말불버섯, 곰보버섯, 망태버섯, 덕다리버섯, 흰가시버섯 등이 있었다.

✲ 효능과 이용

1) 효능 : 육류 소화. 소화불량
2) 식용 : 가을에 향기가 짙다. 진귀한 채소요리 재료. 건조한 것을 데쳐 떫은 맛을 제거하여, 밥, 전골, 튀김, 조개국, 볶음 등에 이용한다.
3) 약용 : 한방과 민간에서는 고기 먹고 체한 데 이용한다.
4) 기타 : 추출물을 향장품에 응용하기도 한다.

참고문헌

1) 강희철, 윤봉식, 유승헌, 유익동, **응용생명과학회지,** 2000, 43(4), 298 (능이버섯으로부터 분리한 저분자 화합물의 화학구조)

2) 김진우, 문병식, 박영민, 유남희, 유인자, 유익동, 김종평, Nguyen Thi Chinh, **응용생명화학회지,** 2005, 48(1), 93 (능이버섯으로부터 분리한 Diketopiperazine계 화합물의 화학구조 및 항산화 활성)]

3) 김용휘, 오석홍, **전북대 농대논문집,** 1987, 18, 44 (능이 중의 일반 성분, Polyphenol류 및 Amino산 분석)

4) 김용휘, **전북대 농대논문집,** 1987, 18, 51 (능이 중의 Polyphenol Oxidase의 정제 및 특성에 관한 연구)

5) 김종봉, 박홍덕, **생명과학회지,** 2000, 43, 617 (능이버섯에서의 Lanosterol과 Ergosterol의 확인)

6) 노일협, **숙명여자대학교 논문집,** 1981, 21, 141 (한국산 식용 버섯 중의 미량 금속원소의 함유량 연구－능이, 양송이, 밤버섯, 표고, 싸리, 느타리, 송이)

7) 문영희, 우은란, 박영준 **생약학회,** 2002, 33(3), 224 (*Sarcodon aspratus*에서 분리한 수용성 단백 다당체의 항암 효과)

8) 민용규, 정옥진, 박지은, 정헌상, **식품과학회지,** 2002, 34(5), 780 (능이버섯의 건조과정 중 향기 성분의 변화)

9) 민지영, 김은미, 민태진, **균학회지,** 1997, 25(4), 354 (버섯 중 항균 활성 물질 개발, 버섯 중의 식물병원성 곰팡이에 대한 항균 활성 물질의 검색－능이, 수원그물버섯, 외대버섯, 조개껍질버섯, 휜주름버섯 등)

10) 민태진, 김은미, 이선정, 배강규, **균학회지,** 1995, 23(1), 14 (버섯 중 항균 물질의 검색 및 개발에 관한 연구, 버섯 중 항진균 활성 물질의 검색 I)

11) 박상신, 이갑득, 민태진, **균학회지,** 1995, 23(1), 28 〔버섯 중 항균 물질의 검색 및 개발에 관한 연구, 그람양성균에 대한 항균 물질의 검색(1보)〕

12) 박상신, 이갑득, 민태진, **균학회지,** 1995, 23(2), 176 〔버섯 중 항균 물질의 검색 및 개발에 관한 연구, 그람음성균 및 곰팡이에 대한 항균 물질의 검색(2보) Antibacterial〕

13) 박완희, **균학회지,** 1986, 14(1), 25 〔한국산 고등 균류의 효소에 관한 연구

(1), 능이의 단백질 분해 효소 확인〕
14) 박완희, **균학회지,** 1983, 11(2), 85 〔능이의 성분에 관한 연구(제1보)〕
15) 박완희, **균학회지,** 1983, 11(4), 159 〔능이의 성분에 관한 연구(제2보)〕
16) 배윤환, 이종숙, 이경아, 윤재돈, **동아시아식생활학회지,** 2002, 12(4), 326 (능이버섯 가공품이 스테이크용 우육의 품질에 미치는 영향)
17) 배준태, 이갑랑, **식품영양과학회지,** 2000, 29(5), 917 (향버섯 추출물의 항돌연변이성 및 DNA Topoisomerase)
18) 배준태, 장종선, 박준홍, 박선희, 김지영, 오은정, 김현정, 김옥미, 이별나, 이갑랑, **식품영양과학회지,** 2001, 30(2), 320 (벤조피렌을 투여한 마우스에서 향버섯 추출물의 간 손상 예방 효과)
19) 배준태, 장종선, 이갑랑, **식품영양학회지,** 2002, 31(2), 329 (Hep G_2 세포에서 향버섯 추출물이 세포 주기 조절 단백질에 미치는 영향)
20) 송영선, **인제대 자연과학,** 2000, 4, 99 (능이버섯 단백분해 효소의 특성)
21) 안장수, 이규환, **식품위생안전성 학회지,** 1986, 1(2), 177 (한국산 식용 버섯의 무기 성분에 관한 연구—능이, 양송이, 밤버섯, 표고, 느타리, 송이, 싸리버섯)
22) 양재헌, 은재순, 허정덕, **약제학회지,** 1989, 19(4), 203 (한국산 고등균류에 관한 연구, 능이버섯 중 단백분해 효소의 제제화)
23) 엄태붕, **영양식량학회지,** 1991, 20(1), 35 (능이에서 분리한 단백질 가수분해 효소의 특성)
24) 엄태붕, **전북대 농대논문집,** 1989, 20, 107 (능이버섯의 단백질 가수 분해 효소의 구조적 특성)
25) 윤경영, 이숙희, 신승렬, **식품영양학회지,** 2006, 35(8), 967 (능이버섯(*Sarcodon aspratus*) 추출물의 항산화성 및 항균성)
26) 은재순, 양재헌, 조덕이 ,이태규, **약제학회지,** 1988, 18(3), 125 〔한국산 고등균류에 관한 연구(제1보), 능이버섯 중 단백분해 효소 활성〕
27) 은재순, 양재헌, 이태규, 최동성, **약학회지,** 1989, 33(6), 339 (능이 중 단백질분해 효소의 특성과 N-말단 아미노산 배열)
28) 이선주, **생약학회지,** 1975, 6(2), 75 〔한국향토민속약 규명에 관한 연구(1)

—송이, 표고, 간버섯, 능이, 복령, 석이]
29) 이승아, 송영선, 조정원, **식품영양과학회지,** 2001, 30(2), 266 (능이버섯 첨가가 우육의 물리화학적및 관능적 특성에 미치는 영향)
30) 이종호, 양정례, 정청송, 김희숙, **생명과학회,** 2001, 11(6), 561 (능이버섯의 Fibrin분해활성 단백질 분리 및 정제)
31) 이지열, **균학회지,** 1975, 3(1), 40 (야생 버섯을 식용하자—능이 외)
32) 이태규, **영양식량학회지,** 1986, 15(3), 276 (능이 중 단백질 가수 분해 효소의 정제 및 성질에 관하여)
33) 이태규, **영양식량학회지,** 1993, 22(5), 811 [능이 중 알카리성 단백질가수분해 효소의 1차구조에 관한 연구 (I), 아미노산 조성,활성부위 아미노산및 N-말단 부위의 아미노산 배열]
34) 이태규, 은재순, 양재헌, 조덕이, 양희선, **약제학회지,** 1989, 19(2), 81 (한국산 고등균류에 관한 연구 제 3보, 능이중에 함유된 단백분해 효소의 정제 및 안정성)
35) 정옥진, 윤향식, 민용규, **식품과학회지,** 2001, 33(3), 307 (능이버섯의 향기특성)
36) 한용봉, 고봉경, **고대 사대논집,** 1989, 14, 59 (능이버섯의 지방산및 Sterol에 관한 연구)
37) 홍재식, 이태규, **균학회지,** 1985, 13(4), 266 [능이(*Sarcodon aspratus*) 중 Alkali성 Protease의 정제및 특성에 관하여)
38) Austin, P. R. et al., **Science** (Washington. D.C.), 1981, 212, 749 (rev, Chitin)
39) Birch, G., **Adv. Carbohydr. Chem.,** 1963, 18, 201 (rev, Trehalose)
40) Brimacombe, J. S. et al., **The Carbohydrate,** Academic Press, 1972, 1A, 479 (Needles, Mannitol)
41) Chang, S. T., Miles, P. G., **Edible Mushroom and their Cultivation,** CRC Press, New York, USA, 1989
42) Huang, Y., Dong, Z. J., Liu, J. K., **Yunnan Zhiwu Yanjiu** 2002, 24, 125 (Chemical constituents from the basidiocarp of *Sarcodon aspratum*)

43) Liu, F., Ooi, V. E. C., Chang, S. T., **Life Sci.**, 1997, 60, 763 (Free radical scavenging activities of mushroom polysaccharide extracts)

44) Kabir, Y., Kimura, S., **J. Nutr. Sci. Vitaminol.**, 1989, 35, 91 (Dietary mushrooms reduce blood pressure in spontaneously hypertensive rats)

45) Kim, J. W., Moon, B. S., Park, Y. M., Yoo, N. H., Ryoo, I. J., Chinh, N. T., Yoo, I. D., Kim, J. P., **J. Kor. Soc. Appl. Biol. Chem.**, 2005, 48, 93 (Structures and antioxidant activity of diketopiperazines isolated from the mushroom, *S. aspratus*)

46) Maruyama, H., Yamazaki, K., Murofushi, S., Konda, C., Ikekawa, T., **J. Pharmacobio-Dyn.**, 1989, 12, 118, 〔Antitumor activity of *Sarcodon aspratus* (Berk.) and *Ganoderma lucidum*(Fr.)〕

47) McDonnell, J .E. W., Esselen, W.B.Jr., **Food Res.**, 1947, 12, 118 (Carbohydrates in Cultivated mushrooms)

48) Mau, J. L., Lim, H. C., Song, S. F., **Food Res. Int.**, 2002, 35, 519 (Antioxidant properties of several specialty mushroom)

49) Mizuno, M., Shiomi, Y., Minato, K., Kawakami, S., Ashida, H., Tsuchida, H., **Immunopharmacology**, 2000, 46, 113 (Fucogalactan isolated from *Sarcodon aspratus* elicits release of tumor nerosis factor-α and nitric oxide from murine macrophages)

50) Mizuno, T., **Food Res. Int.**, 1995, 11, 7 (Bioactive biomolecules of mushrooms: Food function and medicinal effect of mushroom fungi)

51) Shibata, H. et al., **Agric. Biol. Chem.**, 1989, 53, 3373 (isol, yellow syrup, Sarcodonin A)

52) Song, J. H., Lee, H. S., Hwang, J. K., Han, J. W., Ro, J. G., Keum, D. H., Park, K. M., **Kor. J. Food Sci.**, 2003, 23, 172 (Physiological activity of *Sarcodon aspratus* extracts)

53) Sullivan, G. et al., **J. Pharm. Sci.**, 1971, 60, 1727 (isol, Thelephoric acid)

54) Ryu, K. S., **MD Thesis**, Chonbuk National Univ., 1989 (Characterization of serine protease from *Sarcodon aspratus*)

55) Wasser, S. P., Weiss, A. L., **Crit. Rev. Immunol.**, 1999, 19, 65 (Therapeutic effects of substances occurring in higher Basidiomycetes mushroom: a modern perspective)

Laetiporus sulphureus (Bull. ex Fr.) Murr.
Polyporus sulphureus Bull. ex Fr.
Tyromyces sulphurcus (Bull. ex Fr.) Donk.

덕다리 버섯 21

구멍장이버섯과 (Polyporaceae)

• 중국명 | 硫磺菌
• 분포 | 한국, 중국, 일본, 북반구 온대, 베네수엘라, 필리핀, 인도네시아
• 용도 | 자실체(어린 것은 식용)

✻ 식물학적 특성

늦은 봄~여름에 활엽수의 생목, 그루터기 위에 중생하는 1년생. 심재(心材), 갈색 부후성 버섯. 갓지름은 15~20㎝, 두께는 0.5~2.5㎝, 반원형~부채형. 갓 표면은 황색~선황등색. 갓 둘레는 파도형~갈라진 모양. 조직은 육질, 백색~담황색. 어린 것은 수분이 많으나 치밀해져 단단하며, 관공은 황색. 관공구는 각형~부정형. 포자는 난형~타원형. 표면은 평활. 포자문은 백색이다.

동속 식용 버섯에는 변종 붉은덕다리버섯(var. *miniatus*)이 있다.

✻ 성분

1) 특수 성분

덕다리버섯에서 *Actinine(A-00353), Bearvericin(B-00179), Homarine (H-00965), 1H-Imidazole-4-acetic acid(I-00076), Sulphurenic acid(S-01547), Ergostrol(E-01484), Eburicoic acid(E-00007), *Betaine(B-00307), γ-Butylobetaine(B-00307), Trigonelline(T-01917), Coprine(C-01768), Mannitol (M-00209), Trehalose(T-01623, T-01624), Polysaccharide 등이 분리되었다.

덕다리버섯

✲ 생리 활성

항암 성분과 면역능① : 한국산 고등 균류인 덕다리버섯(*Laetiporus sulphureus*)과 만년버섯(*Ganoderma lucidum*)의 자실체를 진탕, 단백 다당체를 분리하여 조성을 규명하고, 항암성과 면역 증진 효과를 실험한 결과, 각 다당체는 흰쥐에 항암 효과(sarcoma 180)를 보였고, 각 다당체를 5일간 복강 내에 투여 10일 경과 후, XX10^7 면양의 적혈구를 주사한 흰쥐의 비장 세포는 plaque를 만드는 세포 수를 현저히 증가시켰다. 덕다리버섯의 단백다당을 조사한 결과, 3종의 당과, 15종의 amino acid로 만년 버섯(영지)의 단백다당을 3종의 당과 16종의 amino acid로 구성되었음을 확인하였다.

항암 효과② : 덕다리버섯은 sarcoma 180(mouse)에 억제율 80%, Ehrlich 복수암(mouse)에 억제율 90%의 antitumor activity가 있고, 면역증강 효과 및 신체 기능 조절 효과도 있다.

항돌연변이 원성 및 암 세포 성장 억제③ : 13종의 야생 버섯 추출물을 항돌연변이 효과를 *S. typhymurium* TA98과 TA100로 실험한 결과, 직접 변이원인 MNNG에 대해 산속그물버섯아재비, 구름버섯의 MeOH ex가 TA 100에 90~94%의 강한 항변이 원성을, 갓버섯과 구름버섯의 열수 추출물도 58~61% 저해 효과를 보였다. 간접 변이원인 B(α)p에 대해서 TA98과 TA100에서 구름버섯과 턱받이금버섯 MeOH ex가 가장 강한 저해 효과를, 열수 추출물 중 잔피막흑주름버섯과 수원무당버섯은 TA98에서 60~70% 저해활성을, 갓버섯은 TA100에 45% 돌연변이 억제를 보였으나, 그 외에는 없었다. 또 야생버섯 MeOH ex 0.5㎎/㎖ 투여 시 결장암 세포 HT29에 대해 그물버섯, 산속그물버섯아재비, 방패외대버섯, 황소비단그물버섯, 구름버섯, 턱받이금버섯, 덕다리버섯에서 55~78% 이상 저해를 보였고, 1㎎/㎖에서 11종의 버섯에서 50% 이상 억제 효과를 보였다. 간암 세포 $HepG_2$에는 방패 외대 버섯 MeOH ex 1㎎/㎖에서만 58.4% 저해능을, 나머지 시료에서는 45% 낮은 저해를 보였다. 혈액 암 세포주인 U937에는 그물버섯, 산속그물버섯아재비, 수원무당버섯, 황소비단그물버섯, 밀버섯, 잔피막흑주름버섯, MeOH ex에서 60% 이상 저해 활성을, 구름버섯 열수 추출물은 $HepG_2$와 U937에 53~65% 저해를 보였으나, 대부분의 버섯 열수 추출물은 40% 이하의 저해 활성을 보였다. 정상 임파구에서 야생 버섯 추출물 0.5~1㎎/㎖에서 75~80% 이상의 생존율을 보여 야생 버섯 추출물 1㎎/㎖에서 암 세포에 높은 억제 효과를, 정상 세포에는 비교적 독성이 낮았다.

휘발성 성분 : 덕다리 버섯의 휘발성 성분을 GC/MS로 분석한 결과, 26개 화합물이 검색되었다. 주휘발성 성분은 (Z)-3-methylcinnamaldehyde 27.5%이었으며, 2-phenylethanol 6.4%, benzaldehyde 4.0% 및 N-phenylethylformaldehyde 3.8%이었다. 방향성 향기 성분으로는 휘발성 분획의 11.5%이며, 성숙한 버섯의 유황 화합물은 불쾌한 냄새를 부여하였다.

식용야생 버섯 : 식용 야생 버섯을 조사한 결과, 송이, 목이, 팽나무버섯, 노루궁뎅이버섯, 꽃잎버섯, 그물버섯, 비단그물버섯, 구름버섯, 애기무당버섯, 기와버섯, 국수버섯, 나팔버섯, 젖버섯, 굴털이, 향버섯(능이), 갓버섯, 들버섯, 주름버섯, 싸리버섯, 붉은싸리버섯, 말뚝버섯, 알버섯, 긴대안장버섯, 말불버섯, 곰보버섯, 망태버섯, 덕다리버섯, 흰가시버섯 등이 있었다.

✻ 효능과 이용

1) 효능 : 건강 증진, 인체 조절, 항질병.
2) 식용 : 어린 것만 식용한다.
3) 약용 : 한방에서는 하체 무력감, 악창(惡瘡), 유암, 전립선 암에 응용하고, 민간에서는 태워서 모기, 초파리, 하루살이 등 살충제로 이용.

※ 생식하면 중독된다.

참고문헌

1) 강창율, 김병각, **균학회지,** 1980, 8(3), 177 〔한국산 고등 균류의 성분 연구(26), 덕다리버섯과 만년버섯 배양 균사체의 항암 성분〕

2) 金三純, 金養燮, **韓國産 버섯 圖鑑,** 裕豊出版社, 서울, 1990
3) 김현정, 이인선, **식품과학회지**, 2004, 36(4), 662 (한국산 야생 버섯 추출물의 항돌연변이원성 및 암 세포 성장억제 효과－갓버섯, 구름버섯, 밀버섯, 황소비단그물버섯, 덕다리버섯, 그물버섯, 수원무당버섯, 턱받이버섯, 방패외대버섯, 잔피막흑주름버섯)
4) 김현중, **강원대학교 박사학위논문,** 1993 (꽃송이버섯균, 해면버섯균, 및 덕다리버섯균에 의한 낙엽송 근주 심재부후균에 관한 연구)
5) 農村振興廳 農業技術研究所編, **韓國産 버섯類 原色圖鑑**(I), 1987
6) 卯曉嵐, 莊長坪, 歐株次旺, **西藏大型經濟眞菌,** 北京科學技術出版社, 1991
7) 朴婉熙, 李虎得 **한국의 버섯,** 교학사, 1991, 383
8) 應建浙, 卵曉嵐, 馬啓明, 宗毓臣, 文華安, **中國藥用眞菌圖鑑,** 科學出版社, 1987
9) 李址烈, **韓國 버섯 圖鑑,** 아카데미서적, 서울, 1988, 259
10) 이지열, **균학회지,** 1975, 3(1), 40 (야생 버섯을 식용하자－덕다리버섯 외)
11) 이지열, **균학회지,** 2005, 33(1), 54 〔한국 기록종 버섯 추가 목록(2001-2004)〕
12) 이태수, 이지열, **한국기록종 버섯 재정리 목록,** 임업연구원, 2000
13) 정학성, **균학회지,** 1994, 22(1), 62 〔한국산 목재 부후균류의 분포상에 관한 연구(II), 담자균류 민주름 버섯의 분포에 대하여〕
14) 한국 균학회, **버섯 이름, 한국명 통일안,** 2000, 176
15) 中國 本草 圖錄 編輯 委員會 編, **中國 本草圖錄,** 鼎談 出版社, 1992
16) Ackermann, D. et al., **Hoppe Seyler's Z. Physiol. Chem.,** 1961, 320, 197 (occur, Trigonelline)
17) Birch, G., **Adv. Carbohydr. Chem.,** 1963, 18, 201 (rev, Trehalose)
18) Brimacombe, J. S. et al., **The Carbohydrate,** Academic Press, 1972, 1A, 479 (Needles, Mannitol)
19) Chang, S. T., Miles, P. G., **Edible Mushroom and their Cultivation,** CRC Press, New York, USA, 1989
20) Cheung, L. M., Cheung Peter, C. K., Ooi Vincent, E. C., **Food Chem.,** 2003, 81, 249 (Antioxidant activity and total phenolics of edible mushroom extracts)

21) David, G. S., Barry, H. R., **Mushroom Poisoning,** CRC Press, USA, 1994

22) Dickinson, H., Lucas, J. **The Encyclopedia of Mushrooms,** Crescent Books, New York, USA, 1983

23) Fried, J., Garbowich, P., Sabo, E. F., Cohen, A.I., **Tetrahedron,** 1964, 20, 2297 (The structure of sulphurenic acid "A new triterpenoid from *Polyporus sulphureus*)

24) Gerhardt, E., **Pilze,** BLV Handbook, 1995

25) Hatfield, C. M. et al., **J. Nat. Prod.** (Lloydia), 1975, 35, 489 (struct, Coprine)

26) Hosein, E. A. et al., **Nature** (London), 1960, 187, 321 (isol, *Actinine)

27) Hui, Y. F., Den, E. S., Chi, T. H., **J. Food Lipids,** 2002, 9, 35 (Antioxidant and free radical scavenging activities of edible mushrooms)

28) Imazeki, R., Otani, Y., Hongo, T., **Color Illustration Mushrooms of Japan,** Yama-Kei Publisher Co. Ltd., Tokyo, Japan, 1988

29) Jones, G. P. et al., **J. Chem. Soc., Perkin Trans. 2,** 1976, 34 (cryst, struct, 1H-Imidazole-4-acetic acid)

30) Kabir, Y., Kimura, S., **J. Nutr. Sci. Vitaminol.,** 1989, 35, 91 (Dietary mushrooms reduce blood pressure in spontaneously hypertensive rats)

31) Kang, C. Y. et al., **Arch. Pharm. Res.,** 1982, 5(2), 39 (An Antitumor component of *Laetiporus sulphureus* and its Immunostimulating Activity)

32) Kennedy, T. et al., **J. Chem. Soc.**, 1939, 250 (struct, Ergosterol)

33) Lee, G. D., Chang, H. G., Kim, H. K., **Kor. J. Food Sci. Technol.,** 1997, 29, 432 (Antioxidative and nitric-scavenging activities of edible mushrooms)

34) Leifer, A. et al., **J. Am. Chem. Soc.,** 1975, 79, 5098 (struct, cytoplasmic osmoregulation, *Betaine)

35) Mau, J. L., Lin, H. C., Song, S. F., **Food Res. Int.,** 2002, 35, 519 (Antioxidant properties of several specialty mushrooms)

36) McDonnell, J. E. W., Esselen, W. B. Jr., **Food Res.,** 1947, 12, 118 (Carbohydrates in Cultivated mushrooms)

37) Neonard, G. J. et al., **Nature** (London), 1963, 200, 78 (isol, Homarine)

38) Pegler, D. N., **The Concise Illustrated Book of Mushrooms and Other Fungi,** Gallery Books, New York, USA, 1989

39) Rapior, S., Konska, G., Guillot, J., Andary, C., Bessiere, J. M., **Cryptogamic, Mycol.**, 2000, 21(1), 67 (Volatile composition of *Laetiporus sulphureus*)

40) Yokoyama, A. et al., **Chem. Pharm. Bull.**, 1974, 22, 877 (isol, cryst, Eburicoic acid)

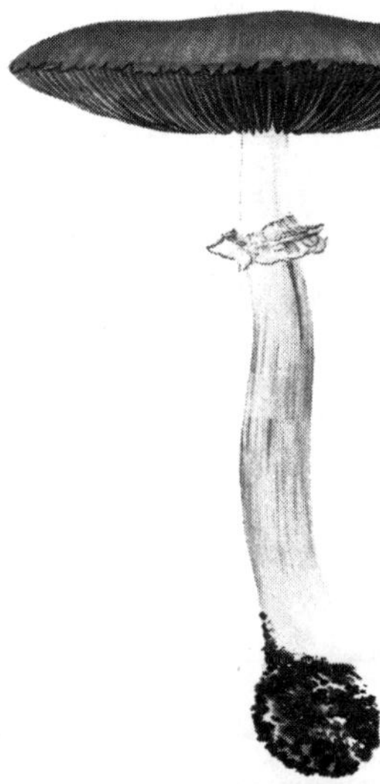

독청버섯아재비

Stropharia rugosoannulata Farlow in Murr.
Stropharia ferrii Bresadola
Naematoloma rugosoannulata (Farlow in Murr.) S. Ito

독청버섯아재비 22

독청버섯과 (Strophariaceae)

- 중국명 | 皺環球蓋菇
- 분포 | 한국, 중국, 일본 등 북반구
- 용도 | 자실체(식용)

✻ 식물학적 특성

봄부터 가을까지 숲속, 풀밭, 쓰레기장, 목장 부근의 유기질이 많은 밭 등 땅위에 군생 또는 단생. 갓 지름 4~15㎝, 초기에 반구형 후에 편평형, 표면은 평활. 습하면 점성이 있고, 초기에는 적갈색, 후에 회색~회갈색. 섬유상의 인피. 조직은 백색, 주름살은 완전붙은형. 빽빽하고 넓으며, 초기에 백색, 후에 담자색~흑자색. 대는 6~15㎝, 곤봉형, 표면은 평활. 턱받이 상부는 백색. 하부는 황색. 2중막 턱받이 상면은 방사상의 홈선, 포자가 낙하, 흑갈색. 포자는 난형. 표면은 평활, 포자문은 자갈색이다.

✻ 성분

1) 특수 성분

독청버섯아재비에서 Coprine(C-01768), 5'-ATP(A-00439), 5'-ADP (A-00436), 5'-AMP(A-00446), 5-UMP(U-00125), Protease, Lectin, Polysaccharide 등이 분리, *Stropharia*속 식물에서 *Psilocine(D-03020), *Psilocybine (D-03020) 등이 분리되었다.

✻ 생리 활성

섬유소 분해 효소 : 독청버섯아재비(*S. rugosoannulata*)의 cellulase 생산은 세 효소 모두 최적 온도가 40℃, avicelase와 β-glucosidase는 pH 5.0, CMCase pH 4.0이 최적 pH이다. 탄소원은 CMCase와 β-glucosidase는 xylose를, avicelase는 maltose가 최고 생산을 보였고, xylose 최적 농도는 CMCase는 1.0%, avicelase는 0.8%, β-glucosidase 1.1%, 질소원은 무기질소 NH_4Cl 첨가 시 최소 생산을, 최적 농도는 CMCase는 0.3%, avicelase와 β-glucosidase는 0.4%, 유기 질소는 malt extract가 최고 생산을, 최적 농도는 CMCase와 avicelase는 1.0%, β-glucosidase는 1.3%, 무기 염류는 $CaCl_2$가 최고 생산을 보였고, 최적 농도는 세 효소 모두 0.35%이었다.

Carboxymethyl cellulase의 특성 : 독청버섯아재비(*Stropharia rugosoannulata*) 배양액에서 분자량이 54kDa인 CMCase를 분리 정제하고, 특성을 조사한 결과, pH 4에서 최대 활성을 보이는 산성 CMCase로, 40℃에서 최대 활성을 보였다. EDTA로 활성이 저해되어 metalloenzyme으로 추정되며, 1, 10-phenanthroline과 KCN 및 L-cysteine 등의 저해제에 효소 활성이 크게 감소되었고, $AgNO_3$, $MgSO_4$, KCl 등 금속염에서 효소 활성이 증가되었으나, $ZnSO_4$, $BaCl_2$, $CaCl_2$ 등에서는 효소 활성이 저해되었다.

혈전 용해 효소 활성 : 칠갑산에 자생하는 야생 버섯 67종의 Fibrin 분해 활성을 검색한 결과, *Marasmius pulcherripes* (종이꽃낙엽버섯)은 plasmin 0.75 units의 112% fibrin 분해 활성을, *Helvella elastica* (긴대안장버섯)은 60%, *Psathyrella* sp는 49%, *Fomitella fraxinea* (장수버섯)은 40%, *Leucoagaricus rubrotinctus* (돌여우버섯)은 39%, *Lepista sordida* (자주방망이버섯아재비)와 *Oudemansiella* sp.는 각각 41%, 26%의 fibrin 분해 활성을 보였다. 그러나 광대버섯과, 그물버섯과, 끈적버섯과, 난버섯과, 무당버섯과, 귀신그물버섯과, 독청버섯과, 꾀꼬리버섯과, 불로초과, 소나무비늘버섯과, 바구니버섯과, 말뚝버섯과, 어리알버섯과, 붉은목이과 및 술산버섯과의 버섯은 모두 활성이 없었다.

항암 효과 : 독청아재비버섯은 sarcoma 180(mouse)과 Ehrlich 복수암(mouse)에 대하여 억제율이 각각 70%이었다.

생리 활성 : lectin은 당단백질로 혈구 응집 성질이 있고, 핵산 5'-ATP, 5'-ADP, 5'-AMP, 5-UMP는 정미(呈味) 성분이며, 곰팡이 냄새가 나는 특징이 있다.

✻ 효능과 이용

1) 효능 : 명목(明目), 거습(祛濕).
2) 식용 : 곰팡이 냄새가 나는 식용 버섯으로 인공재배가 가능하다.
3) 약용 : 간질환, 황달 등에 응용한다.

참고문헌

1) 김준호, 유관희, 석순자, 김양섭, **균학회지,** 2005, 33(1), 18 (칠갑산 야생 버섯 추출물로부터 혈전 용해 효소의 활성 검색—종이낙엽버섯, 긴안장대버섯, 장수버섯, 그물버섯, 말뚝버섯, 자주방망이아재비, 독청버섯과)
2) 卯曉嵐, 莊長坪, 欧珠次旺, **西藏大型經濟眞菌,** 北京科學技術出版社, 1991
3) 유관희, 장형수, **균학회지,** 1999, 27, 94 〔합성 배지에서 *Stropharia rugoso-annulata*(독청 버섯 아재비) 가 생산하는 섬유소 분해 효소에 관한 연구〕
4) 유관희, 장형수, **균학회지,** 2002, 30(2), 113 (독청버섯아재비 균주가 생산하는 Carboxymethyl Cellulase의 정제 및 효소학적 특성)
4) 이지열, **균학회지,** 2005, 33(1), 54 〔한국 기록종 버섯 추가 목록(2001-2004)〕
5) 이지열, **원색한국버섯도감,** 아카데미서적, 1988, 134 (독청버섯아재비)
6) 이태수, 이지열, **한국기록종 버섯 재정리 목록,** 임업연구원, 2000
7) 한국 균학회, **버섯 이름, 한국명 통일안,** 2000, 176
8) Aboul-Enein, H. Y., **Am. J. Pharm.,** 1974, 146, 91 (rev, Hallucinogenic, Psilocybine)
9) Chang, S. T., Miles, P.G., **Edible Mushroom and their Cultivation,** CRC

Press, New York, USA, 1989

10) Cheung, L. M., Cheung Peter, C. K., Ooi Vincent, E. C., **Food Chem.**, 2003, 81, 249 (Antioxidant activity and total phenolics of edible mushroom extracts)

11) Hampton, A. et al., **J. Med. Chem.**, 1976, 19, 1029 (muscle, 5'-AMP)

12) Hampton, A. et al., **Biochemistry,** 1975, 14, 5438 (5'-ADP)

13) Hofmann, A. et al., **Experientia,** 1958, 14, 107, 397; 1959, 15, 101 (isol, alkaloids, Psilocine)

14) Hui, Y. F., Den, E. S., Chi, T. H., **J. Food Lipids,** 2002, 9, 35 (Antioxidant and free radical scavenging activities of edible mushrooms)

15) Kabir, Y., Kimura, S., **J. Nutr. Sci. Vitaminol.**, 1989, 35, 91 (Dietary mushrooms reduce blood pressure in spontaneously hypertensive rats)

16) Konard, O. et al., **Nature** (London), 1970, 225, 333 (cryst, 5'-ATP)

17) Lee, G. D., Chang, H. G., Kim, H. K., **Kor. J. Food Sci. Technol.**, 1997, 29, 432 (Antioxidative and nitric-scavenging activities of edible mushrooms)

18) Mau, J. L., Lin, H. C., Song, S. F., **Food Res. Int.**, 2002, 35, 519 (Antioxidant properties of several specialty mushrooms)

19) McDonnell, J. E.W., Esselen, W. B. Jr., **Food Res.**, 1947, 12, 118 (Carbohydrates in Cultivated mushrooms)

20) Szudyga, K., **Biology and Cultivation of Edible Mushroom,** Chang S. T., Hayes, W. A., eds., Academic press, New York, USA, 1978, 559 (*Stropharia rugosoannulata*)

21) Wasser, S. P., Weiss, A. L., **Crit. Rev. Immunol.**, 1999, 19, 65 (Therapeutic effects of substances occurring in higher Basidiomycetes mushroom: a modern perspective)

22) Wong, C. -H. et al., **J. Am. Chem. Soc.**, 1983, 105, 115 (isol, 5'-UMP)

Lyophyllum cinerascens
(Bull. ex Konr.) Konr. et Maubl.
Clitocybc conglobata Bres.

만가닥버섯 23

송이과 (Tricholomataceae)

• 중국명 | 灰離褶傘
• 분포 | 한국, 중국
• 용도 | 자실체 (식용)

✻ 식물학적 특성

가을에 산림 내 땅위에 속생. 갓지름 5~9㎝, 초기에 반구형. 차차 평반구형~편평형. 표면은 담회갈색. 방사상 줄이 있고, 조직은 백색. 두꺼우며, 주름살은 완전붙은형~홈형. 빽빽. 백색. 대는 기부에서 여러 개가 속생하며, 표면은 평활. 백색. 포자는 구형~유구형. 포자문은 백색이다.

동속 식용 버섯에는 잿빛만가닥 버섯(*L. decastes*)과 모래꽃만가닥버섯(*L. semitale*) 등이 있다.

✻ 성분

1) 영양 성분

만가닥버섯(7005) : 가식부 100g 중 열량 80.0㎉, 단백질 2.3g, 지질 0.1g, 당질 8.3g, 섬유 0.60g, Ca 2.0㎎, P 110.0㎎, Fe 1.90㎎, K 544.0㎎, vitamin B_1 0.170㎎, B_2 0.520㎎, niacin 4.3㎎.

2) 특수 성분

흰주름만가닥버섯에서 Connatin(S, C-01722), *N'-Hydroxy-N, N-dimethyl

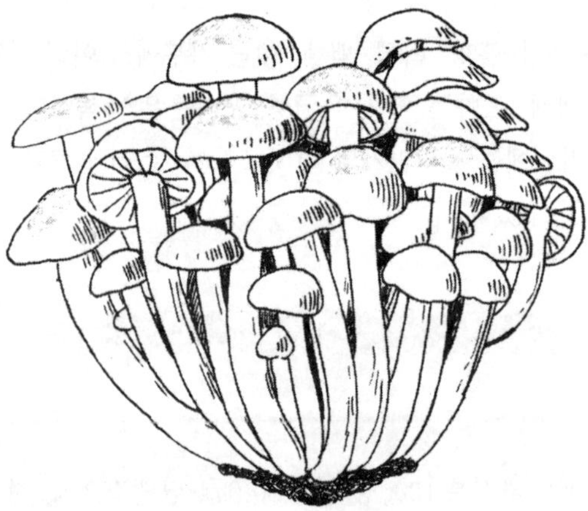

만가닥버섯

urea (H-01576), *Lyophyllin(L-00953) 등이 분리되었다.

✲ 생리 활성

항암 효과 : 만가닥버섯은 sarcoma 180(mouse)에 대하여 억제율이 80%, Ehrlich 복수암 억제율이 90%의 antitumor activity가 있다.

혈전 분해 효소 활성 : 인공 재배 버섯의 배양액과 균사체의 혈전 분해 효소 활성을 조사한 결과, 조효소 추출물의 혈전 분해 활성은 활성이 매우 낮거나 없었으며, 장수, 만가닥, 영지, 느타리, 토끼털송편, 뽕나무버섯 균사체의 혈전 분해 활성이 0.42u 이상으로 높았고, 자실체의 혈전 용해 활성은 0.17~0.94u로 느타리, 새송이, 아위버섯의 활성이 0.54, 0.57, 0.94u로 매우 높았고(모두 느타리과), 팽이, 양송이, 노루궁뎅이 버섯의 활성은 0.23u 이하로 매우 낮았다.

Peroxidase의 불활성화 특성 : 팽이와 만가닥버섯에서 추출한 조효소액을 열처리했을 때, 팽이버섯은 75℃, 3분, 만가닥버섯은 80℃, 1분 이상의 온도, 시간에서 peroxidase의 불활성이 유발되었다. 이때의 peroxidase 활성화 에너지(Ea)는 59. 58 kcal/mol, 43. 05 kcal/mol, Z 값은 9.0℃, 12.4℃이었다. 반면 blanching에 의한 두버섯의 peroxidase 활성화 에너지(Ea)와 Z값은 각각 7.97 kcal/mol, 6.55 kcal/mol, 59.8℃, 74.1℃이었다. 이는 peroxidase 자체의 열적 특성과 blanching으로 유발된 peroxidase의 열적 특성이 다름을 보여 주는 것이므로 blanching 시 버섯 자체와 버섯 성분에 의해 열에 저항성이 증대, Z값이 높아지고, 활성 에너지(Ea)가 감소하는 결과를 보였다.

잔나비 걸상과 만가닥버섯의 융합 : 야생형 만가닥버섯 ASI 8007에서 분리한 분열자와 잔나비걸상 영양 요구로 *Ganoderma applanatum* ASI 7-18(Cys-met)의 원형질체로 polyethylene glycol로 융합, 융합주를 얻어 *Ganoderma* complete medium에서 양친 균총이 혼합된 형태였으나, 3회 계대 배양되면서 만가닥버섯 균층으로 변해 균사에는 클램프 연결체와 분열자를 지녔고, 만가닥과 거의 유사한 자실체를 형성하였다. 균사체로 esterase 동위효소를 분석한 결과, 만가닥이 1개 밴드, 잔나비걸상이 2개, 융합주는 양친의 3개와 새로운 band 2개가 있었다. 이들 융합주는 균총 형태, 생장 속도, esterase 동위효소, 자실체 특성에 거의 차이가 없어 양친의 유전 물질을 보유하였다.

병 재배 개선 연구 : 만가닥버섯의 재배 기간 단축 및 수량을 증산코자, 배지 조성, 후숙 기간, 발이 방법 등을 연구한 결과, 배지 첨가제는 미강(5%)과 밀기울(15%) 처리구에서 생육이 양호하였고, 수량은 133.8g/병으로 대조 114.1g/병보다 증수되었으며, 배양 일수는 무처리구보다 패화석분 1, 2, 3%에서 2~3일 단축되었고, 초발이 개수로 패화석분과 해초분 처리에서 대조구보다 증가 되었다. 패화석분 2~3% 처리구에서 155.5g/병으로 증수되었다. 굴곡 비닐 피복과 역상 발이 시 발이율은 100%, 발이 개수도 역상 발이에서 1,121개/병으로 대조구 146개보다 많았고, 고르게 발이되었으며, 발이 일수도 단축되었다. 유효 경수도 역상 발이 시 병당 27.2개/병으로 다발 형성이 잘 되었고, 버섯 크기 및 생육 상태가 균일하였다. 후숙 기간은 15일, 30일 처리에서 초발이 소요 일수가 10일 단축되었으나, 발이 개체수는 후숙 30, 45일 처리에서 많았고, 버섯 생육이 양호, 수량도 148.2g/병으로 많았다. 적정 적산 온도 1,600~2,000℃에서 최대 수량을 증수할 수 있었고, 재배 기간은 85일로 19일이 단축되었다.

기타 연구 : 만가닥버섯 성분 중 lyophyllin과 N'-hydroxy-N,N'-dimethylurea는 mutagenic effect 물질로 알려졌다.

❊ 효능과 이용

1) 식용 : 맛이 좋은 식용 버섯으로 각종 요리에 다양하게 이용되며, 순화 재배가 가능하다.

참고문헌

1) 김병각, 현진원, 박성미, **농시논문집,** 농업산학협동편, 1991, 33, 101 (버들송이 및 만가닥버섯의 특성 및 약리 작용)

2) 金三純, 金養燮, **韓國産 버섯 圖鑑,** 裕豊出版社, 서울, 1990

3) 農村振興廳 農業技術研究所編, **韓國産 버섯類 原色圖鑑**(I), 1987

4) 卯曉嵐, 莊長坪, 歐株次旺, **西藏大型經濟眞菌,** 北京科學技術出版社, 1991

5) 박성미, **서울대대학원,** 1991〔한국산 고등균류의 성분연구(제71보), 만가닥버섯의 항암 성분〕

6) 朴婉熙, 李虎得, **한국약용버섯도감,** 교학사, 서울, 1999, 196

7) 應建浙, 卯曉嵐, 馬啓明, 宗毓臣, 文華安, **中國藥用眞菌圖鑑,** 科學出版社, 1987 (생리 활성)

8) 이균, 김공환, 김현구, **식품과학회지,** 2002, 34(6), 1067 (팽이 및 만가닥버섯에서 추출한 Peroxidase의 열불활성화 특성)

9) 이지열, **균학회지,** 2005, 33(1), 54〔한국 기록종 버섯 추가 목록(2001-2004)〕

10) 이태수, 이지열, **한국기록종 버섯 재정리 목록,** 임업연구원, 2000

11) 유영복, 유창현, 장권열, **균학회지,** 1988, 16(4), 247 (잔나비걸상버섯 원형질체에 의한 만가닥버섯 염색체의 삽입)

12) 유영복, **균학회지,** 1989, 17(4), 197 (잔나비걸상버섯 원형질체와 만가닥버섯 분열자의 융합)

13) 장종선, **영남대 대학원,** 2002 (만가닥버섯의 암예방 메카니즘)

14) 지정현, 박우길, 김영호, **균학회지,** 2000, 28(2), 88 (만가닥버섯 병재배법 개선 연구)

15) 최낙식, 서승염, 김승호, **식품과학회지,** 1999, 31, 533 (혈전용해능을 갖은 버섯류의 탐색－만가닥, 영지, 느타리, 토끼털송편, 새송이, 송이, 노루궁뎅이, 팽이, 양송이, 장수버섯)

16) 최한석, 김명곤, 박효숙, 김재성, 심명화, 김성준, **식품과학회지,** 2005, 37(6), 1039 (인공 재배 버섯의 혈전분해 효소 활성검색－만가닥버섯, 장수버섯, 영지, 느타리, 뽕나무버섯, 새송이, 양송이, 팽이, 노루궁뎅이)

17) Chang, S. T., Miles, P. G., **Edible Mushroom and their Cultivation,** CRC Press, New York, USA, 1989

18) Cheung, L. M., Cheung Peter, C. K., Ooi Vincent, E. C., **Food Chem.,** 2003, 81, 249 (Antioxidant activity and total phenolics of edible mush-

room extracts)

19) David, G. S., Barry, H. R., **Mushroom Poisoning,** CRC Press, USA, 1994

20) Dickinson, H., Lucas, J., **The Encyclopedia of Mushrooms,** Crescent Books, New York, USA, 1983

21) Funmann, B. et al., **Angew. Chem. Int.,** Ed. Engl., 1984, 23, 72 (isol, struct, N'-Hydroxy-N, N-dimethylurea, Lyophyllin, Connatin)

22) Gerhardt, E., **Pilze,** BLV Handbook, 1995

23) Gregory, F. J., Healy, E. M., Agerborg, H. P. K. Jr., Warren, G. H., **Mycologia,** 1966, 58, 80 (Studies on antitumor substances produces by Basidiomycetes)

24) Hui, Y. F., Den, E. S., Chi, T. H., **J. Food Lipids,** 2002, 9, 35 (Antioxidant and free radical scavenging activities of edible mushrooms)

25) Imazeki, R., Otani, Y., Hongo, T., **Color Illustration Mushrooms of Japan,** Yama-Kei Publisher Co. Ltd., Tokyo, Japan, 1988

26) Kabir, Y., Kimura, S., **J. Nutr. Sci. Vitaminol.,** 1989, 35, 91 (Dietary mushrooms reduce blood pressure in spontaneously hypertensive rats)

27) Lee, G. D., Chang, H. G., Kim, H. K., **Kor. J. Food Sci. Technol.,** 1997, 29, 432 (Antioxidative and nitric-scavenging activities of edible mushrooms)

28) McDonnell, J. E. W., Esselen, W. B. Jr., **Food Res.,** 1947, 12, 118 (Carbohydrates in Cultivated mushrooms)

29) Mizuno, T., **Food Res. Int.,** 1995, 11, 7 (Bioactive biomolecules of mushrooms: Food function and medicinal effect of mushroom fungi)

30) Pegler, D. N., **The Concise Illustrated Book of Mushrooms and Other Fungi,** Gallery Books, New York, USA, 1989

31) Wasser, S. P., Weiss, A. L., **Crit. Rev. Immunol.,** 1999, 19, 65 (Therapeutic effects of substances occurring in higher Basidiomycetes mushroom: a modern perspective)

Phallus impudicus L. ex Pers.
Ithyphallus impudicus Fr.

말뚝버섯 24

말뚝버섯과 (Phallaceae)

• 영명 | Common stinkhorn
• 중국명 | 白鬼筆
• 분포 | 한국, 중국, 일본 등 전 세계
• 용도 | 자실체(식용)

✻ 식물학적 특성

늦봄~가을에 산림, 정원, 숲속의 부식질 땅위에 단생 또는 군생. 어린버섯은 지름 4~6㎝, 유구형. 백색. 성숙하면 갓과 대가 나와 높이 9~15㎝, 갓의 지름 3.5~5㎝, 장종형. 표면은 백색~담황색. 망목상의 융기, 녹흑색의 점액상 기본체가 악취. 정공은 백색. 대 상부 끝과 연결. 대는 원통형. 속이 빔. 대 표면은 백색. 홈반점이 있고, 기부에는 백색 주머니가 있다. 포자는 장타원형. 표면은 평활. 담록색이다.

✻ 성분

1) 특수 성분

말뚝버섯에서 Cystathionine(2S, 2'R, C-02479), 1,3-Diphenyl-1-propanone (D-03416), Ergosterol(E-01484), 1H-Imidazole-4-acetic acid(I-00076), 4-Phenyl-2-butenal(P-00969), Urocanic acid(E, U-00130), Polysaccharide, Gibberellin(A, G-00318), Lectin 등이 분리되었다.

말뚝버섯

✲ 생리 활성

혈전 용해 활성 : 칠갑산에 자생하는 야생 버섯 67종의 fibrin 분해 활성을 검색한 결과, *Marasmius pulcherripes* (종이꽃낙엽버섯)은 plasmin 0.75units의 112% fibrin 분해 활성을, *Helvella elastica* (긴대안장버섯)은 60%, *Psathyrella* sp.는 49%, *Fomitella fraxinea* (장수버섯)은 40%, *Leucoagaricus rubrotinctus* (돌여우버섯)은 39%, *Lepista sordida* (자주방망이버섯아재비)와 *Oudemansiella* sp.는 각각 41%, 26%의 fibrin 분해 활성을 보였다. 그러나 광대버섯과, 그물버섯과, 끈적버섯과, 난버섯과, 무당버섯과, 귀신그물 버섯과, 독청버섯과, 꾀꼬리버섯과, 불로초과, 소나무비늘버섯과, 바구니 버섯과, 말뚝버섯과, 어리알버섯과, 붉은목이과 및 술산버섯과의 버섯은 모두 활성이 없었다.

생리 활성 : 말뚝버섯은 sarcoma 180(mouse)에 antitumor activity가 있고, 식물 생장 촉진 효과도 있다. polysaccharide와 urocanic acid는 antitumor activity 물질이며, 4-phenyl-2-butenal은 odorous compound, gibberellin은 plant growth stimmulating hormone이다.

Sterol 성분① : 경기도 갈매리에서 수집한 말뚝버섯(*Phallus impudicus*)을 $CHCl_3$-MeOH (2 : 1)로 추출, 불검화물 분획을 TLC로 분리, GC로 분석한 결과, ergosterol임이 동정되었다.

Sterol 성분② : 말뚝버섯(*Phallus impudicus*)의 sterol 성분을 분석한 결과, ergosterol임을 확인하였다.

식용 야생 버섯 : 식용 야생 버섯을 조사한 결과, 송이, 목이, 팽나무버섯, 노루궁뎅이버섯, 꽃잎버섯, 그물버섯, 비단 그물버섯, 구름버섯, 애기무당버섯, 기와버섯, 국수버섯, 나팔버섯, 젖버섯, 굴털이, 향버섯(능이), 갓버섯, 들버섯, 주름버섯, 싸리버섯, 붉은싸리버섯, 말뚝버섯, 알버섯, 긴대안장버섯, 말불버섯, 곰보버섯, 망태버섯, 덕다리버섯, 흰가시버섯 등이 있었다.

✻ 효능과 이용

1) 효능 : 소염.
2) 식용 : Egg phase일 때만 식용, 성숙하면 악취가 나는 기본체를 씻어 버리고 수프에 이용(중국), 달인 물은 단기간 식품방부제로도 이용
3) 약용 : 한방에서는 풍습병에 응용하고, 민간에서는 류머티즘에 오미자와 함께 술을 담아 응용.

참고문헌

1) 金三純, 金養燮, **韓國産 버섯 圖鑑,** 裕豊出版社, 1990
2) 김준호, 유관희, 석순자, 김양섭, **균학회지,** 2005, 33(1), 18 (칠갑산 야생 버섯 추출물로부터 혈전 용해 효소의 활성 검색－좀이낙엽버섯, 긴안장대버섯, 장수버섯, 그물버섯, 말뚝버섯, 자주방망이아재비)
3) 農村振興廳 農業技術研究所編, **韓國産 버섯類 原色圖鑑**(I), 1987
4) 卯曉嵐, 莊長坪, 歐株次旺, **西藏大型經濟眞菌,** 北京科學技術出版社, 1991
5) 朴婉熙, 李虎得, **한국의 버섯,** 교학사, 서울, 1991, 418 (말뚝버섯)
6) 應建浙, 卯曉嵐, 馬啓明, 宗毓臣, 文華安, **中國藥用眞菌圖鑑,** 科學出版社, 1987
7) 이지열, **균학회지,** 1975, 3(1), 40 (야생 버섯을 식용하자－말뚝버섯, 송이, 목이, 그물버섯, 알버섯, 곰보버섯, 싸리버섯, 능이, 노루궁뎅이버섯, 비단그물버섯)
8) 李址烈, **韓國 버섯 圖鑑,** 아카데미서적, 서울, 1988, 294
9) 이지열, **균학회지,** 2005, 33(1), 54 〔한국 기록종 버섯 추가 목록(2001-2004)〕
10) 이태수, 이지열, **한국기록종 버섯 재정리 목록,** 임업연구원, 2000
11) 정경수, 김종찬, 최응칠, 김병각, **균학회지,** 1983, 11(1), 66 〔한국산 고등균류의 성분 연구(제 40호), 말뚝버섯의 Sterol〕
12) 최응칠, 정경희, 김종찬, 김병각, **균학회지,** 1983, 11(2), 97 〔한국산 고등균류의 성분 연구(제 41보), 말뚝버섯의 Sterol 성분〕
13) 한국 균학회, **버섯 이름, 한국명 통일안,** 2000, 176

14) Chang, S.T., Miles, P.G., **Edible Mushroom and their Cultivation,** CRC Press, New York, USA, 1989

15) Cheung, L. M., Cheung Peter, C. K., Ooi Vincent, E. C., **Food Chem.,** 2003, 81, 249 (Antioxidant activity and total phenolics of edible mushroom extracts)

16) David, G. S., Barry, H. R., **Mushroom Poisoning,** CRC Press, USA, 1994

17) Dickinson, H., Lucas, J., **The Encyclopedia of Mushrooms,** Crescent Books, New York, USA, 1983

18) Freunel, B. et al., **Planta Med.,** 1968, 123; **CA,** 70, 54869 (isol, 1,3-Diphenyl-1-propanone)

19) Gerhardt, E., **Pilze,** BLV Handbook, 1995

20) Gregorie, J. et al., **Bull. Soc. Chim. Belg.,** 1958, 40, 767 (isol, sunscreen, Antitumor activity, Urocanic acid)

21) Gregory, F. J., Healy, E. M., Agerborg, H. P. K. Jr., Warren, G. H., **Mycologia,** 1966, 58, 80 (Studies on antitumor substances produces by Basidiomycetes)

22) Horn, M. J. et al., **J. Biol. Chem.,** 1941, 139, 649 (isol, Cystathionine)

23) Hui, Y. F., Den, E. S., Chi, T. H., **J. Food Lipids,** 2002, 9, 35 (Antioxidant and free radical scavenging activities of edible mushrooms)

24) Imazeki, R., Otani, Y., Hongo, T., **Color Illustration Mushrooms of Japan,** Yama-Kei Publisher Co., Ltd., Tokyo, Japan, 1988

25) Jones, G. P. et al., **J. Chem. Soc., Perkin Trans. 2,** 1976, 34 (Cryst, struct, 1H-Imidazole-4-acetic acid)

26) Kabir, Y., Kimura, S., **J. Nutr. Sci. Vitaminol.,** 1989, 35, 91 (Dietary mushrooms reduce blood pressure in spontaneously hypertensive rats)

27) Kennedy, T. et al., **J. Chem. Soc.,** 1939, 250 (struct, Ergosterol)

28) Kim, B. K., Choi, E. C., Chung, K. S., Park, H. J., Kim, H. R., Kim, Y. S., Park, Y. H., Shim, M. J., **Arch. Pharm. Res.,** 1983, 6(2), 141 〔Studies on the constituents of Korean Basidiomycetes(1), Antitumor components〕

29) Lee, G. D., Chang, H. G., Kim, H. K., **Kor. J. Food Sci. Technol.**, 1997, 29, 432 (Antioxidative and nitric-scavenging activities of edible mushrooms)

30) List, P. H. et al., **Naturwissenschaften,** 1966, 53, 585 (Odorous comp, 4-Phenyl-2-butenal)

31) Mau, J. L., Lin, H. C., Song, S. F., **Food Res. Int.**, 2002, 35, 519 (Antioxidant properties of several specialty mushrooms)

32) McDonnell, J.E.W., Esselen, W. B. Jr., **Food Res.**, 1947, 12, 118 (Carbohydrates in Cultivated mushrooms)

33) Pegler, D. N., **The Concise Illustrated Book of Mushrooms and Other Fungi,** Gallery Books, New York, USA, 1989

34) Wasser, S. P., Weiss, A. L., **Crit. Rev. Immunol.**, 1999, 19, 65 (Therapeutic effects of substances occurring in higher Basidiomycetes mushroom: a modern perspective)

Dictyophora indusiata
(Vent. ex Pers.) Fischer

망태버섯 25

말뚝버섯과 (Phallaceae)

• 영명 | Veiled Lady mushroom
• 중국명 | 長裙竹蓀
• 분포 | 한국, 일본, 동남아
• 용도 | 자실체(식용)

✻ 식물학적 특성

여름과 가을에 침엽수림·활엽수림 내 정원, 대나무 숲의 땅 위에 산생 또는 군생, 유균은 지름 3.5~4㎝로 난형~구형, 백색~담자갈색, 성숙하면 자실체는 10~20×1.5~3㎝, 갓은 2.5~4×2.5~4㎝, 꼭대기 부분은 백색. 정공이 있고, 표면에는 망목상 융기가 있다. 점액화된 암록색의 기본체가 있어 악취. 갓 아랫면에는 10×10㎝의 황색 망사 스커트상의 균망(菌網)이 펼쳐짐. 대는 백색. 무수한 홈 반점이 있고, 기부에 젤라틴질 대주머니가 있으며, 포자는 3.5~4.5×1.5~2.2㎛, 타원형 황갈색, 표면은 평활하다.

✻ 성분

1) 특수 성분

망태버섯에서 Dictyophorine A, B, Polysaccharides, β-D-Glucan(P-02216, L-00533, 항종양), α-D-Mannan(M-00207), Fucomannogalactan(면역 부활 성분) 등이 분리되었다.

망태버섯

✱ 생리 활성

생리 활성 : 망태버섯의 polysaccharides는 antiinflammatory, anitumor, mitogenic, colony-stimmulating effect가, dictyophorine A와 B는 astroglial cell에서 nerve growth factor synthesis 증진 효과가 있다.

성분의 생리 활성 : 망태버섯은 antiinflammatory(rat, edema), antiseptic, immunopromoting effect가 있다. fucomannogalactan은 면역 부활 성분이며, β-D-glucan은 antitumor activity 물질이다.

항암 활성 : 망태버섯은 sarcoma 180(mouse, 억제율 60~77%)과 Ehlich 복수암(mouse, 억제율 70%)의 antitumor activity가 있다.

항균 활성 : 양식어류 질병 세균에 대한 31종의 천연물 70% EtOH ex의 항균 효과를 조사한 결과, 망태버섯의 추출물이 높은 항균 활성을 보여, 극성이 낮은 CH_2Cl_2, EtOAc, BuOH, H_2O 순으로 분획 후, 항균성을 비교한 결과, EtOAc 추출물에서 모든 균주에 clear zone을 보였다. 망태버섯의 EtOAc 분획을 Si-chromatograpy하여 7개 분획을 얻어 항균성을 조사한 결과, F-2 (Hx : EtOAc, 3 : 1)에서는 *L. anguilarum*에 가장 강한 항균성을, F-5(CHCl : MeOH, 5 : 1)에서 *S. iniae*에 가장 큰 항균성을 보였고, F-5는 공통적 항균 활성이 높았다.

식용 야생 버섯 : 식용 야생 버섯을 조사한 결과, 송이, 목이, 팽나무버섯, 노루궁뎅이버섯, 꽃잎버섯, 그물버섯, 비단 그물버섯, 구름버섯, 애기무당버섯, 기와버섯, 국수버섯, 나팔버섯, 젖버섯, 굴털이, 향버섯(능이), 갓버섯, 들버섯, 주름버섯, 싸리버섯, 붉은싸리버섯, 말뚝버섯, 알버섯, 긴대안장버섯, 말불버섯, 곰보버섯, 망태버섯, 덕다리버섯, 흰가시버섯 등이 있었다.

β-Glucan 파운드 케이크 특성 : β-glucan은 곡류(보리, 귀리, 호밀), 버섯 균사체와 자실체에 존재하며 생리 활성은, 혈당 강하, 담즙산과 지질 흡수 제한, cholesterol 합성 제한, 체지방 축적 억제, 면역 세포의 기능 활성화로 암 세포 증식 억제, 항균성, 항virus성 항염증, 피부 노화 방지 등이 있다. β-glucan 0, 3, 6, 9% 첨가 파운드 케이크를 만들어 품질 특성을 조사한 결과, β-glucan

첨가 농도 의존적으로 부드러움 유지가 길어 보존성이 증가하였고, L, b값(황색도)은 차이가 없었으나 적색도는 저장 기간의 증가에 따라 증가, TPA 조직감 중 경도는 저장 6일에, 대조군은 제조직 후 165%까지 증가, β-glucan 6과 9%구는 경도가 유지, β-glucan 첨가 케이크 노화가 지연되었고, 전체적 기호도는 6%구가 가장 우수하였으며, 저장 7일째 β-glucan 첨가구가 기호도가 높았으며, 특히 3과 6%첨가구가 높았다.

✻ 효능과 이용

1) 효능 : 소염, 지사.
2) 식용 : 초여름부터 가을이 제철. 스프에 많이 이용. 새우나 게와 잘 어울리는 재료. 줄기는 고래고기 씹히는 사각사각 하는 맛이 특징. 고급 중국요리에 많이 쓴다.
3) 약용 : 한방에서는 이질에 탕제로 응용하고, 민간에서 허약과 설사에 스프나 채소로 복용한다.
4) 기타 : 망태버섯 자실체와 육류를 함께 끓이면, 방부 작용이 있고, 물에 끓인 액체를 식품에 넣으면 변질 방지 작용이 있다.

참고문헌

1) 신유미, 양윤형, 김미경, 조한영, 김미리, **조리과학회지,** 2005, 21 (6), 950 (β-Glucan 첨가 파운드 케이크의 저장 중 품질 특성)
2) 이지열, **균학회지,** 1975, 3(1), 40 (야생 버섯을 식용하자 – 망태버섯 등)
3) 이지열, **균학회지,** 2005, 33(1),54 〔한국 기록종 버섯 추가 목록(2001-2004)〕
4) 이태수, 이지열, **한국기록종 버섯 재정리 목록,** 임업연구원, 2000
5) 정종천, **충북대학교 박사학위논문,** 2001 〔망태버섯 속균(*Dictyophora* spp.)의 균학적 특성과 *D. echinovolvata*의 재배법 개발〕
6) 정종천, 이명철, 김범기, 박동석, 홍승범, 박정식, **균학회지,** 2004, 32(1), 1 〔rDNA-ITS 분석에 의한 망태버섯 속(*Dictyophora* spp.)의 종간 구분 가능성〕

7) 조미라, 김진우, 김동수, **수산학회지,** 2002, 35(6), 578 〔어류 질병 세균에 대한 천연식물 및 망태버섯(*Dicyophora indusiata*) 추출물의 항균 활성〕
8) 한국 균학회, **버섯 이름, 한국명 통일안,** 2000, 176
9) Battilana, P., Ornstein, K., Minihira, K., Schwarz, J. M., Acheson, K., Schneiter, P., Burri, J., Jequier, E., Tappy, L., **Eur. J. Clin. Nutr.**, 2001, 55, 327 (Mechanisms of action of β-glucan in postprendial glucose metabolism in healthy men)
10) Chang, S.T., Miles, P.G., **Edible Mushroom and their Cultivation,** CRC Press, New York, USA, 1989
11) Cheung, L. M., Cheung Peter, C. K., Ooi Vincent, E. C., **Food Chem.,** 2003, 81, 249 (Antioxidant activity and total phenolics of edible mushroom extracts)
12) Dey, P. M., **Adv. Carbohydr. Chem. Biochem.,** 1978, 35, 341 (α-D-Mannan)
13) Fan, C., Li, D., Zhou, Z., **Acta Bot. Yunnanica,** China, 1987, 9(2), 209 (Relation between growth and substrate in *Dictyophora rubrovvolvata*)
14) Gregory, F. J., Healy, E. M., Agerborg, H. P. K. Jr., Warren, G. H., **Mycologia,** 1966, 58, 80 (Studies on antitumor substances produces by Basidiomycetes)
15) Hara, C., Kiho, T., Ukai, S., **Carbohydr. Res.,** 1982, 110, 77 (Antiinflammatory activity and conformational behavior of a branched (1 lead to 3)-β-D-glucan from akaline extract *D. indusiata* Polysaccharides, Antiinflammatory)
16) Hara, C., Kumazawa, Y., Imagaki, K., Kaneko, M., Kiho, T., Ukai, S., **Chem. Pharm. Bull.,** 1991, 39, 1615 (Mitogenic and Colony stimmulating factor-inducing activities of polysaccharide fractions from the fruit bodies of *D. indusiata*)
17) Hui, Y. F., Den, E. S., Chi, T. H., **J. Food Lipids,** 2002, 9, 35 (Antioxidant and free radical scavenging activities of edible mushrooms)
18) Jia, S., **Edible Fungi,** China, 1990, 12, 7 (Wild *Dictyophora* mushroom in

Henan province, China)

19) Kabir, Y., Kimura, S., **J. Nutr. Sci. Vitaminol.**, 1989, 35, 91 (Dietary mushrooms reduce blood pressure in spontaneously hypertensive rats)

20) Kawagishi, H. et al., **Phytochemistry,** 1997, 45, 1203 (Dictyophorine A, B, Promoting nerve growth factor synthesis by Astroglial cells)

21) Lee, G. D., Chang, H. G., Kim, H. K., **Kor. J. Food Sci. Technol.**, 1997, 29, 432 (Antioxidative and nitric-scavenging activities of edible mushrooms)

22) Liu, F., Ooi, V. E. C., Chang, S. T., **Life Sci.**, 1997, 60, 763 (Free radical scavenging activities of mushroom polysaccharide extracts)

23) Mau, J. L., Lin, H. C., Song, S. F., **Food Res. Int.**, 2002, 35, 519 (Antioxidant properties of several specialty mushrooms - *Dictyophora indusiata*)

24) McDonnell, J.E.W., Esselen, W.B. Jr., **Food Res.**, 1947, 12, 118 (Carbohydrates in Cultivated mushrooms)

25) Mizuno, T., **Food Res. Int.**, 1995, 11, 7 (Bioactive biomolecules of mushrooms: Food function and medicinal effect of mushroom fungi)

26) Shibata, S., **J. Natl. Sci. Counc. Sri Lanka,** 1973, 1, 183 (rev, β-D-Glucan)

27) Tominaga, Y., Tan, W., Tang, L. M., **Bull. Hiroshima Agr. Coll.**, 1989, 31, 405 (Studies of the life history of *Dictyophora indusiata* Fish. 1. On the structure of young and mature fruiting bodies, tissue and culture hyphae, 2. On the growth of the young and mature fruiting bodies and features of the tissue and their culture)

28) Tomio, O., **Trans. Mycol. Soc. Japan,** 1990, 31, 405 (*Dictyophora indusiata* for. *lutea* in Ehime prefecture)

29) Ukai, S., Kiho, T., Hara, C., Morita, M., Goto, A., Imaizumi, N., Hasegawa, Y., **Chem. Pharm. Bull.**, 1983, 31, 741 (Polysaccharides isolated from *Dictyophora indusiata, Ganoderm japonicum, Cordyceps cicadae, Auricularia auricula-judae* and *Auricularia* species)

30) Zeng, D., Hu, Z., Zhou, C., **Edible Fungi of China,** 1988, 4, 5 (A thermophilic delicious "Veiled Lady"-*Dictyophora echinvolvata* Zang, Zheng et Hu)

Coprinus comatus
(Müll. ex Fr.) Pers.

먹물버섯 26

먹물버섯과 (Coprinaceae)

• 중국명 | 毛頭鬼傘
• 별명 | 솜먹물버섯
• 분포 | 한국, 중국, 시베리아, 북미, 호주, 아프리카
• 용도 | 자실체 (식용)

✻ 식물학적 특성

봄부터 가을까지 정원, 목장, 잔디밭, 길가 등 부식질이 많은 땅위에 군생 또는 속생. 갓 지름 3~5㎝, 높이 5~10㎝, 초기에 장란형, 후에 종형. 표면은 백색 바탕에 담갈색 거친 섬유상 인피가 도포. 주름살은 끝붙은형. 떨어진형, 빽빽. 초기에 백색, 후에 적갈색~흑색으로. 갓 끝부터 액화 현상이 일어나 갓은 사라지고 대만 남는다. 대는 15~25×0.8~1.5㎝ 속은 비었고, 표면은 백색. 기부는 약간 굵고, 턱받이는 가동성, 포자는 타원형. 표면은 평활하고, 발아공이 있고 포자문은 흑색이다.

동속 식용 버섯에는 재먹물버섯(*C. cinereus*)과 갈색먹물버섯(*C. micaceus*)이 있다.

✻ 성분

1) 영양 성분

먹물버섯(건조품): 가식부 100g 중 열량 346㎉, 단백질 25.4%, 지방 3.35%, 탄수화물 58.8%, 섬유소 7.3%, 유리 아미노산 30종, 지방산 8종, 무기질 8종

먹물버섯

이 확인되었다.

2) 특수 성분

*C. comatus*에서 *N^a, N^a-Dimethylhistamine(D-03021), *Spermidine (S-00985), Polysaccharide 및 향기 성분 1-Octen-3-ol(O-00241), 2-Methyl-2-penten-4-olide 등이 분리되었고, *C. micaceus*에서 *Tryptamine(T-02986) 등이 분리되었다.

✻ 생리 활성

생리 활성 : 먹물버섯은 sarcoma 180(mouse)에 대하여 억제율은 33.5~100%이고, 혈당 강하, 소화 증진, 변이원성 등이 있고, 갈색먹물버섯은 sarcoma 180(mouse)에 대하여 억제율은 70%, Ehrlich 복수암(mouse)에 대하여 억제율 80%의 antitumor activity가 있다. N^a, N^a-dimethylhistamine과 tryptamine은 hypotensive effect 물질이다.

간 손상 억제 : Benzo(α)pyrene〔B(α)P〕유도 간 손상 쥐에 먹물버섯 EtOH ex를 투여한 결과, B(α)P 투여로 증가된 aminotransferase의 활성, 간 조직의 과산화 지질 함량과 cytochrome P 450의 활성은 유의적 감소를 보였다. 반면 B(α)P 투여로 활성이 감소된 glutathione s-transferase와 glutathione 함량은 시료 투여로 다시 증가되었다. 또한 SOD, catalase, glutathione peroxidase 활성은 B(α)P 투여시 그 활성이 각각 유의적으로 증가하였다가, 시료 투여로 감소하였다. 이상으로 먹물버섯 EtOH ex는 B(a)P 투여로 감소된 glutathione 함량과 glutathione s-transferase의 증가와 함께 B(α)P 투여로 증가된 과산화 지질 생성의 감소와 여러 항산화적 방어계에 작용, 효소 활성에 영향을 주어 지질과산화와 간 손상 억제 효과가 있었다.

Fibrin 분해 활성 : 치악산에 자생하는 야생 버섯 65종에서 fibrin 분해 활성을 검색한 결과, 9종의 버섯이 분해 활성을 보였다. 그중 먹물버섯(*Coprinus comatus*)은 plasmin 1.5 unit의 56~58%의 분해 활성을, 점박이애기버섯(*Collybia *maculata*)도 거의 유사한 활성을 보였으며, 뽕나무버섯(*Armillariella mellea*)과 *Calocybe* sp.(밤버섯속), 민자주방망이버섯(*Lepista nuda*) 및 *Trichaptum abietinum*는 plasmin 1.5unit의 약 2배 fibrin 분해활성을 나타내었다.

울릉도의 균류분포 : 1989.10~1991.9까지 98점의 주름버섯류를 채집하여, 분류한 결과, 주름버섯목 10과, 22속, 30종으로 확인, 그중 3종은 미기록 종으로 귀신버섯과의 땅귀버섯(*Grepidotus geophilus*)과, 송이과의 긴대애주름버섯(*Mycena elegans*) 및 큰 애주름버섯(*M. carolinensis*)이었다. 동정된 균주는 느타리(*P. ostreatus*), 졸각버섯(*Laccaria laccata*), 뽕나무버섯(*Armillariella mellea*), 긴대애주름버섯(*Mycena elegans*), 갈색먹물버섯(*Coprinus micaceus*) 등 5종이었다. 많은 종류의 주름버섯이 땅에 자라고 있었으나, 너도밤나무와 마가목은 느타리속, 귀신버섯속, 부채버섯속, 먹물버섯속 및 개암버섯속, 혹은 뽕나무버섯속 같은 목재서식주름버섯이 가장 좋은 숙주이며, 우산 고로쇠나무와 소나무도 먹물버섯속, 무당버섯속, 비단그물버섯속 같은 토양 서식 주름버섯의 가장 좋은 숙주였다.

아미노산[①] : 솜먹물버섯(먹물버섯)의 아미노산을 TLC로 분석한 결과, glycine, alanine, valine, isoleucine, leucine, proline, phenylalanine, tyrosine, serine, threonine, cysteine, methionine, glutamic acid, aspartic acid, lysine, arginine, histidine등이 분리되었다.

Amino acids[②] : 먹물버섯(솜먹물버섯)의 유리 아미노산을 정량 분석 결과, aspartic acid (2.78㎎/g), threonine (7.63㎎/g), serine (4.03㎎/g), glutamic acid (2.46㎎/g), proline (1.69㎎/g), glycine (1.24㎎/g), alanine (9.77㎎/g), valine (4.58㎎/g), cysteine (0.11㎎/g), methionine (0.72㎎/g), isoleucine (3.79㎎/g), leucine (5.86 ㎎/g), tyrosine (6.29㎎/g), phenylalanine (0.25㎎/g), lysine (3.21㎎/g), histidine (1.38㎎/g), arginine (5.44㎎/g) 이었다.

✲ 효능과 이용

1) 효능 : 건위, 청신(淸神).

2) 식용 : 어린 버섯은 식용하나, 반드시 삶아서 헹궈 조리하여 식용한다.

3) 약용 : 당뇨병과 치질에 탕제로 응용하며, 소화를 돕고 장복하면 혈당강하 효과가 좋다.

※ 반드시 삶아서 헹구어 조리하여 식용. 음주 후에 식용을 금한다.

참고문헌

1) 강석현, **경북대 대학원,** 2002 (먹물버섯 유래 조효소의 분획 및 단백질 특성)

2) 金三純, 金養燮, **韓國産 버섯 圖鑑,** 裕豊出版社, 서울, 1990

3) 김용균, **충남대학교 대학원,** 2002 (먹물버섯속균의 형태학적 특성과 *C. comatus*의 인공 재배)

4) 김준호, 이호용, 유관희, 김양선, 석순자, 김양섭, **균학회지,** 1998, 26(4), 589 (치악산 버섯 추출물로부터 Fibrin 분해활성 검색－먹물버섯, 밤버섯, 점박이뽕나무버섯, 민자주방망이버섯 등)

5) 김현정, 이병훈, 김옥미, **식품영양과학회지,** 1999, 28(2), 452 (먹물버섯 자실체 및 균사체 추출물의 돌연변이 억제 효과)

6) 노일협, **숙명여자대학교 논문집,** 1976, 16, 427 (식용 버섯의 아미노산 규명)

7) 노일협, **숙명여자대학교 논문집,** 1981, 21, 141 (한국산 식용 버섯의 아미노산 규명)

8) 農村振興廳 農業技術研究所編, **韓國産 버섯類 原色圖鑑**(I), 1987

9) 卯曉嵐, 莊長坪, 歐株次旺, **西藏大型經濟眞菌,** 北京科學技術出版社, 1991

10) 박동석, **강원대 대학원,** 1999 (먹물버섯류의 형태적 특징과 계통학적 유연관계분석)

11) 박동석, 고승주, 김양섭, 석순자, 류진창, 성재모, **균학회지,** 1999, 27(4), 274 〔먹물버섯속(*Coprinus*)과 눈물버섯속(*Psathyrella*)의 ITS 영역 염기서열에 의한 계통학적 유연관계 분석〕

12) 박동석, 고승주, 류진창, **균학회지,** 1999, 27, 406 (ITS 영역의 염기서열을 이용한 먹물버섯류 및 주름버섯 유사복균류와의 계통학적 유연관계)

13) 박완희, **생약학회지,** 1982, 13(1), 43 (버섯의 성분연구 I, TLC에 의한 아미노산 분석—솜먹물버섯, 목이, 표고, 송이, 흰목이, 싸리)

14) 朴婉熙, 李虎得, **한국의 버섯,** 교학사, 서울, 1991, 218 (먹물버섯)

15) 신혜선, **동국대 대학원,** 2001 (Phylogenetic relationships in the genus *Coprinus* and its allies based on rDNA its sequence data)

16) 유관희, **상지대 논문집,** 1998, 19, 387 (두엄먹물버섯이 생산하는 섬유소 분해 효소)

17) 應建浙, 卯曉嵐, 馬啓明, 宗毓臣, 文華安, **中國藥用眞菌圖鑑,** 科學出版社, 1987

18) 이병훈, 김현정, 장종선, 배준태, 박선희, 이승언, 김옥미, 이변나, 최봉순, 이갑랑, **식품영양과학회지,** 1999, 28(6), 1364 (먹물버섯 EtOH 추출물이 Benzo(α)pyrene 투여에 의한 마우스의 간 손상에 미치는 영향)

19) 이병훈, **영남대 대학원,** 1998 (먹물버섯 추출물의 돌연변이 억제 효과)

20) 이중명, **경북대 대학원,** 1998 (먹물버섯이 분비하는 물질. 섬유소 분해 효소에 의한 고지의 재활용)

21) 이지열, **균학회지,** 2005, 33(1),54 〔한국 기록종 버섯 추가 목록(2001-2004)〕

22) 李址烈, **韓國 버섯 圖鑑,** 아카데미서적, 서울, 1988, 141(먹물버섯)

23) 이태수, 이지열, **한국기록종 버섯 재정리 목록,** 임업연구원, 2000

24) 정학성, **균학회지,** 1993, 21(1), 64 〔울릉도의 균류상(4), 수종 주름버섯에 대하여—먹물버섯 속 등〕

25) 표명윤, 노일협, **영양학회지,** 1975, 8(1), 47 (식용 버섯류의 아미노산에 관한 연구—먹물버섯 등)

26) 한국 균학회, **버섯 이름, 한국명 통일안,** 2000, 176

27) Chang, S.T., Miles, P.G., **Edible Mushroom and their Cultivation,** CRC Press, New York, USA, 1989

28) Cheung, L. M., Cheung Peter, C. K., Ooi Vincent, E. C., **Food Chem.,** 2003, 81, 249 (Antioxidant activity and total phenolics of edible mushroom extracts)

29) David, G. S., Barry, H. R., **Mushroom Poisoning,** CRC Press, USA, 1994

30) Dickinson, H., Lucas, J., **The Encyclopedia of Mushrooms,** Crescent

Books, New York, USA, 1983

31) Dijkstra, F. Y., Wiken, T. O., **Z. Lebensm. Unters. Forsch.**, 1976a, 160, 263 (volatile compounds)

32) Gerhardt, E., **Pilze,** BLV Handbook, 1995

33) Herbst, E. J. et al., **Arch. Biochem. Biophys.**, 1958, 75, 171 (isol, *Spermidine)

34) Hui, Y. F., Den, E. S., Chi, T. H., **J. Food Lipids,** 2002, 9, 35 (Antioxidant and free radical scavenging activities of edible mushrooms)

35) Imazeki, R., Otani, Y., Hongo, T., **Color Illustration Mushrooms of Japan,** Yama-Kei Publisher Co. Ltd., Tokyo, Japan, 1988

36) Kabir, Y., Kimura, S., **J. Nutr. Sci. Vitaminol.**, 1989, 35,91 (Dietary mushrooms reduce blood pressure in spontaneously hypertensive rats)

37) Kim, B. K. et al., **Arch. Pharm. Res.**, 1983, 6(2), 141 (Antitumor)

38) Lee, G. D., Chang, H. G., Kim, H. K., **Kor. J. Food Sci. Technol.**, 1997, 29, 432 (Antioxidative and nitric-scavenging activities of edible mushrooms)

39) Ling, J. S. L. et al., **J. Pharmacol. Exp. Ther.**, 1958, 122, 44A, (Pharmacol, Alkaloid, *N^a, N^a-Dimethylhistamine)

40) Liu, F., Ooi, V. E. C., Chang, S. T., **Life Sci.**, 1997, 60, 763 (Free radical scavenging activities of mushroom polysaccharide extracts)

41) McDonnell, J. E. W., Esselen, W. B. Jr., **Food Res.**, 1947, 12, 118 (Carbohydrates in Cultivated mushrooms)

42) Mizuno, T., **Food Res. Int.**, 1995, 11, 7 (Bioactive biomolecules of mushrooms: Food function and medicinal effect of mushroom fungi)

44) Pegler, D. N., **The Concise Illustrated Book of Mushrooms and Other Fungi,** Gallery Books, New York, USA, 1989

45) Vanhaelen, M., Nanhaelen-Fastre, R., Geeraerts, J., **Experientia,** 1980, 36, 406 (Aroma compounds)

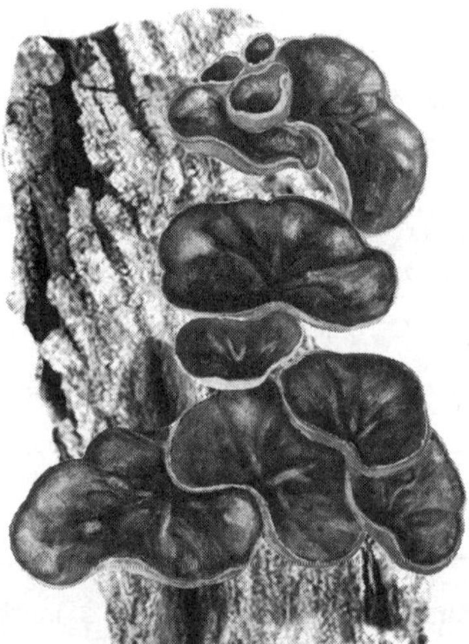

목이

Auricularia auricula (Hook.) Underw.
Auricularia auricula-judae (Bull. ex Fr.) Quél.

목이 27

목이과 (Auriculariaceae)

- 영명 | Judas' ear, Woody ear
- 중국명, 생약명 | 木耳
- 일명 | Kikurage
- 분포 | 한국, 중국, 일본 등 전 세계
- 용도 | 자실체(식용)

✻ 식물학적 특성

봄~가을에 활엽수의 고목, 마른가지에 군생(群生), 자실체(子實體)는 지름 3~12㎝로 종형~귀형 젤라틴질. 비자실층은 미세한 털이 빽빽하며 황갈색~갈색. 자실층은 평활하나 불규칙한 연락맥(連絡脈)이 있고, 황갈색~홍갈색. 담자기(澹子器)는 원통형, 가로막에 의해 4실이 된다. 포자는 11~17×4~7㎛로 콩팥형, 표면은 평활, 포자문은 백색이다.

동속 식용 버섯에는 털목이(*A. polytricha*)와 주름목이(*A. mesenterica*)가 있고, 인공 재배가 성행한다.

✻ 성분

1) 영양 성분

① **목이버섯(말린것, 7006)** 가식부 100g 중 열량 260.0㎉, 단백질 11.4g, 지질 1.5g, 당질 61.4g, 조섬유 7.2g, Ca 233.0㎎, P 270.0㎎, Fe 32.80㎎, Zn 260㎎, vitamin B_1 0.22㎎, B_2 0.75㎎, B_6 1.38㎎, niacin 4.6㎎, 엽산 292.0㎍, E 1.51㎎,

식이섬유 19.73g.

② **목이버섯(삶은것, 7007)** 가식부 100g 중 열량 23.0kcal, 단백질 0.6g, 지질 0.1g, 당질 4.8g, 조섬유 1.1g, Ca 29.0mg, P 9.0mg, Fe 1.80mg, Zn 2.06mg, vitamin B_1 0.10mg, B_2 0.07mg, B_6 0.11mg, niacin 0.2mg, 엽산 23.2μg, E 0.12mg.

2) 특수 성분

목이버섯에서 당류는 Glucose(G-00494), Glycerol(G-00542), Trehalose (T-01623, T-01624), Cellulose(C-00659), Hemicellulose, Pectin, Chitin (C-00924), β-D-Glucan(L-00533), Gluconoxylmannan, Polysaccharide 등이 분리되었다.

✻ 생리 활성

항암 성분[①] : 한국산 고등 균류인 치마버섯(*Shizophyllum commune*)과 목이버섯(*Auricularia auricula-judae*)의 자실체에서 단백질 결합 다당체를 분리, 조성을 밝히고, 항암성을 조사하였다. 흰쥐에 sarcoma 180을 이식한 4일 후, 각 다당체를 10일간 복강 투여한 결과, 현저한 항암 효과를 보였다. 치마버섯에서 추출한 다당체에서 2종의 당과 16종의 amino acid를, 목이버섯의 다당체에서는 3종의 당과 15종의 amino acid가 확인되었다.

항암 효과와 성분[②] : 시료 버섯에서 분리한 다당체의 항암 효과는 치마버섯의 10mg/kg/day와 목이버섯 100mg/kg/day는 100% regression된 동물 8마리 중 5마리로 강한 항암 작용이 있었다. 목이버섯은 8마리가 모두 생존하였고, 저지율도 높았고, 치마버섯과 목이버섯 100mg/kg/day 모두 100% regression된 마리수와 생존수로 보아 항암 효과가 있었다. 추출 성분 분석 결과, 치마버섯은 주로 다당체와 단백질이, 점성이 많은 목이버섯은 단백질이 소량이었다. 이들 다당체는 거의 포도당이며, 소량의 mannose, galactose, xylose, 단백부는 lysine, arginine, histidine과 같은 염기성 amino acid가 소량 검출되었고, methionine, cysteine등 함황 amino acid는 검출되지 않았다. 단백질의 등전점은 산성 쪽이었다.

항암 활성[③] : 목이버섯은 sarcoma 180 (ICR-JCR mouse)에 억제율 90.8%, Ehrlich 복수암(mouse)에 억제율 80%의 antitumor activity가 있다.

항암 활성[④] : 목이버섯은 sarcoma 180에 대하여는 수침액의 항암 효과는 42.6%로 낮았다. β-(1→3) glucan은 항종양 성분이다.

항돌연변이 원성 : 목이 및 석이 메틸 알코올 추출물의 항돌연변이 원성을 알고자 실험한 결과, 목이와 석이의 MeOH 추출물에 대해 *E. coli* PQ 37/pKM 1 이 균주 이용 SOS Chromotest 방법으로 변이 원성 유무 및 4가지 양성 변이원 물질에 대해 항돌연변이 원성을 조사한 결과, 돌연변이 원성은 없었고, 4가지 양성 돌연변이원 물질에 대한 항돌연변이성 실험 결과, 4-nitroquinoline-1-oxide(4NQO)에서 목이, 석이 각각 52%, 59%의 억제 효과가, N-methyl-N'-nitro-N-nitroso guanidine(MNNG)에 49%, 58%, mitomycin (MMC)에 대해 53%, 64%, 3-amino-1,4-dimethyl-5H-pyrido-(4,3-b) indole(Trp-P-1)에 대해 각각 61%, 64% 억제 활성을 보였다. 이 결과, SOS chromotest에서 양성 변이원 4종 모두에서 돌연변이 억제 활성이 있었고, 석이가 목이보다 대체로 강한 항돌연변이 활성을 나타내었다.

유전 독성 억제 효과 : 목이 및 석이 MeOH 추출물의 유전 독성 억제 효과를 알고자, 목이와 석이 MeOH ex를 시료로 mouse 골수 세포에 대한 소핵 실험을 행하여 benzo(α)pyrene(BP)에 대한 유전 독성 억제 효과를 시험한 결과, BP와 목이, 석이 (100㎎/㎏ oral)의 투여 시간 (2~72시간)에 따른 목이, 석이 자체의 유전 독성 실험에서 BP(150㎎/㎏, IP)는 투여 36시간 후, 도살 실험군에서 유전 독성이 가장 높았으나, 전 12시간에 시료 투여군에서 목이, 석이 각각 47.9%, 50.0%로 유의성 유전 독성 억제 효과를 보였다. 또 시료의 용량별(5~200㎎/㎏, oral) 투여 중, 100㎎/㎏ 투여에서 가장 강한 유전 독성 억제 효과가 확인되었다. 또 5~200㎎/㎏에서 목이, 석이 각각 54.2%, 56.3%로 가장 강한 유전 독성 억제 효과를 보였다.

지질과산화 및 간 손상 억제[①] : 목이버섯 MeOH 추출물이 benzo(α)pyrene 투여 마우스의 지질과산화 및 간 손상 억제에 미치는 영향을 알고자, 간 독성 물질인 benzopyrene을 투여한 마우스에서 목이버섯 MeOH 추출물(시료)의 지질 과산화 및 간 손상 억제에 미치는 영향을 살펴본 결과, benzopyrene 투여로 인한 혈청 ALT와 GSH-Px의 활성이 유의적으로 증가하였다가, 시료 투여 시 이들 활성 및 함량이 감소하였다. 반면 간 조직 중 GSH 함량과 GST 활성을 benzopyrene 만 투여군에 비해 시료 투여 시 그 함량이 다소 증가하였다. 이 결과로 목이 버섯 MeOH 추출물은 benzopyrene 간 손상을 보호하는 것으로 사료되었다.

버섯 혼합식이와 지질 대사② : 고 cholesterol 흰쥐 간장의 지질 성분과 지방산 조성에 식용 버섯과 식용유지(들깨, 홍화) 혼합식의 영향을 알고자, SD계 숫쥐에 10% 돈지와 5% cellulose 식이군(대조군)과 영지, 표고, 목이 각 5%와 올리브유, 홍화유, 들깨를 각각 10%씩 상호 혼합 식이를 3주간 투여 후, 간장의 지질 성분과 지방산 조성을 조사하였다. 간장의 총 cholesterol 농도는 3군(올리브유 10%+표고 5%)과 6군(홍화유 10%+표고 5%)이 대조군 및 여타 실험군에 비해 유의적으로 낮았고, 중성 지질의 농도는 8군(들깨유 10%+영지5%) 및 9군(들깨유 10%+표고 5%)이 낮았으며, 인 지질은 3군, 5군(홍화유 10%+영지 5%), 6군, 7군(홍화유 10%+목이 5%), 8군, 9군, 및 10군(들깨유 10%+목이버섯 5%)이 대조군에 비해 유의적으로 낮았다. 간장 총 지질의 지방산 조성에서 MUFA의 함유율은 2군(올리브유 10%+영지 5%), 3군, 4군(올리브유 10%+목이버섯 5%) 및 전 들깨유군에서 현저히 높았다. 간장 인 지질의 지방산 조성은 PUFA함량이 높았고, MUFA는 낮았으며, 중성 지질에서는 MUFA 함량이 SFA보다 좀 낮았고, cholesterol ester에서는 MUFA 함량이 현저히 높았다. 간장 지질 성분 모두 PUFA중 n-6계 LA의 함유 비율이 가장 높았으며, 인 지질 성분 중 n-3계 EPA함량이 현저히 높았다. 간장 지질 성분 모두 PUFA 중 n-6계 LA의 함유 비율이 가장 높았으며, 인 지질 성분 중 n-3계 EPA 함량이 월등히 높았다.

Cholesterol 저하 효과③ : cholesterol 혈증 흰쥐에 버섯 시료를 투여한 결과, 혈중 총 cholesterol, LDL-cholesterol은 대조군보다 모든 실험군에서 저하되었고, 총 cholesterol은 6군(표고버섯 10%)이 가장 낮았고, HDL-cholesterol

농도는 대조군보다 모든 실험군이 높았으며, 그중 3군(표고버섯 5%)이 가장 높았다. 중성 지질, 인 지질, 유리 cholesterol, cholesterol ester는 대조군보다 모든 실험군이 낮았고, 중성 지질은 6군이 가장 낮았으며, 인 지질은 3군이 가장 낮았고, 유리 cholesterol 농도 또한 3군, ester은 6군이 가장 낮았다. chylomicron과 VLDL은 대조군보다 여타 실험군이 모두 낮았으며, chylomicron군에서 VLDL은 6군에서 낮았다. 이 결과로 영지, 표고, 목이버섯은 cholesterol 혈중의 예방과 치료에 효력이 있는 것으로 나타났으며 특히 표고버섯이 가장 유효하였다.

지방산 및 Sterol : 한국산 목이와 석이버섯의 지방산 조성과 sterol 성분을 GLC와 IR로 분석하였다. GLC로 분석한 지방산 조성이 목이는 linoleic 33.73%, palmitic 15.52%, stearic 5.03%, oleic 16.03%, linolenic 17.80%, 미지산 11.89%, 석이는 linoleic 46.35%, palmitic 31.71%, oleic acid 16.82%, 미지산 5.12% 및 소량의 stearic과 linolenic acid 였다. sterol 성분은 TLC로 분리하고 IR로 동정한 결과, 목이와 석이 모두 sitosterol과 ergosterol을 함유하였다.

Amino acids① : 목이버섯의 유리 아미노산을 정량 분석한 결과, aspartic acid (0.15㎎/g), threonine(0.07), serine(0.21), glutamic acid(0.11), glycine(0.02), alanine(0.05), valine(0.05), isoleucine(0.03), leucine(0.04), tyrosine(0.10), phenylalanine(0.04), histidine(0.02)이었다.

Amino acids② : amino acids는 alanine, aspartic acid, glutamic acid, glycine, isoleucine, leucine, ornithine, phenylalanine, serine, threonine(2S, 3R), (-)tyrosine(S), valine 등이, 또 auricularia acidic heteropolysaccharide, auricularia glucuronoxylmannan MEA, ornithine, polysaccharide, 지방산 등도 목이에서 확인되었다.

β-Glucan 파운드 케이크 특성 : β-glucan은 곡류(보리, 귀리, 호밀), 버섯 균사체와 자실체에 존재하며 생리 활성은, 혈당 강하, 담즙산과 지질 흡수 제한, cholesterol 합성 제한, 체지방 축적 억제, 면역 세포의 기능 활성화로 암 세포 증식 억제, 항균성, 항Virus성, 항염증, 피부 노화 방지 등이 있다. β-glucan 0, 3, 6, 9% 첨가 파운드 케이크를 만들어 품질 특성을 조사한 결과,

β-glucan 첨가 농도 의존적으로 부드러움 유지가 길어 보존성이 증가하였고, L, b값(황색도)은 차이가 없었으나 적색도는 저장 기간의 증가에 따라 증가, TPA 조직감 중 경도는 저장 6일에 대조군은 제조직 후 165%까지 증가, β-glucan 6과 9%구는 경도가 유지, β-glucan 첨가 케이크 노화가 지연되었고, 전체적 기호도는 6%구가 가장 우수하였으며, 저장 7일째 β-glucan 첨가구가 기호도가 높았고, 특히 3과 6%첨가구가 높았다.

식용 야생 버섯 : 식용 야생 버섯을 조사한 결과, 송이, 목이, 팽나무버섯, 노루궁뎅이버섯, 꽃잎버섯, 그물버섯, 비단그물버섯, 구름버섯, 애기무당버섯, 기와버섯, 국수버섯, 나팔버섯, 젖버섯, 굴털이, 향버섯(능이), 갓버섯, 들버섯, 주름버섯, 싸리버섯, 붉은 싸리 버섯, 말뚝버섯, 알버섯, 긴대안장버섯, 말불버섯, 곰보버섯, 망태버섯, 덕다리버섯, 흰가시버섯 등이 있었다.

기타 생리 활성 : gluconoxylomannan은 antiinflammatory effect(rat, edema), cholesterol lowering effect 성분이다. gram음성균(*Serratia marcescens, Shigella sonnei* 이질균)에 항균 효과, antiinflammatory(rat), cholesterol lowering effect가 있다. antitumor, antifertility, anticoagulant, antiaging, antidiabetic, immunostimulatory; antileukocytopenic, antiinflammatory, hepatoprotective, antilipemic, lymphocyte proliferation stimulation, macrophage activating, antiviral, cholesterol lowering, analgesic effect에 대한 연구가 있다.

✻ 효능과 이용

1) 효능 : 양혈(凉血), 지혈, 윤폐(潤肺), 강장
2) 식용 : 인공 재배가 많이 되고, 각국에서 애용되는 식용 버섯으로 특히 중국요리에 많이 애용되며, 씹히는 감이 특이하다. 우리나라에서는 잡채에 많이 쓰며, 자실체를 여러 고급요리에 이용한다.
3) 약용 : 한방에서는 류머티즘성 동통, 수족 마비, 산후 허약, 혈리(血痢), 고혈압, 변비, 안저 출혈에 응용되며, 민간에서는 자실체를 보약, 이질, 하혈, 어혈 등에 쓴다. 중국에서는 허약증, 빈혈, 자궁 출혈,

고혈압, 변비, 하지 경련 등에 응용된다.

참고문헌

1) 김군자, 김한수, 김성희, 김희숙, 최윤정, 정승용, **영양학회지,** 1994, 23(5), 736 〔식용 버섯 (영지, 표고, 목이)과 식물성 유지 (olive유, 홍화유, 들깨유)의 혼합 급여가 흰쥐 간장의 지질 성분 및 지방산 조성에 미치는 영향〕

2) 김병각, 김낙두, 최남주, 이영남, **약학회지,** 1970, 14(1,2), 15 〔한국의 고등 균류의 성분연구(1)—Alkaloid 검색〕

3) 남정원, 고영수, **식품과학회지,** 1980, 12(1), 6 (한국산 목이와 석이의 지방산 및 Sterol 성분 조성에 관한 비교 연구)

4) 卯曉嵐, 莊長坪, 歐株次旺, **西藏大型經濟眞菌,** 北京科學技術出版社, 1991

5) 박완희, **생약학회지,** 1982, 13(1), 43 〔버섯의 성분연구(1), TLC에 의한 아미노산 분석—송이, 양송이, 목이, 싸리, 표고〕

6) 박상신, 이갑득, 민태진, **균학회지,** 1995, 23(2), 176 (버섯 중 항균물질의 검색 및 개발에 관한 연구, 그람 음성균 및 곰팡이에 대한 항균물질 검색)

7) 박용환, **농업기술부록연구지도속보,** 1983, 7, 20 (목이버섯 하계재배법 개발)

8) 신유미, 양윤형, 김미경, 조한영, 김미리, **조리과학회지,** 2005, 21(6), 950 (β-Glucan 첨가 파운드 케이크의 저장 중 품질 특성)

9) 應建浙, 卯曉嵐, 馬啓明, 宗毓臣, 文華安, **中國藥用眞菌圖鑑,** 科學出版社, 1987

10) 이송애, 김병각, **균학회지,** 1980, 8(3), 176 〔한국산 고등 균류의 성분 연구(27), 치마버섯과 목이 버섯의 항암 성분〕

11) 이송해, 정경수, 심미자, 최응칠, 김병각, **균학회지,** 1981, 9(1), 25 〔한국산 담자 균류의 항암 성분에 관한 연구(2), 치마버섯과 목이 버섯의 항암 성분〕

12) 이시열, **균학회지,** 1975, 3(1), 40 (야생 버섯을 식용하자—목이, 송이, 젖버섯, 구름버섯, 능이, 싸리, 노루궁뎅이, 말뚝, 비단그물버섯)

13) 이지열, **균학회지,** 2005, 33(1), 54 〔한국 기록종 버섯 추가 목록(2001-2004)〕

14) 이태수, 이지열, **한국기록종 버섯 재정리 목록,** 임업연구원, 2000

15) 장종선, 김현정, 배준태, 박선희, 이승언, 김옥미, 이갑랑, **식품영양과학회지**, 1998, 27(4), 712 〔목이버섯 MeOH 추출물이 Benzo(α)pyrene 투여 마우스의 지질과산화 및 간 손상 억제에 미치는 영향〕

16) 中國本草圖錄編輯委員會編, **中國本草圖錄**, 鼎談出版社, 1992

17) 표명윤, 노일협, **영양학회지**, 1975, 8(1), 47 (식용 버섯류의 아미노산에 관한 연구)

18) 한국 균학회, **버섯 이름, 한국명 통일안**, 2000, 176

19) 함승시, 김득하, 최근표, 이득식, **식품영양과학회지**, 1998, 26(1), 57 (목이 및 석이 MeOH 추출물의 유전 독성 억제 효과)

20) 함승시, 김득하, 이득식, **식품과학회지**, 1997, 29, 1281 (목이 및 석이 알코올 추출물의 항돌연변이 원성)

21) 許浚, **東醫寶鑑**, 東醫寶鑑國譯委員會編譯, 南山堂, 서울, 1968, 1176(목이)

22) Agarwal, K. C. et al., **Thrombosis & Hoemostasis**, 1982, 48, 162 (Anti-coagulant)

23) Austin, P. R., et al., **Science**, (Washington D. C.), 1981, 212, 749 (rev. Chitin)

24) Battilana, P., Ornstein, K., Minihira, K., Schwarz, J. M., Acheson, K., Schneiter, P., Burri, J., Jequier, E., Tappy, L., **Eur. J. Clin. Nutr.**, 2001, 55, 327 (Mechanisms of action of β-glucan in postprendial glucose metabolism in healthy men)

25) Birch, G., **Adv. Carbohydr. Chem.**, 1963, 18, 201 (rev. Trehalose, Sweet taste)

26) Chang, S.T., Miles, P.G., **Edible Mushroom and their Cultivation**, CRC Press, New York, USA, 1989

27) Chang, J. S., Kim. H. J., Bae, J. T., Park, S. H., Lee, S. E., Kim, O. M., Lee, K. R., **J. Korean Soc. Food Sci. Nutr.**, 1998, 27, 712 〔Inhibition effects of *Auricularia auricular-judae* methanol extract on lipid peroxidation and liver damage in benzo(α)pyrene-treated mice〕

28) Cheung, P. C. K., **Nutr. Res.**, 1996, 16, 1721 〔The hypocholesterolemic

effect of two edible mushrooms : *Auricularia auricula*(tree ear) acid *Tremella faciformis* (white jelly-leaf) in hypercholesterolemic rats〕

29) Cheung, L. M., Cheung Peter, C. K., Ooi Vincent, E. C., **Food Chem.**, 2003, 81, 249 (Antioxidant activity and total phenolics of edible mushroom extracts)

30) Hui, Y. F., Den, E. S., Chi, T. H., **J. Food Lipids**, 2002, 9, 35 (Antioxidant and free radical scavenging activities of edible mushrooms)

31) Ikekawa, T., Uehara, N., Maeda, Y., Nankinishi, M., Fukoka, F., **Cancer Res.**, 1969, 29, 734 〔Antitumor activity of aqueous extracts of edible mushrooms－표고, 팽이, 목이(수침 ex, 42.6%), 송이, 느타리 등〕

32) Kabir, Y., Kimura, S., **J. Nutr. Sci. Vitaminol.**, 1989, 35,91 (Dietary mushrooms reduce blood pressure in spontaneously hypertensive rats)

33) Kiho, T., Sakai, M., Ukai, S., **Carbohydr. Res.**, 1985, 142, 344 (Antiinflammatory effects of the polysaccharide from the fruit bodies of *Auricularia* species)

34) Lee, G. D., Chang, H. G., Kim, H. K., **Kor. J. Food Sci. Technol.**, 1997, 29, 432 (Antioxidative and nitric-scavenging activities of edible mushrooms)

35) Liu, F., Ooi, V. E. C., Chang, S. T., **Life Sci.**, 1997, 60, 763 (Free radical scavenging activities of mushroom polysaccharide extracts)

36) McDonnell, J. E. W., Esselen, W. B. Jr., **Food Res.**, 1947, 12, 118 (Carbohydrates in Cultivated mushrooms)

37) Mau, J. L., Lin, H. C., Song, S. F., **Food Res. Int.**, 2002, 35, 519 (Antioxidant properties of several specialty mushrooms)

38) Misaki, A., Kakuta, M., Sasaki, T., Tanaka, M., Miyaji, M., **Carbohydr. Res.**, 1981, 92, 115 〔Studies on interrelation of structure and antitumor effects of polysaccharides: antitumor action of periodate-modified branched β-(1→3)-D-glucan of *Auricularia auricular-judae*, and other polysaccharides containing(1-3)-glucoside linkages〕

39) Mizuno, T., **Food Res. Int.**, 1995, 11, 7 (Bioactive biomolecules of mushrooms: Food function and medicinal effect of mushroom fungi)

40) Quimio, T. H., **Tropical Mushrooms, Biological Nature and Cultivation Method,** Chang, S. T., Quimio, T. H., eds, The Chinese Univ. Press, Hong Kong, 1982, 397~408 (Physiological consideration of *Auricularia* spp.)

41) Pegler, S., **J. Natl. Sci. Counc. Sri Lanka,** 1973, 1, 183 (rev, β-(1→3) Glucan)

42) Soma, G. et al., **Eur. Pat. Appl.** Ep 472, 467, 26, Feb. 1992, **Jp. Appl.** 90/218, 599, 20, Aug. 1990, 48pp (Polysaccharides, Analgesics)

43) Ukai, S., Kiho, T., Hara, C., Morita, M., Goto, A., Imaizumi, N., Hasegawa, Y., **Chem. Pharm. Bull.**, 1983, 31, 741 (Polysaccharides isolated from *Dictyophora indusiata, Ganoderm japonicum, Cordyceps cicadae, Auricularia auricula-judae* and *Auricularia* species)

44) Wasser, S. P., Weiss, A. L., **Crit. Rev. Immunol.**, 1999, 19, 65 (Therapeutic effects of substances occurring in higher Basidiomycetes mushroom: a modern perspective)

45) Whistler, R. L. et al., **Methods Carbohydr. Chem.**, 1963, 3, 3 (Cellulose)

46) Yoshida, H., Saaki, H., Fujimoto, S., Sugahara, T., **Trans Mycol. Soc. Japan,** 1996, 37, 51 (The chemical components in the vegetative mycelia of Basidiomycotina)

47) Yuan, Z., He, P., Cui, J., Takeuchi, H., **Biosci. Biotechnol. Biochem.**, 1998, 62, 1898 (Hypoglycemic effect of water-soluble polysaccharide from *Anricularia auricula-judae* on genetically diabetic KK-AY mice)

48) Yuan, Z., He, P., Takeuchi, H., **J. Nutr. Sci. Vitaminol.**, 1998, 44, 829 〔Ameliorating effects of water-soluble polysaccharide from woody ear (*Auricularia auricula-judae*) in genetically diabetic KK-AY mice)

Phellinus linteus (Berk, et Curt.) Teng
Phellinus yucatensis (Murr.) Imaz.
Fomes yucatensis Murr.

목질진흙버섯 28

소나무비늘버섯과 (Hymenoechaetaceae)

- 생약명 | 桑黃(상황)
- 중국명 | 裂蹄針層孔菌
- 별명 | 상황버섯
- 분포 | 한국, 중국, 일본
- 용도 | 자실체(식용, 약용)

✲ 식물학적 특성

갓은 목질로 너비 6~15㎝, 두께 2~5(10)㎝, 반원형, 평편형 또는 말굽형이다. 표면은 초기에 암갈색 털이었으나, 차차 없어지며, 흑갈색이 되고, 뚜렷한 좁은 환구와 종횡으로 많은 균열이 있어 거칠며, 갓 둘레는 생육 때는 선명한 황색, 대는 없고 자실층과 하면의 관공은 선황색~황갈색, 다층으로 층의 차가 명료, 각 층의 두께는 0.2~0.4㎝ 관공구는 미세하고, 원형~타원형, 담황갈색, 포자는 3~4㎛, 유구형, 담황갈색, 다년생, 활엽수 특히 뽕나무, 산벚나무 등 입목 혹은 고목 위에 단생하는 목재 백색 부후성 버섯이다.

동속 버섯에는 낙엽송층버섯(*P. pini*)과 찰진흙버섯(*P. robustus*)이 있다.

✲ 성분

1) 특수 성분

목질진흙버섯에서 Succinic acid, *p*-Hydroxyphenylacetic acid methyl ester, *p*-Hydroxy benzaldehyde, 2-Hydroxymethyl-5-methoxymethylfruan,

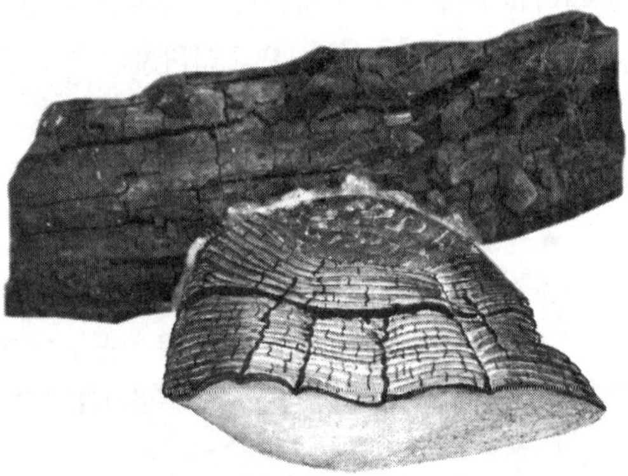

목질진흙버섯

2,5-Dihydroxymethylfuran, n-Acetyl tyramine, *Phellinus*속 식물에서 Cyclophellitol(C-02392)이, *P. pomaceus*에서 3, 14'-Bihispidinyl(B-00383, E, E), β-Boswellic acid (H-03164), Javeroic acid(J-00091), Phellinic acid (P-00937), Pomacerone(P-01632), *P. tremulae*에서 5-Hydroxy-7-phenyl-3-heptanone (H-02839), *P. pini*에서 Ergosterol(E-01484), Vanillic acid (D-01539), *p*-Hydroxrybenzoic acid(H-01256), 2,4,6-Triphenylhex-1-ene, 2-Farnesyl-5-methylbenzoquinone(M-01450), 8-Methyl-13-phenyltrideca-4,6,8,10,12-pentaene-3-one, 4-Vinylphenol(H-02834), 4-Vinyl resorcinol (V-00329) 등이 분리되었다.

✲ 생리 활성

간의 지질대사 : 간손상 동물에 상황버섯의 지질대사에 미치는 영향을 알고자, CCl_4군, CCl_4+고지방군에 상황버섯 MeOH ex(시료)를 병용 투여한 결과, 실험동물의 체중 증가량, 사료 섭취량, 식이 효율은 CCl_4투여로 감소되었으나, 추출물 병용 투여로 증가되었다. 실험동물 간의 무게는 CCl_4투여로 증가, 이런 경향을 특히 CCl_4와 고지방식이 후 대조군에 비해 32% 증가하였으나, 시료 투여로 감소하였다. cholesterol, TG, LDL 및 LDL인 지질은 CCl_4투여로 증가되었으나, 시료 투여로 감소하였다. 한편 시료 투여는 간조직 중 HDL-cholesterol 함량을 증가시켰고, 시료 투여로 간기능 지표 효소인 GDP, GPT, AP 및 LDH 활성이 감소되었다. 전자 현미경 관찰에서 간은 대조군의 ER이 고루 분포되었고, 정상적 cytosol 구조로 보였으나, CCl_4군에서는 mitochondria와 ER의 분포가 국부적이고, 균일치 않았으며, cytoplasmic matrix의 구조가 퇴화되는 양상을 보였다. 일부 조직에서는 fibrous filament가 출현되었으나, 시료 투여군은 손상된 세포질 회복 현상이 보였으며, mitochondria 증가가 있었다. 이상으로 상황 추출물이 흰쥐의 지질대사에 생리 활성 효과가 있고, 간 지질 대사 개선 효과가 있어, 고지혈증, 동맥경화, 고혈압등 순환기, 심혈관계 질환 예방과 치료에 효과가 있을 것으로 생각되었다.

간 세포 보호 활성 : murine embryonic normal liver cell 인 BNL cl.2 세포주를 이용, CCl_4-유도 세포 독성을 일으켜 한방과 민간에서 간질환 치료제로 이용되는 9종의 생약 물 추출물에 대한 효과를 검색하였다. 시료의 전처리 시험에서는 편축, 울금이 각각 88.2, 89.7㎍/㎖의 ED_{50}치를 보였고, 후 처리 시험에서는 편축, 단삼, 운지, 울금, 상황의 물 추출물이 100㎍/㎖이하의 ED_{50}치를 보였다. 또한 동시 처리에서는 상황버섯 물 추출물이 24.7㎍/㎖의 ED_{50}치를 보여 양성 대조약물인 silymarin (ED_{50}=22.4㎍/㎖)과 동등한 효과를 보였다.

배양 자실체와 LDL 산화 : 배양한 상황버섯 자실체의 유리기 소거 작용 및 관상동맥경화 등의 유발인자인 LDL에 미치는 영향을 측정한 결과, 유리기 소거 작용은 수불용성 분획에서 천연 상황 MeOH ex와 유사한 항산화 작용을 보였고, 각 분획의 TBARS법으로 지질과 산화 억제 작용을 측정한 결과, MeOH ex 및 수불용성 분획과 Et_2O 분획에서 우수한 효과를 보였다. 특히 수불용성 분획(IC_{50} 3.15㎍/㎖)은 양성 대조약물로 사용한 ascorbic acid(IC_{50} 3.71㎍/㎖)보다 우수한 억제 효과를 보였다. 이상의 결과로 배양 상황버섯 자실체의 유리기 소거 작용 및 LDL 산화억제 작용이 확인되었으며, 이는 지용성 분획에 기인하였다.

NK 세포 활성 : 추출물 복용군과 위약 복용군(각각 31명)에 총 8주간 경구 복용시킨 후(3.3g/일), NK 세포 지표인 CD^{56+} 세포를 측정한 결과, 금사상황버섯 추출물 복용으로 근소한 증가를 보였으나 유의성은 없었고, 대조군과 비교에서도 차이가 없었다. NK 세포의 활성은 시료 복용군에서 Jurkat 세포주에 대한, 세포 독성이 복용권에 비해 유의성 증가를 보인 반면 대조군은 변화가 없었다. 이 결과로, 금사상황버섯 추출물의 복용은 NK 세포의 수적 증가는 유도되지 않았으나, 그 기능성의 활성화로 세포성 면역을 향상시키는 것으로 생각되었다.

Nitric oxide 생성 저해 활성 : *Phellinus pini*(낙엽송층버섯)의 NO 생성 저해 작용을 확인한 결과, 핵산 분획물로부터 농도 의존적 저해활성을 관찰하였다. 이 분획에서 silica gel column chromatograply하여 분리한 물질은 ergosterol

유도체인 ergosta-4,6,8(14),22-tetraen-3-one이었고, 이 화합물은 iNOS의 활성화를 억제하며, IC_{50} 값은 29.7μM이었고, 세포생존율에는 영향이 없었다. 또한 iNOS 유도가 완료된 후 기질에 작용하여 NO를 생성하는 단계에서 NO 생성을 저해하였다.

항암 효과① : 재배 상황버섯의 항암 효과(in vivo)와 암 세포의 세포 독성 (in vitro)을 조사하였다. 시료를 물 추출물과 물 추출물의 50% cold acetone 침전 분획에 대해 세포 독성은 거의 없었으나, sarcoma 180 복수암 생쥐에 항암 효과는 물 추출물과 acetone 침전 분획 모두에서 생명 연장 효과와 생존율을 높였다. 또 sarcoma 180 생쥐의 안와에 이식시킨 고형암 모델 동물에서 시료의 물 추출물 분획은 고형암의 성장 억제율이 약하였으나, acetone 침전 분획에서는 아주 강한 성장 억제를 보였다. 이 결과로 재배 상황버섯의 항암 효과는 암 세포에 직접 작용, 항암 효과를 보이는 것보다 타 버섯과 마찬가지로 생체의 면역능을 활성화시켜 항암 효과를 보이는 것으로 생각된다.

항돌연변이 원성과 세포 독성② : 상황버섯 MeOH ex는 모두 Ames test에서 TA98과 TA100에 돌연변이 원성은 없었으나, TA98에 시료 200㎍/plate에서 항돌연변이 효과는 직접 변이원인 4NQO에 78.3%, 간접 변이원 Trp-P-1과 B(α)P에 각각 78.7%, 88.1% 억제 효과를 보였다. 또 TA 100에 MNNG는 92.3% 억제를 보였고, 4NQO, Trp-P-1 및 B(α)P는 각각 90.5%, 89.6%, 78.9% 억제를 보였다. 각 변이원 물질에 시료 200㎍/plate의 항돌연변이 효과에서는 MNNG에 EtOAc 분획이 87.7%로 가장 강한 억제율을, 4NQO는 TA 98과 TA 100에 모두 EtOAc 분획에서 90% 이상의 강한 억제를 보였다. 또 B(α)P에는 H_2O ex 제외 모든 분획이 80% 이상의 높은 억제율을 보였다. 또한 Trp-P-1에서 TA 98에 EtOAc 분획과 $CHCl_3$ 분획이 강한 억제를, TA100에 모든 분획이 80% 이상 억제를 보였다. 각종 암 세포에 대한 시료의 저해 효과는 1㎎/㎖ 투여 시 MCF 79.2%, Hep 3B 84.9%, A459 84.2%, HT1080 82.9%, HeLa 세포에 68.3% 억제를 보였다. 인간 정상 세포 WRL 68에 세포 독성 효과는 1㎎/㎖ 시료 첨가 시 50% 이하의 생육 억제로 낮은 독성을 보였다. 시료 1㎎/㎖ 첨가 시 EtOAc 분획은 HeLa 세포에 59.8%이었으나, 다른 분획은 72.8~

91.4%의 높은 억제 효과를 보였으며, 각각의 암 세포에 70% 전후의 억제를 보였다. 유방암 세포 MCF7에 각 분획물은 0.5㎎/㎖에서 50%이상의 억제를, A549(폐암)과 Hep 3B(간암)는 다른 암 세포에 비해 낮은 억제 효과를 보였다.

유전독성 억제 효과③ : 상황버섯과 아가리쿠스버섯(신령버섯)의 MeOH ex와 용매 분획을 소핵 실험(골수 세포)으로 MNNG에 대한 유전독성 억제 효과를 실험한 결과, 상황버섯 MeOH ex는 MNNG에 소핵 생성에 대하여 10.6~75.6% 억제를 보였고, 각 분획물은 80㎎/kg EtOAc, Et_2O, BuOH, $CHCl_3$, H_2O층이 각각 81.3, 78.1, 75.6, 72.4, 63.4%의 유전 독성 억제를 보였다. 아가리쿠스버섯 MeOH ex는 양성 대조군에 비해 80㎎/kg 투여 시 86.2% 억제를, Et_2O, EtOAc, $CHCl_3$, H_2O층이 각각 86.2, 81.3, 78.1, 69.9, 61.8% 억제를 보였다.

***β*-Glucan성 다당체의 생리 활성**④ : 목질진흙버섯 자실체와 배양 균사체의 열수 추출 및 열수 추출물 EtOH, UF 분획의 생리 효과를 조사한 결과, sarcoma 180 암 세포 증식 저지율은 자실체 열수 총 분획 (Fr. 1)보다 고분자 다당체 분획(Fr. II, Ⅲ, Ⅳ)에서 80.4~85.9%로 높았고, 면역계에 미치는 영향으로 보체계 활성화는 10.1~13.6%, 대식 세포의 NO생성능은 자실체 및 균사체 모든 분획에서 생성되었으며, TNF-*α* 생성은 NO 생성능이 높은 분획에서 우수하였다. 효소적, 비효소적 지질 과산화 유발에 대한 영향은 목질진흙버섯 자실체와 배양 균사체의 모든 분획에서 지질과산화 억제능을 보였고, 유리기 제거능은 농도 의존적으로 나타났으며, DPPH에 대한 Fr.Ⅲ의 SC_{50}은 32.0㎍/㎖이었다. 이 결과, 목질진흙버섯 자실체와 배양 균사체의 열수 추출물 및 열수 추출물의 EtOH, UF 분획은 항암 활성, 면역활성, 지질과산화 억제 효과 및 유리기 제거능이 확인되었다.

암 세포 증식 억제⑤ : 인삼박에 상황, 영지, 운지, 표고버섯 균사체를 접종 배양하여 추출액의 전자 공여능 및 간암 세포(Hep 38)와 고형암(S-180)의 증식에 미치는 영향을 조사한 결과, 인삼박 균사체의 전자 공여능은 500~10,000 ppm 범위에서 농도 의존적으로 나타났으며, 운지가 4종의 균사체 추출물 중 가장 강하였다. 간암 세포의 형태 변화 및 증식 억제는 EtOH 추출물이 물 추출 보다 효과적이었으며, 60% EtOH 추출물 5,000ppm에서 상황, 영지, 운지에 비해 99.1%로 가장 강한 세포 증식 억제 효과를 보였다. S-180 고형암 억제 효과는 대조군에 비해 운지가 65%로 가장 컸으며, 영지 61%, 표고 56%, 상황 59%의 고혈압 억제 효과를 보였다. 따라서 인삼 박에서 배양된 버섯 균사체가 간암 세포와 고형암 증식 억제에 효과가 있어 항암 자원으로 활용이 기대 되었다.

균사체 된장의 항종양성과 항돌연변이성⑥ : S-180에서 항종양성은 느타리, 영지, 상황, 신령 버섯 균사체 된장이 각각 33, 30, 26, 25% 억제하여 재래식 된장 11%보다 높았고, *St. typhimurium* TA98에 IQ와 AFB_1에 돌연변이성을 각각 39.7~46.1%, 38.0~39.7%억제(대조된장 32.0, 33.2%)하여 항돌연변이성이 우수하였다. TA100에서 IQ와 AFB_1의 돌연변이성은 각각 31.9~35.6%, 24.9~30.4% 억제하여 대조된장(27.5, 22.5%)보다 강하였다. 관련물질로는 β-D-glucan이 버섯 균사체 된장이 재래된상의 3~8배, 총 phenolic 화합물과 isoflavone양은 느타리 균사체 된장과 신령버섯 균사체가 가장 높았다.

버들송이와 말똥진흙버섯 배양 대두 추출물의 암 예방 효과⑦ : 버들송이(Ac)와 말똥진흙버섯(Pi)을 배양한 대두 추출물의 암 예방 효과를 in vitro에서 암 발생 억제 물질 즉 quinone reductase(QR), glutathione S-transferase(GST)의 활성 유도, glutathione(GSH)의 생성 촉진, polyamine 합성 대사의 억제능을 측정한 결과, Ac와 Pi 배양 대두 추출물이 mouse hepatoma Hepalclc7 cell 배양에서 QR과 GST 유도 활성이 확인되었고, GSH 생성량은 Ac 배양 대두 추출물에서 20%, Pi 배양 대두 추출물에서 40% 증가하였다. Ac와 Pi 배양 대두 추출물의 polyamine 합성 대사의 억제 효과는 *Acanthamoeba castellanii*의 증식을 측정한 결과, Ac와 Pi 배양 대두 추출물 20㎎/3㎖와 40㎎/3㎖ 처리에서 *A. castellanii*의 증식을 억제하였다. 이 결과로 담자균 배양 대두 추출물은 in vitro에서 암 예방 효과가 있는 것으로 나타났다.

뽕나무 배지 균사체 생리 활성 : 뽕나무가루 첨가 배지에서 배양한 느타리 균사체 배양물의 조추출물이 자유라디칼로 유도한 linoleic acid 산화 대조구보다 75.9% 감소시켰고, mouse liver microsome 산화에서도 NADPH/Fe^{++}

system에서 64.3% 감소시켰다. 상황버섯과 동충하초버섯 균사체 배양물의 조추출물에서도 자유라디칼 유도 산화 억제 효과가 느타리 조추출물과 유사하나 낮았다.

항산화 활성①: 버들송이(*Acrocybe cylindacea* : Ac)와 말똥진흙버섯(*Phellinus igniarius* ; Pi)의 균사체 추출액과 배양액의 용매별 분획별 항산화 효과를 검색한 결과, 전자공여능은 Ac 균사체의 EtOAc와 BuOH 분획, 배양액의 BuOH 분획에서 Pi 균사체 추출액의 EtOH 분획과 배양액의 Et_2O와 EtOAc 분획에서 모두 70% 이상의 강한 항산화 활성을 보였다. 과산화 지질 생성 억제 실험에서는 Ac 균사체 추출액의 Et_2O, BuOH 및 물 분획이, 배양액의 물 분획이 억제 활성을 보였다. xanthine oxidase 활성 측정에서 Ac 균사체 추출액에서 uric acid가 감소하였고, 아질산염 소거능은 Ac 균사체 추출액이 Et_2O 분획과 배양액의 EtOAc와 물 분획이, Pi 균사체 추출액의 Et_2O 분획과 배양액의 Et_2O, $CHCl_3$, BuOH 및 물 분획에서 50~60% 활성을 보였으며, melanin 생성 저해 활성은 Ac 균사체 추출액의 물 분획, Pi 균사체 추출액의 BuOH 분획에서 무첨가구보다 2배 이상의 저해 활성이 있었다. 이상으로 말똥진흙버섯과 버들송이 균사체 추출액이 강한 활성이 확인되었다.

뽕나무 배지와 자동산화억제②: 뽕나무 첨가 배지에서 배양한 버섯 균사체 배양물의 자동산화 억제 효과를 알고자 뽕나무 첨가 배지에 상황, 느타리, 동충하초, 신령버섯, 노루궁뎅이버섯을 7일간 액체 배양하고, 균사를 제거한 배양물에 대한 항산화성을 275μM linoleic acid에 시료(1㎎)를 첨가 40℃ 에서 16일간 배양한 결과, 신령 버섯과 노루궁뎅이버섯의 항산화능이 우수하여, 뽕나무는 버섯 균사체 액체배양물의 항산화성을 증가시켰다.

원적외선 처리와 항산화 작용③: 상황버섯과 영지버섯에 원적외선 조사를 30, 60, 90 및 120분 간격으로 조사 후 물로 추출한 결과, 조사 시간에 비례하여 갈변도, 총 당, 총 페놀, 라디칼 소거능 및 환원력이 증가하였으며 상황은 120분 처리 후, 갈변도는 2.1배, 총 당은 2.6배, 총 페놀은 2.2배, 라디칼 소거능은 2.2배, 환원력은 1.6배 증가하였다. 영지 추출물의 갈변도 1.7배, 총 당 2.0배, 총 페놀 2.3배, 라디칼 소거능은 1.3배 증가하였다. 환원력은 차이가 없었으며 전체적인 효과는 상황버섯에 비해 다소 낮았다. 이상의 결과로 원적외선 조사가 상황과 영지의 당류 및 페놀 화합물의 추출을 촉진, 항산화능을 향상시킴을 확인하였다.

균사체 배양 추출물의 항균 활성① : 구름버섯, 상황버섯(*Phellinus linteus*), 노루궁뎅이버섯의 균사체 배양액의 EtOAc추출물이 돼지와 가금류의 설사유발 세균류인 *E. coli* K88, *E. coli* K99, *E. coli* 987P와 *Salmonella typhimurium* 14058 균주에 항균 활성을 보였다. 특히 구름버섯 추출물은 가장 강한 항균 활성을 보였고, kanamycin과 ampicillin에 내성을 보이는 S*taphylococcus aureus* CARM 3230과 *E. coli* CARM1381 균주에도 삼종 버섯 배양 추출물 모두 항균 활성을 보였으며, 구름버섯 추출물이 강하였다.

***Helicobacter pylori* 에 항균 효과②** : 국산 버섯(장수, 동충하초, 운지, 상황버섯, 소나무잔나비버섯) 열수 추출물의 *H. pylori*(Hp)에 항균 효과를 실험한 결과, 소나무잔나비버섯〔*Fomitopsis pinicola* (Fp)〕이 15㎜의 생육 저해환으로 가장 강하였고, 동충하초(*C. militaris*), 운지, 상황, *Fomitella traxinea*가 비교적 높은 항균성을 보였다. MeOH ex에서도 Fp가 생육 저해환 44㎜로 가장 강한 항균력을 보였다. 버섯의 생리 활성은 단백 다당체로 이들이 함량 의존적으로 나타나는 것으로 추정된다. Fp의 MeOH ex가 DEAE-sepadex 초기 분획에서 Hp에 항균 효과를 보였으며, 이 분획이 단백 다당체 함량이 높았다. Hp에 대한 항균력은 *Fomitopsis pinicola*와 *Cordyceps militaris*가 우수하였다.

면역 활성① : 상황버섯 자실체, 액체 배양 균사체 및 배양액으로부터 고분자 물질(polymer)을 추출, 면역 활성을 anti-complementary assay법으로 측정, 자연산과 인공 재배 자실체로부터 생산된 polymer의 면역 활성은 각각 65.77%, 63.9%이었고, 또 자실체, 균사체 및 배양액에서 추출한 polymer의 면역 활성은 균사체 41.95%, 배양액은 21.87%로 자실체보다 낮았다.

다당체의 면역 활성과 특성② : 열수 추출물의 EtOH 용해도에 따라 Fr. 2, 3, 4, 5 분획하고 T-의존성 polyclonal antibody 반응을 SRBC(Sheep red blood cell)에 대해 면역 활성을 관찰한 결과, F-4에서 가장 강한 활성을 보여 다시

DEAE-cellulose chromatograph로 분획, 4-Ⅰ, Ⅱ, Ⅲ, Ⅳ, Ⅴ로 나누어 면역 활성을 실험한 결과, 4-Ⅰ와 4-Ⅲ에서 LPS와 유사 활성을 보였으나, 다른 분획은 활성이 낮았다. 이들을 모두 HPLC로 분석한 결과, heteropolysaccharide-protein이었고, 분자량은 9,000~15,000D 사이로 당류는 glucose, galactose, mamnose, arabinose, xylose가 주 성분이었고, uronic acid와 amino sugar도 검색되었다. 4-Ⅲ의 분자량이 15,000D로 대단히 적은 분자량 물질로 잘 알려진 면역 활성 물질 β-(1→3)glucan과는 다른 것으로 추정되었다.

면역 조절 효과③ : 목질진흙버섯 수침 추출액은 면역 globulin 생산을 조절하며, cytokine 분비와 mRNA expression을 저하시켜 MLN-lymphocytes에서 proinflammatory cytokine 분비와 mRNA express를 감소시켰다.

다당체의 생리 특성 : 목질진흙버섯(상황)의 자실체와 균사체 배양물의 열수 추출물에 의한 다당체의 수율은 자실체에 높았으며, 총 당은 균사체에 많았고, 단백질과 hexosamine은 자실체에 많았다. 구성 당은 glucose가 대부분이며, 여러 단당으로 구성, 아미노산은 Asp, Gly, Glut를 다량 함유, 당과 단백질 결합에 관여하는 Ser과 Thr도 다량 함유하였다. 다당체의 분자량은 12kD, β-glucan과 α-glucan이 혼재, β-glucosidic결합 (890㎝$^{-1}$)이 다량인 β-glucan성 다당체로 조사되었다. 본 버섯의 자실체와 균사체 배양물의 열수 추출물과 열수 추출물의 EtOH, UF처리 분획들은 단백질 함유 다당체로 확인되었고, 자실체와 균사체의 성분은 서로 유사하였다. 또한 항종양 및 면역 활성은 이 다당체에 의한 것으로 추정 되었다.

화학 성분과 생리 활성 : 상황버섯의 총 무기질은 534.3㎎%였으며, K는 224㎎%, 총 당과 환원 당은 각각 56.2%, 9.8%, 유리 아미노산은 16.9~765㎎%, 주요 아미노산은 phenylalanine, aspartic acid, glutamic acid, leucine, serine 및 valine이었고, 그중 phenylalanine은 765.5㎎%로 가장 많았다. 상황버섯의 MeOH와 열수 추출물의 총 phenol성 화합물은 각각 33.3㎎%/100㎖, 20.7㎎%/100㎖로, 다른 용매 추출물보다 많았다. H_2O_2 소거 효과는 MeOH 추출물 10㎍/㎖에서 30분 반응 시 80%로, 대조구 tocopherol 83.1%와 근사하였고, 아질산염 소거 효과는 낮은 pH에서 높았으며, pH 1.2에서 물과

MeOH 추출물 500㎎/㎖은 각각 57.3%, 51.8%로, 상황버섯물 및 MeOH 추출물은 H_2O_2 및 아질산염 소거능이 우수한 것으로 나타났다.

조다당 분획물 조성 : 국내 재배와 수입 유통 되는 4종의 *Phellinus* 속 버섯의 조다당 분획물의 조성을 조사하고자, 활성 분획 중 유효 성분 조다당 분획물을 EtOH 냉침한 결과, 조다당 분획물 수율은 *P. linteus*는 15.0%, *P. baumii* 5.1%, *P. pini* 6.3%, *P. igniarius* 5.7%이었다. 다당체의 조성 단당도 버섯 종류에 따라 큰차이를 보여, *P. linteus*는 당의 총량은 148.713㎎/g, *P. baumii*는 29.022㎎/g, *P. pini*는 29.222㎎/g로 *P. linteus*의 약 1/5이었고, *P. igniarius*는 *P. linteus*의 1/100인 1.546㎎/g이었다. 모든 *Phillinus* 속 버섯에는 glucose가 많았으며, 단당류의 절대량도 종에 따라 차이가 있었다. *P. linteus*는 mannose와 ribose가 *P. baumii*보다 적었고, arabinose를 제외한 단당류는 *P. baumii*와 *P. pini*는 서로 유사하였다. *P. igniarius*는 모든 당의 절대량이 *Phellinus* 속 버섯에서 매우 적었나.

mACh R-M$_1$와 Ligan과의 결합 저해 효과 : 치매 및 퇴행성 뇌질환에 중요한 대뇌중추의 cholinergic receptor와 ligand [^{3}H] N-methylscopolamine와의 결합을 저해하는 효과를 지표로 muscarine성 acetylcholine 수용체와의 결합을 저해하는 효과를 82종 생약 추출액에 대하여 조사한 결과, 500㎍/㎖ 에서 50% 이상 저해 활성을 보인 생약은 계지(육계), 상황버섯, 인진(사철 쑥), 저령(*Polyporus*), 포공영(민들레)이었다.

NMDA 수용체와 친화력 : glutamate, NMDA(흥분성 신경 전달 물질)의 수용체에 대한 길항제는 치매 및 뇌허혈성 등 기타 퇴행성 뇌질환 치료 또는 예방 식물을 검색코자, 82종 생약의 열추출물에 대하여 검색한 결과, 진피, 상황버섯, 인진, 곽향, 감초 등은 5㎍/㎖ 이상에서 활성을 보였고, 농도 의존적이었다.

장내 유해효소와 α-Glucosidase 저해 : 재배 상황버섯의 유산균 증식 효과를 측정한 결과, *B. breve*에 대한 증식 효과와 배양 배지의 pH 저하 효과가 우수하였다. 사람과 흰쥐의 장내 세균을 버섯 추출물 함유 배지에서 배양 시 배지의 pH 저하 효과가 우수할 뿐 아니라, *β*-glucosiase 효소 활성을 억제하였다. 그 외에도 대장암 및 방광암 등의 원인 효소로 주목되는 사람과 흰쥐의 장내 세균 총 효소인 β-glucuronidase 및 tryptophanase 효소 활성을 억제하였다. 이 외에도 insulin 비의존성 당뇨병 치료제인 acarbose보다는 약하였으나, maltase, sucurase 및 α-amylase를 효과적으로 저해하였다.

버섯 균사체와 배양곡물의 혈당 강하 : 혈당 강하 효능이 있는 버섯 배양 곡물을 개발하기 위해 수 종의 버섯균과 버섯 배양 곡물의 식후 혈당 상승 억제를 조사하였다. 균사체의 포도당 투과 지연 효과를 측정한 결과, 120분 동안 투석후 전체 포도당 중 13.1±3.6~41.8±8.0% 포도당이 투석막 내액에 잔존하여 대부분의 균사체가 pectin보다 포도당의 투석막 투과가 지연되었다. 당뇨쥐에 균사체를 투여 후, 혈당은 30분 후에 389.4±43.8~426.8±49.4㎎/*dl*로 대조구(535.3±78.6)보다 낮아 버섯 균사체가 식후 혈당 상승 억제가 우수한 것으로 특히 *Phellinus linteus*와 *Paecilomyces japonica*가 우수하였다. *P. japonica* 배양 버섯배양곡물을 당뇨쥐에 투여한 후 혈당 변화를 조사한 결과, 균사체 배양하지 않은 곡물에 비해 혈당의 상승이 낮은 것으로 나타났다(동충하초, 영지, 목진흙버섯, 느타리).

생리 활성① : 상황버섯은 sarcoma 180/mouse에 억제율 96.7%, β-glucuronidase 저해, 면역 증강, 보체 활성, 인슐린 비의존성 당뇨병 치료 효과가 있다.

생리 활성② : 상황버섯을 인공 배양한 균사체에 대하여 실험동물에서 독성과 항암 효과 및 종양 면역 기전을 검토한 결과, 상황 배양 균사체 추출물은 정상 동물에서 독성이 극히 미약하였고, 비장에서의 NK 세포 활성은 증진시키나 세포 독성 T-lymphocyte와 복강 내 대식 세포 활성에는 영향을 미치지 않는 것으로 보아 상황은 NK 세포 기능에 작용하여 숙주의 비특이적 면역능을 증강시켜 항암 활성을 발휘한다고 생각되었다.

버섯 된장의 생리 활성③ : 표고버섯, 상황버섯 및 영지버섯을 첨가, 재래식 된장을 제조, 항산화, 항돌연변이 및 항암 효과를 관찰한 결과, DPPH 라디칼 소거능은 영지된장의 IC_{50}가 245㎎/*ml*로 일반 된장보다 약 2배 높았으나 표고와 상황버섯 된장은 일반 된장 IC_{50}과 비슷하였다. Ames test 항돌연변이성은 된장 1㎎/plate와 5㎎/plate에서 *S. typhimurium* TA100에 MNNG 돌연변이 유발 저해는 없었으나 간접돌연변이 유발을 70% 억제하였다. 또한 SOS Chromo test에 의한 항돌연변이도 시료 0.5% 첨가에서 23~33% 활성을 보였고, 영지 된장이 가장 높았다. MTT 실험계에서 암 세포 생존 억제는 일반 된장을 비롯 버섯 된장에서 강한 활성을 보였으며, 이중 상황과 영지 된장은 100μM/assay에서 첨가로 91~92% 암 세포 생존 억제를 보였다. 따라서 표고, 상황 및 영지 첨가 된장은 항산화, 돌연변이 유발 억제 및 암 세포 생존 억제 작용이 있는 것으로 평가되었다.

항암성과 향미 개선 버섯 메주 제조 : 잎새버섯, 동충하초, 표고, 영지, 신령, 느타리, 상황버섯 균사체를 메주 무게의 10%를 접종, 25℃에서 4주간 배양한 버섯 균사체 메주 중 상황, 영지, 신령버섯 균사체 메주가 항암성과 향미 완화 기능이 우수하였다.

배양 조건과 다당체 생산① : 여러가지 배지를 이용하여 상황 균사체 생장과 다당체 생산 및 단당류 구성 비를 조사한 결과, GP(glucose-peptone) 배지에서 균사 생장이 가장 양호하였으며, 이 배지의 탄소원 중 glucose에서 최대 균사체생장(0.9g/100㎖)을 보였고, 다당체의 수율은 5~14%로 mannose에서 최대였다. 최적 pH는 7이며, 산성 pH에서 비교적 성장이 좋았으나, 알칼리 pH에서 생장이 급격히 감소하였다. 한편 pH에 따라 다른 탄소원 및 단당류 구성비가 변화하여, 탄소원에 따라 다당체에서 glucose 80~95%, mannose 3~12%, galactose 2~10%이었다. pH 변화에 따라 glucose는 83~92%, mannose는 4~8%, galactose는 5~8% 구성을 보였다. 이로써 배양 조건에 의한 항암면역 활성 다당체 구조의 변환 및 생산 증강이 가능함을 보였다.

균사 배양 생육 주요 인자② : 상황버섯 균주의 균사 배양에 적합한 온도는 25~30℃, pH 6.0~7.0, 균사 생장과 증식에 적합한 배지는 MCM, YM 및 synthetic 1 배지이었다. 균사 생장이 양호한 탄소원으로는 단당류인 D-glucose, D-mannose, dextrose, 질소원은 유기태 질소 cassamino acid와 glutamic acid 복합 질소원은 peptone이 양호하였다. 균사 생장에 적합한 배지의 C/N 비는 탄소원 glucose 2%에서 20:1, 탄소원 농도가 높아질수록 균사생장은 부진하여 탄소원 농도 4% 이내가 적당하였다. 유기산으로는 gallic acid, silicic acid, vitamin biotin 첨가 시 균사 생장이 촉진되었고, 무기 염류는 KH_2PO_4, $FeSO_4 \cdot 7H_2O$, $ZnSO_4 \cdot 7H_2O$ 각각 0.05%, 0.001%, 0.02%, 0.003%에서 균사생장이 양호하였다.

수종 톱밥과 균사 생장③ : 수종별 톱밥에서 상황버섯의 균사생장을 조사한 결과, 참나무, 뽕나무, 복숭아나무 톱밥이 양호하였다. 첨가제와 첨가량 별 균사생장은 쌀겨, 밀기울, 옥수수피를 참나무 톱밥에 20~30g(v/v) 혼합시 양호하였고, 참나무 톱밥과 쌀겨를 80:20 혼합 배지의 수분 함량은 65~70%에서 균사 생장이 양호하였으며, 이 때 온도는 25℃에서, 58일이 소요되었다.

균사 생장 접합 조건④ : 목질진흙버섯의 균사 생육 배지는 MYA(malt yeast agar)와 SMS(Soybean flour malt extract sugar)가 기본 배지로 적합하였고, 온도는 30℃, pH는 5.0에서 균사생장이 양호하였다. 영양원은 malt extract 2%, yeast extract 0.2%, KH_2PO_4 0.1%에서 균사 생장과 밀도가 양호하였다. C/N비는 10:1이 최적, 삼각 flask 배양은 300㎖ shake flask에 100㎖ 배양액, 5~6개 균사체 절편을 접종, 20일간 배양하면 고립상의 균체를 양호하게 증식시킬 수 있었다. 대량 액체 종균 배양은 접종원을 분쇄, 통기량 2.0vvm의 조건에서 12일 배양으로 균사 생장을 효과적으로 할 수 있었다.

균사체 성장과 용존 산소⑤ : 강력한 항암 효과가 있는 단백 다당체를 생산하는 *P. linteus* W1-001 균주의 용존산소에 따른 균사체 생산성을 조사한 결과, 균사체 성장에 용존산소와 shear stress가 중요 인자로 작용하였다. 용존산소 농도를 10, 20, 30% 증가에 따라 균사체 생성량이 대조군보다 36% 증가하였고, 세포 비성장 속도는 20% 용존 산소에서 64% 증가하였다.

진흙버섯속의 배양 특성① : 진흙버섯속(*Phellinus*)은 단·다년생 백색 부후균이며, 10개 균주의 배양 조건을 조사한 결과, 균사체 배양은 25℃ 배양상에서 PDA 배지, pH 6.0~8.0이 최적이며, pH 4에서 생장이 느렸다. 온도 25~30℃에서 균주의 생장이 양호하였으며, *P. biscuspidatus 균주*는 시험 균주 중 생장이 가장 빨랐고, pH 7에서 최적 성장을, pH 6~8에서도 양호하였고, 균사 밀도는 pH 6.0~7.0이 최적이었다. *P. biscuspidatus, P. johnsonianus*와 *P. lloydii*는 30~35℃ 사이에서 균사 생장이 활발한 고온성 균이었다.

병 재배 특성② : 장수상황버섯(*Phellinus baumii*)은 현재 원 목재가 주종이나, 생육 기간이 길고, 원목 수급이 문제되므로 병 재배를 실시한 결과, 참나무 톱밥 + 미강(4:1) 배지에서 배양 속도, 균사 밀도가 가장 우수하였으나, 자실체 형성이 되지 않아, 참나무 톱밥 100% 배지는 균사 밀도와 배양 속도는 낮았으나, 자실체가 형성 되었고, 850㎖병에 1100㎖병의 수량과 생체 비율이 높았다.

인공 재배③ : 현재까지 상황버섯의 인공 재배는 포자를 포함하지 않은 균사체 덩어리 형태의 인공 재배는 성공하였으나, 포자를 포함한 거의 완전한 형태의 인공 재배법은 성공치 못하였다. 본 연구는 포자를 포함한 인공 재배법을 연구, 뽕나무, 상수리나무, 오리나무, 밤나무 사용시 자실체 수확량 (Biological efficiency)은 상수리나무가 9.4±1.6으로 가장 높았고, 자실체 형성 온도와 배양 기간은 25℃에서 약 10개월이었다.

균사체 액체 배양④ : 강원도 양양 일원 야산의 뽕나무에 자생하고 있는 상황버섯 형태의 자실체를 체집, *Phellinus* 균주를 분리 동정한 후, 액체 배양으로 대량 생산을 목적으로, 배양 조건, 조성, 장치 등을 연구한 결과, 자실체 표면은 검고 거칠며, 갓 내부는 황갈색, 편평하고, 두껍고(5~7㎝), 말굽형, 단단하며 상황 버섯 형태를 갖추었다. 조직 일부를 water agar에 이식 , 순수 분리 결과, 균사체는 황갈색, PDA 평판 배지에서 자갈색 색소를 분비, 균사는 clamp connection이 없고, 많은 branch가 있었다. laccase, tyrosinase 및 peroxidase activity가 있으며, flask 배양 최적 조건은 접종 비 5%(v/v), 배지액량 70㎖, 교반 속도 150rpm, 초기 pH 6, 배양 온도 30℃, 배양 기간 8일, 최적 배지 조성은 glucose와 sucrose 각각 12.12g/ l , yeast ex와 malt ex 11.15g/ l , KH_2PO_4와 $CaCl_2$ 0.855g/ l 이며, 배양 4일과 8일 후 균사체량은 각각 1.95 및 9.89g/ l 로, 최대 비생육 속도 0.020hr^{-1}, 생산성은 1.25g/ l /day이었다.

액체 배양 합성 배지 개발⑤ : 상황의 항암 물질 다당체의 경제적 생산을 위해 배지 개발 실험을 시행한 결과, glucose 90g, peptone 10g, 가용성 전분 10g, yeast extract 3g, KH_2PO_4 1g, $MgSO_4 \cdot 7H_2O$ 1g, $CaCl_2$ 0.1g을 1 l 에 포함한 액체 배지에서 3일 배양 후, 16.79㎎/㎖ 건조 균체량을 얻었다. 탄소원인

glucose와 질소원인 peptone은 yeast extract나, KH_2PO_4, $MgSO_4 \cdot 7H_2O$, $CaCl_2$ 성분은 상황버섯의 성장에 주요 인자이며, 28℃가 최적 배양 온도였다.

2차 대사 산물 : 상황 균사체 배양액의 EtOAc 가용 분획에서 silica gel, C.C. 및 preparative TLC로 6개의 화합물을 분리, 정제한 결과, 화합물 1은 succinic acid, 화합물 2는 *p*-hydroxyphenyl acetic acid methylester, 화합물 3은 *p*-hydroxybenzaldehyde, 화합물 4, 6은 2-hydroxymethyl-5-methoxy methylfruan 및 2,5-dihydroxymethylfuran, 화합물 5는 N-acetyl tyramine으로 동정되었다.

상황버섯 국수의 품질 특성 : 상황 버섯 분말(PiP) 2%(II), 상황버섯 추출액(PiE) 17%(III)와 34%(IV)를 첨가, 국수를 만들어 대조군(I, 버섯 무첨가군)과 비교한 결과, 시료 첨가 생면과 조리면의 색도와 명도는 감소, 황색도와 적색도는 증가하였다. 조리면의 부피 증가율은 PiP나 PiE 34% 첨가 조리면은 감소하였고, 조리 국물의 시료 첨가면에서 증가하였다. 조직감은 조리국면의 경도와 씹힘성은 III,IV시험구가 유의적으로 높았고, 인장력은 III,IV구가 17.61g, 17.57g으로 가장 높았으며, II시험구는 12.17g으로 가장 낮았다. VI구는 색상, 향, 맛, 조직감에서 높았으나, II시험구는 조직감, 맛 특성에서 가장 낮은 점수를 보였다. 상황국수 제조 시 분말보다 추출액 첨가가, 또 17%보다 34% 추출액 첨가 국수가 우수하였다.

상황버섯차 제조의 최적 조건 : 인공 재배한 상황버섯 원료의 영양 성분은 탄수화물이 80.9%로 가장 많았고, Na, K, Ca, Fe의 무기질도 비교적 풍부하였으나, 비타민 B_1, B_2, C는 검출되지 않았으며, 가장 바람직한 추출 조건은 5% 농도의 원료를 100℃에서 3시간 추출로 나타났다. 추출물의 청징화는 실험 결과, 원심분리와 depth fiber pad 이용이 가장 좋았고, 6000rpm 이상에서 원심분리나, 8㎛이하의 pore size filter system 이용이 청징도가 높은 결과를 보였다.

이화학적 규격 : *Phellinus linteus*로 분류된 P016과 P028 시료가 묽은 EtOH ex 함량과 H_2O ex 함량이 특히 높았고, TLC 패턴 시험에서 기원 미확인 PO25, PO26, PO27 3종의 시료는 모두 북한산 시료로 *P. baumii*로 분류된 PO22,

PO24와 매우 유사, 그 기원을 *P. baumii*로 유추할 수 있으며, 기원 미확인 시료 PO11, PO12, PO33 등 3종의 시료 TLC 패턴은 *P. igniarius*로 분류된 PO21과 매우 유사하며, 특징적 spot을 공유하여 그 기원을 *P. igniarius*로 Et_2O ex에서 확인되었고, phenol성 성분은 EtOH ex에서 확인되었다. 이상의 결과로, 분획을 좀더 세밀히 하면 TLC 패턴 시험으로도 *Phellinus* 속 시료의 산지와 기원의 정보를 얻을 수 있음을 확인하였다.

✲ 효능과 이용

1) 효능 : 건위, 해독, 정장(整腸).
2) 식용 : 기능성 식품 재료로 개발하고 있다.
3) 약용 : 한방에서는 소화기계 암, 건위, 월경 불순, 자궁 출혈 및 대하, 장출혈, 해독, 정장에 자실체를 탕액으로 응용한다.

참고문헌

1) 강일준, 정명은, 함승시, 남상명, 김수진, 정차권, **식품영양과학회지,** 2001, 30(2), 331 (상황버섯이 사염화탄소와 고지방을 투여한 흰쥐의 간지질 대사에 미치는 생리학적, 형태학적 연구)
2) 강태수, 이동기, 이신영, **균학회지,** 1997, 25(4), 257 (*Phellinus* sp.의 분리 및 균사체 액체 배양)
3) 공영윤, 이관기, 남상윤, 홍남두, **생약학회지,** 1991, 22(4), 233 (상황 배양 균사체의 활성에 관한 연구)
4) 공원식, 김동현, 유창현, 김영호, 김경수, 김광호, **균학회지,** 1998, 26(4), 466 〔목질진흙버섯(*Phellinus linteus*)의 균총 형태 비교 및 PCR 기법을 이용한 동정〕
5) 김동현, 최혁재, 배은아, 한명주, 박순영, **식품위생안전성학회지,** 1998, 13(1), 20 (재배 상황버섯의 장내 세균 유해 효소 및 α-Glucosidase 저해 효과)

6) 김석종, 박철우, 박숙자, 김영숙, 조현종, 임동길, 김정옥, 이주희, 하영래, **식품영양과학회지,** 2003, 32(1), 141 (재래식 버섯 균사체 된장의 항종양성과 항돌연변이성－느타리, 상황, 신령버섯, 영지)
7) 김석종, 임동길, 박철우, 세르보로다메, 형석원, 이강권, 김정옥, 하영래, **식품영양학회지,** 2004, 33(2), 255 (뽕나무가루 첨가 배지에서 배양한 버섯 균사체 배양물의 자유라디칼 유도산화억제－동충하초, 신령버섯, 느타리, 노루궁뎅이버섯)
8) 김소연, 손준호, 하효철, 이항우, **균학회지,** 2002, 30(2), 124 (버들송이와 말똥진흙버섯을 배양한 대두추출물의 암예방 효과)
9) 김수호, **강원대학교 석사학위논문,** 2000 〔형태적·배양적인 특성과 ITS region을 근거로 한 목질진흙버섯균(*Phellinus linteus*)의 탐색〕
10) 김신숙, **충남대학교 석사학위논문,** 1992 〔목질진흙버섯 (*Phellinus linteus*)의 항암 성분에 관한 연구〕
11) 김영섭, 김정섭, 김성기, 허정희, 이병의, 유시용, **생약학회지,** 2001, 32(3), 212 (수종 생약 추출물의 N-methyl-D-aspartate 수용체 Glycine binding site에 대한 친화력 검색－진피, 감초, 인진, 곽향, 상황)
12) 김영섭, 김정섭, 김성기, 허정희, 이병의, 유시용, **생약학회지,** 2001, 32(3), 219 〔수종 생약 추출물의 muscarine 성 (M_1 type) acetylcholine 수용체 (mAChR-M_1)에 대한 친화력 검색－계지, 상황, 인진, 저령〕
13) 김영숙, 박철우, 김석중, 박숙자, 류충호, 조현종, 김정옥, 임동길, 하영래, **식품영양과학회지,** 2002, 31(6), 986 (항암성과 향미가 개선된 재래식 버섯 균사체 메주의 제조－잎새버섯, 동충하초, 표고, 영지, 신령, 느타리, 상황)
14) 김정한, 이승철, 주영철, **식품과학회지,** 2007, 39(4), 386 (원적외선 처리가 상황버섯과 영지버섯 추출물의 항산화에 미치는 영향)
15) 김종래, 권호균, 전계택, 이계관, **산업미생물학회지,** 2000, 28(5), 265 (*Phellinus linteus* W1-001 균사체의 성장에 미치는 용존산소 농도의 영향 및 자동 조절 방법 개발)
16) 김종래, 권호균, 전계택, 이계관, **산업미생물학회지,** 2000, 28(5), 298 (*Phellinus linteus* WI-001 발효에 따른 배양공정 Parameter의 온라인 분석)

17) 김창수, **충북대학교 석사학위논문,** 1997 〔목질진흙버섯(*Phellinus linteus*)의 성분분석〕

18) 김행란, 홍진선, 최정실, 한귀정, 김태영, 김상범, 전혜경, **식품과학회지,** 2005, 37(4), 579 (상황버섯분말과 추출액을 첨가한 국수의 품질 특성)

19) 김혜경, **충남대학교 석사학위논문,** 1994 〔목질진흙버섯(*Phellinus linteus*)의 면역활성에 관한 연구〕

20) 류영현, 조우식, 정기체, 윤재탁, 최부술, **균학회지,** 2000, 28(1), 6 (*Phellinus gilvus*의 배양적 특성과 자실체 형성)

21) 류영현, 조우식, 정기체, 윤재탁, 최부술, **균학회지,** 2000, 28(1), 11 (*Phellinus gilvus*의 배양적 특성과 자실체 형성)

22) 류영현, 이진형, 김종국, **균학회지,** 2004, 32(2), 148 〔Nuclear Ribosomal DNA Intergenic spacer(IGS) I 영역의 분석에 의한 목질진흙버섯의 계통 분류학적 위치〕

23) 류영현, 조우식, 이진만, 김종국, **균학회지,** 2004, 32(2), 101 〔장수버섯(*Pheliiuns baumii*)의 병재배 특성〕

24) 박미정, 안미정, 김진웅, 제금련, 이흠숙, **식품영양과학회지,** 2007, 36(1), 131 (수종 상황버섯의 조다당 분획물 조성)

25) 박은미, 김수정, 예은주, 배만종, 조경철, **식품영양과학회지,** 2005, 34(3), 323 (인삼박으로 배양된 버섯 균사체 추출물이 암 세포 증식에 미치는 영향—상황, 영지, 운지, 표고 버섯)

26) 손미예, 서권일, 최선영, 성낙주, 이상원, 박석규, **식품영양과학회지,** 2006, 35(5), 524 (상황버섯의 화학 성분 및 생리 활성 효과)

27) 송경식, 조수목, 고경수, 한만우, 유익동, **응용생명화학회지,** 1994, 37(2), 100 〔상황 (*Phellinus linteus*) 배양 균사체의 2차 대사산물에 대한 화학적 연구〕

28) 송치현, 나경수, 양병근, 전용재, **균학회지,** 1998, 26(1), 86 〔목질진흙버섯(상황)의 면역 활성〕

29) 송치현, 문혜연, 류충현, **균학회지,** 1997, 25(2), 130 (*Phellinus linteus*(상황버섯)의 인공 재배〕

30) 송효남, 오세욱, **식품영양과학회지,** 2002, 31(4), 636 (인공 재배 상황버섯 액상 추출차 제조를 위한 최적 추출 및 청징화 조건)
31) 야마나 세이조, 홍남두, **한국특허 051055,** 1992 (페리누스 린테우스 균사체의 배양 방법)
32) 엄상용, 장연위, 김남식, 강종원, 한윤수, 신경섭, 송형근, 박순영, 김정수, 김천, 김용대, **식품과학회지,** 2006, 38(5), 717 (금사상황버섯 추출물이 사람의 Natural killer 세포활성에 미치는 영향)
33) 유익동, 정학성, 정원진, 고경수, 한만우, **한국 특허 공개 97-1531,** (*Phellinus linteus*로부터 분리된 항암 면역 활성 다당체 및 이의 제조 방법)
34) 이대우, **충남대학교 석사학위논문,** 1995 (참나무 톱밥 배지에 배양 시킨 *Phellinu linteus* 균사체의 항암 활성에 관한 연구)
35) 이수진, 이경임, 이숙희, 박건영, **조리과학회지,** 2004, 20(4), 365 (버섯 첨가 된장의 생리 활성 작용—표고, 상황, 영지)
36) 이영경, 한명주, 박순영, 김동현, **식품과학회지,** 2000, 32(2), 477 (상황버섯 자실체의 in vitro, in vivo 항암 활성)
37) 이원호, 김수영, 박영진, 김태웅, 김호경, 성재모, **균학회지,** 2004, 32(2), 95 〔목질진흙버섯(*Phelliuns linteus*)의 접합한 균사생장〕
38) 이재경, 윤정원, **균학회지,** 2004, 32(2), 412 (한국산 버섯 추출물의 *Helicobacter pylori*에 대한 항균력 검색과 특성—소나무잔나비버섯, 동충하초, 운지, 장수, 상황)
39) 이재훈, 조수묵, 고경수, 유익동, **균학회지,** 1995, 23(4), 325 (배양 조건에 따른 상황버섯의 다당체 생산 및 단당류 구성 변화)
40) 이준우, 백성진, 방광웅, 김용석, 한만덕, 하익수, **균학회지,** 1999, 27(6) 425 (*Phellinus linteus* IY001의 자실체와 균사체 배양물로부터 분리한 다당체의 물리 화학적 특성 비교)
41) 이준우, 백성진, 방광웅, 강신욱, 강상모, 김병용, 하익수, **식품과학회지,** 2000, 32(3), 726 (목질진흙버섯 자실체와 배양 균사체 유래 β-glucan 성 다당체의 생리 활성)
42) 이항우, 이동우, 하효철, 정인창, 이재성, **균학회지,** 2002, 30(1), 37 (말똥

진흙버섯 및 버들송이버섯의 균사체 및 배양액의 항산화 활성)

43) 인병우, 홍두표, 윤전용, 정영준, 이주연, 정해건, 최동구, 최완수, 조봉금, 박태규, 박동기, **약용작물학회지,** 2005, 13(5), 213 (Immunoglubulin E level in murine Mesentric Lymph Node Lymphocytes)

44) 장현진, 양기숙, **약학회지,** 2006, 50(6), 367 (낙엽송층버섯으로부터 Ergosterol 유도체의 분리 및 RAW 264.7 세포주의 Nitric oxide 생성 저해 활성)

45) 정경수, 고경수, 한만우, **한국특허공개, 95-7860,** 1995 (*Phellinus linteus* 균사체의 인공 액체 배양 및 항암 면역 활성 물질 제조 방법)

46) 정경수, 고경수, 한만우, **한국특허공개, 97-9150,** 1997 (*Phellinus linteus* 균사체의 인공 액체 배양 및 항암 면역 활성 물질 제조 방법)

47) 정경수, 김신숙, 김희수, 한만우, 김병각, **약학회지,** 1994, 38(2), 158 (*Phellinus litnteus* 균사 배양물로부터 분리한 단백 다당체 Kp의 항암 활성)

48) 정명은, 함승시, 남상명, 강일준, 김수진, 정차권, **식품영양과학회지,** 2001, 30(2), 331 (상황버섯이 사염화 탄소와 고지방을 투여한 흰쥐의 간지질 대사에 미치는 생화학적, 형태학적 연구)

49) 정은주, 성재모, 양기숙, **약학회지,** 2004, 48(2), 130 〔배양 상황버섯의 저밀도 지단백질(LDL) 산화에 미치는 영향〕

50) 정인창, 김선희, 권용일, 김소연, 이종숙, 박신, 박경숙, 이재성, **균학회지,** 1997, 25(2), 133 (화학합성 배지 및 곡물을 이용한 *Phellinus igniarius*의 균사체 배양 조건)

51) 정지원, 김기영, 하명규, 이태호, 이재동, **균학회지,** 1999, 27(2), 124 〔Ribosomal DNA의 Internal Transcribed Spacer(ITS)부위의 염기 서열 분석에 의한 *Phellinus* 속의 계통 분석에 관한 연구〕

52) 조민정, 박미정, 김영중, 제금련, 이흠숙, **생약학회지,** 2005, 36(2), 65 (상황의 이화학적 규격 연구)

53) 지정현, 하태문, 김영호, **균학회지,** 1998, 26(1), 56 〔수종 톱밥에서목질진흙버섯균(*Phelliuns linteus*)의 균사 생장〕

54) 지정현, 하태문, 김영호, 노영덕, **균학회지,** 1996, 24(3), 214 〔목질진흙버섯균(*Phellinus linteus*)의 균사체 생육에 미치는 주요 인자에 관한 연구〕

55) 지정환, 김미남, 정차권, 함승시, **식품영양과학회지,** 2000, 29(2), 322 〔상황버섯(*Phellinus linteus*)추출물의 항 돌연변이 원성 및 세포 독성 효과〕
56) 지정환, 김미남, 정차권, 함승시, **식품영양과학회지,** 2000, 29(3), 513 〔상황버섯(*Phellinus linteus*)과 아가리쿠스버섯(*Agaricus blazei*)추출물의 유전 독성 억제 효과〕
57) 차동열, 유창현, 김광포, **최신버섯 재배기술,** 농진회, 1991
58) 최근호, **생물공학회지,** 1999, 14(2), 167 〔*Phellinus linteus*(상황)의 액체 배양을 위한 새로운 합성 배지의 개발〕
59) 최병수, 이강수, 박성철, 이양수, **균학회지,** 2004, 32(2), 134 (진흙버섯속의 배양적 특성)
60) 최희돈, 석호문, 박용곤, 박영도, 김정애, **식품영양과학회지,** 2007, 36(10), 1257 (버섯 균사체 및 배양곡물의 혈당 강하 효과—동충하초, 영지, 목질 진흙버섯, 느타리)
61) 한명주, 배은아, 이영경, 김동현, **식품과학회지,** 1996, 28, 947 (버섯의 장내 유산균 증식 효과)
62) 한용석, 박순영, 최병기, 정세영, **응용약물학회지,** 2001, 9, 46 (재배 상황버섯 추출물의 경구투여 급성 독성 연구)
63) 홍남두, 구경수, **균학회지,** 1995, 7(1), 46 (*Phellinus linteus* 배양 균사체 추출물의 활성 분획 구조와 면역 증강 효과)
64) Ahmad, S., Hussain, G., Razag, S., **Phytochemistry,** 1976, 15, 2000 (Triterpenoids of *Phellinus gilvus*)
65) Ayer, W. A., Muir, D. J., Chakravarty, P., **Phytochemistry,** 1996, 42, 1321 (Phenolic and other metabolites of *Phellinus pini* a fungus pathogenic topine)
66) Ayer, W. A., Cruz, E. R., **J. Org. Chem.**, 1993, 58, 7529 (The tremulanes, a new group sesquiterpenes from the aspen rotting fungus *Phellinus tremulae*)
67) Ajith, T. A., Janardhanan, K. K., **J. Ethnopharmacol.**, 2002, 81, 387 〔Antioxidant and antihepatotoxic activities of *Phellinus rimosus* (Berk.) Pilat〕

68) Bae, J. S., Jang, K. H., Yim, H., Park, S. C., Jim, H. K., **World J. Gastroenterol.**, 2005, 11, 577 (Inhibitory effects of polysaccharides isolated from *Phellinus gilvus* on benzo(a)pyrene-induced forestomach carcinogenesis in mice)

69) Bae, J. S., Jang, K. H., Park, S. C., Jim, H. K., **J. Vet. Med. Sci.**, 2005, 36, 65 (Promotion of dermal wound healing by polysaccharides isolated from *Phellinus gilvus* in rats)

70) Bae, J. S., Ahn, S. J., Yim, H., Jang, K. H., Jin, H. K., **Ann. Surg.**, 2005, 241, 534 (Prevention of intraperitoneal adhesion and abscesses by polysaccharides isolated from *Phellinus* spp. in the rat peritonitis model)

71) Cho, J. H., Cho, S. D., Hu, H., Kim, S. H., Lee, S. K., Lee, Y. S., Kang, K. S., **Carcinogenesis,** 2002, 23, 1163 (The Roles of ERK 1/2 and p38 MAP Kinases in the preventive Mechanism of mushroom *Phellinus linteus* against the inhibition of Gap Junctional Intercellular communication by hydrogen peroxide)

72) Choi, J. H., Ha, T. M., Kim, Y. H., Rho, Y. D., **Kor. J. Mycol.**, 1996, 24, 214 (Studies on the main factors affecting the mycelial growth of *Phellinus linteus*)

73) Chung, K. S., Kim, S. S., Kim, H. S., Kim, K. Y., Han, M. W., Kim, K. H., **Arch. Pharm. Res.**, 1993, 16, 336 (Effect of KP, an antitumor protein-polysaccharide from mycelial culture of *Phellinus linteus* on the humoral immune response of tumor-bearing ICR mice of to sheep red blood cell)

74) Chung, K. S., Kim, S. S., Kim, H. S., Kim, K. Y., Han, M. W., **Yakhak Hoeji,** 1994, 38, 158 (Antitumor activity of Kp, a protein-polysaccharide from mycelial culture of *Phellinus linteus*)

75) Empimenko, O. M., Ageenkova, S. V., **Kormovye Belkt Fiziol. Akt. Veshchestva Zhivotnovod,** 1965, 107 (Chemical composition of the Wood-rotting fungus *Phellinus pini* var *abietis*)

76) Fischer, M., **Mycologia,** 1994, 86, 524 (Paring tests in the *Phellinus pini*

group)

77) Gregory, F. T., Healy, E. M., Agerbody, H. P. K. Jr., Warren, G. H., **Mycologia,** 1996, 58, 80 (Studies on antitumor substances produced by basidiomycetes)

78) Gonzalez, A. G., Exposito, T. S., Toledo Marante, F. J., Perez, M. J. M., Tejere, E. B., Bermejo Barrera, J., **Phytochemistry,** 1994, 35, 1523 (Lanosterol derivatives from *Phellinus torulosus*)

79) Han, M. W., Ko, K. S., Chung, K. S., **Kor. Patent Open No. 95-7860,** 1995 (Liquid cultivation of *Phellinus linteus* myceliunm and preparation of antitumor and immunostimulating substance)

80) Han, S. B., Chang, W. L., Jeon, Y. J., Hong, N. D., Yoo, I. D., Yang, K., Kim, H. M., **Immunopharmacol.,** 1999, 41, 157 (The inhibitory Effect of polysaccharides isolated from *Phellinus linteus* on Tumor Growth and Metastasis)

81) Hong, N. D., **Korean Patent, WO99/27802A1,** 1999 (Health beverage containing the extract of *Phellinus linteus*)

82) Ikekawa, J., Nakamishi, M., Uehara, N., Chihara, G., Fukuoka, F., **Gann,** 1968, 59, 155 (Antitumor action of some basidiomycetes especially *Phellinus linteus*)

83) Jeong, S. C., Cho, S. P., Yang, B. K., Jeong, Y. T., Ra, K. S., Song, C. H., **J. Microbiol. Biotechnol.,** 2004, 14, 15 (Immunomodulating activity of the exopolymer from submerged mycelial cultrue of *Phellinus pini*)

84) Kim, H. M., Han, S. B., Oh, G. T., Kim, Y. H., Hong, D. H., Yoo, I. D., **Int. J. Immunopharmaco.,** 1996, 18, 295 (Stimulation of humoral and cell mediated immunity by polysaccharide from mushroom *Phellinus linteus*)

85) Kim, Y. S., Lee, B. E., Cho, K. B., Lee, Y. T., Lee, D. J., **Kor. J. Immunol.,** 2000, 22(3), 165 〔Antitumor and immunomodulatory activities of mushroom (*Phellinus linteus*) cultured on oak and mulberry〕

86) Kim, D. H., Choi, H. J., Bae, E. A., **J. Food Hyg. Safty,** 1998, 13, 20 (Effect of artificially cultured *Phellinus linteus* on harmfull intestinal bacterial enzymes and rat intestinal aglucosidase)

87) Kim, G.Y., Han, M.G., Song, Y.S., Shin, B.C., Shin, Y.I., Lee, H.J., Moon, D.O., Lee, C.M., Kwak, J. Y., Bae, Y. S., Lee, J.D., Park, Y.M., **Biol. Pharm. Bull.**, 2004, 27, 1656 (Proteologlycan isolated from *Phellinus linteus* induces toll-like receptors 2 and 4-mediated maturation of murine dendritic cells via activation of ERK p38 and NF-kappaB)

88) Kim, G. Y., Oh, Y. H., Park, Y. M., **Biochem. Biophys. Res. Commun.**, 2003, 309, 399 (Acidic polysaccharide isolated from *Phellinus linteus* induces nitric oxide-mediated tumoricidal activity of macrophages through protein tyrosine kinase and protein kinase C)

89) Kirk, T. K., Lorenz, L. F., Larsen, M. J., **Phytochemistry.**, 1975, 14, 281 (Partial Characterization of a phenolic pigment from Sporocarps of *Phellinus igniarius*)

90) Kong, Y. Y., Lee, K. K., Nam, S. Y., Hong, N. D., **Kor. J. Pharmacogn.**, 1991, 22, 233 (Experimental Studies on activity of the cultured mycelia of *Phellinus linteus*)

91) Kwon, H. C., Zee, S. D., Cho, S. Y., Choi, S. U., Lee, K. R., **Arch. Pharm. Res.**, 2002, 25, 851 (Cytotoxic ergosterols from *Paecliomyces* sp. J 300)

92) Larsen, M. J., Cobb-loulle, L. A., **Synopsis Fungorum 3,** Fungiflora Oslo-Norway 1990, p206 〔*Phellinus* (Hymenochaetaceae): A survey of world taxa.〕

93) Lee, J. H., Cho, S. M., Song, K. S., Han, S. B., Kim, H. M., Hong, N. D., Yoo, I. D., **J. Microbiol. Biotechnol.**, 1996, 6, 213 (Immunostimulating activity of polysaccharides from mycelium of *Phellinus linteus*)

94) Lee, H. W., Lee, D. W., Ha, H. C., Jang, I. C., Lee, J. S., **Kor. J. Mycol.**, 2002, 30, 37(Antioxidant activities of the mycellium and cultured broth

of *Phellinus igniarius* and *Agrocybe cylindracea*)

95) Lee, J. H., Cho, S. M., Song, K. S., Hong, N. D., Yoo, I. D., **Chem. Pharm. Bull.**, 1996, 44, 1093 (Characterization of carbohydrate-peptide linkage of Acidic Heteroglycopeptide with Immuno-stimmulating Activity from Mycelium of *Phellinus linteus*)

96) Lee, J. H., Cho, S. M., Song, K. S., Ham, S, B., Kim, H. M., Hong, N. D., Yoo, I. D., **J. Microbiol. Biotechnol.**, 1996, 6(3), 213 (Immunostimulating activity and characterization of polysaccharides from Mycelium of *Phellinus linteus*)

97) Lee, J. W., Bang, K. W., **Food Industry Nutr.**, 2001, 6, 25 (Biological activity of *Phellinus* spp.)

98) Lin, J. Y., Lin, Y. J., Chen, C. C., Wu, H. L., Shi, G. Y., Jeng, T. W., **Nature**, 1974, 252, 235 (Cardiotoxic protein from edible mushroom)

99) Lourenco, A., Lobo, A. M., Rodriguez, B., Jimeno, M. L., **Phytochemistry**, 1996, 43, 617 (Ceramides from the fungus *Phellinus pini*)

100) Oh, G. T., Han, S. B., Kim, H. M., Han, M. W., Yoo, I. D., **Arch. Pharm. Res.**, 1992, 15, 379 (Immunostimulating activity of *Phellinus linteus* extracts to B-lymphocyte)

101) Pilat, T. A., Ajith, K., Janardhanan, K., **J. Ethnopharmacol.**, 2003, 84, 157 [Cytotoxic and antitumor activities of a polypore macrofungus *Phellinus rimosos* (Berk)]

102) Pyo, M. Y., Hyun, S. M., Yang, K. S., **J. Appl. Pharmacol.**, 2001, 9, 194 (Effects of *Phellinus linteus* extracts on the humoral immune response in normal and Cyclophosphamide - treated mice)

103) Sasaki, T., Arai, Y., Ikekawa, T., Chihara, G., Fukuoka, F., **Chem. Pharm. Bull.**, 1971, 19, 821 (Antitumor polysaccharides from some polyporaceae, *Ganoderma applanatum* and *Phellinus linteus*)

104) Serck-Hanssen, K., Wikstrom, C., **Phytochemistry**, 1978, 17, 1678 (Novel 7-phenylheptan-3-ones from the fungus *Phellinus tremulae*)

105) Shibata, S., Nishikawa, Y., Mei, C. F., Fukuoka, F., Nakankshim, M., **Gann,** 1968, 59, 159 (Antitumor studies on some extracts of basidiomycetes)

106) Song, C. H., Ra, K. S., Yang, B. K., Jeon, Y. J., **Kor. J. Mycol.**, 1998, 26, 86 (Immuno-stimulating activity of *Phellinus linteus*)

107) Song, K. S., Cho, S. M., Lee, J. H., Kim, H. M., Han, S. B., Ko, K. S., Yoo, I. D., **Chem. Pharm. Bull.**, 1995, 43, 2105 (B-Lymphocyte-stimulating Polysaccharide from Mushroom *Phellinus linteus*)

108) Song, Y. S., Kim, S. H., Sa, J. H., Jin, C. B., Lin, C. J., Park, E. H., **J. Ethnopharmacol.**, 2003, 88, 113 (Antiangiogenic, antioxidant and xanthine oxidase inhibition activities ot the mushroom *Phellinus linteus*)

109) Wasser, S. P., Weis, A. L., **Critical Rev. Immunol.**, 1999, 19, 65 (Therapeutic effects of substances occuring in higher bassidiomycetes: a modern perspective)

110) Yamada, S., **Korean patent,** 1994, 90-1194 (Mycelial culture method of *Phellinus linteus*)

111) You, J. X., Ye, H. L., Tong, G. L., Fang, G. G., **Zhongguo Zaozhi.**, 2004, 23, 12 (Effect of white rot fungi *Phellinus pini* pretreatment on the kraft pulping of populus)

112) Zouchova, Z., Kocourek, J., Musilek, V., **Folia Microbiol.**, 1977a, 22, 61 (α-Mannosidase and mannanase of some wood-rotting fungi)

113) Zouchova, Z., Kocourek, J., Musilek, V., **Folia Microbiol.**, 1977b, 22, 98 (Separation and properties of α-mannosidase and mannanase from the basidiomycetes *Phellinus abietis*)

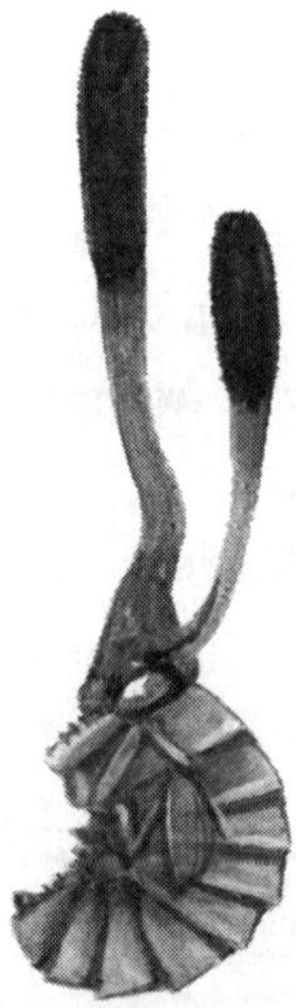

매미동충하초

Cordyceps sobolifera (Hill.) Berk. et Broome

매미동충하초 29

맥각균과 (Clavicipitaceae)

• 중국명, 생약명 | 蟬花
• 분포 | 한국, 중국, 일본, 동남아 일대
• 용도 | 자실체(식용, 약용)

✻ 식물학적 특성

여름~가을에 매미 많은 숲속, 들판의 낙엽속. 땅속에 있는 매미유충에 기생하여 단생. 자실체 높이 3~6㎝. 속이 비었고, 곤봉형. 유충의 머리 부분에서 1~10개의 자실체가 나온다. 자실층인 두부는 타원형~구형. 담갈색~다갈색. 술잔 모양의 자낭각이 매몰되었고, 돌기상의 자낭각 공구는 표면에 약간 노출되어 소립상을 이룸. 자낭포자는 초기에 실 모양이나, 6~12×1㎛의 원통형의 2차 포자로 되며 백색이다.

동속 식물에는 번데기동충하초(*Cordyceps militaris*)와 균핵동충하초(*C. ophioglossoides*)가 있다.

✻ 성분

1) 특수 성분

매미동충하초에서 β-D-Glucan(P-02216), Galactomannan, Mannitol (M-00209), *C. coccidiocola*에서 *N^6-(2-Hydroxyethyl) adenosine (H-01709)이 분리되었다.

✲ 생리 활성

생리 활성 : 매미동충하초는 sarcoma 180와 ddy계 담암(膽癌, mouse)에 antitumor activity가 있고, hypoglycemic, antipyretic, analgesic, antimaralial, anticonvulsant effect 및 식욕증진, 세망내피계 부활 작용(mouse), 탐식능 항진 효과 등이 있다. β-D-glucan은 antitumor activity 물질이며, galactomannan은 hypoglycemic effect 물질이다.

***Helicobacter pylori*에 항균효과** : 국산 버섯(장수, 동충하초, 운지, 상황버섯) 열수 추출물의 *H. pyloi*(Hp)에 항균 효과를 실험한 결과, 소나무잔나비버섯〔*Formitopsis pinicola*(Fp)〕이 15㎜의 생육 저해환으로 가장 강하였고, 동충하초(*C. militaris*), 운지, 상황, *Fomitella traxinea*가 비교적 높은 항균성을 보였다. MeOH ex에서도 Fp가 생육 저해환 44㎜로 가장 강한 항균력을 보였다. 버섯의 생리 활성은 단백 다당체로 이들이 함량 의존적으로 나타나는 것으로 추정된다. Fp의 MeOH ex가 DEAE-sepadex 초기 분획에서 Hp에 항균 효과를 보였으며, 이 분획이 단백 다당체 함량이 높았다. Hp에 대한 항균력은 *Fomitopsis pinicola*와 *Cordyceps militaris*가 우수하였다.

버섯 균사체와 배양 곡물의 혈당 강하 : 혈당 강하 효능이 있는 버섯 배양 곡물을 개발하기 위해 수 종의 버섯균과 버섯 배양 곡물의 식후 혈당 상승 억제를 조사하였다. 균사체의 포도당 투과 지연 효과를 측정한 결과, 120분 동안 투석 후 전체 포도당 중 13.1±3.6~41.8±8.0% 포도당이 투석막 내액에 잔존하여 대부분의 균사체가 pectin보다 포도당의 투석막 투과가 지연되었다. 당뇨쥐에 균사체를 투여 후, 혈당은 30분 후에 389.4±43.8~426.8±49.4㎎/*dl*로 대조구(535.3±78.6)보다 낮아 버섯 균사체가 식후 혈당 상승 억제가 우수한 것으로 특히 *Phellinus linteus*와 *Paecilomyces japonica*가 우수하였다. *P. japonica* 배양 버섯 배양곡물을 당뇨쥐에 투여한 후 혈당 변화를 조사한 결과, 균사체를 배양하지 않은 곡물에 비해 혈당의 상승이 낮은 것으로 나타났다(동충하초, 영지, 목진흙버섯, 느타리).

항보체 활성 버섯 : 국내 자생 61주의 고등 균류의 면역 증강 효과를 알고자, 이들 성분을 분리하여 항보체 활성을 측정한 결과, krestin의 보체 활성도는

20.6% 보다 우수한 보체 활성 효과를 보인 균주는 11주이었으며, 이 중 영지(*Ganoderma lucidum*) 5주, 표고(*Lentinus edodes*) 3주, 동충하초류(*Cordyceps* sp.) 3주, 주름버섯(*Agaricus campetries*) 1주이었다.

항암성과 향미 개선 버섯 메주 제조 : 잎새버섯, 동충하초, 표고, 영지, 신령, 느타리, 상황버섯 균사체를 메주 무게의 10%를 접종, 25℃에서 4주간 배양한 버섯 균사체 메주 중 상황, 영지, 신령버섯 균사체 메주가 항암성과 향미 완화 기능이 우수하였다.

Isozyme Patterns : 영지, 치마버섯, 동충하초의 isozyme pattern을 비교한 결과, 자생 지역이 다른 영지의 동위효소 pattern은 IY003, IY004, IY005 및 IY008 균주 사이 70% 이상이 유사하였으나, IY009와 IY010은 차이가 많았고, 치마버섯 IY803과 IY805의 유사 지수는 57%로 가장 유연성이 높았고, 동충하초는 나방이에서 분류된 IY901과 IY904의 유사도 지수 67%, 풍뎅이와 나방이류에서 분리된 IY903과 IY904 사이 역시 67%의 유연성을 보였으며, 애벌레류로 분류된 IY905와 IY909의 유사도 지수는 42%로 균종 간 유연관계가 높았으나, 나머지는 12%~43%로 낮았다.

균사 생장 접합 조건 : 붉은자루동충하초(*Cordyceps pruinosa*) 균사 생장은 YMA와 SDAY에 pH 7, 25℃에서 생장과 균총의 밀도도 우수하였다. 탄소원은 dextrin에서 가장 우수하였고, 다음 lactose, saccharose와 sucrose도 좋았으며, 질소원은 peptone, yeast extract, trypeptone에서 균사 생장과 액체 배지의 균사량도 많았다. C/N비는 1:1로 균사 생장과 밀도가 양호하였고, 적정량은 12.5g/ *l* 에서 균사 생장과 밀도가 양호, 무기염류는 KH_2PO_4가 우수하였다.

뽕나무 배지와 균사체 생리 활성 : 뽕나무가루 첨가 배지에서 배양한 느타리 균사체 배양물의 조추출물이 자유라디칼로 유도한 linoleic acid 산화 대조구보다 75.9% 감소시켰고, mouse liver microsome 산화에서도 NADPH/Fe^{++} system에서 64.3%감소시켰다. 상황버섯과 동충하초버섯 균사체 배양물의 조추출물에서도 자유라디칼 유도 산화 억제 효과가 느타리 조추출물과 유사하나 낮았다.

뽕나무 배지 균사체의 자동 산화 억제 : 뽕나무 첨가 배지에서 배양한 버섯 균사체 배양물의 자동 산화 억제 효과를 알고자 뽕나무 첨가 배지에 상황, 느타리, 동충하초, 신령버섯, 노루궁뎅이버섯을 7일간 액체 배양하고, 균사를 제거한 배양물에 대한 항산화성을 275μM linoleic acid에 시료(1㎎)를 첨가, 40℃에서 16일간 배양한 결과, 신령버섯과 노루궁뎅이버섯의 항산화능이 우수하여, 뽕나무는 버섯 균사체 액체 배양물의 항산화성을 증가시켰다.

β-Glucan 파운드 케이크 특성 : β-glucan은 곡류 (보리, 귀리, 호밀), 버섯 균사체와 자실체에 존재하며 생리 활성은 혈당 강하, 담즙산과 지질 흡수 제한, cholesterol 합성 제한, 체지방 축적 억제, 면역 세포의 기능 활성화로 암세포 증식 억제 항균성, 항virus성, 항염증, 피부 노화 방지 등이 있다. β-glucan 0, 3, 6, 9% 첨가 파운드 케이크를 만들어 품질 특성을 조사한 결과, β-glucan 첨가 농도 의존적으로 부드러움 유지가 길어 보존성이 증가하였고, L, b값(황색도)은 차이가 없었으나 적색도는 저장 기간의 증가에 따라 증가, TPA 조직감 중 경도는 저장 6일에 대조군은 제조직 후 165%까지 증가, β-glucan 6과 9%구는 경도가 유지, β-glucan 첨가 케이크 노화가 지연되었고, 전체적 기호도는 6%구가 가장 우수하였으며, 저장 7일째 β-glucan 첨가구에서 기호도가 높았고, 특히 3과 6%첨가구가 높았다.

✻ 효능과 이용

1) 효능 : 해경(解痙), 산풍열(散風熱), 투진(透疹), 명목(明目), 말라리아, 해독, 혈압 강하.
2) 식용 : 식용 가능하나 약용으로 애용된다.
3) 약용 : 해소, 소아 경기 해소, 인후 옹종(癰腫), 적종동통(赤腫疼痛), 심계항진, 진전, 시물불명(視物不明)에 응용.

참고문헌

1) 김영숙, 박철우, 김석중, 박숙자, 류충호, 조현종, 김정옥, 임동길, 하영래, **식품영양과학회지,** 2002, 31(6), 986 (항암성과 향미가 개선된 재래식 버섯 균사체 메주의 제조–잎새버섯, 동충하초, 표고, 영지, 신령, 느타리, 상황)

2) 農村振興廳 農業技術硏究所編, **韓國產 버섯類 原色圖鑑**(I), 1987

3) 朴婉熙, **균학회지,** 1993, 21(4), 273 (한국산 야생 식용 버섯의 무기 성분에 관한 연구–뽕나무버섯, 뽕나무버섯부치, 벚꽃버섯, 민자주방망이버섯, 자주방망이버섯아재비, 붉은신무명버섯의 미량 금속 원소)

4) 박완희, 이호득, **한국약용버섯도감,** 교학사, 서울, 1999, 650

5) 신유미, 양윤형, 김미경, 조한영, 김미리, **조리과학회지,** 2005, 21 (6), 950 (β-Glucan 첨가 파운드 케이크의 저장 중 품질 특성)

6) 신재철, Bhushan Shrestha, 이원호, 박영진, 김수영, 정광열, 김호경, 김태웅, 성재모, **균학회지,** 2004, 32(2), 79 〔한국자생 붉은 자루 동충하초(*Cordyceps pruinosa*)의 분포와 균사 생장 적합 조건〕

7) 심성미, 임경환, 이우윤, 김전완, 심미자, 이민웅, 이태수, **균학회지,** 2003a, 31, 155 〔매미눈꽃동충하초(*Paecilomyces sinclairii*)에서 추출한 조 다당체의 면역활성 및 항암 효과에 관한 연구〕

8) 應建浙, 卯曉嵐, 馬啓明, 宗毓臣, 文華安, **中國藥用眞菌圖鑑,** 科學出版社, 1987

9) 이준우, 이권행, **균학회지,** 1991, 19(2), 101 (Isozyme patterns 차이에 의한 영지, 치마버섯 및 동충하초의 계통 분류)

10) 이지열, **균학회지,** 2005, 33(1),54 〔한국 기록종 버섯 추가 목록(2001-2004)〕

11) 李址烈, **韓國 버섯 圖鑑,** 아카데미서적, 서울, 1988, 335

12) 이재경, 윤정원, **균학회지,** 2004, 32(2), 142 (한국산 버섯 추출물의 *Helicobacter plyori*에 대한 항균력 검색과 특성–소나무잔나비버섯, 동충하초, 운지, 장수, 상황)

13) 이태수, 이지열, **한국기록종 버섯 재정리 목록,** 임업연구원, 2000

14) 정훈, 이준우, 이권행, **균학회지,** 1990, 18(3), 145 (한국산 고등균류의 항보체활성에 관한 연구–영지, 동충하초, 표고, 주름버섯)

15) 최희돈, 석호문, 박용곤, 박영도, 김정애, **식품영양과학회지,** 2007, 36(10), 1257 (버섯 균사체 및 배양 곡물의 혈당 강하 효과—동충하초, 영지, 목진 흙버섯, 느타리)
16) Battilana, P., Ornstein, K., Minihira, K., Schwarz, J. M., Acheson, K., Schneiter, P., Burri, J., Jequier, E., Tappy, L., **Eur. J. Clin. Nutr.,** 2001, 55, 327 (Mechanisms of action of β-glucan in postprendial glucose metabolism in healthy men)
17) Chang, S.T., Miles, P.G., **Edible Mushroom and their Cultivation,** CRC Press, New York, USA, 1989
18) Cheung, L. M., Cheung Peter, C. K., Ooi Vincent, E. C., **Food Chem.,** 2003, 81, 249 (Antioxidant activity and total phenolics of edible mushroom extracts)
19) David, G. S., Barry, H. R., **Mushroom Poisoning,** CRC Press, USA, 1994
20) Dickinson, H., Lucas, J., **The Encyclopedia of Mushrooms,** Crescent Books, New York, USA, 1983
21) Gerhardt, E., **Pilze,** BLV Handbook, 1995
22) Hui, Y. F., Den, E. S., Chi, T. H., **J. Food Lipids,** 2002, 9, 35 (Antioxidant and free radical scavenging activities of edible mushrooms)
23) Imazeki, R., Otani, Y., Hongo, T., **Color Illustration Mushrooms of Japan,** Yama-Kei Publisher Co. Ltd., Tokyo, Japan, 1988
24) Kabir, Y., Kimura, S., **J. Nutr. Sci. Vitaminol.,** 1989, 35, 91 (Dietary mushrooms reduce blood pressure in spontaneously hypertensive rats)
25) Kiho, T., Ookubo, K., Usui, S., Ukai, S., Hirano, K., **Biol. Pharm. Bull.,** 1999, 22, 966 (Structural features and hypoglycemic activity of a polysaccharide(Cs-F10) from the cultured mycelium of *Cordyceps sinensis*)
26) Lee, G. D., Chang, H. G., Kim, H. K., **Kor. J. Food Sci. Technol.,** 1997, 29, 432 (Antioxidative and nitric-scavenging activities of edible mushrooms)
27) Makkee, M. et al., **Starch/Staerke,** 1985, 37, 136 (rev. Synth, Mannitol)
28) Mau, J. L., Lin, H. C., Song, S. F., **Food Res. Int.,** 2002, 35, 519 (Anti-

oxidant properties of several specialty mushrooms)

29) McDonnell, J. E.W., Esselen, W.B. Jr., **Food Res.**, 1947, 12, 118 (Carbohydrates in Cultivated Mushrooms)

30) Mizuno, T., **Food Res. Int.**, 1995, 11, 7 (Bioactive biomolecules of mushrooms: Food function and medicinal effect of mushroom fungi)

31) Pegler, D. N., **The Concise Illustrated Book of Mushrooms and Other Fungi,** Gallery Books, New York, USA, 1989

32) Shibata, S., **J. Natl. Sci. Counc. Sri Lanka,** 1973, 1, 183 [rev. β-(1→3) Glucan Polysaccharides of lichens]

33) Ward, K. Jr. et al., **The Carbohydrate,** Academic Press, USA, 1970, 2A, 413 (β-Glucan)

민긴뿌리버섯

Oudemansiella radicata
(Relhan ex Fr.) Sing.
Collybia radicata
(Relhan ex Fr.) Quél.

민긴뿌리 버섯 30

송이과 (Tricholomataceae)

• 중국명 | 長根菇
• 분포 | 한국, 일본, 중국, 북반구, 뉴기니, 아프리카
• 용도 | 자실체(식용)

✲ 식물학적 특성

여름~가을에 활엽수림, 혼합림, 대나무 밭의 땅위나 썩은나무 위에 단생. 갓 지름 4~10㎝, 초기에 반구형. 차차 평반구형. 편평형~볼록편평형. 갓 표면은 습하면 점성. 주름, 담갈색~담회갈색. 조직은 얇고 회갈색~백색. 주름살은 완전붙은형 또는 끝붙은형. 성기고 넓으며 백색, 대는 표면에 섬유상 줄이 있고 분말상. 갓과 같은 색. 상부는 백회색. 기부는 약간 굵었다가 가늘어지는 뿌리형. 땅 속 3~4㎝ 깊이 뻗음. 포자는 타원형. 표면은 평활. 포자문은 백색이다.

동속 식용 버섯에는 넓은주름긴뿌리버섯(*O. platyphylla*)과 끈적긴뿌리버섯(*O. mucida*) 등이 있다.

✲ 성분

1) 특수 성분

민긴뿌리버섯에서 Oudenmansin X(O-00567), *Oudenone(S, O-00568), 넓은주름긴뿌리버섯에서 Pipecolic acid 등이 분리되었다.

✻ 생리 활성

생리 활성 : 민긴뿌리버섯은 sarcoma 180(mouse)에 대하여 antitumor effect가 있고, Oudenone은 hypotensive, antifungal(*Pyricularia oryzae* 벼도열병균) effect 물질이며, Oudenmansin X도 antifungal 물질이다.

혈전 용해 활성 : 칠갑산에 자생하는 야생 버섯 67종의 Fibrin 분해 활성을 검색한 결과, *Marasmius pulcherripes*(종이꽃낙엽버섯)은 plasmin 0.75 units의 112% fibrin 분해 활성을, *Helvella elastica*(긴대안장버섯)은 60%, *Psathyrella* sp.는 49%, *Fomitella fraxinea*(장수버섯)은 40%, *Leucoagaricus rubrotinctus* (돌여우버섯)은 39%, *Lepista sordida*(자주방망이버섯아재비)와 *Oudemansiella* sp.는 각각 41%, 26%의 fibrin 분해 활성을 보였다. 그러나 광대버섯과, 그물버섯과, 끈적버섯과, 난버섯과, 무당버섯과, 귀신그물버섯과, 독청버섯과, 꾀꼬리버섯과, 불로초과, 소나무비늘버섯과, 바구니버섯과, 말뚝버섯과, 어리알버섯과, 붉은목이과 및 술산버섯과의 버섯은 모두 활성이 없었다.

✻ 효능과 이용

1) 식용 : 맛좋은 식용버섯이다.
2) 약용 : 항종양, 혈압 강하, 항진균에 응용.
※ 벼 도열 병균(*Pyricularia oryzae*) 생육저지작용이 있다.

참고문헌

1) 김준호, 유관희, 석순자, 김양섭, **균학회지,** 2005, 33(1), 18 (칠갑산 야생 버섯 추출물로부터 혈전 용해 효소의 활성 검색)
2) 卯曉嵐, 莊長坪, 歐株次旺, **西藏大型經濟眞菌,** 北京科學技術出版社, 1991 (생리 활성)
3) 박완희, 이호득, **한국약용버섯도감,** 교학사, 서울, 1999, 226

4) 應建浙, 卯曉嵐, 馬啓明, 宗毓臣, 文華安, **中國藥用眞菌圖鑑,** 科學出版社, 1987
5) 이지열, **균학회지,** 2005, 33(1), 54〔한국 기록종 버섯 추가 목록(2001-2004)〕
6) 이지열, **원색한국버섯도감,** 아카데미서적, 서울, 1988, 97
7) 이태수, 이지열, **한국기록종 버섯 재정리 목록,** 임업연구원, 2000
8) 한국 균학회, **버섯 이름, 한국명 통일안,** 2000, 176
9) Anke, T. et al., **J. Antibiot.,** 1990, 43, 1010 (isol, Antifungal, oil, Oudenmansin)
10) Chang, S. T., Miles, P. G., **Edible Mushroom and their Cultivation,** CRC Press, New York, USA, 1989
11) Cheung, L. M., Cheung Peter, C. K., Ooi Vincent, E. C., **Food Chem.,** 2003, 81, 249 (Antioxidant activity and total phenolics of edible mushroom extracts)
12) Gregory, F. J., Healy, E. M., Agerborg, H. P. K. Jr., Warren, G. H., **Mycologia,** 1966, 58, 80 (Studies on antitumor substances produces by Basidiomycetes)
13) Hui, Y. F., Den, E. S., Chi, T. H., **J. Food Lipids,** 2002, 9, 35 (Antioxidant and free radical scavenging activities of edible mushrooms)
14) Kabir, Y., Kimura, S., **J. Nutr. Sci. Vitaminol.,** 1989, 35,91 (Dietary mushrooms reduce blood pressure in spontaneously hypertensive rats)
15) Koizumi, S. et al., **J. Antibiot.,** 1982, 35, 458 (Props, *Oudenone, antibiotic)
16) Lee, G. D., Chang, H. G., Kim, H. K., **Kor. J. Food Sci. Technol.,** 1997, 29, 432 (Antioxidative and nitric-scavenging activities of edible mushrooms)
17) Liu, F., Ooi, V. E. C., Chang, S. T., **Life Sci.,** 1997, 60, 763 (Free radical scavenging activities of mushroom polysaccharide extracts)
18) Mau, J. L., Lin, H. C., Song, S. F., **Food Res. Int.,** 2002, 35, 519 (Antioxidant properties of several specialty mushrooms)
19) McDonnell, J. E. W., Esselen, W. B. Jr., **Food Res.,** 1947, 12, 118 (Carbohydrates in Cultivated mushrooms)

20) Mizuno, T., **Food Res. Int.**, 1995, 11, 7 (Bioactive biomolecules of mushrooms: Food function and medicinal effect of mushroom fungi)
21) Pegler, D. N., **The Concise Illustrated Book of Mushrooms and Other Fungi,** Gallery Books, New York, USA, 1989
22) Wasser, S. P., Weiss, A. L., **Crit. Rev. Immunol.**, 1999, 19, 65 (Therapeutic effects of substances occurring in higher Basidiomycetes mushroom: a modern perspective)
23) Ying, I., Mao, X., Ma, Q., Zong, Y., Wen, H., **Icones of Medicinal Fungi from China,** Science Press, Beijing, China, 1989, 269

Lepista nuda (Bull. ex Fr.) Cooke
Clitocybe nuda (Bull. ex Fr.) Big. et A.H.S.
Tricholoma nudum (Bull. ex Fr.) Kummer

민자주 방망이버섯 31

송이과 (Tricholomataceae)

- 영명 | Wood blewit
- 중국명 | 紫丁香蘑
- 분포 | 한국, 일본, 중국, 북반구, 호주
- 용도 | 자실체 (식용)

✻ 식물학적 특성

가을부터 초겨울에 걸쳐 정원 잡목림 내 땅 위에 단생 또는 군생. 낙엽분해균, 균륜을 만들며, 갓은 지름 4~12㎝로 평반구형~편평형. 갓 표면은 평활. 처음에는 자주색 차차 퇴색하여 갈자색, 갓 끝은 굽은형, 조직은 담자색. 주름살은 끝붙은형. 빽빽하고 처음에는 자주색 후에 담황자색. 대의 표면은 자주색, 기부는 약간 굵다. 포자는 타원형, 표면은 미세한 돌기, 포자문은 담홍색이다.

동속 식물에는 자주방망이버섯아재비(*L. sordida*)와 광릉자주방망이버섯(*L. irina*) 등이 있고 식용한다.

✻ 성분

1) 특수 성분

민자주방망이버섯에서 7-Cyano-2-heptene-4,6-diynoic acid (E, C-02195), Lignin(P-00459, Lignan), Chitin(C-00924), 1-Octen-3-ol(O-00241), Glucose,

민자주방망이버섯

Fructose, Trehalose(T-01623, T-01624), Cellulose, Hemicellulose, Arabitol (A-02631), Mannitol(M-00209)등이 분리되었다.

✲ 생리 활성

생리 활성 : 민자주방망이버섯은 sarcoma 180(mouse)에 억제율 90%, Ehrlich 복수암(mouse)에 억제율 100%의 antitumor activity가 있고, gram 양성과 음성균에 antibacterial activity가 있으며, 당대사 정상 조절, 신경전도 촉진 효과도 보고되었다.

항암 효과 : 민자주방망이버섯의 열수 추출물과 microwave 추출물을 용매별 분획의 암 세포($HepG_2$, KATOⅢ, AGS) 성장 저해 효과를 조사한 결과, 열수 추출물과 microwave 추출물의 fraction Ⅰ은 1㎎/㎖ 농도에서 암 세포 종류에 관계없이 성장 저해율 85.2~91.8%을 보였고, 열수 추출물 fraction Ⅰ을 각각 0.5㎎/㎖와 1㎎/㎖를 암 세포에 첨가 시 간암 세포($HepG_2$)에 71.6%, 85.5%, 위암 세포(KATOⅢ) 45.0%, 56.6%, AGS는 71.6%, 90.7%의 성장 저해를 보였다. microwave 추출물 1㎎/㎖에서 위암 AGS 세포에 대해 각각 90.7%, 91.8%의 가장 높은 성장 저해를 보였고, fraction Ⅰ이 암 세포 성장 억제가 높은 것으로 나타났다.

Fibrin 분해 활성 : 치악산에 자생하는 야생 버섯 65종에서 fibrin 분해 활성을 검색한 결과, 9종의 버섯이 분해 활성을 보였다. 그중 먹물버섯(*Coprinus comatus*)은 plasmin 1.5unit의 56~58%의 분해 활성을 점박이애기버섯(*Collybia maculata*)도 거의 유사한 활성을 보였으며, 뽕나무버섯(*Armillariella mellea*)과 *Calocybe* sp.(밤버섯속)와 민자주방망이버섯(*Lepista nuda*)과 *Trichaptum abietinum*는 plasmin 1.5unit의 약 2배 fibrin 분해 활성을 나타내었다.

혈전 용해 활성 : 칠갑산에 자생하는 야생 버섯 67종의 fibrin 분해 활성을 검색한 결과, *Marasmius pulcherripes*(종이꽃낙엽버섯)는 plasmin 0.75 units의 112% fibrin 분해 활성을, *Helvella elastica*(긴대안장버섯)는 60%, *Psathyrella* sp.는 49%, *Fomitella fraxinea*(장수버섯)는 40%, *Leucoagaricus rubrotinctus* (돌여우버섯)는 39%, *Lepista sordida*(자주방망이버섯아재비)와 *Oudemansiella* sp.는 각각 41%, 26%의 fibrin 분해 활성을 보였다. 그러나 광대버섯과, 그물버섯과, 끈적버섯과, 난버섯과, 무당버섯과, 귀신그물버섯과, 독청버섯과, 꾀꼬리버섯과, 불로초과, 소나무 비늘버섯과, 바구니버섯과, 말뚝버섯과, 어리알버섯과, 붉은목이과 및 술산버섯과의 버섯은 모두 활성이 없었다.

항산화성 : 민자주방망이버섯을 70% EtOH로 환류추출(RWE)과 microwave 추출(MWE)하여 전자공여능을 측정한 결과, 1000ppm에서 MWE(H_2O)가 87.73%로 가장 높았고, MEE(EtOH)은 84.84%, RWE(H_2O)는 60.47%, REE (EtOH)는 60.13%로 낮았다. SOD 유사 활성은 1000ppm에서 REE(42.03%), RWE(38.21%)는 MWE(29.24%), MEE(24.58%)보다 높았다. 각 추출물 농도의 증가에 따라 전자공여능과 SOD 유사활성이 증가하였다. 아질산염소거 활성은 pH 1.2, 1,000ppm에서 MWE(29.77%) MEE(25.47%)는 RWE(25.1%)와 REE(22.94%)보다 높았다. 이상으로 민자주방망이버섯은 MWE에서 전자공여능과 아질산염 소거능이 가장 높았고, SOD 유사활성은 REE가 가장 높은 항산화 활성을 보였다.

Polyphenol 함량과 항산화 활성 : 민자주방망이버섯 추출물 중 xanthine oxidase(XO)와 tyrosinase(TA) 저해활성을 vitamin C와 polyphenol에 대하여 알아본 결과, 신선한 버섯 중 vitamin C는 9.92±0.02㎎%이었고, polyphenol 물질은 reflax method(RM)와 microwave-assisted method(MAM)에서 각각 12.06±0.12㎎/g과 11.84±0.17㎎/g이었다. MAM에 의한 EtOH ex에서 XO와 TA 저해율은 99.78%와 30.30%(3.000㎍/㎖)이었다. XO와 TY 저해 활성은 버섯 추출물 농도 의존적이었다. 이 버섯은 항산화 polyphenol이 많이 함유되어 있으며, XO와 TA 저해활성이 높아 기능성 식품이나 미용 제품 등에 이용가치가 높을 것으로 사료되었다.

일반 성분 : 아미노산 28종, vitamin B_1, 미량 무기질 7종, 당질은 glucose, fructose, trehalose, cellulose, hemicellulose, arabatil, mannitol 등이 분리.

무기질 성분 : 민자주방망이버섯은 K(699.8ppm)가 가장 많았고, Zn, Fe, Na,

Cu, Mn 순이며, 자주방망이버섯아재비는 K(945.2ppm)가 가장 많았고, Zn, Fe, Ma, Cu, Mn, Ca 순이었다.

고체 배양 : 교원대학교 주변 아카시아림 및 상수리 나무와 아카시아의 혼합림에서 민자주방망이버섯을 채집, 균사를 순수 분리하여, 수종의 기질에 따라 균사의 성장을 나무 건중량과 CO_2 발생량을 측정한 결과, 아카시아, 뽕나무, 느티나무 순으로 균사의 성장을 보였고, 아카시아나무 톱밥, 조 및 옥수수를 이용, 고형 발효를 실시한 결과, 균사의 성장에 관련된 성장 곡선을 그렸으나, 자실 형성을 하지 못하였다.

톱밥 배양 : 민자주방망이버섯 분리균을 여러 곡식에서 배양시킨 결과, 조에서 성장이 양호하였으나, 수수에서는 부진하였다. 조에 유기물과 무기물 첨가 실험에서 조 배지에는 N가 필요하였고, 아카시나무 톱밥 배지에서는 N 성분과 무기 염류 효과가 여러 가지로 나타났으나, 유기물로는 미강이 가장 우수하였다. 이 연구는 고형 배양을 통하여 직접 균사를 배양했음이 의의가 컸다.

✻ 효능과 이용

1) 식용 : 과일 향미가 있는 버섯이며, 재배가 가능하다.
2) 약용 : 항종양, 항암작용이 있고, 각기병에 장복하면 치료와 예방 효과가 있다.

※ 생식하면 위장 자극이 있다.

참고문헌

1) 김병각, 김낙두, 최남주, 이영남, **약학회지,** 1970, 14(1,2), 15 〔한국의 고등균류의 성분연구 (1)—alkaloid 검색〕
2) 金三純, 金養燮, **韓國産 버섯 圖鑑,** 裕豊出版社, 서울, 1990
3) 김재근, **공주대 교육대학원,** 2000 (민자주방망이버섯의 분해과정에 따른

영양염류의 변화)

4) 김종봉, 황성구, **생명과학회지,** 2001, 48, 496 (민자주방망이버섯의 균사배양 및 유전적 특성)

5) 김준호, 이호용, 유관희, 김양선, 석순자, 김양섭, **균학회지,** 1998, 26(4), 589 (치악산 버섯 추출물로부터 Fibrin 분해 활성 검색－먹물버섯, 밤버섯, 점박이뽕나무버섯, 민자주방망이버섯 등)

6) 農村振興廳 農業技術硏究所編, **韓國産 버섯類 原色圖鑑**(I), 1987

7) 卯曉嵐, 莊長坪, 歐株次旺, **西藏大型經濟眞菌,** 北京科學技術出版社, 1991

8) 박완희, **균학회지,** 1993, 621(4), 273 (한국산 야생 식용 버섯의 무기 성분에 관한 연구 : 뽕나무버섯,뽕나무버섯부치,벚꽃버섯,민자주방망이버섯,자주방망이버섯아재비,붉은산무명버섯의 미량금속원소)

9) 朴婉熙, 李虎得, **한국의 버섯,** 교학사, 서울, 1991, 71(민자주방망이버섯)

10) 應建浙, 卯曉嵐, 馬啓明, 宗毓臣, 文華安, **中國藥用眞菌圖鑑,** 科學出版社, 1987

11) 이상선, 최경진, **균학회지,** 1995, 23(2), 105 〔민자주방망이버섯(*Lepista nuda*)의 고체배양〕

12) 이상선, 최경진, 오창호, **균학회지,** 1996, 24(4), 274 (민자주방망이버섯의 톱밥배양)

13) 이양숙, 한주영, 주은영, 신승렬, 김남우, **식품영양과학회지,** 2005, 34(3), 317 (민자주방망이버섯 추출물의 항암 효과에 관한 연구)

14) 이양숙, 한주영, 주은영, 신승렬, 김남우, **식품영양과학회지,** 2005, 34(7), 947 〔민자주방망이버섯(*Lepista nuda*)의 항산화성에 관한 연구〕

15) 이양숙, 주은영, 김남우, **식품영양학회지,** 2006, 35(10), 1309 (민자주 방망이 버섯의 Polyphenol 함량과 항산화 활성)

16) 이지열, **균학회지,** 2005, 33(1), 54 〔한국 기록종 버섯 추가 목록(2001-2004)〕

17) 李址烈, **韓國 버섯 圖鑑,** 아카데미서적, 1988, 84 (민자주방망이버섯)

18) 이태수, 이지열, **한국기록종 버섯 재정리 목록,** 임업연구원, 2000

19) 한국 균학회, **버섯 이름, 한국명 통일안,** 2000, 176

20) Austin, P. R. et al., **Science** (Washington, D.C.), 1981, 212, 749 (rev, Chitin)

21) Brich, G., **Adv. Carbohydr. Chem.,** 1963, 18, 201 (rev, Trehalose)

22) Brimacombe, J. S. et al., **The Carbohydrate,** Academic Press USA, 1972, 1A, 479 (Needles, Mannitol)

23) Chang, S. T., Miles, P. G., **Edible Mushroom and their Cultivation,** CRC Press, New York, USA, 1989

24) Cheung, L. M., Cheung Peter, C. K., Ooi Vincent, E. C., **Food Chem.,** 2003, 81, 249 (Antioxidant activity and total phenolics of edible mushroom extracts)

25) David, G. S., Barry, H. R., **Mushroom Poisoning,** CRC Press, USA, 1994

26) Dickinson, H., Lucas, J., **The Encyclopedia of Mushrooms,** Crescent Books, New York, USA, 1983

27) Dijkstra, F. Y., **Z. Lebensmi. Unters. Forsch.,** 1976, 160, 401 (1-Octen-3-ol)

28) Fritsche, G., Loon, P. V., **Mushroom Sci.,** 1989, 12(1), 227 〔Breeding experiments with the wood blewit (*Lepista nuda*)〕

29) Gerhardt, E., **Pilze,** BLV Handbook, 1995

30) Hui, Y. F., Den, E. S., Chi, T. H., **J. Food Lipids,** 2002, 9, 35 (Antioxidant and free radical scavenging activities of edible mushrooms)

31) Imazeki, R., Otani, Y., Hongo, T., **Color Illustration Mushrooms of Japan,** Yama-Kei Publisher Co. Ltd., Tokyo, Japan, 1988

32) Kabir, Y., Kimura, S., **J. Nutr. Sci. Vitaminol.,** 1989, 35, 91 (Dietary mushrooms reduce blood pressure in spontaneously hypertensive rats)

33) Lee, G. D., Chang, H. G., Kim, H. K., **Kor. J. Food Sci. Technol.,** 1997, 29, 432 (Antioxidative and nitric-scavenging activities of edible mushrooms)

34) Lindberg, B. et al., **Acta Chem. Scand.,** 1953, 7, 591 (Occur, Arabitol)

35) Liu, F., Ooi, V. E. C., Chang, S. T., **Life Sci.,** 1997, 60, 763 (Free radical scavenging activities of mushroom polysaccharide extracts)

36) McDonnell, J. E. W., Esselen, W. B. Jr., **Food Res.,** 1947, 12, 118 (Carbohydrates in Cultivated mushrooms)

37) Mizuno, T., **Food Res. Int.,** 1995, 11, 7 (Bioactive biomolecules of mush-

rooms: Food function and medicinal effect of mushroom fungi)

38) Pegler, D. N., **The Concise Illustrated Book of Mushrooms and Other Fungi,** Gallery Books, New York, USA, 1989

39) Wasser, S. P., Weiss, A. L., **Crit. Rev. Immunol.,** 1999, 19, 65 (Therapeutic effects of substances occurring in higher Basidiomycetes mushroom: a modern perspective)

40) Wright, S. H., Hayes, W. A., **Mushroom Sci.,** 1978, 10, 873 〔Nutrition and fruit body formation of *Lepista nuda*(Bull. Ex. Fr.) Cook〕

41) Ying, I., Mao, X., Ma, Q., Zong, Y., Wen, H., **Icones of Medicinal Fungi from China,** Science Press, Beijing, China, 1989, 255

Collybia confluens (Pers. ex Fr.) Kummer
Marasmius confluens (Pers. ex Fr.) Karst.

밀버섯 32

송이과 (Tricholomataceae)

• 중국명 | 絨柄小皮傘
• 분포 | 한국, 일본, 유라시아, 아프리카
• 용도 | 자실체(식용)

✲ 식물학적 특성

여름부터 가을까지 나도밤나무가 많은 활엽수림, 침엽수림 내 땅 위나 낙엽층 위에 군생 또는 속생하는 버섯. 갓 지름 2.5~5㎝, 초기에 평반구형 후에 편평형. 갓 표면은 평활, 적갈색. 중앙부는 더 짙고, 차차 담황색~담갈회색. 주름살은 끝붙은형, 빽빽. 갓과 같은색. 대는 성장하면서 속은 비고 때로 눌려 납작하다. 대의 표면은 담황갈색, 분말상의 작은 털로 덮여 있고, 기부에는 백색균사가 있다. 포자는 장타원형, 표면은 평활, 포자문은 백색이다.

동속 식용 버섯에는 점박이애기버섯(*C. maculata*) 등이 있다.

✲ 성분

1) 특수 성분

밀버섯에서 Collyban(다당체, 항종양 성분), Collybolide(C-01662) 등이, *C. maculata*에서 Collybolide(C-01662)와 Isocollybolide(C-01662)가, *C. peronata*에서 Deoxycollybolide(C-01662), 3,5-Octadiyne-1,8-diol(O-00182), 3,5,7-Nonatriyne-1,2-diol(-, N-00594) 등도 분리되었다.

밀버섯

✲ 생리 활성

항암 성분 : 밀버섯 균사체를 열수로 추출, 각 분획을 S180-ICR mouse에서 종양 억제율을 검사한 결과, 고혈압은 물론 복수암에서도 약 200% 수명 연장 효과를 나타낸 Fr. C를 주요 항암 성분으로 선택하였다. 이를 collyban이라 명명하였고, syngeneic ascitic tumor mice에 항암 작용을 검사한 결과, MM46 mouse 유암 세포에 50㎎/㎏/day에서 약 150% 수명 연장 효과를 보였다. 자궁경부암 HeLa 세포를 nude mice에 피하 이종 이식시켜 collyban 100㎎/㎏/day의 용량을 복강 내로 투여, 71%의 종양 억제 효과가 있었다. collyban을 분석한 결과, 다당체 31%, 단백질 27% 및 hexosamine 3%의 고분자 물질로, 다당체는 glucose, mannose, galactose의 heteropolysaccharide이고 단백질 부분은 glycine, alanine, proline 포함 16종의 아미노산으로 구성 되었었다. 분자량은 Fr. C-1은 약 50만, Fr. C-II는 약 38,000이었다.

항돌연변이 원성 및 암 세포 성장 억제 : 13종의 야생 버섯 추출물의 항돌연변이 효과를 *S. typhymurium* TA98과 TA100으로 실험한 결과, 직접 변이원인 MNNG에 대해 산속 그물버섯아재비, 구름 버섯의 MeOH ex가 TA 100에 90~94%의 강한 항변이 원성을, 갓버섯과 구름버섯의 열수 추출물도 58~61% 저해 효과를 보였다. 간접 변이원인 B(α)p에 대해서 TA98과 TA100에서 구름버섯과 턱받이금버섯 MeOH ex가 가장 강한 저해 효과를, 열수 추출물 중 잔피막흑주름버섯과 수원무당버섯은 TA98에서 60~70% 저해활성을, 갓버섯은 TA100에 45% 돌연변이 억제를 보였으나, 그 외에는 없었다. 또 야생 버섯 MeOH ex 0.5㎎/㎖ 투여 시 결장암 세포 HT29에 대해 그물버섯, 산속그물버섯아재비, 방패외대버섯, 황소비단그물버섯, 구름버섯, 턱받이금버섯, 덕다리버섯에서 55~78% 이상 저해를 보였고, 1㎎/㎖에서 11종의 버섯에서 50% 이상 억제 효과를 보였다. 간암 세포 $HepG_2$에는 방패 외대 버섯 MeOH ex 1㎎/㎖에서만 58.4% 저해능을, 나머지 시료에서는 45% 낮은 저해를 보였다. 혈액 암 세포주인 U937에는 그물버섯, 산속그물버섯아재비, 수원무당버섯, 황소비단그물버섯, 밀버섯, 잔피막흑주름버섯, MeOH ex에서 60% 이상 저해 활성을, 구름버섯 열수 추출물은 $HepG_2$와 U937에 53~65% 저해를, 대부분의 버섯 열수 추출물은 40% 이하의 저해 활성을 보였다. 정상 임파구에서 야생 버섯 추출물 0.5~1㎎/㎖에서 75~80% 이상의 생존율을 보여 야생 버섯 추출물 1㎎/㎖에서 암 세포에 높은 억제 효과를, 정상 세포에는 비교적 독성이 낮았다.

항암성과 항균성 : 밀버섯은 sarcoma 180(mouse)에 억제율 46~75%의 anti-tumor activity가 있었고, gram 음성, 양성균에 antibacterial activity가 있으며, 면역 활성이 있어 암에 걸린 동물의 수명 연장 효과가 있다. 다당체 collyban은 항종양 성분으로 보고되었다.

용혈 활성 검색 : 한국산 야생 버섯 22종의 용혈 독성을 조사코자, 버섯의 냉침액을 만들어 검색한 결과, 밀버섯(*Collybia confluence*) 등 3종이 mouse와 rat 적혈구 용혈 작용이 강력하였고, 색시졸각버섯은 100℃ 수욕상에서 30분간 가열하여도 mouse 적혈구 용혈 활성이 80% 유지되어 열에 매우 안정하였다.

✻ 효능과 이용

1) 식용 : 자실체를 식용한다.
2) 약용 : 항암. 항균〔gram(±)균〕, 면역활성 등에 응용한다.

참고문헌

1) 김숙희, 김진숙, 진미림, 김하원, 최응칠, 김병각, **생약학회지,** 1993, 24(4), 267 (밀버섯의 항암 성분에 관한 연구)
2) 김숙희, 김하원, 최응칠, **암학회지,** 1993, 25(2), 288 (밀버섯의 Collyban에 관한 면역학적 연구)
3) 김숙희, **서울대학교 대학원,** 1992 (밀버섯의 항암 성분)
4) 김현정, 이인선, **식품과학회지,** 2004, 36(4), 662 (한국산 야생 버섯 추출물

의 항 돌연변이 원성 및 암 세포 성장 억제 효과 : 갓버섯, 구름버섯, 밀버섯, 황소비단그물버섯, 덕다리버섯, 그물버섯, 수원무당버섯, 턱받이버섯, 방패외대버섯, 잔피막흑주름버섯)

5) 박상신, 이갑득, 민태진, **균학회지,** 1995, 23(1), 28 〔버섯 중 항균 물질의 검색 및 개발에 관한 연구, 그람양성균에 대한 항균 물질의 검색(1보)-밀버섯〕

6) 이지열, **균학회지,** 2005, 33(1), 54 〔한국 기록종 버섯 추가 목록(2001-2004)〕

7) 이태수, 이지열, **한국기록종 버섯 재정리 목록,** 임업연구원, 2000

8) 정경수, 이지선, 조문수, **균학회지,** 2000, 28(2), 123 (한국산 야생 버섯의 용혈 작용에 대한 연구, 제2보, 색시졸각버섯, 밀버섯, 조개껍질버섯 등 22종의 in Vitro 용혈활성 검색)

9) 한국 균학회, **버섯 이름, 한국명 통일안,** 2000, 176

10) Bui, A. M. et al., **Tetrahedron**, 1974, 30, 1327 (isol, Collybolide)

11) Chang, S.T., Miles, P.G., **Edible Mushroom and their Cultivation,** CRC Press, New York, USA, 1989

12) Cheung, L. M., Cheung Peter, C. K., Ooi Vincent, E. C., **Food Chem.,** 2003, 81, 249 (Antioxidant activity and total phenolics of edible mushroom extracts)

13) Gregory, F. J., Healy, E. M., Agerborg, H. P. K. Jr., Warren, G. H., **Mycologia,** 1966, 58, 80 (Studies on antitumor substances produces by Basidiomycetes)

14) Hui, Y. F., Den, E. S., Chi, T. H., **J. Food Lipids,** 2002, 9, 35 (Antioxidant and free radical scavenging activities of edible mushrooms)

15) Kabir, Y., Kimura, S., **J. Nutr. Sci. Vitaminol.,** 1989, 35, 91 (Dietary mushrooms reduce blood pressure in spontaneously hypertensive rats)

16) Kavanagh, F., Hervey, A., Robbins, W. J., **Proc. Natl. Acad. Sci.,** USA, 1949, 35, 343 (Antibiotic substances from Basidiomycetes Ⅳ. *Marasmius conigenus*)

17) Lee, G. D., Chang, H. G., Kim, H. K., **Kor. J. Food Sci. Technol.,** 1997, 29, 432 (Antioxidative and nitric-scavenging activities of edible mushrooms)

18) McDonnell, J. E. W., Esselen, W. B. Jr., **Food Res.**, 1947, 12, 118 (Carbohydrates in Cultivated mushrooms)

19) Mau, J. L., Lin, H. C., Song, S. F., **Food Res. Int.**, 2002, 35, 519 (Antioxidant properties of several specialty mushrooms)

20) Mizuno, T., **Food Res. Int.**, 1995, 11, 7 (Bioactive biomolecules of mushrooms: Food function and medicinal effect of mushroom fungi)

21) Pascard-Billy, C., **Acta Crystallogr.**, 1972, B28, 331 (Cryst. struct. Isocollybolide)

22) Pegler, D. N., **The Concise Illustrated Book of Mushrooms and Other Fungi**, Gallery Books, New York, USA, 1989

23) Wasser, S. P., Weiss, A. L., **Crit. Rev. Immunol.**, 1999, 19, 65 (Therapeutic effects of substances occurring in higher Basidiomycetes mushroom: a modern perspective)

Calocybe gambosa (Fr.) Sing.
Tricholoma gambosum (Fr.) Kummer
Tricholoma georgii (L.) Quél.

밤버섯 33

송이과 (Tricholomataceae)

• 영명 | Winter mushroom
• 한명 | 香杏口磨
• 분포 | 한국, 일본, 중국, 유럽
• 용도 | 자실체(식용)

✲ 식물학적 특성

초여름 풀밭 또는 활엽수림 내 땅 위에 단생 또는 산생. 갓 지름 4~15㎝, 초기에 반구형~편평형. 표면은 평활. 백갈색. 황회색, 담갈황색, 갓 끝은 말린형. 조직은 백색. 두껍고, 주름살은 홈형이며, 빽빽. 백색~황색. 대의 기부는 굵고, 표면은 백색 후 황색. 세로줄무늬가 있고, 포자는 타원형. 표면은 평활, 포자문은 백색이다.

✲ 성분

1) 영양 성분

① **밤버섯(생것 7008)** 가식부 100g 중 열량 27.0㎉, 단백질 2.9g, 지질 0.9g, 당질 1.2g, 조섬유 2.3g, Ca 41.0㎎, P 40.0㎎, Fe 5.60㎎, Zn 0.8㎎, vitamin B_1 0.40㎎, B_2 0.06㎎, B_6 0.11㎎, niacin 38.4㎎, C 2.0㎎, 엽산 23.2㎍, E 0.12㎎.

밤버섯

2) 특수 성분

밤버섯에서 Questiomycin A(A-01513), *Tricholoma*속에서 Emitanins (E-00220), Tricholidic acid(T-01719) 등이 분리되었다.

✲ 생리 활성

항균 효과 : 밤버섯 성분 중 questiomycin A는 phytotoxin으로 gram 양성균과 mycobacteria, *Candida albicans*에 대하여 antimicrobial effect 및 anti-tumor activity가 있다.

항암 효과 : *Tricholoma album, T. albobrunneum, T. vaccinum, T. fulvum* 등은 sarcoma 180 및 Ehrlich carcinoma(복수암)에 대해 70% 및 90%의 anti-carcinogenic activity가 있다.

Fibrin 분해 활성 : 치악산에 자생하는 야생 버섯 65종에서 fibrin 분해 활성을 검색한 결과, 9종의 버섯에서 분해 활성을 보였다. 그중 먹물버섯(*Coprinus comatus*)은 plasmin 1.5unit의 56~58%의 분해 활성을, 점박이애기버섯(*Collybia maculata*)도 거의 유사한 활성을 보였으며, 뽕나무버섯(*Armillariella mellea*)과 *Calocybe* sp.(밤버섯속)와 민자주방망이버섯(*Lepista nuda*)과 *Trichaptum abietinum*는 plasmin 1.5unit의 약 2배 fibrin 분해 활성을 나타내었다.

무기 성분 : 널리 식용되고 있는 7종 버섯, 능이, 양송이, 밤버섯, 표고버섯, 느타리, 송이버섯에 대해 20종의 무기 성분을 측정한 결과, 대부분 Fe, Na 및 Zn 함량이 다른 무기질보다 많았고, 유해 금속 Cd, Hg, Pb 및 As 등은 흔적만 있고, Sb, Se 및 Sn은 전 시료에는 없었다. 능이버섯에는 Na 73.634㎎, Zn 58.171㎎, P 2.388㎎, Mn 2.105㎎ 순, 양송이에는 Na 56.997㎎, Zn 43.273㎎, Mn 2.875㎎, P 2.288㎎ 순, 밤버섯에는 Zn 43.835㎎ Na 16.727㎎, Mn 5.732㎎, Pb 1.676㎎, 표고버섯에는 Na 62.653㎎, Zn 36.402㎎, Mn 55.502㎎, P 2.325㎎, 싸리버섯에는 Zn 91.820㎎, Na 91.763㎎, Mn 10.214㎎, P 2.325, 느타리에는 Na 170.350㎎, Zn 64.222㎎, Ni 0.872㎎, Mn 0.702㎎ 송이버섯에는 Zn 56.708㎎, Na 15.966㎎, P 5.752㎎, Pb 5.291㎎이었다.

필수 아미노산 : 필수 아미노산의 총량은 갓버섯 0.640㎎/g, 민그물버섯 2.712㎎/g, 쓴맛그물버섯 1.305㎎/g, 뿔버섯 0. 646㎎/g, 잣버섯 4.102㎎/g, 애기무당버섯 0.485㎎/g, 굴털이버섯 0. 190㎎/g, 밤버섯 0.184㎎/g 순이었다.

✻ 효능과 이용

1) 효능 : 소아 홍역의 발진 부전, 초조 불안.
2) 식용 : 식용하며 중국에서 기호버섯으로 중요하게 여긴다.
3) 약용 : 홍역 발진 부전과 불안 초조에 응용.

참고문헌

1) 金三純, 金養燮, **韓國産 버섯 圖鑑,** 裕豐出版社, 1990
2) 김준호, 이호용, 유관희, 김양선, 석순자, 김양섭, **균학회지,** 1998, 26(4), 589 (치악산 버섯 추출물로부터 Fibrin 분해 활성 검색-먹물버섯, 밤버섯, 점박이 뽕나무버섯, 민자주방망이버섯 등)
3) 노일협, **숙명여자대학교 논문집,** 1981, 21, 141 (한국산 식용 버섯 중의 미량 금속원소의 함유량에 관한 연구-능이, 양송이, 밤버섯, 표고, 싸리, 느타리, 송이)
4) 農村振興廳 農業技術研究所編, **韓國産 버섯類 原色圖鑑**(I), 1987
5) 朴婉熙, 李虎得, **한국약용버섯도감,** 교학사, 서울, 1999, 146 (밤버섯)
6) 안장수, 이규환, **식품위생안전성학회지,** 1986, 1(2), 177 (한국산 식용 버섯의 무기 성분에 관한 연구-능이, 양송이, 밤버섯, 표고, 느타리, 송이)
7) 應建浙, 卯曉嵐, 馬啓明, 宗毓臣, 文華安, **中國藥用眞菌圖鑑,** 科學出版社, 1987
8) 李址烈, **韓國 버섯 圖鑑,** 아카데미서적, 서울, 1988, 72 (밤버섯)
9) 이지열, **균학회지,** 2005, 33(1), 54 〔한국 기록종 버섯 추가 목록(2001-2004)〕
10) 이태수, 이지열, **한국기록종 버섯 재정리 목록,** 임업연구원, 2000

11) 정규선, **약학회지,** 1973, 23(3,4), 153 (한국산 고등균류의 분포 상태에 관한 연구－아미노산 조성; 굴털이, 밤버섯, 갓버섯, 잣버섯, 뽈버섯, 쓴맛그물버섯, 민그물버섯)

12) 한국 균학회, **버섯 이름, 한국명 통일안,** 2000, 176

13) Chang, S. T., Miles, P. G., **Edible Mushroom and their Cultivation,** CRC Press, New York, USA, 1989

14) Cheung, L. M., Cheung Peter, C. K., Ooi Vincent, E. C., **Food Chem.,** 2003, 81, 249 (Antioxidant activity and total phenolics of edible mushroom extracts)

15) David; G. S., Barry, H. R., **Mushroom Poisoning,** CRC Press, USA, 1994

16) Dickinson, H., Lucas, J., **The Encyclopedia of Mushrooms,** Crescent Books, New York, USA, 1983

17) Gerhardt, E., **Pilze,** BLV Handbook, 1995

18) Hui, Y. F., Den, E. S., Chi, T. H., **J. Food Lipids,** 2002, 9, 35 (Antioxidant and free radical scavenging activities of edible mushrooms)

19) Imazeki, R., Otani, Y., Hongo, T., **Color Illustration Mushrooms of Japan,** Yama-Kei Publisher Co. Ltd., Tokyo, Japan, 1988

20) Kabir, Y., Kimura, S., **J. Nutr. Sci. Vitaminol.,** 1989, 35,91 (Dietary mushrooms reduce blood pressure in spontaneously hypertensive rats)

21) Lee, G. D., Chang, H. G., Kim, H. K., **Kor. J. Food Sci. Technol.,** 1997, 29, 432 (Antioxidative and nitric-scavenging activities of edible mushrooms)

22) Liu, F., Ooi, V. E. C., Chang, S. T., **Life Sci.,** 1997, 60, 763 (Free radical scavenging activities of mushroom polysaccharide extracts)

23) Mau, J. L., Lin, H. C., Song, S. F., **Food Res. Int.,** 2002, 35, 519 (Antioxidant properties of several specialty mushrooms)

24) McDonnell, J. E. W., Esselen, W. B. Jr., **Food Res.,** 1947, 12, 118 (Carbohydrates in Cultivated mushrooms)

25) Mizuno, T., **Food Res. Int.,** 1995, 11, 7 (Bioactive biomolecules of mushrooms: Food function and medicinal effect of mushroom fungi)

26) Motohashi, N., **Yakugaku Zasshi,** 1983, 103, 364 (Prop, Questiomycin A)

27) Nozoe, S. et al., **Chem. Lett.**, 1982, 1679 (cryst, Toxic mushroom, Tricholidic acid)

28) Pegler, D. N., **The Concise Illustrated Book of Mushrooms and Other Fungi,** Gallery Books, New York, USA, 1989

29) Sullivan, G. et al., **J. Pharm. Sci.**, 1971, 60, 1097 (isol, Questiomycin A)

30) Suzuki, W., Ikegawa, T., **J. Kokai, Tokyo, Koho,** 1978, 78, 106 (Anticancer substances and emitanin).

31) Wasser, S. P., Weiss, A. L., **Crit. Rev. Immunol.**, 1999, 19, 65 (Therapeutic effects of substances occurring in higher Basidiomycetès mushroom: a modern perspective)

Rhodopyllus clypeatus (L. ex Fr.) Quél.
Entoloma clypeatum (L. ex Fr.) Kummer

방패외대버섯 34

외대버섯과 (Rhodophyllaceae)

• 중국명 | 晶蓋粉褶菌
• 분포 | 한국, 중국, 일본, 아메리카 등 북반구 온대
• 용도 | 자실체(식용)

✲ 식물학적 특성

봄~가을에 숲속, 길가, 정원, 과수원의 땅 위에 군생 또는 소수속 생. 특히 사과, 배, 복숭아 등 장미과 나무 밑에 발생. 갓 지름 5~8㎝, 초기에는 종형, 차차 반구형~볼록편평형. 갓 표면은 평활. 회색, 섬유상 무늬, 갓 끝은 어릴 때는 말린형, 조직은 초기에 회색, 말리면 백색, 밀가루 냄새, 주름살은 끝붙은형~홈형, 성기며, 백색 차차 담홍색, 대는 원통형. 표면은 백색 후에 회색, 섬유상, 포자는 오각형~육각형. 포자문은 담홍색이다.

동속 식용 식물에는 외대덧버섯(*R. crassipes*)이 있다.

✲ 성분

1) 특수 성분

방패외대버섯에서 L-2-Amino-3-butenic acid(A-01236)가 분리되었고, 외대버섯에서는 Ergosterol(E-01484), Glycerol(G-00542), Mannitol (M-00209) Trehalose(T-01623, T01624), 5'-AMP(A-00446), 5'-GMP(G-00873) 등도 확인되었다.

방패외대버섯

❋ 생리 활성

항 돌연변이 원성 및 암 세포 성장 억제 : 13종의 야생 버섯 추출물의 항돌연변이 효과를 *S. typhymurium* TA98과 TA100로 실험한 결과, 직접 변이원인 MNNG에 대해 산속그물버섯아재비, 구름버섯의 MeOH ex가 TA 100에 90~94%의 강한 항변이 원성을, 갓버섯과 구름버섯의 열수 추출물도 58~61% 저해 효과를 보였다. 간접 변이원인 B(*α*)p에 대해서 TA98과 TA100에서 구름버섯과 턱받이금버섯 MeOH ex가 가장 강한 저해 효과를, 열수 추출물 중 잔피막흑주름버섯과 수원무당버섯은 TA98에서 60~70% 저해 활성을, 갓버섯은 TA100에 45% 돌연변이 억제를 보였으나, 그 외에는 없었다. 또 야생 버섯 MeOH ex 0.5㎎/㎖ 투여 시 결장암 세포 HT29에 대해 그물버섯, 산속그물버섯아재비, 방패외대버섯, 황소비단그물버섯, 구름버섯, 턱받이금버섯, 덕다리버섯에서 55~78% 이상 저해를 보였고, 1㎎/㎖에서 11종의 버섯에서 50% 이상 억제 효과를 보였다. 간암 세포 $HepG_2$에는 방패외대 버섯 MeOH ex 1㎎/㎖에서만 58.4% 저해능을, 나머지 시료에서는 45% 낮은 저해를 보였다. 혈액 암 세포주인 U937에는 그물버섯, 산속그물버섯아재비, 수원무당버섯, 황소비단그물버섯, 밀버섯, 잔피막흑주름버섯, MeOH ex에서 60% 이상 저해 활성을, 구름버섯 열수 추출물은 $HepG_2$와 U937에 53~65% 저해를, 대부분의 버섯 열수 추출물은 40% 이하의 저해 활성을 보였다. 정상 임파구에서 야생 버섯 추출물 0.5~1㎎/㎖에서 75~80% 이상의 생존율을 보여 야생 버섯 추출물 1㎎/㎖에서 암 세포에 높은 억제 효과를, 정상 세포에는 비교적 독성이 낮았다.

식물 병원성 곰팡이에 대한 항균 활성 : 한국산 흰주름버섯 외 50종 버섯을 채집, 석유 ether, 80% EtOH 및 멸균 증류수로 각각 추출, 153종의 추출물을 얻어 식물 병원성 곰팡이에 대한 항균 활성을 검색한 결과, *A. alternata*에 항균 활성은 독우산관대버섯(H_2O ex), MPC-3버섯(EtOH ex), 큰낙엽버섯과 *Xanthoconium affine*(석유 ether ex) 활성을 보였고, 잔디탄저병균, *C. graminicola*에는 애광대버섯, 노란길민그물버섯, 흰둘레무당버섯(석유 ether ex), 해면버섯, MPC-3버섯, 주걱송편버섯(EtOH ex), 조개껍질버섯(H_2O ex)이 각각 항균 활성을 보였다. 인삼뿌리썩음병균, *C. destructans*에는 애광대버섯, 수원그물버섯, 해면버섯, MPC-3버섯, 주걱송편버섯, 띠미로버섯, 외대버섯(EtOH ex), 애광대버섯, 흰둘레무당버섯, 향버섯, 큰낙엽버섯(석유 ether ex)이 각각 항균성을 보였다. 오이덩굴쪼김병균, *F. O. cucumerium*에는 MPC-3버섯(EtOH ex)이 항균성을, 감자시듦병균, *F. solani*에 진갈색주름버섯(H_2O ex), 무변색무당버섯(EtOH ex)이 각각 항균성을 보였다. 잔디탄저병균, *I. bolleyie*에는 진갈색주름버섯(H_2O ex), MPC-3버섯(EtOH ex)이 항균 활성을 보였다.

항암 효과 : 방패외대버섯은 sarcoma 180(mouse)와 Ehrlich 복수암(mouse)에 억제율이 각각 100%의 antitumor activity가 있다.

국내산 외대버섯속 식물① : 전주교외 만덕산 부근에서 수집한 외대버섯속 식물을 새로운 이름을 명명하였다. *Entoloma cuboideum* Hasler(네모외대버섯), *E. subquadratum* Hesler(네모외대버섯아재비), *E. albinellum* Hesler(흰배꼽외대버섯), *E. albidum*(Murr.) Hesler (흰색외대버섯), *E. amplifolium* (Murr.) Hesler(큰외대버섯), *E. fragrans* Hesler(향외대버섯), *E. lampropum* (Fr.) Hesler(빛외대버섯) 등이다.

국내산 외대 버섯속 식물② : 전주교외 만덕산 부근에서 수집한 외대버섯속 식물을 새로운 이름을 명명하였다. *Entolima scabrosum* (껄껄이외대버섯), *E. aethiops* var. *acthiops* (검은비늘외대버섯), *E. pollidolivaceum*(퇴색노랑외대버섯), *E. sericellum* (비단외대버섯), *E. sarcitum* (짐외대버섯), *E. anatinum* (민꼬리외대버섯), *E. tortuosum* (굴곡외대버섯), *E. mephiticum* (독외대버섯) 등이다.

국내산 외대 버섯속 식물③ : 국내 내장산, 장안산, 만덕산에서 수집한 외대 버섯으로 확인된 미등록 버섯은 *Entoloma squamodiseum* (비듬외대버섯), *E. nigroviolaceum* var. *nigroviolaceum* (흑자색외대버섯아재비), *E. subrhombiporum* (연포자외대버섯아재비), *E. spadix*(이삭외대버섯), *E. fumosialbum* (흰연기외대버섯), *E. peckianum* (흠집외대버섯), *E. strictius* var. *strictus*

(직립외대버섯아재비), *E. albatum* (흰배꼽외대버섯아재비)이다.

국내산 외대 버섯속 식물④ : 내장산, 지리산, 용문사, 전북 임업 시험림, 만덕산, 발안산 등에서 다수의 외대버섯을 수집 한국 미기록종으로 확인된 것의 한국 보통명과 함께 보고하였다. *Entoloma fuscodisum*(검댕이외대버섯), *E. incanum*(녹색외대버섯), *E. fracturans*(파열외대버섯), *E. lignoputridum* (고목외대버섯), *E. nigroviolaceum* var. *striatulum*(흑보라줄외대버섯), *E. grayanum* var. *grayanum*(회색외대버섯아재비), *E. maleolens*(큰렌즈외대버섯), *E. pungens*(가시외대버섯)이다.

✻ 효능과 이용

1) 식용 : 맛이 있는 식용 버섯. 강한 음식 냄새를 낸다.
2) 약용 : 항종양에 응용한다.

※ 생식하면 오심, 구토, 설사 등의 중독 증상이 있어 주의

참고문헌

1) 김현정, 이인선, **식품과학회지**, 2004, 36(4), 662 (한국산 야생 버섯 추출물의 항 돌연변이 원성 및 암 세포 성장 억제 효과―갓버섯, 구름버섯, 밀버섯, 황소비단그물버섯, 덕다리버섯, 그물버섯, 수원무당버섯, 턱받이버섯, 방패외대 버섯, 잔피막흑주름버섯)
2) 민지영, 김은미, 민태진, **균학회지**, 1997, 25(4), 354 (버섯 중 항균 활성 물질 개발, 버섯중의 식물병원성 곰팡이에 대한 항균 활성 물질의 검색)
3) 應建浙, 卯曉嵐, 馬啓明, 宗毓臣, 文華安, **中國藥用眞菌圖鑑**, 科學出版社, 1987 (생리 활성)
4) 이지열, **균학회지**, 2005, 33(1), 54〔한국 기록종 버섯 추가 목록(2001-2004)〕
5) 이태수, 이지열, **한국기록종 버섯 재정리 목록**, 임업연구원, 2000
6) Chang, S. T., Hayes, W. A., The Biology and Cultivation of Edible Mush-

rooms, Academic Press, New York, San Fancisco, London, 1998

7) Chang, S. T., Miles, P. G., **Edible Mushroom and their Cultivation,** CRC Press, New York, USA, 1989

8) Cheung, L. M., Cheung Peter, C. K., Ooi Vincent, E. C., **Food Chem.,** 2003, 81, 249 (Antioxidant activity and total phenolics of edible mushroom extracts)

9) Dardenne, G., **Phytochemistry,** 1974, 13, 1897 (isol, solid, L-2-Amino-3-butenic acid)

10) Gregory, F. J., Healy, E. M., Agerborg, H. P. K. Jr., Warren, G. H., **Mycologia,** 1966, 58, 80 (Studies on antitumor substances produces by Basidiomycetes)

11) Hui, Y. F., Den, E. S., Chi, T. H., **J. Food Lipids,** 2002, 9, 35 (Antioxidant and free radical scavenging activities of edible mushrooms)

12) Kabir, Y., Kimura, S., **J. Nutr. Sci. Vitaminol.,** 1989, 35,91 (Dietary mushrooms reduce blood pressure in spontaneously hypertensive rats)

13) Lee, G. D., Chang, H. G., Kim, H. K., **Kor. J. Food Sci. Technol.,** 1997, 29, 432 (Antioxidative and nitric-scavenging activities of edible mushrooms)

14) Liu, F., Ooi, V. E. C., Chang, S. T., **Life Sci.,** 1997, 60, 763 (Free radical scavenging activities of mushroom polysaccharide extracts)

15) Mau, J. L., Lin, H. C., Song, S. F., **Food Res. Int.,** 2002, 35, 519 (Antioxidant properties of several specialty mushrooms)

16) McDonnell, J. E. W., Esselen, W. B. Jr., **Food Res.,** 1947, 12, 118 (Carbohydrates in Cultivated mushrooms)

17) Mizuno, T., **Food Res. Int.,** 1995, 11, 7 (Bioactive biomolecules of mushrooms: Food function and medicinal effect of mushroom fungi)

18) Pegler, D. N., **The Concise Illustrated Book of Mushrooms and Other Fungi,** Gallery Books, New York, USA, 1989

Agrocybe cylindracea (DC. ex Fr.) Maire
Agrocybe. aegerita (Brig.) Fayod
Pholiota aegerita (Brig.) Quél.

버들송이 35

소똥버섯과 (Bolbitiaceae)

- 일명 | Yanagimatsutake
- 중국명 | 柱狀田頭菇
- 별명 | 버들볏짚버섯
- 분포 | 한국, 중국, 일본, 북미, 유럽, 호주
- 용도 | 자실체(식용)

✲ 식물학적 특성

봄부터 가을까지 풀밭, 황무지, 맨땅에 군생 또는 속생. 갓 지름 2~8㎝, 처음에는 반구형, 차차 볼록 편평형, 갓 표면은 평활, 황갈색, 갓 끝에 작은 내피막이 약간 붙어 있음. 파도형, 조직은 백색, 주름살은 완전붙은형 또는 내린형. 약간 빽빽함. 처음에는 황백색, 후에 농갈색, 대 표면은 섬유상이며, 인편이 있고 갈색~암갈색. 막질의 턱받이가 있다. 포자는 난상 타원형. 표면은 평활. 발아공이 있으며 포자문은 농갈색이다.

동속 식용 버섯에는 이끼볏집버섯(*A. paludosa*)과 황토볏짚버섯(*A. semiorbicularis*)이 있다.

✲ 성분

1) 영양 성분

① **버들송이버섯(생것, 7009)** 100g중 열량 24.0㎉, 단백질 3.2g, 지질 0.2g, 당

버들송이

질 3.9g, 조섬유 0.80g, Ca 2.0mg, P 76.0mg, Fe 2.6mg, Zn 0.8mg, vitamin B_1 0.07mg, B_2 0.02mg, B_6 0.04mg, niacin0.2mg, C 0.0mg, 엽산 23.2μg, E 0.12mg.

② **버들송이버섯(말린것, 갓 7010)** 100g중 열량 289.0kcal, 단백질 23.3g, 지질 4.7g, 당질 54.2g, 조섬유 7.40g, Ca 6.0mg, P 251.0mg, Fe 5.2mg, Zn 0.3mg, vitamin B_1 0.43mg, B_2 1.47mg, B_6 1.41mg, niacin 20.3mg, C 0.0mg, 엽산 153.0μg, E 0.53mg.

③ **버들송이버섯(말린것, 갓, 줄기 7011)** 100g중 열량 280.0kcal, 단백질 14.3g, 지질 2.7g, 당질 63.2g, 조섬유 7.90g, Ca 17.0mg, P 231.0mg, Fe 4.6mg, Zn 2.69mg, vitamin B_1 0.36mg, B_2 1.25mg, B_6 1.35mg, niacin 16.9mg, C 0.0mg, 엽산 286.0μg, E 1.47mg.

2) 특수 성분

버들송이버섯 (*A. aegerita*)에서 2,12-Epoxy-7(14)-illudadiene-3,8-diol (E-00945), 2,7(14)-Illudadiene-10,15-diol(I-00059), 7,9-Illudadiene-3,14-diol(I-00060), α-D-Glucan(L-00533), Lectin, 5'-AMP(A-00446), 5'-CMP, 5'-GMP(G-00873), 5'-IMP(I-00169), 5'-UMP(U-00125), Polysaccharide, Lectin 등이 있고, *A. dura*에서 *Agrocybin(H-02577), 향기 성분 1-Octen-3-ol 등이 분리되었다.

✻ 생리 활성

항산화 활성① : 버들송이(*Acrocybe cylindacea* : Ac)와 말똥진흙버섯(*Phellinus igniarius* ; Pi)의 균사체 추출액과 배양액의 용매별 분획별 항산화 효과를 검색한 결과, 전자공여능은 Ac 균사체의 EtOAc와 BuOH 분획, 배양액의 BuOH 분획에서, Pi 균사체 추출액의 EtOH 분획과 배양액의 Et_2O와 EtOAc 분획에서 모두 70% 이상의 강한 항산화 활성을 보였다. 과산화 지질 생성 억제 실험에서는 Ac 균사체 추출액의 Et_2O, BuOH 및 물 분획과, 배양액의 물 분획이 억제 활성을 보였다. xanthine oxidase 활성 측정에서 Ac 균사체 추출액에서 uric acid가 감소하였고, 아질산염 소거능은 Ac 균사체 추출액이 Et_2O 분획과 배양액의 EtOAc와 물 분획이, Pi 균사체 추출액의 Et_2O 분획과 배양액의 Et_2O, $CHCl_3$, BuOH 및 물 분획에서 50~60% 활성을 보였으며, melanin 생성 저해 활성은 Ac 균사체 추출액의 물 분획, Pi 균사체 추출액의 BuOH 분획에서 무첨가구보다 2배 이상의 저해 활성이 있었다. 이상으로 말똥진흙버섯과 버들송이 균사체 추출액이 강한 활성을 보였다.

지질과산화 저해 활성②: 버들송이(*Agrocybe cylindracea*)에서 생리 활성 물질 AG8을 분리, Mass, ^1H 및 ^{13}C NMR, IR, HMBC를 실시한 결과, 분자량 297, 분자식 $C_{11}H_{15}N_5O_3S$인 nucleoside계 5'-deoxy-5'-methyl thioadenosine (MTA)으로 동정되었고, AG8의 지질 과산화 저해활성은 IC_{50} 3.2㎍/㎖, 양성대조구인 vitamin E보다 3배 낮은 활성을 보였다. 이 대사 조절 물질은 담자균류에서 처음 발견되었다.

버들송이와 말똥진흙버섯 배양 대두 추출물의 암 예방 효과①: 버들송이(Ac)와 말똥진흙버섯(Pi)을 배양한 대두 추출물의 암 예방 효과를 in vitro에서 암 발생 억제 물질 즉 quinone reductase(QR), glutathione s-transferase(GST)의 활성 유도, glutathione(GSH)의 생성 촉진, polyamine 합성 대사의 억제능을 측정한 결과, Ac와 Pi 배양 대두 추출물이 mouse hepatoma Hepalclc7 cell 배양에서 QR과 GST 유도 활성이 확인되었고, GSH 생성량은 Ac 배양 대두 추출물에서 20%, Pi 배양 대두 추출물에서 40% 증가하였다. Ac와 Pi 배양 대두 추출물의 polyamine 합성 대사의 억제 효과는 *Acanthamoeba castellanii*의 증식을 측정한 결과, Ac와 Pi 배양 대두 추출물 20㎎/3㎖와 40㎎/3㎖ 처리에서 *A. castellanii*의 증식을 억제하였다. 이 결과로 담자균 배양 대두 추출물은 in vitro에서 암 예방 효과가 있는 것으로 나타났다.

항암 효과②: Sarcoma 180(mouse)에 90%의 억제율, Ehrlich 복수암(mouse)에 80%의 억제율의 antitumor effect가 있고, 비장 식세포의 식균 작용이 있다.

7-Ketocholosterol-간 손상과 식용 버섯 다당체의 세포 변화 효과: 7-ketocholesterol (7-KC) 손상 간 세포에 식용 버섯(팽이, 느타리, 표고, 버들송이, 신령버섯, 번

데기 동충하초)의 다당체를 열수 ex의 알코올 침전 다당체를 만들어 7-KC 존재하에 정상 배아 간 세포(BNLCLi2)에 대하여 세포 보호능을 조사한 결과, 7-KC 80㎍/㎖에서 독성이 강하여, 20시간 배양 후 98%가 없어졌으며, 각 다당체의 200㎎/㎖ 첨가에서 세포 독성을 방어하였고 특히 팽이와 느타리만이 7-KC 유도 세포 독성을 감소시켰다.

정미 성분 : 5'-AMP(A-00446), 5'-CMP, 5'-GMP(G-00873), 5'-IMP, 5'-UMP (U-00125) 등 버들송이에는 정미 성분이 있다.

농산 부산물의 배지 재료 활용 : 버들송이 재배 배지에 농산 부산물 콩비지 첨가구는 유기물, 질소, 탄소 함량이 높았고, 전처리구의 pH, 유기물, 질소, 탄소 함량은 버섯 생육 시 적합하였다. 애느타리 관행 재배 시 병당(850cc)에서 갓의 수 20개 72g에 비해 콩비지 10% 첨가구는 갓의 수 12개 수량 77g으로 11% 증수되었고, 버들송이 관행 재배시 병당(850cc) 수량 98g 대비 모든 농산 부산물(한약박 제외) 첨가에서 증수되었으며, 그중 콩비지 10% 첨가구가 수량 113g으로 증수되어 효과적이었다.

다당체의 정제와 특성 : 버들송이의 배양 방법 별 균사체 및 다당체 생산 수율은 모두 진탕 배양이 효과적이었다. 조단백 다당은 DEAE-cellulose, sepharose 2B로 정제, 균사체 내 다당류(ACIPDG, ACIPAG)와 균사체외 다당체(ACEPDG, ACEPAG)를 얻었고, ACEPG는 총 당 75.8%, ACEPDG 총 당 65.4%, ACIPDG는 총 당 89.2%, ACIPAG 총 당 54.2%의 조성을 보였고, 분자량은 모두 10만을 넘는 기대 분자로 ACEPDG 300kDa, ACIPAG 600kDa이었고, 다당체의 조성을 HPLC로 분석한 결과, ACEPDG 분획은 glucose, inositol, ACIPDA, ACEPAG, ACIPAG 분획에서 glucose, fructose, inositol이 검출되었다.

소나무 톱밥과 인공 재배 : 버들송이 인공 재배 시 소나무 톱밥에 밀기울 20% 첨가 배지에서 65㎜/23일로 시료 배지 중 가장 빨랐으며, 최적 수분 함량은 65~75% 종균 배양 완성일은 65% 시 23일로 가장 빨랐고, 초발이(初發耳) 소요 일수는 60% 이상에서 9±1일이었으며, 자실체 수량은 65%에서 52.3±0.6g으로 편차가 적었다. 소나무 톱밥에 첨가 및 혼합 비율별 자실체 수량은 밀기울 30% 첨가구에서 유효 경수가 21.3개/병, 버들송이 자실체 수량은

107g/병으로 가장 많았고, 초발이 소요 일수도 8일로 빨랐다.

기타 : agrocybin은 antifungal, antibiotic, phytotoxic effect 물질이다.

✲ 효능과 이용

1) **효능** : 이뇨, 침습(滲濕), 건비(健脾), 지사.
2) **식용** : 산뜻하고 풍미가 좋은 버섯, 씹히는 맛도 좋아 국, 냄비요리 등에 이용되며, 서양에서 특히 선호하는 버섯으로 프랑스에서는 20여 년 전부터 재배하고 있다.
3) **약용** : 항암, 이뇨, 비장강화, 지사 효과 등에 이용되고 있다.

참고문헌

1) 김병각, 현진원, 박성미, **농시논문집, 농업산학협동편,** 1991, 33, 101 (버들송이 및 만가닥 버섯의 특성 및 약리 작용)
2) 김선희, 이항우, 배만종, 이재성, **미생물학회지,** 2000, 36(1), 64 (*Agrocybe cylindracea*로부터 추출한 다당체의 면역증강활성)
3) 김선희, 정인창, 김소연, 이종숙, 조현제, 이항우, 이재성, **균학회지,** 1999, 27(2), 100 〔*Agrocybe cylindracea* (버들송이)로부터 분리한 다당체의 정제와 특성〕
4) 김소연, 손준호, 하효철, 이항우, **균학회지,** 2002, 30(2), 124 (버들송이와 말똥진흙버섯을 배양한 대두추출물의 암예방 효과)
5) 김한경, 박정식, 김양섭, 차동열, 박용환, **농시논문집,** 1988, 30(3), 141 〔버들송이(*Agrocybe aegerita*)의 균사 생장 조건에 관한 연구〕
6) 김한경, 박정식, 김양섭, 차동열, 박용환, **균학회지,** 1989, 17(3), 124 (소나무 톱밥을 이용한 버들송이 인공 재배에 관한 연구)
7) 박신, 이재성, **균학회지,** 1990, 55, 198 (버들송이의 균사생장 및 원기형성을 위한 톱밥 배지조성 및 배양 조건의 최적화)

8) 박용환, **잠사,** 1979, 244, 56 (잠실 유휴기간을 이용한 볏짚느타리 재배법)
9) 배만종, 박무희, 이재성, **균학회지,** 1996, 24(2), 142 (고등균류 균사체의 면역조절)
10) 유영복, 신평균, 김한경, 변명옥, 유차현, 차동열, 장권열, **균학회지,** 1989, 17(3), 114 (사철느타리 원형질체 내 버들볏짚버섯 핵의 전이)
11) 유익동, 이인경, 윤봉식, **산업미생물학회지,** 1998, 26(6), 558 (버들송이로부터 분리한 Nucleoside 계 화합물의 지질과산화 저해 활성)
12) 이재성, 박신, 박경숙, **식품과학회지,** 1989, 21, 399 〔*Agrocybe cylindracea* (버들송이 버섯)의 영양 배지 조성 및 배양 조건의 최적화〕
13) 이재성, 박신, **영남대 자원문제연구논문집**, 1991, 10(1), 105 (*Agrocybe cylindracea*의 리그닌 분해 효소)
14) 이항우, 이동우, 하효철, 정인창, 이재성, **균학회지,** 2002, 30(1), 37 (말똥진흙버섯 및 버들송이 버섯의 균사체 및 배양액의 항산화 활성)
15) 이희덕, 김용균, 김홍규, 한규홍, 문창식, 허일범, **균학회지,** 1998. 26(1), 47 (농산 부산물을 이용한 애느타리 및 버들송이의 배지 재료 활용 효과)
16) 차동열, **농업기술**, 1981, 184, 11 (볏짚느타리 재배, 볏짚은 연탄열이나 증기로 고온살균 후 사용한다)
17) 하효철, 박신, 박경숙, 이춘우, 정인창, 김선희, 권용일, 이재성, **균학회지,** 1995, 23(2), 121 (톱밥 배양한 버들송이의 균사체로부터 단백 다당체의 분리 및 정제)
18) 현지원, 김재균, 박설희, **Arch. Pharm. Res.,** 1996, 19(3), 207 (Antitumor Components of *Agrocybe cylindracea*)
19) Ayer, W. A. et al., **Can. J. Chem.**, 1989, 67, 1371 (isol, Antifungal, Antibiotic, Phytotoxin, cryst, *Agrocybin)
20) Battilana, P., Ornstein, K., Minihira, K., Schwarz, J. M., Acheson, K., Schneiter, P., Burri, J., Jequier, E., Tappy, L., **Eur. J. Clin. Nutr.,** 2001, 55, 327 (Mechanisms of action of β-glucan in postprendial glucose metabolism in healthy men)
21) Chang, S. T., Buswell., J. A., **World J. Microbiol. Biotech.,** 1996, 12, 473

(Mushroom nutriceuticals)

22) Hayakawa, T., Yoshimura, H., Kanetaka, M., Sato, N., **Nippon Nogei-kagaku Kaishi,** 1991, 65, 747 (Chemical composition of Yanagimatsu-take(*Agrocybe cylindracea*) cultivated on sawdust medium)

23) Kabir, Y., Kimura, S., **J. Nutr. Sci. Vitaminol.,** 1989, 35, 91 (Dietary mushrooms reduce blood pressure in spontaneously hypertensive rats)

24) Koshino, H., Lee, K. I., Kim, J. P., Kim, W. K., Uzawa, J., Yoo, I. D., **Tetrahedron Lett.,** 1996, 37, 4549 (Agrocybenin, novel class alkaloid from the Korean mushroom, *Agrocybe cylindracea*)

25) Kiho, T., Sobue, S., Ukai, S., **Carbohydr. Res.,** 1994, 251(1), 81 (Structural features and hypoglycemic activities of two polysaccharides from a hot-water extract of *Agrocybe cylindracea*)

26) Kim, J. S., Chung, H. Y., Na, K., **Nutr. Res. Practice,** 2007, 1(3), 180 (Cytoprotective effect of polysaccharide isolated from different mushrooms against 7-Ketocholesterol induced damage in mouse liver cell line－동충하초, 신령버섯, 팽이, 느타리, 표고, 버들송이)

27) Labarere, J., Noel, T., Imbernon, M., **International Soc. Mushroom Sci.,** 1987, XII, 85 (Selection and genetic analysis of antibiotic resitant mutant strains in *Agrocybe aegerita*)

28) Lo, K. M., Cheung Peter, C. K., **Food Chem.,** 2005, 89, 533 (Antioxidant activity extracts from the fruiting bodies of *Agrocybe aegerita*)

29) McDonnell, J. E. W., Esselen, W. B. Jr., **Food Res.,** 1947, 12, 118 (Carbohydrates in Cultivated mushrooms)

30) Mizuno, T., **Food Res. Int.,** 1995, 11, 7 (Bioactive biomolecules of mushrooms: Food function and medicinal effect of mushroom fungi)

31) Nagashima, N. et al., **Acta Crystallogr. Sect. B.,** 1974, 30, 320 (Cryst, Struct, 5'-IMP)

32) Noel, T., Labarere, J., **ISMS,** 1987, XII, 109 (Isolation and Regeneration of protoplasts from Homo-karyotic mycelia of *Agrocybe aegerita*)

33) Noel, T., Labarere, J., **ISMS,** 1987, XII, 110 (Isolation of DNA from *Agrocybe aegerita* and construction of a genetic library in *E. coli*)

34) Pegler, D. N., **The Concise Illustrated Book of Mushrooms and Other Fungi**, Gallery Books, New York, USA, 1989

35) Stránský, K., Semerdźieva, M., Otmar, M., Procházka, Ž., Buděšínský, M., Ubik, K., Kohoutová, J., Streinz, L., **Collect. Czech. Chem. Commun.**, 1992, 57(3), 590 〔Antifungal antibiotic from the mushroom *Agrocybe aegerita* (BRIG.) SING., 2,7-(14)-Illudadiene-10,15-diol〕

36) Tadashi, K., Isao, Y., Katsuyuki, N., Shigeo, U., Chihiro, H., **Carbohydr. Res.**, 1989, 189, 273 〔(1→3)-α-D-glucan from akaline extract of *Agrocybe cylindracea* and antitumor activity of its *O*-(Carboxymethylated) derivatives〕

37) Takama, F., Sasaki, M., Nunomura, N., **Mooshroom Sci.**, 1978, X(Part 2.), 677 (Flavor components of *Agrocybe aegerita*, 1-Octen 3 ol)

38) Takacs, T., **Acta Agron. Acad. Sci. Hung.**, 1974, 23, 423 (Fruit body production of *Agrocybe aegerita* (BRIG.) SING. on Culture media of various nitrogen sources)

39) Wasser, S. P., Weiss, A. L., **Crit. Rev. Immunol.**, 1999, 19, 65 (Therapeutic effects of substances occurring in higher Basidiomycetes mushroom: a modern perspective)

40) Yoshida, H., Fujimoto, S., Hayashi, J., **J. Jap. Soc. Food Sci. Technol.**, 1992, 39, 601 (Carbohydrate and organic acid contents in the vegetative mycelia of *Agrocybe cylindracea*: studies on the use for food of vegetative mycelia of basidiomycotina : part 1)

41) Yoshida, I., Kiho, T., Usui, S., Sakushima, M., Ukai, S., **Biol. Pharm. Bull.**, 1996, 19, 114 (Polysaccharides in Fungi XXXVII. Immunomodulation activities of carboxymethylated derivatives of linear (1→3)-α-D-glucans extracted from the fruiting bodies of *Agrocybe cylindracea* and *Amanita muscaria*)

42) Zadrazil, F., Brunnert, H., **Mushroom Sci.**, 1978, X(part II), 848 (Der

einfluss Verschiedener stick stoffqellen auf den abbon von stroh und den Fruchtkooperetrag von *Agrocybe aegerita*)

Cordyceps militaris
(L.) Link.

번데기동충하초 36

맥각균과 (Clavicipitaceae)

- 중국명 | 蛹蟲草
- 일명 | Semitake
- 분포 | 전 세계
- 용도 | 자실체(식용, 약용)

✲ 식물학적 특성

여름~가을에 낙엽, 땅속에 묻힌 나비, 나방 등의 나비목의 번데기 또 유충에 기생하여 기주 체내에 내생균핵(內生菌核)을 형성, 기주에서 자실체가 단생 또는 속생한다. 번데기나 유충은 이 버섯이 분비하는 항생물질로 부패되지 않는다. 자실체는 높이 3~7㎝ 곤봉형. 1개의 번데기 머리 부분 또는 가슴 부분에서 1~10개의 자실체가 발생. 두부 1~3×0.5㎝, 방추형~원통형. 등적색. 표면에는 과립상의 작은 돌기는 술병 모양. 표피 밑에 반매몰 상태. 대는 3~4.5×0.3×0.5㎝, 표면은 평활, 등황색. 자낭포자는 4~61㎛, 원통상의, 방추형, 표면은 평활, 포자문은 백색, 인공 재배가 가능하다.

동속 식용 버섯에는 노린재동충하초(*C. mutans*)와 매미동충하초(*C. sobolifera*) 등이 있고, 약용도 한다.

✲ 성분

1) 특수 성분

*C. militaris*에서 3'-Amino-3'-deoxyadenosine(A-01274), *Cordycepin

번데기동충하초

(C-01815), Homocitrullylaminoadenosine(H-00973), *C. coccidiocola*와 *C. pruinosa*에서 *N^6-(2-Hydroxyethyl) adenosine(H-01709), *C. ophioglossoides*에서 Ophiocordin(O-00462), *Isaria japonica*에서 *N^6-(2-Hydroxyethyl) adenosine(H-01709), *Isaria*속에서 Beauverolide B_a(B-00182), Beauverolide C_a (B-00184), Isarolide (I-00254), *I. cretacea*에서 Isariin(I-00250), *I. felina*에서 Isariin B(I-00251), Isariin D(I-00253), Isariin C(I-00252) 등이 분리되었다.

✲ 생리 활성

생리 활성 : 번데기동충하초는 Ehrlich 복수암(mouse), EL-4'림프종(mouse)에 antitumor activity가 있고, *Bacillus subtillis*에 antibacterial, immune promotion, macrophage function promotion 등에 효과 있다.

항보체 활성 버섯 : 국내 자생 61주의 고등 균류의 면역 증강 효과를 검색코자, 이들 성분을 분리하여 항보체 활성을 측정한 결과, krestin의 보체 활성도는 20.6%보다 우수한 보체 활성 효과를 보인 균주는 11주이었으며, 이 중 영지(*Ganoderma lucidum*) 5주, 표고(*Lentinus edodes*) 3주, 동충하초류(*Cordyceps* sp.) 3주, 주름버섯(*Agaricus campetries*) 1주이었다.

Ergosterol peroxide의 항암 작용① : 국내에서 인공 재배한 번데기 동충하초 자실체를 n-hexane으로 추출, 순수 분리 동정한 결과, ergosterol peroxide [5α, 8α-epidioxy-24(R)-methylcholesta-6, 22-dien-3β-ol]로 밝혀졌고, 이를 한국인 암환자에 대해 항암 작용을 측정한 결과, 3일 투여 후, 위암 세포주 SNU-1에 가장 강한 활성을 보였고, SNU-1(위암 세포주), SNU-354(간암 세포주) 및 SNU-C_4(직장암 세포주)에 6일 후의 50% 암 세포 성장 억제 농도는 각각 75.8, 39.7, 32.7㎍/㎖이었다. 따라서 ergosterol peroxide 성분은 번데기동충하초의 항암 성분의 하나로 밝혀졌다.

종양 성장 억제와 면역 기능 향상② : 고형암 sarcoma 180 세포주를 mouse의 겨드랑이에 이식하고, 이에 50㎎/kg, 100㎎/kg의 누에 번데기동충하초 추출물을 10일간 투여한 결과, 대조군에 비해 3주 후, 고형암 성장이 47.3%, 57.6% 억제되었고, 누에애벌레동충하초, 50㎎/㎏, 100㎎/㎏ 투여한 경우는 35.5%, 37.1%, 1㎎/㎏과 2㎎/㎏의 cordycepin 투여 후에 26.1%, 29.8% 억제 효과가 있었다. 흉선의 무게는 대조군보다 38~44% 증가, 비장 내 $CD4^+$와 $CD8^+$, T 세포 수, NK- 세포 수(63~110% 증가)가 증가하였다(P〈.05). 이로써 동충하초 열수 추출물이 고형암 성장 억제 효과가 있으며, 이러한 항암 활성은 면역 기능 증강 효과와 관련이 깊은 것으로 생각되었다. 또한 이러한 기능은 cordycepin보다 동충하초 열수 추출물이 높았다.

7-Ketocholosterol-간 손상과 식용 버섯 다당체의 세포 변화 효과 : 7-ketocholesterol (7-KC) 손상 간 세포에 식용 버섯(팽이, 느타리, 표고, 버들송이, 신령버섯, 번데기동충하초)의 다당체를 열수 ex의 알코올 침전 다당체를 만들어 7-KC 존재하에 정상 배아 간 세포(BNLCLi2)에 대하여 세포 보호능을 조사한 결과, 7-KC 80㎍/㎖에서 독성이 강하여, 20시간 배양 후 98% 없어졌고, 각 다당체의 200㎎/㎖ 첨가에서 세포 독성을 방어하였고 특히 팽이와 느타리만이 7-KC 유도 세포 독성을 감소시켰다.

항암성과 향미 개선 버섯 메주 제조 : 잎새버섯, 동충하초, 표고, 영지, 신령, 느타리, 상황버섯 균사체를 메주 무게의 10%를 접종, 25℃에서 4주간 배양한 버섯 균사체 메주 중 상황, 영지, 신령 버섯 균사체 메주가 항암성과 향미 완화기능이 우수하였다.

지방대사, 항산화 및 면역능① : 누에동충하초(*C. militaris*)와 *P. tenuipes* 동충하초의 건분과 물 추출물 첨가 식이로 4주간 사육 후, 혈장, 간, 변의 총 지방, 중성지방, cholesterol을 분석하여 지질 대사를, 혈장과 간의 TBARS량, 적혈구와 간의 SOD활성, 간에서의 SOD활성으로 항산화능을, 비장 세포의 증식능과 말초혈액 면역 세포 분포로 면역능을 조사한 결과, *C. militaris*와 *P. tenuipes*는 모두 항산화능과 면역능을 향상시켰으며, *C. militaris*의 물 추출물은 항산화 및 면역능은 가장 효과적으로 향상시켰으나, *P. tenuipes*는 건분(2%)군의 항산화능은 *C. militaris* 물 추출물보다 약하였고, 대조군보다는 약간 증가시켰다.

항산화 및 항돌연변이 원성[2] : 동충하초의 수소전자 공여능 및 항 돌연변이 원성을 조사한 결과, BuOH 분획과 EtOAc 분획에서 수소 공여능이 타 시료 보다 2배 이상 높았고, 항 돌연변이 원성은 직접 변이원인 MNNG, 4NQO와 간접 변이원인 B(α)P, Trp-P-1에 유의성 억제 효과를 보였다. MNNG(0.4㎍/plate)에서 *S. typhimurium* TA 100 균주에서 시료 200㎍/plate는 EtOH ex 78.1%, BuOH와 H_2O 분획에서 각각 90.4%와 87.6% 억제 효과를 보였다. 4NQO(0.15㎍/plate)에 *S. typhimurium* TA98에서 EtOAc 분획이 80.4%, TA100 균주에서 BuOH 분획이 88.6% 억제되었다. 또 간접변이원 B(α)P (10㎍/plate)에서 EtOAc와 BuOH 분획은 200㎍/plate에서 85%이상 억제되었고, Trp-P-1(0.15㎍/plate)에 TA98은 200㎍/plate에서 hexane과 BuOH 분획이 각각 90.2%, 87.6% 억제율을, TA100에 EtOAc 분획이 90.1% 억제를 보였으며, 동 농도에서 BuOH와 H_2O 분획에서 각각 87.0%, 75.4% 억제를 보였다. 따라서 동충하초 EtOH ex와 분획물은 농도 의존적으로 TA98과 TA100에 각 변이원에 억제가 증가되었다.

항산화 작용 및 아질산염 소거 작용[3] : 인공 재배 번데기동충하초 균사체와 자실체의 물 추출물과 70% EtOH 추출물에 대하여 전자공여능은 300~1,000ppm 균사체 H_2O ex에서 37~47%, EtOH에서 57~70%로 EtOH ex가 우수하였고, 자실체 H_2O와 EtOH ex 300~1,000ppm에서 19~48%로 균사체보다 낮았다. 아질산 소거능은 pH 1.2, 3.0, 4.2, 6.0에서 측정한 결과, pH 1.2에서 가장 높았고, pH 증가에 따라 감소하였다. 균사체 추출물의 아질산염 소거능은 pH 1.2에서 1,000ppm의 H_2O ex는 23%, EtOH ex는 37%로 EtOH ex가 우수하였다. 자실체 H_2O ex는 pH 1.2에서 1,000ppm에서 12%, EtOH ex는 37%의 아질산염 소거능이 균사체에서 우수하였고, EtOH ex가 H_2O ex보다 우수하였다.

뽕나무 배지와 자동산화 억제 효과 : 뽕나무 첨가 배지에서 배양한 버섯 균사체 배양물의 자동산화 억제 효과를 알고자, 뽕나무 첨가 배지에 상황, 느타리, 동충하초, 신령버섯, 노루궁뎅이버섯을 7일간 액체 배양하고, 균사를 제거한 배양물에 대한 항산화성을 275μM linoleic acid에 시료(1㎎)를 첨가 40℃

에서 16일간 배양한 결과, 신령버섯과 노루궁뎅이버섯의 항산화능이 우수하여, 뽕나무는 버섯 균사체 액체배양물의 항산화성을 증가시켰다.

항균 작용①: 동충하초(눈꽃, 번데기동충하초), 쑥, 솔잎을 물과 70% EtOH로 추출물을 3종의 gram(+)균〔*Bacillus subtilis*(Bs), *Listeria monocytogens*(Lm), *Staphylococcus aureus*(Sa)〕과 3종의 gram(-)균〔*E. coli* (Ec), *Shigella sonni* (Ss), *Salmonella typhimurium* (St)〕인 식중독 및 병원성 세균에 대해 항균성을 검색한 결과, 눈꽃동충하초의 EtOH ex 1%에서 Lm에 항균성을, 번데기동충하초의 EtOH ex 3%에서 Sa에 항균성을 보였다. 쑥의 EtOH ex 1%에서 Lm과 Sa에 항균성을 보였으나, 눈꽃과 번데기동충하초 및 쑥의 H_2O ex는 항균성이 없었다. 솔잎 H_2O ex는 Ec 제외 모든 균주에, 솔잎 EtOH ex는 모든 시험 균주에 항균성을 보여 가장 광범한 항균 spectrum을 나타내었다. 액제 배지 내 솔잎 ex의 세균 증식 억제 작용은 EtOH ex가 H_2O ex보다 컸다(동충하초의 추출수율은 물과 EtOH 모두 자실체의 39~58%가 균사체 9~24%보다 2.4~4.4배 많았다.)

***Helicobacter pylori*에 항균 효과**②: 국산 버섯-장수, 동충하초, 운지, 상황버섯, 소나무잔나비버섯의 열수 추출물의 *H. pylori*(Hp)에 항균 효과를 실험한 결과, *Formitopsis pinicola* (Fp)가 15㎜의 생육 저해환으로 가장 강하였고, 동충하초(*C. militaris*), 운지, 상황, 장수버섯(*F. traxinea*)이 비교적 높은 항균성을 보였다. MeOH ex에서도 Fp가 생육 저해환 44㎜로 가장 강한 항균력을 보였다. 버섯의 생리 활성은 단백 다당체로 이들의 함량 의존적으로 나타나는 것으로 추정되었다. Fp의 MeOH ex가 DEAE-sepadex 초기 분획에서 Hp에 항균 효과를 보였으며, 이 분획이 단백 다당체 함량이 높았다. Hp에 대한 항균력은 소나무잔나비버섯(*F. pinicola*)과 동충하초(*C. militaris*)가 우수하였다.

종류와 간기능에 미치는 영향: 동충하초를 수집, 동정된 새로운 동충하초가 간에 미치는 영향을 연구하였다. 본 버섯의 염기서열은 등록된 번데기동충하초와 계통 발생학적으로 동일하였고, 추출물의 간대사 효소인 ADH, ALDH의 활성 증가가 시판되고 있는 의약품, 천연차, 혼합음료, 드링크 등의

6종 제품과 비교 실험한 결과, 500㎎/㎖의 동충하초 추출물이 현저한 활성 증가를 보였다. 동충하초 추출물을 생체에 투여, 혈중 알코올과 아세트 알데히드 분해 및 대사가 촉진되었고, 정상 상태로 빠르게 회복되었다. 설치류 단회 독성시험 및 유전 독성 시험을 통해 시험 물질의 무독성을 확인, 간 손상물질 CCl_4 급손상에 혈액 생화학적 변화, GOT, GPT 및 조직에서 동충하초 추출물의 간 보호 및 회복 작용이 확인되었다.

혈당 강하 효과①: 홍삼, 가시오가피, 동충하초 혼합 수엑스 시료의 항당뇨 효과는 1형과 2형 당뇨 질환 모델에서 검토한 결과, 당뇨 대조군에 비해 유의적 혈당 강하활성을 보였으며, 또한 cholesterol 감소 효과도 있었다.

혈당 강하 효과②: 큰번데기동충하초의 수용성 분획들은 STZ 및 glucose과부하 유도 당뇨에 모두 효과적인 것으로 나타났으며, 제1형(insulin 부족)과 제2형 당뇨에 insulin 분비를 촉진하는 효능을 보였다.

혈장 지질과 혈당③: 동충하초 주출 분말 혼합(3% w/w) 사료를 흰쥐에 급여한 결과, 중성 지질, 총 cholesterol 및 인 지질 중 감소 효과는 중성 지질이 가장 현저한 반면, 총 cholesterol과 인 지질은 그 효과가 낮았다. 혈당 농도는 동충하초 추출 분말 첨가량이 증가할수록 감소하였으나, 반비례적은 아니었다. 혈장, 췌장, 근육 조직의 insulin 분비량의 변화는 혈당 변화와 거의 유사한 경향을 보였다. 동충하초 추출 분말 첨가량 증가에 따라 insulin 분비가 지속적으로 감소하였다.

혈당 강하 성분과 Glucokinase 활성④: 혈당 강하 기능성 성분을 *P. japonica*와 *Cordyceps militaris*에서 분리, 간세포 내 glucokinase활성을 측정, 항당뇨 기전을 규명코자 하였다. 동충하초에서 분리된 fraction A의 간 세포 내 glucokianse 활성은 대조군과 비교, *C. militaris*는 371.4%, *P. japonica*는 379%로 증가하였고, fraction B는 *C. militaris* 314.2%, *P. japonica* 147.4% 증가하여 *C. militaris*의 fraction B가 *P. japonica*보다 2배 이상의 glucokinase의 활성이 증가하였다. in vivo에서는 *C. militaris* 첨가군의 glucokinase 활성은 대조군에 비해 1,300% 이상 활성 증가를 보여 간 세포 내 glucokinase 활성을 현저히 증가시켰다.

버섯 균사체와 배양 곡물의 혈당 강하⑤ : 혈당 강하 효능이 있는 버섯 배양 곡물을 개발하기 위해 수 종의 버섯균과 버섯 배양 곡물의 식후 혈당 상승 억제를 조사하였다. 균사체의 포도당 투과 지연 효과를 측정한 결과, 120분 동안 투석후 전체 포도당 중 13.1±3.6~41.8±8.0% 포도당이 투석막 내액에 잔존하여 대부분의 균사체가 pectin보다 포도당의 투석막 투과가 지연되었다. 당뇨쥐에 균사체를 투여 후, 혈당은 30분 후에 389.4±43.8~426.8±49.4㎎/*dl*로 대조구(535.3±78.6)보다 낮아 버섯 균사체가 식후 혈당 상승 억제가 우수한 것으로 특히 *Phellinus linteus*와 *Paecilomyces japonica*가 우수하였다. *P. japonica* 배양 버섯 배양 곡물을 당뇨쥐에 투여한 후 혈당 변화를 조사한 결과 균사체 배양하지 않은 곡물에 비해 혈당의 상승이 낮은 것으로 나타났다(동충하초, 영지, 목진흙버섯, 느타리).

지질대사① : 고 콜레스테롤 혈증 흰쥐의 지질대사를 알고자, 생후 13주령의 흰쥐에 표준 식이군(정상군), cholesterol군(3% cholesterol), cholesterol + 자실체(자실체 3%)군, cholesterol + 균사체(균사체 3%)군에 각각 실험 식이를 4주간 투여한 결과, 체중은 정상군과 비슷하였으나, 췌장 무게는 실험군이 증가하였고, 식이섭취량, 식이효율, 혈색소 농도는 정상군과 비슷하였다. 혈청 총 지질, 총 cholesterol, 중성 지질 및 인 지질은 대조군보다 균사체군이 감소하였고, 총 지질과 중성 지질도 균사체군이 낮았다. 혈청 HDL-cholesterol과 총 cholesterol과의 비율은 정상군에 비해 실험군이 감소하였다. 혈청 LDL-cholesterol은 대조군에 비해 균사체군이 감소되었고, 동맥경화 지수는 각 실험군이 증가하였으나, 균사체군은 대조군에 비해 감소하였나. 간의 총 지실, 총 cholesterol 및 중성 지질은 정상군에 비해 실험군이 증가, 대조군보다 균사체군이 감소하였다. 췌장과 심장의 총 cholesterol은 정상군보다 자실체군이 증가, 대조군과 균사체군은 비슷하였고, 대동맥의 각 지질 농도는 실험군 간 차이가 없었다. 이상으로 동충하초의 균사체는 혈청의 총 지질, cholesterol, LDL, 중성 지질 및 동맥경화 지수를 호전시켰으나, 자실체나 균사체가 간의 총지질, cholesterol 및 중성 지질 증가 억제는 없었다.

지질, 단백질 대사② : 생후 5주 흰쥐에 정상식이군, 동충하초 자실체 분말 2%,

3%, 4% 군으로 각 식이를 5주간 투여한 후, 성장률과 식이 섭취량을 조사한 결과, 2%, 3%군은 대조군과 비슷하였으나, 4%군은 대조군보다 낮았다. 식이 효율은 3%군이 대조군보다 다소 높았으나, 2%, 4%군은 비슷하였고, 간, 췌장, 비장, 신장, 심장 무게는 대조군과 비슷하였다. 간의 총 지질, cholesterol은 2%군보다 4%군에서 감소하였고, 간의 중성 지질 농도는 2%와 3%군은 대조군과 비슷하였으나, 4%군은 대조군보다 감소하였다. 혈청의 총 지질, 총 cholesterol, 중성 지질, 인 지질은 2%와 3%군은 대조군과 비슷하였으나, 4%군은 대조군보다 감소하였다. 혈청 HDL은 4%군에서 증가하였고, LDL은 대조군, 2%, 3%군보다 감소하였다. 혈청의 총 단백, 알부민, 요소 및 creatinine은 모든 실험군에서 비슷하였고, 혈중 GPT, GOT, LDL, γ-GTP, ALP등의 효소 활성, 혈당, hemoglobin, hematocrit 등도 별 변화가 없었다. 이상의 결과로, 동충하초 2%와 3%에서는 혈청지질, 단백질, 효소활성에 별 영향이 없었으나, 4%군은 식이 섭취량의 감소와 성장률이 낮았고, 간의 중성 지질, 혈청 총 지질, 총 cholesterol, LDL, 중성 지질, 동맥경화 지수 등이 감소하였다.

자실체와 성장률, 지질대사및 단백질 농도[3] : 인공 재배 동충하초 균사체가 성장기 흰쥐(생후 5주령)에 각각 2, 3, 4%첨가군에 5주간 사육한 후, 성장률, 식이효율, 식이 섭취량, 각 장기의 무게는 2, 3, 4% 균사체군은 대조군과 비슷하였으나 간의 총 지질 및 중성 지질 농도는 3%와 4% 균사체군은 대조군보다 감소하였고, 혈청 총 지질, 총 cholesterol, 중성 지질, 인 지질 농도 및 동맥경화지수는 대조군에 비해 각 균사체군이 감소하여 동충하초 균사체가 혈중지질 농도를 감소시키는 효과가 있었다. 혈청 HDL-cholesterol과 LDL-cholesterol 농도 및 총 cholesterol에 대한 HDL-cholesterol 비는 대조군과 비슷하였다. 혈청의 총 단백질, albumin, creatinine 및 혈색소 농도와 GPT, γ-GTP 및 ALP 등의 활성은 각 균사체군과 대조군이 비슷하여 동충하초 섭취 영향이 나타나지 않았다. 혈청의 GDT 및 LDH 활성은 대조군에 비해 각 균사체군이 유의성 감소를 보였고, 혈청의 요소 농도는 대조군에 비하여 각 수준별 균사체군이 유의하게 증가하였다.

고지방 식이와 지질, 단백질 대사④ : 35주령 흰쥐 정상군(표준 식이군), 고지방 식이군(15% 돈지), 고지방 + 동충하초 자실체(3%), 고지방 + 동충하초 균사체(3%)군을 5주간 4군에 각각 식이 급여 후, 조사한 결과, 체중 증가, 간 무게, 식이효율은 자실체와 균사체군이 감소되어 정상군과 비슷하였고, 식이 섭취량, 신장, 췌장, 심장의 무게는 정상군과 비슷하였다. 간의 총 지질과 cholesterol 및 간과 혈청의 중성 지질 농도는 고지방군에 비해 자실체와 균사체군이 감소하였다. 혈청 총 choelsterol과 인 지질은 정상군에 비해 실험군이 증가하였고, HDL은 정상군보다 자실체 및 균사체군이 증가하였으며, 고지방군에 비해 자실체군의 총 cholesterol에 대한 HDL이 증가, 동맥경화 지수는 감소하였다. 혈청 총 단백질은 정상군에 비해 고지방군과 균사체군이 증가되어 albumin, 혈당 및 혈색소는 정상군과 각 실험군이 정상군과 같이 유지되었다. 혈청 GPT, GOT, γ-glutamyltranspeptidase의 활성은 정상군과 각 실험군이 유사하였고, lactic dehydrogenase활성은 고지방군보다 자실체와 균사체군이 증가, 정상군과 비슷하였으며, alkaline phosphatase 활성은 정상군보다 감소하였다. 이상의 결과로, 고지방 식이에 3% 동충하초 자실체와 균사체 섭취로 체중과 간의 무게가 정상을 유지하였고, 간의 총 지질과 cholesterol 및 간과 혈청 중성 지질을 감소시키는 효과가 있었다.

동충하초 쌀과 지방대사⑤ : 동충하초 현미쌀을 제조, 고지방-고 cholesterol식이를 8주령 male rat(SD계)에 수주간 투여한 후, 혈액 성상을 관찰한 결과, LDL-cholesterol이 현저히 감소하였고, 동맥경화 지수와 HLD-cholesterol이 대조군보다 감소하였다. 또한 시료 투여군에서 간의 총 지방과 총 cholesterol도 낮아졌다.

단백질 분석과 동충하초 분류 : 동충하초의 종간 또는 종내의 근연 관계를 규명코자 단백질 분석을 실시한 결과, 25개 공시 균주는 85% 유사도 범위 내 3개 group으로 분류되었다. *C. militaris*군과 가장 가까운 군은 *C. kyushuensis*와 *C. pruinosa*는 87% 상동성을, *C. pruinosa*와 *kyushuensis* 간에 88% 상동성을 보였다. 평판 배지에서 분자포자를 형성하는 *C. bifusispore*는 불완전균인 *Paecilomyces tenuipes*와 89%, *C. scarabaeicola*는 이 두종과 82% 상동성을 보였다.

형태적 특징과 단백질 Pattern에 의한 분류 : 강원도 춘성군 강원대 연습림 등 강원 일대 산지에서 1993년 6~9월까지 채집된 동충하초속균의 자실체는 *C. militaris, C. roseostromata, C. kyushuensis, C. scarabaeicola, Phytocordyceps ninchukiospora, C. mutans, Paecilomyces tenuipes, C. sphecocephala, Hymenostille adonatae, Torrubiella* sp. 등 10종이었고, 분리 동정된 균주를 배양한 결과, PDA 배지가 가장 우수한 균사생장을 보였으며, 배지 내 산도는 *C. militaris* pH 5, *C. mutans*와 *Phytocordyceps ninchukiospora*는 pH 6, *Paecilomyces tenuipes*는 pH 7, *C. scarabaeicola*는 pH 9에서 균사생장이 왕성하였고, 20℃에서 생장율이 우수하였다. 유사한 균주 종간 또는 종내 유연관계를 protein banding pattern으로 관찰한 결과, *C. militaris , C. roseostromata, C. kyushuensis*는 근연종으로 clustering되었으며, *C. scarabaeicola, Phytocordyceps ninchukiospora*는 비교적 유연 관계가 먼 것으로 보였다.

세포독성과 유전독성 억제 : 동충하초의 암 세포에 대한 세포독성을 알고자, 암 세포 A549, MCF-7, HeLa, HT1080, Hep3B, KATOⅢ 및 K562에 시료 EtOH ex 1㎎/㎖에서 SRB assay한 결과, HT 1080, HeLa, Hep3B, A549는 각각 89.4, 85.7, 72.9, 65.5% 억제 효과를 보였고, MCF-7, HeLa, HT1080 세포는 hexane 분획물 1㎎/㎖에서 각각 92.9, 90.3, 97.0%로 현저히 강한 억제 효과를 보였다. KATOⅢ 세포에 대한 억제 효과는 1㎎/㎖ EtOH ex 투여는 61.5%, BuOH와 H_2O 분획에서 각각 83.7, 80.4% 억제 효과를 보였다. K562 세포는 EtOH ex 1㎎/㎖ 투여에서 60.5% 억제를, EtOAc, BuOH, hexane 분획은 각각 88.6, 80.6, 75.6% 억제되었다. 시료의 EtOH ex의 소핵생성 억제 효과는 양성 대조군의 11.2±0.8에 비해 10, 20, 40, 80㎎/㎏에서 10.5±0.8, 8.3±0.5, 7.8±0.3, 3.7±0.6으로, 8.7, 25.9, 30.4, 67.0% 유의성 억제 효과를 보였다. 각각의 분획물에 소핵 형성 억제 효과는 유전 손상 물질(MNNG; 150㎎/㎏, i. p.)만 투여한 양성 대조군에 비해 시료 10, 20, 40, 80㎎/㎏ 처리에서 동일 시료 80㎎/㎏에서 BuOH, EtOAc, H_2O, $CHCl_3$ 분획물이 각각 3.1±0.3, 3.7±0.6, 4.2±0.3, 4.8±0.3으로 72.3, 67.0, 63.0, 57.1% 순으로

소핵 생성 억제를 보였으며, 이 중 hexane 분획물이 2.8±0.5의 75.0%로 가장 높은 소핵 생성 억제 효과를 보였다.

Cordycepin의 항돌연변이와 cytotoxicity : 동충하초 BuOH fraction에서 항돌연변이와 항암 효과가 있는 cordycepin을 추출하고 시험한 결과, MNNG, 4NQO, B(a)P를 이용 Ames test에서 100㎎/plate cordycepin은 85.0%, 52.5%, 32.7% 억제 효과가 있었고, 또한 TA100에 대해서는 MNNG, 4NQO, B(α)P, TRP-P-1 억제 효과는 70.2%, 73.1%, 81.7%, 67.7%로 나타났다. 100㎍/well cordycepin은 A549(human lung carcinoma)에 대해 90.0%의 강한 억제 효과를 보였으나 human normal cell 293에 대해서는 11.3%의 가장 낮은 세포 독성을 보였다.

키틴 분해 효소 정제와 특성 : 동충하초 균사를 콜로이달 키틴 첨가 액체 배지에서 배양 후, $(NH_4)_2SO_4$ 침전, 이온 교환 등으로 chitinase를 분리, 정제한, 이 효소의 최적 pH와 온도는 각각 5.5와 35℃이었으며, 겉보기 분자량은 48.5kDa, Km 값은 0.57mM, Cu^{2+}, Mn^{2+}, Hg^{2+}, Zn^{2+}, CO_3^{2+}, SO_4^{2-}, CN^- 및 OCN^- 이온에 활성이 억제되었으나, Mg^{2+}, K^+ ion에 활성이 약간 증가되었다. 효소 단백질 아미노산 잔기와 선택적으로 반응하는 무수 말레인산, 무수 아세트산, 및 N-bromosuccinimide로 활성이 억제되었고, 특히 NaCN에 84.0% 활성이 억제되어, -COOH기가 있는 아미노산 잔기가 이 효소의 활성 부위에 중요한 역할을 하는 것으로 나타났다. NAG6에 의한 기질분해 특이성 실험에서 이 효소는 endo-type의 chitinase임을 알았다.

Isozyme patterns : 영지, 치마버섯, 동충하초의 isozyme pattern을 비교한 결과, 자생지역이 다른 영지의 동위효소 pattern은 IY003, IY004, IY005 및 IY008 균주 사이, 70% 이상이 유사하였으나, IY009와 IY010은 차이가 많았고, 치마 버섯 IY803과 IY805의 유사 지수는 57%로 가장 유연성이 높았고, 동충하초는 나방이에서 분류된 IY901과 IY904의 유사도 지수는 67%, 풍뎅이와 나방이류에서 분리된 IY903과 IY904 사이 역시 67%의 유연성을 보였으며, 애벌레류로 분류된 IY905와 IY909의 유사도 지수는 42%로 균종 간 유연관계가 높았으나, 나머지는 12~43%로 낮았다.

자실체 생산 : 배양실내에서 인공적으로 동충하초 자실체 형성을 유도한 결

과, PDA와 번데기분말 혼합 배지에서 자실체 형성이 유도되지 않았다. 알락미에서는 곡물:수분 1:3.5 비의 배양기에서 가장 왕성한 자실체 생산을 보였으며, 현미와 수분 함량비 1:2.5일 때 배양기와 번데기 첨가로 우수한 자실체가 형성되었다. 자실체형성 적정 온도는 20℃가 적합하였고, 현미와 번데기 혼합 배양기에서는 *C. militaris* 25 균주, *C. scarabaeicola* 2 균주 등 27 균주가 우수하였다. 현미와 번데기 혼합배양기에서 자실체 형성은 약 50~65일에 완전한 자실체가 형성되었다.

자실체 형성 조건 : 배양병은 1,100cc PP 병이 동충하초 자실체형성에 우수하였고, 경제성은 1,000cc 병에서 자실체 형성이 현미의 입병량 60~80g이 적당하였으며, 배양 온도는 24℃ 배양 후, 20℃에서 발아를 유도하면 자실체 형성이 우수하였다. 현미 배지의 sucrose 첨가량은 10%, 번데기 첨가량은 10g/병일 때 자실체 형성이 양호하였다. peptone과 hemoglobin, 건조 누에 등은 자실체 수확량을 증가시키지 못하였고, 현미 배지의 공극률은 0.59~0.63%일 때, 자실체 형성이 양호하였으며, 광조사는 500 Lux, 12시간이 적당하였다.

균사 생장 조건 : 강원대학 EFCC에 보관 중인 번데기동충하초의 배양 특성과 인공 재배 조건을 조사한 결과, 균사 생육에 적합한 배지는 SDAY, YMA, HMD, DDA 배지이었고, 균사 생육이 빠른 배지로는 MMM 배지였다. 균사 생장 적합 온도는 25℃, pH는 6.0~8.0, 균사 배양에 적합한 탄소원으로는 dextrose, 균사 생장이 빠른 탄소원은 fructose와 lactose이었고, 질소원으로는 hemoglobin이었으며, tryptone에서 포자 형성이 우수하였다. 무기염류는 KH_2PO_4, K_2HPO_4에서 균사 생장이 우수하였고, C/N 비는 100:1의 비율에서 균사 생장이 우수하였다.

C. militaris*와 *C. mutans : 동충하초속균은 곤충 기생균으로 충내에 균핵을 형성, 단생 또 총생의 stroma에 자낭각을 형성하는 균으로 채집된 균은 *C. militaris, C. mutans, C. specocephala, Isaria jaonica, Torrubiella* sp.등 5종, *C. mutans*와 *C. militaris* 균사 생장이 가장 우수한 배지는 Hmada media, complete media와 감자한천 배지에서도 균사 생장이 우수하였다. 탄소원

은 mannose가 *C. militaris*와 *C. mutans*에, 질소원은 glutamic acid가 *C. militaris*에 asparagine은 *C. mutans*에 균사 생장이 양호하였다. vitamin은 thiamin-HCl, biotin, nicotinic acid 모두 *C. militaris*와 *C. mutans*의 균사 생장이 비슷하였다. *C. mutans*의 분상포자 접종 시 배추 흰나비유충, 노린재, 멸강나방, 배추좀나방은 살충력이 높았고, 메뚜기는 50%, 잣나무 넓적잎 벌레에는 12%의 살충력이 있으나, 잔딧불과 오리나무 잎벌레에는 살충력이 없었다. *C. mutans*는 로린재에서만 채집되었으나 다른 곤충에서도 살충 효과가 인정되었다. 쌀가루 5g, 밀가루 5g, 물 100㎖에 배양한 것이 균사 생장과 자실체 형성은 잘 되었으나, 형성된 자실체는 완전한 동충하초가 아니고 분생포자 덩어리로 현미경 조사에서 밝혀졌다.

열수 추출 공정의 최적화 : 추출 시간에 따른 추출 농도와 온도가 요인 변수이었고, 동충하초 열수 추출에서 고형분함량은 2.0~2.4%, brix 1.5~1.8, 총 당 114~120㎍/g, 단백질은 110~115㎍/g을 만족하는 조건은 추출온도 95~100℃, 농도 4.0~4.1%로 음료 개발을 위한 최적화 요인이었다.

***Cordyceps*속 버섯** : 동속 버섯에는 번데기동충하초(*C. militaris*), 노린재동충하초(*C. mutans*), *C. sobolifera* 외에 *C. tricentri* Yasuda 및 *C. sphecocephala* ($Klot_2$) Mass가 채집 보고되었다.

분포와 분류 : 1990~1996년에 16개소 채집지에서 분류 동정된 동충하초는 12속 33종으로 *Cordyceps bifusispora, C. militalis, C. oxycephala, C. paludosa, C. pentatomi, C. rosea, C. ryogamiensis, Shimizomyces, Paradoxa, Akanthomyces aculeatus, Polycephalomyces ramosus, Triachlidiopsis nigra* 등 14종은 국내 미기록종, 다수 채집된 동충하초는 *C. mutans, C. specocephala, Paecilomyces tenuipes* 전 채집지에 분포되었고, *C. militaris, C. kyushuensis, C. pruinosa* 등은 상대습도가 높은 7월 중순~8월 중순에 나타났다. 채집된 동충하초 중 분리된 종은 *C. bifusispora*를 포함 *Cordyceps*속 9종, 불완전 균류의 *Beauveria bassiana, Metharizium anisopliae, Paecilomyces tenuipes, Verticillium lecanii* 등 총 13종, 분리된 *Cordyceps* 속 동충하초를 이용, 완전 세대와 불완전 세대의 관계를 규명한 결과, *C. militaris*와 *C. kyushuensis*는 *Verticillium*

속으로, *C. pruinosa*는 *Acremonium* 속으로 *C. sphecocephala*는 *Hymenostilbe* 속으로, *C. scarabaeicola*는 *Beauveria* 속으로 각각 규명되었다.

유기 게르마늄의 생산 : 동충하초 균주를 이용, SDAY 배지 액체 배양과 번데기 배지 배양으로 100~5,000ppm에서 유기 Ge 함유 동충하초 생산법을 연구, Ge-동충하초 생산 기능을 확인하였다. 액체 배양과 번데기 배지 배양에서 Ge 첨가 농도를 100ppm으로 조정하였을 때 생산되는 유기 Ge량이 각각 442.4ppm/g과 284ppm으로 가장 높았다. 또한 Ge량을 최대 5,000ppm(액체 배지)와 1,000ppm(번데기 배지)를 첨가 시 각각 4,509.7ppm/g과 1,058 ppm/g의 유기 Ge이 생산되었다. 이 결과로 무기 Ge이 동충하초가 생산함에 영양물질로 공급되어 양질의 유기 Ge으로 변환 생산 기존 동충하초 효능에 유기Ge의 약리 활성이 첨가되어 기능성 식품, 화장품 원료, 의약품 원료 등의 원료로 사용이 가능하게 되었다.

품종별 영양 성분 비교 : 조단백질의 함량은 *C. sinensis* 25.8%, *C. militaris* 75.1%, 조지방의 함량은 *C. sinensis* 10.3%, *C. militaris* 3.9%. *C. sinensis*의 무기질 함량은 다른 품종에 비해 Ca이 적었으나, Fe은 다른 품종보다 약 30~75배 정도 많았다. *C. militaris*의 vitamin A는 308.9 IU/100g으로 타 품종의 약 2배, *P. tenuipes* (번데기)의 포화 지방산은 27.7%로 가장 높았고, 불포화 지방산은 *P. tenuipes* (larva)가 83.3%로 가장 높았다. amino acid는 모든 품종에서 aspartic acid, glutamic acid, glycine이 풍부, cordycepin은 *C. militaris* 자실체와 기주 각각 448㎎, 238㎎/100g으로 타 품종보다 8~23배 많았다.

동충하초 죽의 제조 최적화 : 동충하초 첨가 기능성 죽 제조에서 4차원 반응표면 분석에 의하여 배합 조건에 따른 관능적 품질의 최적 조건을 연구한 결과, 색상의 최적 조건은 수침미의 찹쌀 비는 38.52%, 주입액량은 321.46㎖, 동충하초 함량은 1.30g, 맛의 최적 조건은 수침미의 찹쌀 비율은 64.86%, 주입액량은 270.66 ㎖, 동충하초량은 2.32g량의 최적 조건은 수침미의 찹쌀 비율은 65.33%, 주입액량은 275.37㎖, 동충하초량은 2.41g이었다. 즉석죽의 전반적인 기호도에 대한 최적 조건은 수침미에 대한 찹쌀은 40.94%, 주입액량

352.79㎖, 동충하초 함량은 1.27g으로 나타났다(동충하초 *Paecilomyces japonica*).

동충하초 고추장의 특성 : 동충하초 분말및 추출액을 고추장의 15% 첨가, 20℃, 90일간 숙성, 30일 간격으로 수분, pH, amino태 질소, 색도, 생균수를 측정한 결과, pH는 동충하초 고추장이 낮았고, 숙성에 따라 감소, 아미노태 질소는 숙성 60일까지 지속적 증가, 90일에 다소 감소하였고, 동충하초 첨가 고추장이 높았으며, 30일에 179.2㎎%, 60일에 282.2㎎으로 증가하였다. 색도는 동충하초 고추장이 L, a, b값이 감소되었고, 30일 숙성 동충하초 고추장의 관능 검사 결과, 대조군보다 어두운 색을 띄었고, 질감은 부드럽고, 윤기가 낮으며, 짠맛은 시료 분말 첨가 고추장이 추출액 첨가 고추장이 강하였으며, 매운맛은 대조군보다 낮았다. 풍미는 시료 분말 첨가 고추장이 가장 좋았으나, 전체적인 선호도는 열수 추출액 첨가 고추장이 가장 좋았다.

동충하초 첨가 청주의 발효 특성 : 곶감과 동충하초 첨가가 청주(삼백주)의 발효 특성을 조사한 결과, 환원당 함량은 발효 경과에 따라 감소 경향을 보였고, 알코올 함량은 발효 경과에 따라 증가하였다. 각 담금 후의 최종 알코올 함량은 각각 5.8%, 11.4%, 16.5%이었으며, 총 산 함량과 아미노산도는 발효 경과에 따라 증가하였다. 유기산 중 젖산이 가장 많았으며, 초산, 사과산, 호박산 등은 적었고, 구연산과 주석산은 검출되지 않았다. 유리 아미노산 함량은 L-proline이 1151.7㎎%로 가장 많았으며, 총 유리 아미노산과 필수아미노산 함량은 각각 1.19%와 217.70ppm이었다.

멸치 액젓 저장 : 저염 액젓을 5년간 숙성시켜 끓인 물로 염 농도를 14%와 17%로 조정한 후, 다시마, 청매실, 동충하초, 키토산을 첨가, 150일간 후숙성 후 분석한 결과, 저장 기간 중 pH는 서서히 감소, 아미노태 질소와 휘발성 염기질소는 저장 50일까지 증가 후, 일정하게 유지, TBA값은 50일까지 증가하다 감소하였고, 다시마, 청매실, 동충하초, 키토산 첨가에 따른 제품 열화 현상은 저장 150일까지 나타나지 않아, 저염 멸치액젓으로 상품화의 개발이 가능함을 확인하였다.

✻ 효능과 이용

1) 효능 : 익폐신(益肺腎), 보정수(補精髓), 지혈화담(止血化痰).

2) 식용 : 약선요리나, 기능성 식품부재료로 이용되고 있다.

3) 약용 : 빈혈, 허약, 폐결핵 등에 응용.

※ 기주인 번데기는 식품의 조미료로 이용되며, 프랑스에서는 미생물 농약 원료로 연구 중이다.

참고문헌

1) 고성권, 김재수, 최용의, 이승정, 박경수, 정성현, **생약학회지,** 2002, 33(4), 337 (홍삼, 가시오가피, 동충하초 혼합수엑스의 항당뇨 작용)

2) 고진복, **영양학회지,** 2001, 34(7), 741 (동충하초 자실체가 흰쥐의 성장률, 지질과 단백질 대사및 효소활성에 미치는 영향)

3) 고진복, **식품영양과학회지,** 2002, 31(4), 685 (동충하초 균사체가 흰쥐의 성장률, 지질대사및 단백질 농도에 미치는 영향)

4) 고진복, **영양학회지,** 2002, 35(4), 414 (동충하초가 고 지방 식이를 섭취한 흰쥐의 지질대사, 단백질 농도, 및 효소 활성도에 미치는 영향)

5) 고진복, 최미애, **영양학회지,** 2001, 34(3), 265 (동충하초 *Cordyceps militaris* 가 고 콜레스테롤 혈증 흰쥐의 지질 대사에 미치는 영향)

6) 구본순, 이미숙, **식생활문화학회지,** 2004, 19(2), 217 (동충하초 추출 분말이 흰쥐의 혈장 지질 및 혈당농도에 미치는 영향)

7) 권동진, **식품과학회지,** 2004, 36(1), 81 (동충하초를 이용한 고추장의 품질 개선)

8) 권영민, 조수민, 김지헌, 이재희, 이연아, 이승정, 이민원, **생약학회지,** 2001, 32(4), 327 〔큰 번데기 동충하초(*Cordyceps militaris*)의 혈당 강하 효과〕

9) 권상희, 우희종, 한대석, 김미경, **영양학회지,** 2001, 34(3), 271 (동충하초의 건분및 물 추출물이 흰쥐의 지방대사, 항산화 및 면역능에 미치는 효과)

10) 김미남, **강원대학교 석사학위논문**, 2001 〔번데기 동충하초(*Cordyceps militaris*) 추출물의 생리 활성 탐색에 관한 연구〕
11) 김미남, 오상화, 이득식, 함승시, **식품저장유통학회지**, 2001, 8(1), 109 (번데기동충하초 EtOH 추출물의 항산화성및 항 돌연변이 원성 효과)
12) 김미남, 최승필, 이득식, 함승시, **식품영양과학회지**, 2001, 30(5), 921 〔번데기동충하초(*Cordyceps militaris*) 추출물의 세포독성 및 유전 독성 억제 효과〕
13) 김상희, **강원대학교 석사학위논문**, 1998 (한국산 번데기 동충하초의 분자생물학적 분류)
14) 김석종, 임동길, 박철우, 세르보로다메, 형석원, 이강권, 김정옥, 하영래, **식품영양학회지**, 2004, 33(2), 255 (뽕나무가루 첨가 배지에서 배양한 버섯 균사체 배양물의 자유라디칼 유도산화억제－동충하초, 신령버섯, 느타리, 노루궁뎅이버섯)
15) 김승, 김재성, 최봉석, 박세은, 박열, 전홍성, 유진철, 최한석, 김명곤, 김성준, Kumar Sapkota, **균학회지**, 2006, 34(2), 83 (동충하초를 이용한 유기게르마늄의 생산)
16) 김영숙, 박철우, 김석중, 박숙자, 류충호, 조현종, 김정옥, 임동길, 하영래, **식품영양과학회지**, 2002, 31(6), 986 (항암성과 향미개선 재래식 버섯 균사체 메주의 제조－잎새버섯, 동충하초, 표고, 영지, 신령, 느타리, 상황)
17) 김하원, 김영호, 채홍복, 남경숙, 이승정, 안혜숙, 정은호, 윤승현, 성수경, 이성진, 현진원, **균학회지**, 2001, 29(1), 61 (*Cordyceps militaris*로부터 분리한 Ergosterol peroxide의 한국인 암 세포주에 대한 항암 작용)
18) 김현숙, 노영주, 최면, **식품영양과학회지**, 2005, 34(2), 158 (*Cordyceps militaris*에 함유된 혈당 강하 성분이 간 세포 Glucokinase 활성에 미치는 영향)
19) 박금순, 안상희, 최미애, **동아시아식생활학회지**, 2001, 11(1), 12 (동충하초를 첨가한 식빵의 품질 특성)
20) 박찬성, 권충정, 최미애, 최경호, **식품저장유통학회지**, 2002, 9(1), 102 (동충하초, 쑥 및 솔잎 추출물의 항균 작용)
21) 박찬성, 권충정, 최미애, 최경호, 박금순, **식품저장유통학회지**, 2002, 9(1),

109 (동충하초의 항산화 작용 및 아질산염 소거 작용)
22) 방혜열, 박무현, 김건희, **식품과학회지,** 2004, 36(1), 44 〔누에동충하초(*Pacecilomyces japonica*)를 첨가하여 제조한 고추장의 품질 특성 변화에 관한 연구〕
23) 서영배, 임중근, **본초학회지,** 1998, 13(2), 181 (동충하초의 기원에 관한 문헌 연구)
24) 성재모, 김상희, 윤철식, 성기호, 김용욱, **균학회지,** 1999, 27(4), 256 (한국산 번데기동충하초의 RAPD 분석에 의한 종내 그룹의 유전적 유연관계 분석)
25) 성재모, 김천환, 양근주, 이현경, 김양섭, **균학회지,** 1993, 21(2), 94 (동충하초속균의 분포 및 *Cordyceps militaris* 와 *C. mutans* 의 이용에 관한 연구)
26) 성재모, 박영준, 이재근, **균학회지,** 2002, 30(1), 6 〔번데기동충하초(*Cordyceps militaris*)의 자실체 형성 조건〕
27) 성재모, 이현경, 양근주, **균학회지,** 1995, 23(1), 92 〔동충하초(*Cordyceps*) 속균의 형태적 특징과 단백질 pattern에 의한 계통 분류〕
28) 성재모, 이현경, 유영진, 최영상, 김상희, 김용욱, 성기호, **균학회지,** 1998, 26(1), 1 (단백질 분석을 기초로 한 *Cordyceps*속 동충하초의 분류)
29) 성재모, 이현경, 최영상, 김용욱, 김상희, 성기호, **균학회지,** 1997, 25(4), 239 (한국에서 채집된 동충하초의 분포와 분류)
30) 성재모, 최영상, Bhushan Shrestha, 박영준, **균학회지,** 2002, 30(1), 1 〔번데기 동충하초(*Cordyceps militaris*)의 균사 생장〕
31) 성재모, 최영상, 이현경, 김상희, 김용욱, 성기호, **균학회지,** 1999, 27(1), 15 (분리된 동충하초 균주를 이용한 자실체 생산)
32) 성재모, **한국의 동충하초,** 교학사, 서울, 1996, 272
33) 오세욱, 김선희, 송효님, 한대석, **식품과학회지,** 2003, 35(1), 15 (동충하초 품종별 영양 성분 비교)
34) 윤광섭, 이기동, 정용진, 신승렬, 구재관, **식품저장유통학회지,** 2002, 9(2), 184 (반응표면분석법에 의한 동충하초 열수 추출공정의 최적화)
35) 이강협, 민태진, **균학회지,** 2003, 31(3), 168 (*Cordyceps militaris* 배양액으로부터 키틴 분해 효소의 분리정제 및 그 특성분석)

36) 이기동, 김숙경, 정용진, 윤광섭, 신승렬, 구재관, **식품영양과학회지,** 2001, 30(5), 870 〔동충하초(*Paecilomyces japonica*) 균사체를 이용한 즉석죽 제조조건의 최적화〕
37) 이기원, 남병혁, 조월순, 오수정, 강은영, 최영, 이재윤, 천상철, 정민호, 이재동, **균학회지,** 2006, 34(1), 7 (새로운 번데기 동충하초의 수집, 동정 및 간기능에 미치는 효과)
38) 이원영, 이창호, 우철주, **식품저장유통학회지,** 2004, 11(2), 240 〔곶감과 동충하초 첨가에 따른 청주(삼백주)의 발효 특성 변화〕
39) 이재경, 윤정원, **균학회지,** 2004, 32(2), 142 (한국산 버섯 추출물의 *Helicobacter pylori*에 대한 항균력 검색과 특성－소나무잔나비버섯, 동충하초, 운지, 장수, 상황)
40) 이준우, 이권행, **균학회지,** 1991, 19(2), 101 (Isozyme patterns 차이에 의한 영지, 치마버섯 및 동충하초의 계통 분류)
41) 이증지, 이춘녀, 황발, 반미진, 이민웅, **균학회지,** 1999, 27(3), 231 (*Cordyceps gunnii*의 신변종과 이균의 무성세대 *Pacelipmyces*)
42) 이해미, 이여진, 박태선, **식품영양과학회지,** 2004, 33(1), 59 〔누에번데기 및 누에애벌레 *militaris* 동충하초(*Cordyceps militaris*) 열추출물의 투여가 고형암이 유발된 mouse의 종양 성장 억제 및 면역기능에 미치는 영향〕
43) 이현경, **강원대학교 석사학위논문,** 1996 (한국산 동충하초의 분포와 분류 및 배양적 특성에 관한 연구)
44) 임정한, 김병각, **균학회지,** 1973, 1(1), 13 〔한국산 고등균류의 분리학적 연구(2), *Cordyceps*속의 미등록 2종〕
45) 전철민, **강원대학교 석사학위논문,** 1998 (동충하초 추출물의 생리 활성 탐색에 관한 연구)
46) 정훈, 이준우, 이권행, **균학회지,** 1990, 18(3), 145 (한국산 고등균류의 항보체활성에 관한 연구－영지, 동충하초, 표고, 주름버섯)
47) 조미애, **강원대학교 석사학위논문,** 2002 (번데기동충하초에서 분리한 화합물의 생리 활성에 관한 연구)
48) 中國本草圖錄編輯委員會編, **中國本草圖錄,** 鼎談出版社, 1992

49) 최근표, 김상무, **식품영양과학회지,** 2005, 34(2), 291 (다시마, 청매실, 동충하초 및 키토산이 첨가된 멸치 액젓의 저장 중 품질 특성)

50) 최영상, **강원대학교 석사학위논문,** 2000 (번데기동충하초의 배양적 특성과 인공 재배에 관한 연구)

51) 최인영, **전북대학교 박사학위논문,** 2000 〔동충하초속균(Entomopathogenic fungi)의 유연 관계 분석 및 인공 배양〕

52) 최인영, 최정식, 이왕휴, 유영진, 정기태, 주인옥, 최영조, **균학회지,** 1999, 27(4), 243 (*Cordyceps militaris* 인공 자실체 형성 조건)

53) 최희돈, 석호문, 박용곤, 박영도, 김정애, **식품영양과학회지,** 2007, 36(10), 1257 (버섯 균사체 및 배양 곡물의 혈당 강하 효과—동충하초, 영지, 목진흙버섯, 느타리)

54) Ahn, Y. J., Park, S. J., Lee, S. G., Shin, S. C., Choi, D. H., **J. Agric. Food Chem.,** 2000, 48(7), 2744 (Cordycepin: selective growth inhibitor derived from liquid culture of *Cordyceps militaris* against *Clostridium* spp.)

55) Basith, M., Madelin, M. F., **Can. J. Bot.,** 1968, 46, 473 (Studies on the production of perthecial stroma by *Cordyceps militaris* in artificial culture)

56) Bao, Z. D., Wu, Z. G., Zheng, F., **Chin. J. Integr. Med.,** 1994, 14(5), 271 (Amelinration of amyloglycoside nephrotoxicity by *Cordyceps sinensis* in old Patient)

57) Baute, R. et al., **J. Antibiotic.,** 1981, 34, 1261 (Antibiotic, isol, Isariin B, D)

58) Beach, L. R., Ross, J., **J. Biol. Chem.,** 1978, 253, 2628 (Cordycepin: an inhibitor of newly synthesized globin messenger RNA)

59) Bok, J. W., Lermer, L., Chilton, J., Klingeman, H. G., Towers, G. H., **Phytochemistry,** 1999, 51, 891 (Antitumor sterols from the mycelila of *Cordyceps sinensis*)

60) Brady, B. I. K., **CMI Descriptions of Pathogenic Fungi and Bacteria,** 1979, No 605 (*Cordyceps militaris*)

61) Briggs, L. H. et al., **Tetrahedron Suppl.,** No. 8, 1966, 269 (struct, cryst, Isarolide)

62) Carilli, A., Pacioni, G., **Trans. Br. Mycol. Soc.**, 1977, 68(2), 237 [Growth and sporulation of *Cordyceps militaris*(Lin. ex Fr.) Link in submerged culture]

63) Chang, H. L., Chao, G. R., Chen, C. C., Mau, J. L., **Food Chem.**, 2001, 74, 203 (Non-volatile taste components of *Agaricus blazei, Antrodia camphorata, Cordyceps militaris* mycelia)

64) Chen, S. Z., Guan, D. Y., **Chinese Patent Abstracts, European Patent Office**, 1995 (Preparing Method of North *Cordyceps sinensis* Beverage, Chinese Patent 1075067, August 11, 1993)

65) Chen, S. Z., Chu, J. Z., **Zhongguo Kangshensu Zazhi**, 1996, 21, 9 (NMR and IR studies on the characterization of cordycepin and 2'-deoxy-adenosine)

66) Chen, G. Z., Chen, G. L., **Chin. Med. J.**, 1991, 104(1), 4 (Effect of *Cordyceps sinensis* on murine T-lymphocyte subsets)

67) Chen, Y. J., Shiao, M. S., Lee, S. S., Wang, S. Y., **Life Sci.**, 1997, 60, 2349 (Effect of *Cordyceps sinensis* on the proliferation and differentiation of human leukemia cells)

68) Cho, D. H., **Plant Res.**, 2000, 3(2), 118 (Notes on the Korean Ascomycetes, VII)

69) Cho, M. A., Lee, D. S., Kim, M. J., Sung, J. M., Han, S. S., **Food Sci. Biotehnol.**, 2003, 12(5), 472 (Antimutagenicity and cytotoxicity of Cordycepin isolation from *Cordyceps militaris*)

70) Cory, J. G., Suhadolnik, R. J., Resnick, B., Kich, M. A., **Biochem. Biophys. Acta**, 1965, 103, 646 [Incoporation of cordycepin (3'-deoxy-adenosine) into ribonucleic acid of human tumor cells]

71) Cun, N. G., Kai, G. W., Wang, M. S., Spring, F. S., Hutchison, S. A., **Nature**, 1950, 166, 949 [Cordycepin metabolic product isolated from cultures of *Cordyceps militaris* (tinn.) Link.]

72) Cunningham, B. K. G., Hutchinson, S. A., Manson, W., Spring, F. S., **J.**

Chem. Soc., 1951, 51, 2290 (Cordycepin, a metabolic product from cultures of *Cordyceps militaris* Link part 1. Isolation and characterization)

73) Cunningham, B. K. G., Manson, W., Spring, E. S., Hutchison, S. A., **Nature,** 1950, 166, 949 (Cordycepin, a metabolic product isolated from cultures of *Cordyceps militaris*)

74) Dai, G., Bao, T., Xu, C., Cooper, R., Zhu, J. S., **J. Altern. Complement Med.**, 2001, 7, 231 (Cordy Max Cs-4 improves steady-state bioenergy status in mouse liver)

75) Deffieux, G. et al., **J. Antibiot.**, 1981, 34, 1266 (Antibiotic, Struct, Isariin C).

76) Evans, H. C., Samson, R. A., **Trans Br. Mycol. Soc.**, 1982, 79, 431 〔*Cordyceps* species and their an amorphs pathogenic on ants (Formicidae) in tropical forest ecosystems 1. The cephalotes (Myrmicinae) complex〕

77) Furuya, T., Hirotani, M., Matsuzawa, H., **Phytochemistry,** 1983, 22(11), 2509 〔N^6-(2-hydroxyethyl)adenosine, a biologically active compound from cultured mycelia of *Cordyceps* and *Isaria* species〕

78) Grove, I. F., **J. Chem. Soc., Perkin Trans. 1,** 1980, 2878 (isol, Beauverolide C_a)

79) Guan, Y. J., Hu, Z., Hou, M., **Chin. J. Intergr. Med.**, 1992, 12(6), 338 (Effect of *Cordyceps sinensis* on T-lympocyte subsets in chronic renal failure)

80) Guarino, A. J. et al., **Biochem. Biophys. Acta,** 1963, 68, 317 (Antitumor, 3'-Amino-3'-deoxyadenosine)

81) Guarino, A. J. et al., **Biochem. Biophys. Acta,** 1963, 72, 62 (Props, Homocitrullylaminoadenosine)

82) Harada, Y., Akiyama, N., Yamamoto, K,. Shirota, Y., **Trans. Mycol. Soc.**, Japan, 1995, 36, 67 (Production of *Cordyceps militaris* fruit body on artificially inoculated pupae of *Mamestra brassicae* in the laboratory)

83) Hartmann, G. C., Wasti, S. S., Hendrickson, D. L., **Appl. Ent. Zool.**, 1979, 14(2), 217 〔Murine safety of two species of entomogenous fungi,

Cordyceps militaris(Fries) Link and *Paecilomyces fumosoroseus*(Wize) Brown and Smith〕

84) Huang, B. M., Hsu, C. C., Tsai, S. J., Sheu, C. C., Leu, S. F., **Life Sci.**, 2001, 19, 2593 (Effects of *Cordyceps sinensis* on testosterone production in normal mouse Leydig cells)

85) Hubbel, H. R., Pequignot, E. C., Willis, D. H., Lee, C., Suhadolnik, R. J., **Int. J. Cancer,** 1985, 36, 389 (Differential antiproliferative actions of 2', 5' oligo a trimer core and its Cordycepin analogue on human tumor cells)

86) Hung, Y. F., Thomason, M. J., Rhys-Williams, W., Lioyd, A. W., Hanlin, G. W., **J. Appl. Bacteriol.**, 1996, 81, 242 (Chiral inversion of 2-phenyl propionic acid by *Cordyceps militaris*)

87) Hywell-Jones, N., **Mycol. Res.**, 1995, 99(2), 154 (*Cordyceps sphecocephala* and *Hymenostilbe* sp. infecting wasps and bees in Thailand)

88) Ikumoto, T., Sasaki, S., Namba, H., Toyama, R., Moritoki, H., Mouri, T., **Yakugaku Zasshi,** 1991, 111(9), 504 (Physiologically active compounds in the extracts from tochukaso and cultured mycelia of *Cordyceps* and *Isaria*)

89) Isogai, A. et al., **Agric. Biol. Chem.**, 1978, 42, 1797 (isol, Beauverolide B_a)

90) Iwashima, A., Kawasaki, Y., Nosaka, K., Nishimura, H., **FEBS Letters,** 1992, 311(1), 60 (Effect of thiamin on cordycepin sensitivity in *Saccharomyces cerevisiae*)

91) Jagger, D. V., Kredich, N. M., Guarino, A. J., **Cancer Res.**, 1961, 21, 216 (Inhibition of Ehrlich mouse ascites tumor growth by cordycepin)

92) Jenkins, W. A., **Ann. J. Mycol.**, 26, 220 (The Development of *Cordyceps agariciformia*)

93) Kaczka, E. A., Trenner, N. R., Arison, B., Walker, R. W., Folkers, K., **Biochem. Biophys. Res. Commun.**, 1964, 14, 456 (Identification of Cordycepin, a metabolite of *Cordyceps militaris,* as 3'-deoxyadenosine)

94) Kamata, N., Sato, H., Shimazu, M., **J. Appl. Ent.**, 1997, 121, 189 〔Seasonal

changes in the infection of pupae of the beech caterpilla *Quadricalearifera punctatella*(Lep. Notodonitidae) by *Cordyceps militaris* (Clavicipitales, Clavicipitaceae) in soil of Japanese beech forest〕

95) Kenneth, J., **Cordyceps, Tonic Food of Acient China,** Sylvan Press, Seattle, Washington, USA, 1997

96) Kiho, T., Hui, J., Yamane, A., Ukai, S., **Biol. Pharm. Bull.,** 1993, 16, 1291 (Polysaccharides in fungi XXXII, Hypoglycemic activity and chemical properties of a polysaccharide from cultural mycelium of *Cordyceps sinensis*)

97) Kiho, T., Ookubo, K., Usui, S., Ukai, S., Hirano, K., **Biol. Pharm. Bull.,** 1999, 22, 966 (Structural features and hypoglycemic activity of a polysaccharide(Cs-F10) from the cultured mycelium *Cordyceps sinensis*).

98) Kiho, T., Ukai, S., **Food Res. Int.,** 1995, 11, 231 〔*Cordyceps species* (Semitake and others)〕

99) Kiho, T., Yamane, A., Hui, J., Usui, S., Ukai, S., **Biol. Pharm. Bull.,** 1996, 19, 294 〔Polysaccharides in fungi, XXXVI, Hypoglycemic activity of polysaccharide(Cs-F30) from the cultural mycelium of *Cordyceps sinensis* and its effect on glucose metabolism in mouse liver〕

100) Kim, J. S., Chung, H. Y., Na, K., **Nutr. Res. Practice,** 2007, 1(3), 180 (Cytoprotective effect of polysaccharide isolated from different mushrooms against 7-Ketocholesterol induced damage in mouse liver cell line—동충하초, 신령버섯, 팽이, 느타리, 표고, 버들송이)

101) Kim, M. N., Chu, C. B., Lee, S. K., Han, S. S., **J. Kor. Soc. Food Sci. Nutr.,** 2001, 30, 921 (Cytotoxicity and antigenotoxic effects of *Cordyceps militaris* extracts)

102) Kinjo, N., Kaizu, Y., Taketomo, N., Tsunoo, A., **Bull. Gen. Educ. Tokyo Med. Dept. Univ.,** 1996, 26, 7 〔Physiological activities of the extracts from cultured mycelial of *Cordyceps militaris* (Vuill)Fr.〕

103) Klenow, H., Overgaard-Hansen, K., **Biochem. Biophys. Acta,** 1964, 80,

500 〔Effect of cordycepin triphosphate on the incorporation of ($8-^{14}C$) adenine and (37p) orthophosphatic into the acid soluble ribotides of Ehrich ascites tumor cells〕

104) Kneifel, H., **Arch. Microbiol.**, 1977, 113, 121 (isol, Antifungal, yellow powder, Ophiocordin)

105) Kobayashi, Y., **Sci. Rept. Tokyo Bunrika Daigaku,** Sect B(5)., 1941, 5, 53 (The genus *Cordyceps* and its allies)

106) Kobayashi, Y., **Trans. Mycol. Soc.,** Japan 1982, 23, 329 (Keys to the taxa of the genera *Cordyceps* and *Torrhbiella*)

107) Koh, J. B., **Kor. J. Nutr.**, 2002, 35, 414 (Effect of *Cordyceps mililtaris* on lipid metabolism, protein levels and enzyme activities in rats fed high fat diet)

108) Koh, J. B., Choi, M. A., **Kor. J. Nutr.**, 2001, 34, 265 (Effect of *Cordyceps militaris* on lipid metabolism in rats fed cholesterol diet)

109) Koh, J. B., **Kor. J. Nutr.**, 2001, 34, 741 (Effect of Fruiting body *Cordyceps militaris* on growth, lipid and protein metabolism, and enzyme activities in male rats)

110) Kredich, N. M. et al., **Biochem. Biophys. Acta,** 1960, 41, 363 (isol, RNA synthesis strong inhibitor cytostatic, *Cordycepin)

111) Kuang, Z. H., **Chinese Patent Abstracts, European Patent Office,** 1995 (*Cordyceps sinensis* Wine and its Preparation Method, Chinese Patent CN 1079653, December, 1993)

112) Kuo, Y. C., Lin, C. Y., Tsai, W. J., Wu, C. L., Chen, C. F., Shiao, M. S., **Cancer Invest.**, 1994, 12(6), 611 (Growth inhibitors against tumor cells in *Cordyceps sinensis* other than cordycepin and polysaccharides)

113) Kuo, Y. C., Tsai, W. J., Shiao, M. S., Chen, C. F., Lim. C. Y., **Am. J. Chin. Med.**, 1996, 24(2), 111 (*Cordyceps sinensis* as an immunomodulatory agent)

114) Kuznetsov, D. A., Musaev, N. I., Khasigov, P. Z., Nikolaev, A. Y.,

Biochim. Biophys. Acta, 1983, 740, 220 〔The effect of poly(A) segment size on the inhibition of hn RNA biosynthesis by cordycepin in rat brain cells)

115) Lee, H., Yang, M., Park, T., **Kor. J. Nutr.**, 2003, 36, 1022 (Inhibitory effect of *Cordyceps militaris* water extracts on Sarcoma 180 cell-induced acities tumor in ICR mice)

116) Lee, S. M., Park, N. S., Cho, S. Y, Hwang, J. S., Jin, B. R., **Int. J. Indust. Entomol.**, 2001, 3(1), 105 (Production of the wild entomopathogenic fungi, *Cordyceps militaris,* in the silkworm, *Bombyx mori*)

117) Lee, S. M., Park, N. S., Park, E., **J. Food Sci. Nutr.**, 2006, 11(1), 36 (Effects of *Cordyceps militaris* Cultivated on Rice on Lipid Metabolism in Rats Fed High Fat-Cholesterol Diets)

118) Liang, Y. L., Liu, Y., Yang, J. W., Liu, C. X., **Phytotherapy Res.**, 1977, 11, 237 (Studies on pharmacological activities of cultivated *Cordyceps sinensis*)

119) Liang, Z. Q., **Act. Mycol. Sin.**, 1985, 4, 162 (Isolation and identification of condial stage of *Cordyceps gunnii*)

120) Li, L., Bao, T. T., Song, Z. Y., **Pharmacology Clinics Traditional Chinese Med.**, 1992, 8(2), 6 (A Preliminary study on mechanisms of lowering cholesterol by *Cordyceps sinensis* Cs-4)

121) Lin, Y., **Kor. Soc. Sericultural Sci. and Kor. Soc. Life Sci.**, 1999, 35 (Pharmacological Effect on *Cordyceps sinensis.* Paper presented at 1st international Symposium on *Cordyceps.*)

122) Lindequist, U., Lesnau, A., Teuscher, E., Pilgrim, H., **Pharmazie,** 1989b, 44, 579, 9 (The antiviral action of ergosterol peroxide)

123) Liu, J., Yang, S., Yang, X., Chen, Z., Li, J., **Zhongguo Zhong Yao Za Zhi,** 1997, 22, 111 (Anticarcinogenic effect and hormonal effect of *Cordyceps militaris* Link.)

124) Liu, Y. X., Wu, C. Z., Li, C. C., **Chin. J. Trad. Med.**, 1991, 16(4), 240

〔Antioxidation of *Paecilomyces sinensis*(S.pnov.)〕

125) Mains, E. B., **Mycologia,** 1958, 50, 169 (North American entomogenous species of *Cordyceps*)

126) Manabe, N., Sugimoto, M., Azuma, Y., Taketomo, N., Yamashita, A., Tsuboi, H., Tsunoo, A., Kinjo, N., Nian-Lai, H., Miyamoto, H., **Jpn. J. Pharmacol.**, 1996, 70, 85 (Effects of the mycelial extract of cultured *Cordyceps sinensis* on vivo hepatic Energy metabolism in the mouse)

127) Mathiexon, J., **Trans. Brit. Mycol. Soc.**, 1949, 32, 113 (*Cordyceps aphodii,* a new species on pasture cockchater grubs)

128) Miyazaki, T., Oikawa, N., Yamada, H., **Chem. Pharm. Bull.**, 1977, 25, 3324 〔Studies on fungal (*Penicillium chrysogenum*) polysaccharides XX, Galactomannan of *Cordyceps sinensis* other (*Lepidoptera*)〕

129) Mizuno, T., **Food Rev. Int.**, 1995, 11, 7 (Bioactive biomolecules of mushroom fungi)

130) Müller-Kögler, E., **Z. Angew. Entomom.**, 1965, 55, 409 〔*Cordyceps militaris* (Fr.) Link. Beobachtungen und Versuche anlässlich eines Fundes auf *Tipula paludosa* Meig. (dipt., Tipul.)〕

131) Müller, W. E. G., Wiler, B. E., Charubala, W., Schroder, H. C., **Biochem.**, 1990, 30, 2027(Cordycepin analogues of 2',5'-Oligoadenylate inhibitor human immunodeficiency virus infection via inhibition of reverse transcriptase)

132) Nan, J. X., Park, E. J., Yang, B. K., Song, C. H., Ko, G., Sohn, D. H., **Arch. Pharm. Res.**, 2001, 24, 327 (Antifibrotic effect of extracellular biopolymer from submerged mycelial cultures of *Cordyceps militaris* on liver fibrosis induced by bile duct ligation and scission in rats)

133) Okuda, K. et al., **Chem. Pharm. Bull.**, 1974, 22, 2136 (Needles, Isariin)

134) Overgaard-Hansen, K., **Biochem. Biohys. Acta,** 1964, 80, 504 (The inhibition of phosphoribosyl-1-pyrophosphate formation by cordycepin triphosphate in Extracts of Ehrlich ascites tumor cells)

135) Pacioni, G., Frizzi, G., **Can. J. Bot.**, 1977, 56, 391 (*Paecilomyces farinosus*, the condial state of *Cordyceps memorabilis*)

136) Pen, X., **Acta Edulis Fungi,** 1995, 2, 25 (In chinese) (The cultivation of *Cordyceps militaris* fruit body on artificial media and the determination of SOD activity)

137) Petch, T., **Trans. Brit. Mycol. Soc.**, 1936, 20, 216 (*Cordyceps militaris* and *Isaria farinosa*)

138) Richardson, L. S., Ting, R. C., Gallo, R. C., Wu, A. M., **Int. J. Cancer,** 1975, 15, 451 (Effect of cordycepin on the replication of type-c RNA tumor viruses)

139) Rottman, F., Guatino, A., **Biochem. Biophys. Acta,** 1964, 80, 640 (The Inhibition of purine biosynthesis de novo in *Bacillus subtilis* by cordyccpin)

140) Samson, R. A., Brady, B. L., **Trans. Br. Mycol. Soc.**, 1983, 81(2), 285 (*Paraisaria,* a new genus for *Isaria dubia,* the anamorph of *Cordyceps gracilis*)

141) Sato, H., Kanata, N., Shimazu, M., **Appl. Entomol. Zool.**, 1997, 32(1), 249 [Aerial infection of *Cordyceps militaris* Link(Clavicepitaceae) against larvae of *Quadricalcarifera punctatella*]

142) Sato, H., Shimazu, M., Kamata, N., **Appl. Entomol. Zool.**, 1994, 29(1), 130 [Detection of *Cordyceps militaris* Link(Clavicipitales : Clavicitaceae) by burying pupae of *Quadrlcalcarifera punctatella* Motschlsky (Lepidoptera : Notodontidae)]

143) Shanor, L., **J. Elisha Mitchell Sci. Soc.**, 1936, 52, 99 [The production of mature perithecia of *Cordyceps militaris* (L.) Link in laboratory culture]

144) Shen, Q., Chen, S., **Zhong Yao Cai.**, 2001, 24, 112 (Effect of *Cordyceps militaris* on the damage of rats induced by n-hexane)

145) Shi, M., Lin, L., Lien, C., Tzean, S., **Proc. Natl. Sci. Counc. Roc.(A),** 1989, 13(6), 382 (Natural products in *Cordyceps*)

146) Shim, J. Y., Lee, Y. S., Lim, S. S., Shin, K. H., Hyun, J. E., Kim, S. Y., Lee, E. B., **Kor. J. Pharmacogn.**, 2000, 31, 163 (Pharmacological activities of *Paecilomyces japonica,* a new type *Cordyceps* sp.)

147) Siev, M., Weingerg, R., Penman, S., **J. Cell Biol.**, 1969, 41, 510 (The selective interruption of nucleolar RNA synthesis in HeLa cells by cordycepin)

148) Su, C. H., Wang, H. H., **Mycotaxon,** 1986, 26, 337 (*Phytocordyceps,* a new genus of the clavicipitaceae)

149) Tang, S. Y., Chen, A., Kuo, Y. C., Lin, C. Y., **J. Lab. Clin. Med.**, 1999, 134, 492 (Efficacy of a pure compound H1-S extracted from *Cordyceps sinensis* on autoimmune disease of MRL lpr/lpr mice)

150) Takagi, Y. et al., **Chem. Pharm. Bull.**, 1970, 18, 2514 〔Ca++, antagonist, Muscle contracting, *N^6-(2-Hydroxyethyl) Adenosine〕

151) Ukai, S., Kiho, T., Hara, C., Morita, M., Goto, A., Imaizumi, N., Hasegawa, Y., **Chem. Pharm. Bull.**, 1983, 31, 741 (Polysaccharides isolated from *Dictyophora indusiata, Ganoderm japonicum, Cordyceps cicadae, Auricularia auricula-judae* and *Auricularia* species)

152) Wasser, S. P., Weiss, A. L., **Crit. Rev. Immunol.**, 1999, 19, 65 (Therapeutic effects of substances occurring in higher Basidiomycetes mushroom: a modern perspective)

153) Yamaguchi, N., Yoshida, J., Ren, L. J., Chen, H., Miyazawa, Y., Fujii, Y., Huang, Y. X., Takamura, S., Suzuki, S., Koshimura, S., **Biotheraphy,** 1990, 2, 199 (Agumentation of various immune reactivities of tumor-bearing hosts with an extract of *Cordyceps sinensis*)

154) Yang. B. K., Ha, J. Y., Jeong, S. C., Das, S., Yun, J. W., Lee, Y. S., Choe, J. W., Song, C. H., **J. Microbiol, Biotechnol.**, 2000, 10, 784 (Production of exo-polymers by submerged mycelial culture of *Cordyceps militaris* and its hyperlipidemic effect)

155) Yang, L. Y., Chen, A., Kuo, Y. C., Lin, C. Y., **J. Lab. Clin. Med.**, 1999,

134, 492 (Efficacy of pure compound H1-A extracted from *Cordyceps sinensis* on autoimmune disease of MRL 1pr/1pr mice)

156) Yeon, S. H., **MS Thesis,** Seoul National University, 2000 (The Chemical Compositions and biological activities of *Cordyceps militaris*)

157) Ying, I., Mao, X., Ma, Q., Zong, Y., Wen, H., **Icones of Medicinal Fungi from China,** Science Press, Beijing, China, 1987

158) Yoshikawa, N., Nakamura, K., Yamaguchi, Y., Kagota, S., Shinozuka, K., Kunitomo, M., **Clin. Exp. Pharmacol. Physiol.,** 2004, 31(2), S51 (Antitumor activity of Cordycepin in mice)

159) Zhao-Long, W., Xiao-Xia, W., Wei-Ying, C., **Cell Biochem. Funct.,** 2000, 18(2), 93 (Inhibitory effect of *Cordyceps sinensis* and *Cordyceps militaris* on human glomerular mesangial cell proliferation induced by nativc LDL)

160) Zhu, J. L., Liu, C., **Chin. J. Integr. Med.,** 1992, 12(4), 207 (Modulating effects of Extrectum semen persicae and cultivated *Cordyceps sinensis* hyphae on immunodysfuction of in patients with posthepatic cirrhosis)

161) Zhu, J. S., Halpern, G. M., Jones, K., **J. Altern. Complement M.,** 1998, 4(3), 289 (The scientific Rediscovery of an Acient Chinese Herbal Medicine. *Cordyceps sinensis* : part Ⅰ.)

162) Zhu, J. S., Halpern, G. M., Jones, K., **J. Altern. Complement M.,** 1998, 4(4), 429 (The scientific Rediscovery of an Acient Chinese Herbal Medicine. *Cordyceps sinensis* : part Ⅱ.)

벚꽃버섯

Hygrophorus russula (Schaeff. ex. Fr.) Quél.
Tricholoma russula (Schaeff. ex Fr.) Gill.

벚꽃버섯 37

벚꽃버섯과 (Hygrophoraceae)

- 중국명 | 淡紅蠟傘
- 별명 | 밤버섯, 다색벚꽃버섯
- 분포 | 한국, 동아시아, 유럽, 남미
- 용도 | 자실체(식용)

✲ 식물학적 특성

여름과 가을에 활엽수림·침엽수림 내 땅 위에 군생, 북반구 온대에 분포. 갓은 지름 4~13㎝로 처음에는 반구형 후에 볼록편평형, 표면은 습하면 점성, 중앙부는 암적색, 갓 둘레는 옅은 암적색. 주름살은 내린형 빽빽하고 처음에는 백색, 후에 갓과 같은 색의 반점으로 얼룩. 대는 원통형, 처음에는 백색, 후에 갓과 같은 색으로 얼룩. 포자는 타원형, 표면은 평활하고, 포자문은 백색이다.

동속 식물에는 노란털벚꽃버섯(*H. lucorum*) 등이 있고 식용한다.

✲ 성분

1) 특수 성분

벚꽃 버섯에서 Chitin(C-00924), 5'-AMP(A-00446), 5'-GMP(G-00873), 5'-UMP(U-00125), 유리 아미노산 29종, 미량 무기질 8종, Ergosterol(E-01484), Glycerol(G-00542), Mannitol(M-00209), Glucose(G-00494), Trehalose (T-01623, T-01624) 등이 분리 확인되었다.

✻ 생리 활성

정미 성분 : 벚꽃버섯의 정미(呈味) 성분으로 5'-AMP, 5'-GMP, 5'-UMP가 있으며, 버섯의 좋은 맛을 나타낸다.

무기질 성분 : 벚꽃버섯의 무기질을 분석한 결과, K가 가장 많았고(878.6ppm), Zn, Fe, Na, Cu, Ca, Mn 순이었으며, 동속 붉은산무명버섯(*H. conica*)은 Zn이 가장 많았고(6637.3ppm), Fe, K, Na, Ca 순이며, Cu는 검출되지 않았다.

✻ 효능과 이용

1) 식용 : 9~10월이 제철. 맛은 산뜻하나 약간 쓴맛. 육질이 단단하여 씹히는 맛이 있다. 강원도에서는 "밤버섯"이라고도 하며, 저장성이 약하여 소금절임하여 저장하였다가 필요할 때 꺼내어 여러 요리의 재료로 사용이 가능하다.

참고문헌

1) 久保道德, **韓方醫藥學,** 廣川書店, 1984
2) 박완희, **균학회지,** 1993, 21(4), 273 (한국산 야생 식용 버섯의 무기 성분에 관한 연구—뽕나무버섯, 뽕나무버섯부치, 벚꽃버섯, 민자주방망이버섯, 자주방망이버섯아재비, 붉은산무명버섯의 미량금속원소)
3) 이지열, **균학회지,** 2005, 33(1), 54 〔한국 기록종 버섯 추가 목록(2001-2004)〕
4) 李址烈, **韓國 버섯 圖鑑,** 아카데미서적, 서울, 1988, 63 (벚꽃버섯)
5) 이태수, 이지열, **한국기록종 버섯 재정리 목록,** 임업연구원, 2000
6) 한국 균학회, **버섯 이름, 한국명 통일안,** 2000, 176
7) 金三純, 金養燮, **韓國產 버섯 圖鑑,** 裕豊出版社, 서울, 1990
8) 農村振興廳 農業技術研究所編, **韓國產 버섯類 原色圖鑑**(I), 1987
9) 卯曉嵐, 莊長坪, 歐株次旺, **西藏大型經濟眞菌,** 北京科學技術出版社, 1991

10) 應建浙, 卯曉嵐, 馬啓明, 宗毓臣, 文華安, **中國藥用眞菌圖鑑,** 科學出版社, 1987

11) Birch, G., **Adv. Carbohydr. Chem.**, 1963, 18, 201 (rev, Trehalose)

12) Brimacombe, J. S. et al., **The Carbohydrate,** Academic Press, 1972, 1A, 479 (Needles, Mannitol)

13) Chang, S. T., Miles, P.G., **Edible Mushroom and their Cultivation,** CRC Press, New York, USA, 1989

14) Cheung, L. M., Cheung peter, C. K., Ooi Vincent, E. C., **Food Chem.**, 2003, 81, 249 (Antioxidant activity and total phenolics of edible mushroom extracts)

15) David, G. S., Barry, H. R., **Mushroom Poisoning,** CRC Press, USA, 1994

16) Dickinson, H., Lucas, J., **The Encyclopedia of Mushrooms,** Crescent Books, New York, USA, 1983

17) Gerhardt, E., **Pilze,** BLV Handbook, 1995

18) Gregory, F. J., Healy, E. M., Agerborg, H. P. K. Jr., Warren, G. H., **Mycologia,** 1966, 58, 80 (Studies on antitumor substances produces by Basidiomycetes)

19) Hampton, A. et al., **J. Med. Chem.**, 1976, 19, 1029 (muscle, 5'-AMP)

20) Hui, Y. F., Den, E. S., Chi, T. H., **J. Food Lipids,** 2002, 9, 35 (Antioxidant and free radical scavenging activities of edible mushrooms)

21) Imazeki, R., Otani, Y., Hongo, T., **Color Illustration Mushrooms of Japan,** Yama-Kei Publisher Co., Ltd., Tokyo, Japan, 1988

22) Kabir, Y., Kimura, S., **J. Nutr. Sci. Vitaminol.**, 1989, 35, 91 (Dietary mushrooms reduce blood pressure in spontaneously hypertensive rats)

23) Lee, G. D., ng, H. G., Kim, H. K., **Kor. J. Food Sci. Technol.**, 1997, 29, 432 (Antioxidative and nitric-scavenging activities of edible mushrooms)

24) Lingberg, B. et al., **Acta Chem. Scand.**, 1953, 7, 591 (Occur, Arabitol)

25) Liu, F., Ooi, V. E. C., Chang, S. T., **Life Sci.**, 1997, 60, 763 (Free radical scavenging activities of mushroom polysaccharide extracts)

26) McDonnell, J. E.W., Esselen, W. B. Jr., **Food Res.**, 1947, 12, 118 (Carbo-

hydrates in Cultivated mushrooms)

27) Mau, J. L., Lim, H. C., Song, S. F., **Food Res. Int.**, 2002, 35, 519 (Antioxidant properties of several specialty mushroom)

28) Mizuno, T., **Food Res. Int.**, 1995, 11, 7 (Bioactive biomolecules of mushrooms: Food function and medicinal effect of mushroom fungi)

29) Pegler, D. N., **The Concise Illustrated Book of Mushrooms and Other Fungi,** Gallery Books, New York, USA, 1989

30) Shefer, E. et al., **Acta. Crystllogr.**, 1965, 18, 1067 (cryst, struct, 5'-UMP)

31) Tener, G. M., **J. Am. Chem. Soc.**, 1961, 83, 159 (5'-GMP)

32) Wasser, S. P., Weiss, A. L., **Crit. Rev. Immunol.**, 1999, 19, 65 (Therapeutic effects of substances occurring in higher Basidiomycetes mushroom: a modern perspective)

Poria cocos (Schw.) Wolf.
Wolfiporia cocos (Schw.) Ryv. et Gilbn.
Pachyma hoelen Rumph
Pachyma cocos Fr.

복령 38

구멍장이버섯과 (Polyporaceae)

- 영명 | Hoelen
- 중국명, 생약명 | 茯苓
- 일명 | Matsuhodo
- 분포 | 한국, 일본, 중국, 북미, 유럽
- 용도 | 자실체(식용,약용)

✻ 식물학적 특성

벌채 후 3~4년 된 소나무의 지하 10~30㎝에 있는 뿌리에 괴상으로 형성. 심재 갈색 부후균. 균핵은 7~30㎝, 유구형~감자형~고구마형. 표면에 주름. 갈색~흑갈색. 내부는 분립상, 백색~담홍색. 신선할 때는 연하고 탄성이 있으나, 건조하면 단단해진다. 자실체는 균핵 표면에 납작한 배착생(背着生)으로 발생. 대는 없고 포기에 백색 후에 담갈색이 되며, 관공은 다각형~불규칙형. 빽빽하고, 포자는 원주형. 포자문은 백색이다.

✻ 성분

1) 특수 성분

복령에서 Dehydroeburicolic acid(H-02374), Choline(C-01219), Dehydroeburicoic acid, Eburicolic acid(E-00007), 3,16-Dihydroxy-24-methylenelanosta-7,9(11)-dien-21-oic acid; 3AC(3β, 16α, D-02327), 3-Hydroxylanosta-7,9(11)-24-trien-21-oic acid(3β, H-02175), Lauric acid (D-03552),

복령

Palmitic acid(H-00575), Pachymic acid(T-03040), Poricoic acid A(P-01665), B(P-01666), Pinicolic acid(O-00745), β-Pachyman(L-00533), Adenine(A-00430), Histidine(H-00925), Choline(C-01219), Chitin(C-00924), Ergosterol (E-01484) 등이 확인되었다.

동속 식물에서 Tumulosic acid(T-03040), Caprylic acid (O-00216), Dodecenoic acid(D-03532), Lauric acid(D-03552), Palmitic acid (H-00575), Undecanoic acid(U-00059), Lecithin, Pachyman〔(1→3)-glucan〕(L-00533), CM-Pachymaran (Pachyman deriv, 항종양 성분) 등이 분리되었다.

✻ 생리 활성

생리 활성 : 복령 성분 중 pachyman 유도체 pachyman β(1→3)-glucan, pachymaran, CM-pachymaran은 항종양 성분으로 sarcoma 180(mouse)에 대하여 억제율은 96.9%이며, 혈당 강하, 일과성 혈당량 상승, 진정, 이뇨, 강심, 교감신경 흥분, 평활근 마비, 소화성 궤양 예방 등에 효과가 있다.

면역 활성 증강 작용 : 복령 균핵을 추출, 다당체의 면역 증강 활성을 비장 세포(mouse)에서 혼합 임파구 반응으로 측정한 결과, Na_2CO_3 추출물의 활성이 가장 높았고, 이를 정제하여 PCSC22를 얻었다. 이 PCSC22는 탄수화물과 단백질이 약 78 : 22 비의 단백 다당체이었고, GP-HPLC로 측정한 평균 분자량은 8kDa, 단당의 구성 성분은 mannose(92%), galactose(6.2%), arabinose (1.3%)의 heteromannan이었고, 단백질은 15종의 amino acid로, 그중 aspartic acid, serine, valine 등의 합이 약 47%로 주 성분이었다. PCSC 22는 B-lympocyte의 항체 형성능과 macrophage의 일산화탄소 분비능을 함께 증강시켰다.

Sarcoma 180 mouse의 혈액 양상 : sarcoma 180-mouse에 복령 및 인삼 추출액을 투여하고, 혈액상을 조사한 결과, 인삼 ex와 복령 ex 혼합 투여에서 암컷은 40%, 수컷은 42%의 사망률을, 복령 단독 투여에서 암컷 45%, 수컷 50% 사망률을 보여 모두 50% 이상의 생존율을 보였으나, 대조군은 모두 사망하였다. 암 세포를 접종하고, 추출물 투여군에서는 복수 형성이 미미하였으나, 대조군에서는 복수로 체중이 증가하였다. 또한 암 세포 접종 후, 추출물 투여군에서 RBC와 hemoglobin 수는 시료 투여군이나 무투여군에 차이가 없었으나, 백혈구 수 특히 임파구 수는 시료 투여군은 정상군과 유사하였으나, 추출물 불투여군에서는 현격히 감소하였다. 적혈구 용적, 평균 적혈구 용적, 평균 적혈구 혈색소량은 추출물 투여군이나 불투여군 모두 변화가 없었다. 백혈구, 혈소판은 복령 투여군은 정상치와 비슷하였으나, 추출물 불투여군에서 크기와 개체수의 이상이 현저하였다.

항균 활성 : 복령 분말, 절편, 복령 추출물은 산지별 종류별 모두 항균력이 없었으나, 복령균사는 산지별, 종류별 모두 *Staphylococcus aureus*(Sa), *S. epidermidis*(Se), *Bacillus subtilis*(Bs), *Streptococcus faecalis*(Sf) 4종의 gram(-)균에 항균력을 보였으나, *Salmonella typhi*(St), *Shigella dysenteriae*(Sd), *Pseudomonas aeruginosa*(Pa), *E. coli, Proteus vulgaris*(Pv), *Klebsiella pneumoniae* 등 gram(+)균에는 항균력이 없었다. 복령 균사의 각 농도별 감수성 검사 결과, 산지별, 종류별 차이는 없었으며, 103㎍, 203㎍, 335㎍, 501㎍, 700㎍까지 평균 억제대(inhibition zone)를 측정한 결과, St에 각각 7.9, 11.1, 13.6, 17.1, 18.5㎜이었고, Se에 각각 7.0, 12.5, 14.7, 17.8, 22.6㎜, Bs에는 각각 7.0, 10.5, 12.7, 14.5, 17.3㎜, Sf에는 각각 7.0, 10.3, 13.2, 17.9, 23.5㎜로 농도 의존적 항균력 증가를 보였다.

항산화 활성 : 복령의 종목 양면 접종법이 균핵 형성 정도, 균핵 수, 균핵 생산수율 및 개당 평균 중량이 가장 우수하였으며, 톱밥 양면 접종법이 균핵 형성 및 생성수율이 낮았다. 복령의 품질과 생산성을 종합하여 볼때, 최종 종균 및 접종 방법은 종목 양면접종〉 종목 절단면 접종〉 균핵 양면 접종〉톱밥 양면 접종 순이었다. 복령균핵에서 분리한 생리 활성 조복령당의 함량은 83%, 농도 의존적으로 상대 점도가 상승하였고, 염의 첨가 농도에 큰 영향은 없었다. 항산화 활성(EDA, POV, TBA) 측정 결과, TBA가는 vitamin E와 유사한 활성을 보였으나, POV와 EDA의 항산화 활성 측정 결과, BHT나 vitamin C보다는 낮은 활성을 보였다.

혈당 저하 효과 : 청풍등과 복령(hoelen)이 고지혈증 모델과 고혈당증 모델의

혈당 및 포도당 부하 검사에 미치는 영향을 조사한 결과, 청풍등과 복령은 고 과당식이 유도 고혈당 모델 및 고 cholesterol 식이 유도 고지혈증 혈당을 저하시켰고, 포도당 부하 검사에서 청풍등은 alloxan 유도 당뇨쥐의 혈당을 빠르게 저하시켰으나 복령은 그러한 효과는 없었으며, 청풍등과 복령 모두 streptozotocin 유도 당뇨쥐에는 혈당 변화가 없었다. 이러한 결과는 청풍등과 복령이 혈당 저하 효과는 있으나, 그 효과가 인슐린 분비량과는 관련이 없음을 알 수 있었다.

Carboxylproteinase의 성질 : 복령의 Carboxylproteinase(Cp)는 CBZ-glu-tyr, H-phen 및 H-arg의 합성 기질과의 반응성을 확인한 결과, CBZ-glu-tyr의 glutamyl-L-tyrosine 사이의 peptide 결합만을 분해시키는 특이성을 보였다. Zn^{2+}, Fe^{2+}, Ca^{2+}, Mg^{2+}, CN^{-1} 및 $P_2O_7^{-4}$ 등의 이온은 이 효소의 활성을 억제하였고, 특히 Ca^{2+}, Cu^{2+}, CN^{-1} 이온 농도 증가에 따라 효소 활성을 크게 억제하였으나 Hg^{2+}은 효소의 활성을 증가시켰다. L-Lys, L-phe, DAN 및 EPNP 등의 유기화합물은 효소의 활성을 크게 억제하였다. L-Lys, L-phe, H-phe 등은 항온 처리 시간에 따라 효소의 활성을 점차 감소시켰고, 특히 L-Lys은 20분 까지 급격히 억제 작용을 보였으며, Cu^{2+} 이온 공존하에서의 DAN은 Cu^{2+} 이온이 없을 때의 DAN에 비해 30분 이후부터 효소의 활성을 감소시켰다. L-Lys은 이 효소에 대하여 경쟁적 억제 작용을 하였으며, Ki 값은 0.12m mole이었다.

배양 특성 : 복령균 배양지의 최적 pH는 4.0~4.5, 그 이하와 그 이상에서 균사 생장이 불량하였고, 최적 온도는 25~29℃, 감자즙(PD) 배지와 고구마즙(SPD) 배지에서의 균사 생장은 PD보다 SPD가 양호하였다. 소나무 추출액 배지에 포도당과 같은 탄소원과 질소원인 효모의 영양 첨가는 균사 생장 및 균사 밀도를 증가시켰다. 소나무 톱밥 이용 인공 재배 시, 첨가 재료의 종류 및 혼합 비율에 따른 균사 생장은 옥수수 가루 30% 첨가 시 198㎜/day로 다른 첨가구 보다 가장 양호하였으며, 첨가 재료의 혼합 배지에서는 옥수수가루 : 밀기울은 3:1 배합 시 125㎜/day로 가장 왕성하였다. 소나무 접종 1년 후, 수피와 목질부 등에서 균사의 발달은 좋았으나, 균핵 형성은 관찰 되지

않았고, 횡단한 나무줄기에서 나무 중심까지 균사가 발달하였다.

초저열량 식이와 지구력 증진 효과 : 초열량 식이요법의 부작용 중 체력 저하를 개선코자 산야초 추출물(복령 등)을 투여한 결과, 50% 제한 식이의 저열량식을 2주간 실시한 군은 수영 시간과 ATP가 감소, 젖산량은 증가하여 체력이 감소하였으나, 저열량식이와 산야초 추출물을 병행 투여한 결과, 총 수영 시간의 증가와 근육 내 ATP 증가, 젖산의 감소가 나타나 체력 개선 효과가 있는 것으로 보였다. 또한 혈액 중 체력과 연관성이 있는 IGF-I의 농도가 증가되었고, 산야초 추출물의 독성 여부를 보고자 간 기능 검사를 실시한 결과, GDT와 GPT의 변화가 없었다. 〔산야초 추출물의 재료 : *Angelica gigas*(15.15), *Citrus nobilis*(15.15), *Astragalus membranaceus*(15.15), *Polygonatun odoratum* (15.15), *Paeonia albiflora* (8.08), *Ligusticum officinale*(15.15), *Poria cocos* (8.08), *Acanthopanax sessiliforum*(8.08)〕

균사체의 항산화성 및 아질산염 소거 작용 : 복령 균사체와 복령쌀의 열수 및 EtOH ex를 어유에 대한 지방 산화도를 측정한 결과, 복령 균사체(시료)와 복령쌀 첨가구가 낮은 TBAR을 보였고, 합성항산화제인 BHA보다 약간 높은 TBAR값을 보였으나, 저장 24일 후에 비슷하였다. 시료와 복령쌀의 Fe^{2+}, Cu^{2+} 대한 금속이온 봉쇄 작용은 복령쌀보다 균사체가 높았다. 전자공여능은 복령쌀은 25% 이하, 균사체는 열수와 EtOH ex에서 각각 76.8%, 79.9%로 높았다. SOD 유사활성은 모든 처리구에서 25% 이하였고, BHA에서 SOD 유사활성은 없었다. 아질산염 소거능은 열수 ex보다 EtOH ex가 높았고, 균사체 EtOH ex가 가장 높았다.

이뇨 작용 : 복령의 총 수침 ex와 MeOH ex 및 MeOH, Et_2O 및 $CHCl_3$ 추출잔사의 수침 ex에 대해 신장에 대한 작용을 관찰하였다. 총 수침 ex 10㎎/㎏을 iv 투여 시, MeOH ex는 3㎎/㎏ 투여 시 뇨량, Na^+, K^+ 배설량, Cosm과 CH_2O가 증가하였고, 양의 증가에 따라 그 작용도 강화되었다. 사구체 여과율이나 신혈류량은 변화가 없었으나, 수침 ex는 개의 신장 기능에 별영향이 없었다. 신 동맥에 직접 주입한 실험에서는 0.3㎎/㎏/min에서 별 변화가 없었으나 1.0㎎/㎏/min에서는 양측 신장에서 다 같이 복령의 작용이 나타났다. 이

상으로 보아 복령의 이뇨 작용은 신세뇨관에서 내인성 물질로 인한 전해질 재흡수 억제에 의한 것으로 사료되었다.

혈중 지질 성상 : 복령의 비만 예방 및 개선 효과를 알고자, mouse를 대조군, 고지방식이군(HF), HF+ 열수 추출물(WE), HF+EtOH 추출물(EE)군으로 각각 4주간 사육 후, 사료 섭취량은 대조군, HF및 WE, EE군이 유의성 차이가 없었고, 증체량은 대조군, HF, HF+HW군은 차이가 없었으나, HF+EE군에서 증체량이 낮았다. 또 대조군 및 HF군에 비해 HF+EE군에서 간 무게도 감소하였으나, 부고환 지방조직 중량은 대조군보다 HF군 및 HW, EE군에서 모두 약 1.4배 증가하였다. 혈중 TG, 총 cholesterol량은 HF군에서 증가하였으나, EE군에서 감소하였다. 혈중 LDL-cholesterol은 HF군이 크게 증가하였고, EE군에서 감소하였다. 또 혈중 HDL-cholesterol 함량은 HF군에서 감소, EE군에서 증가하였다. 간의 TG 및 cholesterol량은 시험군 간 유의성 차이는 없었다. 이상은 복령의 EtOH 추출물 투여가 고지방식이 투여로 인한 mouse 혈중 지방을 개선할 수 있음을 제시하고 있다.

지표 성분 및 정량법 : 복령의 CH_2Cl_2 추출물에서 pachymic acid(1), 3β-hydroxy lanosta-7,9(11), 24-trien-21-oic acid(2), dehydroburicoric acid(3)를 분리 규명하였다. 3종 물질은 95% EtOH가 추출 용매로 효과적이었고, 15g 복령을 100ml 95% EtOH로 3시간 1회 추출로 거의 전량 추출되었다. HPLC 조건은 detector로 ELSD, 분석용 column은 ZORBAX Eclipse XDB C_{18}(4.6×250mm, agillent) 이용이 좋은 것으로 나타났다. 산지가 다른 복령 18종을 분석한 결과, pachymic acid 함량은 0.65±0.19mg/g (0.065±0.019 w/w %)의 규격이 타당하며, pachymic acid는 타생약에 함유치 않았으며, 비교적 산지에 따른 표준 편차가 적어 복령의 품질과 규격 평가에 바람직할 것으로 판단되었다.

복령 빵의 특성 : 재배 복령을 분말화하여 제빵한 결과, 5% 첨가 빵이 수율면에서 뿐 아니라 제빵의 품질 특성에서도 향상을 보였다.

백복령 첨가 설기떡의 품질 특성 : 백복령 가루 3, 7, 10, 15%를 첨가, 설기떡 제조 후, 20°C에서 36시간 저장하면서 관능적 물리적 특성 및 총 균수를 비교한 결과, 관능에서 기호도는 5% 첨가구는 20~30대, 7% 첨가구는 40~60대가 선호하였고, 저장에서는 5% 첨가구가 우수하였다. 강도 특성은 색, 이취, 거친 정도, 쌉쌀한 맛에서 첨가량 의존적으로 강하였고, 구수한 맛은 5% 첨가가 강하였으며, 촉촉함, 부드러움은 8시간까지는 대조구가, 12시간부터는 5%구가 강하였다. 수분은 복령 첨가 증가에 따라 감소하였고, 5%구가 대조구와 비슷하였다. 명도는 첨가 증가에 따라 감소, 황색도는 시료첨가량 증가에 따라 증가, 경도, 검성, 부착성은 첨가량 증가에 따라 높았고, 응집성과 탄력성은 대조구와 비슷하였다. 총 균수는 20시간 후에 대조구에 급격히 증가하였으나, 복령첨가 증가에 따라 감소하였고, 36시간 후에 나타났다. 즉 백복령 첨가 설기떡은 5% 첨가구가 기호도, 맛, 기능성이 높았고, 저장성도 개선되었다.

✻ 효능과 이용

1) 효능 : 이뇨, 지한, 지혈, 진정, 실명증.
2) 식용 : 자실체를 식용하며, 건강식품으로 이용가치가 높다.
3) 약용 : 수종, 소화성 궤양, 심계항진, 근육경련, 갈증, 정신불안에 응용.

참고문헌

1) 강안석, 강태수, 손형락, 서상명, 강미선, 김광포, 이정숙, **균학회지,** 1999, 27(6), 378 (복령의 인공 재배법 개선과 항산화 활성)
2) 권미선, **경북대학교 석사학위논문,** 1997 〔재배 복령(*Poria cocos* Wolf)의 채취 시기에 따른 이화학적 품질과 기능적 특성)
3) 권미선, 정신교, 최종욱, **식품영양과학회지,** 1998, 27(6), 1034 (재배복령의 채취시기에 따른 화학적 품질과 기능적 특성)
4) 권미선, 정신교, 최종욱, **식품영양과학회지,** 1999, 28(5), 1029 (재배 복령이 Triterpenoids 분획의 항균 활성 및 항암 활성)
5) 김대곤, 손동화, 최웅규, 조영석, **식품영양과학회지,** 2002, 31(6), 1097 (복

령 균사체의 항산화성 및 아질산염 소거 작용)
6) 김복화, 윤숙자, 장명숙, **조리과학회지,** 2005, 21(6), 895 (백복령 가루 첨가가 설기떡의 품질 특성에 미치는 영향)
7) 김종학, 김화영, 장혜은, 정지상, 활성주, 박미현, 홍성길, **식품과학회지,** 2006, 38(1), 147 〔초저열량식이(복령외)로 인한 체력 저하에서 산야초 추출물의 지구력 증진 효과〕
8) 문병우, 김경식, 이호섭, **침구학회지,** 1997, 14(1), 527 (복령 약침의 백서 혈장 Renin 활성도, Aldosterone, Atrial Natriuretic Peptide 농도에 미치는 영향)
9) 문순구, 박상신, 민태진, **균학회지,** 1987, 15(1), 9 〔백복령(White *Poria cocos*) 중의 지방산 성분에 관한 연구〕
10) 민태진, 박상신, 문수구, **균학회지,** 1986, 14(2), 101 〔복령의 Carboxyl-proteinase의 분리 정제 및 그 성질에 관한 연구(2)〕
11) 박상신, **동국대 대학원,** 1985 (복령 중의 Carboxylproteinase의 분리정제 및 그 성질II)
12) 박용인, **동국대 대학원,** 1987 (복령중 탄수화물 성분)
13) 박정일, 김박광, 박만기, **생약학회지,** 1997, 109, 72 (수종생약의 혈당 강하 작용)
14) 박종진, 함형배, 이민웅, **균학회지,** 1980, 8(3), 133 (복령의 인공 배양에 관한 연구)
15) 박종진, 함형배, 이민웅, **균학회지,** 1980, 8(3), 170 (복령의 배양적 영양적 연구)
16) 서영호, 김준한, 문광덕, **식품저장유통학회지,** 1998, 5(3), 275 (복령분말 첨가가 제빵 특성에 미치는 영향)
17) 손영종, 이영종, **본초학회지,** 2003, 18(1), 65 (청풍등과 복령이 혈당량에 미치는 영향)
18) 안영란, **충북대 대학원논문집,** 1978, 4, 137 (이뇨성 생약의 약리학적 연구)
19) 윤희진, 차효미, 김성원, 신완철, 김혜경, 최석영, **식품영양과학회지,** 2006, 35(8), 1005 (복령추출물이 혈중 지질성상에 미치는 영향)
20) 이국성, 이민웅, 이지열, **균학회지,** 1982, 10(1), 27 (복령이 항균력에 관한 연구)

21) 이국성, **동국대 대학원,** 1982 (복령의 항균력)
22) 이복임, **동국대 대학원,** 1990 〔복령이 복수암(Sarcoma 180)에 걸린 Mouse의 수명과 혈액상에 미치는 영향〕
23) 이돈일, 고석태, 문영희, **약학회지,** 1974, 18(1), 39 (복령의 이뇨 작용)
24) 이복임, 홍인표, 김동원, 이민웅, **균학회지,** 1990, 18(3), 218 (복령 및 인삼 추출물이 Sarcoma 180 Mouse의 혈액상에 미치는 영향)
25) 이상달, 조수묵, 방정식, 한상배, 전영진, 김환묵, 김광포, **균학회지,** 1999, 27(4), 293 (복령 균핵의 알칼리 추출물에서 정제한 면역활성 증강물질의 작용과 화학구성)
26) 이선주, **생약학회지,** 1975, 6(2), 75 〔한국 향토 민속약 규명에 관한 연구(Ⅰ)—송이, 표고, 간버섯, 능이, 복령, 석이〕
27) 이수근, **원광대 대학원,** 1995 (복령을 이용한 마우스 장기내 카드뮴 해독)
28) 이수근, 이기남, **원광한의학,** 1995, 5, 317 (복령을 이용한 마우스 장기내 카드늄 해독)
29) 이원철, **경희대 대학원,** 1986 (복령이 가토의 혈압 및 신기능에 미치는 영향)
30) 이종진, 함형배, 이민웅, **균학회지,** 1980, 8, 133 (복령의 인공 배양에 관한 연구)
31) 이지열, **균학회지,** 2005, 33(1), 54 〔한국 기록종 버섯 추가 목록(2001-2004)〕
32) 이태수, 이지열, **한국기록종 버섯 재정리 목록,** 임업연구원, 2000
33) 임웅규, 함종천, **서울대 농학연구지,** 1996, 21(2), 77 (복령 배양 균사체의 항종양 성분분리)
34) 임정래, **경희대 대학원,** 1983 (복령의 중추신경억제 작용에 관한 행동약리학적 연구)
35) 장유경, 김지영, 김상연, 최형석, 최승, 박미현, 홍성길, 이무영, 황성주, **식품영양과학회지,** 2005, 34(1), 57 (산야초 추출물을 함유한 식사 대용식을 이용한 초저열량 식사요법이 성인 비만 여성들의 체중감량과 건강 개선에 미치는 영향—당귀, 황정, 작약, 복령, 천궁, 진피, 오가피)
36) 정학성, **균학회지,** 1994, 22(1), 62 〔한국산 목재 부후균류의 분포상에 관한 연구(II), 담자균류 민주름 버섯의 분포에 대하여〕

37) 장현유, **자원식물학회지,** 2000, 13(2), 147 (복령 균핵내 이물질 생성방지 연구)

38) 정광식, **동국대대학원 박사학위논문,** 1983 (복령 중의 Carboxylproteinase의 분리정제 및 그 성질)

39) 조덕봉, 마상조, 최춘순, **광주보전논문집,** 1997, 22, 255 (복령의 지방산 조성 및 항미생물 활성)

40) 지재형, 이현동, 정신교, **식품과학회지,** 1999, 145, 575 (건조방법에 따른 복령의 색도 및 화학 성분의 변화)

41) 차동열, 박용환, **농촌진흥청 시험 연구 보고서,** 1985 (복령의 인공 재배법 개발에 관한 시험)

42) 한국 균학회, **버섯 이름, 한국명 통일안,** 2000, 176

43) 함종천, **서울대학교 대학원,** 1994 (복령 배양 균사체의 항종양 성분 분리 및 배양특성)

44) 홍인표, **동국대학교 박사학위논문,** 1992 (복령균의 생리적 특성 및 인공 재배에 관한 연구)

45) 홍인표, 이민웅, **균학회지,** 1990, 18(1), 42 〔복령(*Poria cocos*)의 배양학적 특성에 관한 연구〕

46) 황람, 권순호, 김경아, 허종문, 강영화, 송경식, **생약학회지,** 2005, 36(3), 177 (복령의 품질 표준화를 위한 지표 성분 탐색 및 정량법 개발)

47) Austin, P. R., et al., **Science** (Washinton, D.C.), 1981, 212, 749 (Chitin, Rev)

48) Chang, S. T., Miles, P.G., **Edible Mushroom and their Cultivation,** CRC Press, New York, USA, 1989

49) Cort, L. A. et al., **J. Chem. Soc.,** 1954, 3713 (isol, struct, Tumulosic acid)

50) Cheung, L. M., Cheung Peter, C. K., Ooi Vincent, E. C., **Food Chem.,** 2003, 81, 249 (Antioxidant activity and total phenolics of edible mushroom extracts)

51) Chihara, G., Hamuro, J., Maeda, Y., Arai, Y., Fukumoto, F., **Nature,** 1970, 225(7), 943 〔Antitumor polysaccharide derived chemically from Natrual glucan (Pachyman)〕

52) Chihara, G., Hamuro, J., Yamashita, Y., Ohsaka, Y., Maeda, Y., **Natrue,** 1971, 233, 486 (Carboxymethyl pachymaran, a new water-soluble polysaccharide with marked antitumor activity)

53) Goto, M. et al., **Bull. Chem. Soc. Jpn.**, 1978, 51, 70 (cryst, struct, Lauric acid)

54) Greenstein, J. P. et al., **Chemistry of the Amino Acids,** Wiley, N. Y., Vol. 3, 1961, 1971 (rev, Histidine)

55) Guider, J. M., et al., **J. Chem. Soc.**, 1954, 4471 (isol, Pinicolic acid)

56) Hattori, T., Hayashi, K., Nagano, T., Furuta, K., Ito, M., Suzuki, Y., **Jpn. J. Pharmacol.**, 1982, 59, 89 〔Studies on antinephritic effects of plant Components(3) : Effect of pachyman, a main component of *Poria cocos* Wolf on original-type anti-GBM nephritis in rat and its mechanims〕

57) Hui, Y. F., Den, E. S., Chi, T. H., **J. Food Lipids,** 2002, 9, 35 (Antioxidant and free radical scavenging activities of edible mushrooms)

58) Kabir, Y., Kimura, S., **J. Nutr. Sci. Vitaminol.**, 1989, 35, 91 (Dietary mushrooms reduce blood pressure in spontaneously hypertensive rats)

59) Kameoka, H. et al., **Yakugaku,** 1976, 25, 490 (isol, Dodecenoic acid)

60) Kaminaga, T., Yasukawa, K., Kanno, H., Tai, T., Nunoura, Y., Takido, M., **Oncology,** 1996, 53, 382 (Inhibitory effects of lanostane-type triterpene acids the components of *Poria cocos,* on tumor promotion by 12-*O*-tetradecanoylphorbol-13-acetate in two stage carcinogenesis in mouse skin)

61) Kanayama, H., Adachi, N., Togami, M., **Chem. Pharm. Bull.**, 1983, 31, 1115 (A new antitumor polysaccharide from the mycelia of *Poria cocos*)

62) Kanayama, H., Fukai, Y., Adachi, N., **Trans. Mycol. Soc. Japan,** 1984, 25, 101 (On the submerged culture of mycelia of *Poria cocos*)

63) Kanayama, H., Togami, M., Adachi, N., Fukai, Y., Okumoto, T., **Yakugaku Zasshi,** 1986a, 106, 199 (Studies on the antitumor active polysaccharide from the mycelia of *Poria cocos* Wolf. II. Fractionation and purification

of antitumor polysaccharide H_{11})

64) Kanayama, H., Togami, M., Adachi, N., Fukai, Y., Okumoto, T., **Yakugaku Zasshi,** 1986b, 106, 307 (Studies on the antitumor active polysaccharide from the mycelia of *Poria cocos* Wolf. Ⅲ. Antitumor activity against mouse tumor)

65) Kanematsu, A., Natori, S., **Chem. Pharm, Bull.,** 1970, 18, 779 (Triterpenoids of hoelen (Fuling), Sclerotia of *Poria cocos* II.)

66) Kier, L., **J. Pharm Sci.,** 1961, 50, 471 (Triterpenes of *Poria obilgua*)

67) Lee, D. I., Ko, S. T., Moon, Y. H., **J. Pharm. Soc. Kor.,** 1974, 18, 39 (Diuretic action of Hoelen in the dog)

68) Lee. B. I., Hong, I. P., Kim, D. W., Lee, M. W., **Kor. J. Mycol.,** 1990, 18, 218 (Effects of *Poria cocos* and *Panax ginseng* extracts on hemogram of sarcoma 180 mouse)

69) Lee, G. D., Chang, H. G., Kim, H. K., **Kor. J. Food Sci. Technol.,** 1997, 29, 432 (Antioxidative and nitric-scavenging activities of edible mushrooms)

70) Levine, O. V. et al., **CA,** 1976, 85, 93918y (derivs, Undecanoic acid)

71) Lindberg, B. et al., **Acta Chem. Scand.,** 1954, 8, 985 〔isol, struct β-D-(1 →6) Glucan〕

72) Markley, K. S., **Fatty acid, Part Ⅰ, Interscience,** N. Y., 2nd ed., 1960(rev, Caprylic acid)

73) Mau, J. L., Lin, H. C., Song, S. F., **Food Res. Int.,** 2002, 35, 519 (Antioxidant properties of several specialty mushrooms)

74) Minale, L. et al., **J. Nat. Prod.** (Lloydia), 1984, 47, 790 (Ergosterol)

75) Nakanishi, S. et al., **Yakugaku Zasshi,** 1939, 59, 725 (Pachymic acid)

76) Nauri, T., Takahashi, N., Kobayashi, M., Shibata, S., **Carbohydr. Res.,** 1980, 89, 161 (A polysaccharide produced by laboratory cultivation of *Poria cocos* Wolf)

77) Nukaya, H., Yamashiro, H., Fukazawa, H., Ishida, H., Tsuji, K., **Chem, Pharm. Bull.,** 1996, 44, 847 (Isolation of inhibitors of TPA-induced

mouse ear edema from Hoelen, *Poria cocos*)

78) Nukaya, N., Goto, H., Shimada, Y., Ebdo, Y., Sakakibara, I., Terasawa, K., **Phytother. Res.**, 2003, 17, 160 (Inhibitory effects of triterpenes isolated from Hoelen on free radical-induced lysis of red blood cells)

79) Okui, Y., Morita, M., Iizuka, A., Komatsu, Y., Okada, M., Maruno, M., Nijima, A., **Jpn. J. Pharmacol.**, 1996, 72, 71 (Effects of Hoelen on different activity of the gastric vagus nerve in the rat)

80) Saito, H., Misaki, A., Harada, T., **Agric. Biol. Chem.**, 1968, 32, 1261 (A comparison of the structure of Curdran and Pachyman)

81) Shibata, S., **J. Nat. Sci. Connc. Sri Lanka,** 1973, 1, 183 〔rev, Lecithin, Pachyman〔(1→3)-glucan〕〕

82) Shibata, S., Natori, S., Fujita, K., Kitagawa, I., Watanabe, K., **Chem. Pharm. Bull.**, 1958, 6, 608 〔Metabolic products of fungi XV. Pachymic acids, a constituent 'Bukuryo' (Fu Ling), a sclerotium of *Poria cocos*〕

83) Tai, T., Akahori, A., Shingu, T., **Phytochemistry,** 1993, 32, 1239 (Triterpenes from the *Poria cocos*)

84) Tai, T., Mikage, M., Tsuda, Y., Akahori, A., **Natural Medicines,** 1994, 48, 219 (Analytical studies on *Poria cocos* II. The relationship between the triterpene contents and the color of the sclerotium)

85) Tai, T., Shingu, T., Kikuchi, T., Tezuka, Y., Akahori, A., **Phytochemistry,** 1995, 34, 225 (Isolation of lanostane-type triterpene acids having an acetoxyl group from sclerotia of *Poria cocos*)

86) Tai, T., Shingu, T., Kikuchi, T., Tezuka, Y., Akahori, A., **Phytochemistry,** 1995, 34, 1165 (Triterpenes from the surface layer of *Poria cocos*)

87) Tai, T. et al., **Phytochemistry,** 1992, 31, 2548 (isol, cryst, 3,16-Dihydroxy-24-methylenelanosta-7,9(11)-dien-21-oic acid; 3AC)

88) Tai, T. et al., **Phytochemistry,** 1991, 30, 2796 (isol, cryst, Poricoic acid A)

89) Takao, N., Takahashi, N., Kobayashi, M., Shoji, S., **Carhohyr. Res.**, 1980, 87, 161 (A polysaccharide by laboratory cultivation of *Poria cocos* Wolf)

90) Toth, J. O. et al., **Tetrahedron Lett.**, 1983, 24, 1081 (cytotoxic, 3-Hydroxylanosta-7,9(11)-24-trien-21-oic acid)

91) Ukiya, M., Akihisa, T., Tokuda, H., Hirano, M., Oshikubo, M., Nobukuni, Y., Kimura, Y., Tai, T., Kondo, S., Nishino, H., **J. Nat. Prod.**, 2002, 65, 462 (Inhibition of tumor-promoting effects by poricoic acids G and H and other lanostane type triterpenes and cytotoxic activity of poricoic acid A and G from *Poria cocos*)

92) Yasukawa, K., Kaminaga, T., Kitanaka, S., Tai, T., Nunoura, Y., Natori, S., Takido, M., **Phytochemistry**, 1998, 37, 1357 (3*β*-*p*-Hydroxy benzoyldehydrotumulosic acid from *Poria cocos*, and antiinflammatory effect)

93) Yokoyama, A. et al., **Chem. Pharm. Bull.**, 1974, 22, 877 (Eburicolic acid, Dehydroeburicolic acid)

94) Zeisel, S. H., et al., **Annu. Rev. Nutr.**, 1981, 1, 195 (Choline, rev. lipotropic agent)

95) Zhu, Y. P., **Chinese Materia Medica**, Harwood Academic Publisher, Amsterdam, 1998, 311

불로초(영지)

Ganoderma lucidum (Leyss. ex Fr.) Karst.
Polyporus lucidus Leyss. ex Fr.

불로초 (영지) 39

불로초과 (Ganodermataceae)

- 일명 | Reishi, Mannentake
- 중국명 | 靈芝, 赤芝, Ling Zhi Cao
- 별명 | 만년버섯
- 분포 | 한국, 중국, 일본 등 북반구 온대 이북
- 용도 | 자실체(약용)

✻ 식물학적 특성

여름~가을에 활엽수의 생목 밑동, 그루터기 위에 군생 또는 단생하는 근주심재(根株心材) 부후성 버섯, 자실체는 니스상 분비물이 나와 광택이 있고, 갓 지름은 5~15㎝, 두께 1~3㎝, 콩팥형~원형. 표면은 적갈색. 갓 둘레는 광택있는 황색. 동심상 환문의 홈이 있고, 조직은 코르크질 2층, 상층은 백색. 하층은 갈황색. 자실층은 황색, 관공은 1층, 관공구는 원형. 대는 측심생~편심생. 적색~적갈색. 광택. 각질화. 포자는 난형, 꼭대기 부분은 절두형(切頭形)이며, 2중막, 막 사이에 작은 돌기가 있고, 포자문은 갈색이다.

동속 버섯에는 자흑색불로초(*G. neo-japonicum*)와 쓰가불로초(*G. valesiacum*) 등이 있다.

✻ 성분

1) 특수 성분

영지에서 Epoxyganoderiol A(E-00582), B(E-01040), C(E-01040), Ergosta-

7,22-diene-2,3,9-triol(2β, 3α, 9α, 24R, E-01413), Ganoderenic acid A(T-02082), B, C, D(T-02082), Ganodernic acid E(D-02837), Ganoderic acid A(D-02869), B(D-02868), Ganoderic acid C_1(T-02083, D-02838), Ganoderic acid G(T-02697), K(T-02697), Ganoderic acid I(T-02698), Ganoderic acid L(T-00680), Ganderic acid Ma(T-02318), Ganderic acid Mb(T-00862), Mc(T-00862), Mg(T-00862), O(T-00862), Ganodermic acid Me(D-02195), Mf(D-02195), X(D-02195), Ganodermic acid Ma(T-02318), Mi(T-02318), Ganodermic acid Md; Mj(T-02319), Ganodermic acid Mk(T-02321), P(T-02321), Q(T-02321), T(T-02321), Ganodermic acid N(D-02839), O^+(D-02839), Ganodermic acid R^+(D-02196), S^+(D-02196), Ganodermic acid T^+(D-02189), V(D-02189), W(D-02189), Z(D-02189), Ganoderic acid Y(H-02175), Ganoderiol A(L-00246), Ganoderiol B(T-02322), Ganoderiol C(T-00864), D, G, H(T-00864), I(T-00863), Ganoderiol E(T-02320), Ganoderiol F(L-00254), Ganodermanodiol(D-02194), Ganodermanotriol(L-00246), Ganodermatriol (L-00254), Ganodermic acid Ja(D-02195), Jb(D-02195), S, TN(D-02195), TO(D-02195), TQ(D-02195), Ganodermic acid P_2(T-02321), Ganoderol A(L-00253), B(L-00253), Ganodosterone(E-01449), Ganolucidic acid A(T-02083), B(T-02083), Ganolucidic acid D(D-01753), Ganolucidic acid E(H-01592), Ganosporeic acid A(H-00809), 6-Hydroxy-4,7,22-ergostatrien-3-one; (6α, 22E, H-01702); (6β, 22E, H-01702) 3-Hydroxy-11-oxolanosta-8,24-dien-26-al(3β, H-02718), Lucidenic acid A(H-03141), Lucidenic acid B(T-02696), C(T-02696), Lucidenic acid D_1(L-00766), Lucidenic acid D_2 (L-00768), E_2(L-00768), F(L-00768), Lucidenic acid E_1(L-00767), Lucidenic acid G(L-00769), Lucidenic acid H(L-00770), I, J(L-00770), Lucidenic acid K(L-00771), L, M(L-00771), Lucidone A^+(L-00777), B(L-00777), Lucidone C(L-00778), *O*-Methylganoderic acid O(T-00862), 3,7,11,15,23-Pentaoxolanost-8-en-26-oic acid(T-02083), 3β, 15α, 22S-Triacetoxylanosta-7,8(11), 24E-trien-26-oic acid(T-02321), 3,15,22-Trihydroxy lanosta-7,9(11),24-trien-

26-oic acid(T-02321), Tyromycic acid(L-00253) 등이 분리되었다.

동속 식물 자흑색불로초(*G. neo-japonicum*)에서는 Cryptoporic acid H(C-02079), Cryptoporic acid I(C-02079) 등도 분리되었다.

✻ 생리 활성

약리적 연구 : 항알레르기 작용의 1형에서는 rat 복강 내 비만 세포에서 histamine 유리 억제, PCA 억제 작용, 천식 억제, II 형에서는 염소 적혈구 용혈 억제 작용, III 형에서는 발병 후, 영지 ex 투여에서 단백뇨 강하 작용, VI형에서는 T-cell 반응성 억제 등, 면역계에 효과가 있었고, 그 외에 혈압 강하, 고지혈증 개선, 항 혈전 작용 등이 연구되었다.

간 중독과 고지혈증 억제① : 간 중독 흰쥐에 영지 ex를 투여하고, 혈청 중 GPT, GOT, ALP, LDH, total bilirubin 및 total cholesterol를 조사한 결과, GPT, ALP의 활성은 대조군보다 현저히 상승이 억제되었으며, 억제율은 시료 투여량에 비례하였다. GOT, LDH 활성은 대조군에 비해 약간 상승이 억제되었으며, LDH 활성은 시료 300㎎/㎏이 500㎎/㎏ 투여보다 더욱 상승이 억제되었다. 총 bilirubin CCl_4 영향을 크게 받지 않았으나, 시료 500㎎/㎏ 투여 시 현저히 상승이 억제되었다. 총 cholesterol은 대조군에 비해 시료 투여량에 비례하여 상승하였다. 또 고지혈증 흰쥐에 영지 ex를 투여한 결과, 총 triglyceride (TG)는 대조군보다 현저히 억제되었으며, 시료 300㎎/㎏이 500㎎/㎏ 투여보다 더욱 상승이 억제되었고, 7일간 투여가 10일간 투여보다 상승이 억제되었다. phospholipid는 대조군보다 상당량 상승이 억제되었고, 300㎎/㎏에서 10일 투여가 7일간 투여보다 상승이 억제되었으며, 500㎎/㎏에서 7일 투여가 10일 투여 보다 더 억제되었다. 총 cholesterol치는 대조군보다 상승이 억제되었고, 시료 300㎎/㎏이 500㎎/㎏투여보다 상승이 억제되었다. 흰쥐의 체중은 대조군이 감소된 것은 시료 투여로 정상군치 이상으로 증가되었다. 흰쥐의 간 중량은 대조군과 정상군과 유사하게 감소하였다. 이상으로 영지 ex는 중독된 간을 현저히 개선시켰으며, 고지혈증 흰쥐의 혈청 지질도 현저히 상승을 억제시켰다. 특히 시료 300㎎/kg 투여가 보다 효과적이었다.

간 중독과 고지혈증에 대한 약효②: 실험적 간 중독 유발 흰쥐에 영지 ex를 투여하고, GPT, GOT, ALP, LDH, 총 bilirubin 및 총 cholesterol을 관찰한 결과, GPT와 ALP활성은 대조군보다 현저히 억제되었고, 억제율은 투여량에 비례하였으며, GOT, LDH는 대조군보다 약간 상승이 억제, LDH는 시료 300㎎/kg이 500㎎/kg 투여보다 억제되었다. 총 bilirubin은 CCl_4 경향이 없었으며, 시료 500㎎/kg에서 상승이 억제되었고, 총 cholesterol은 투여량에 비례하여 상승하였다. 고지혈증에 미치는 영향은 총 TG가 대조군보다 현저히 상승이 억제, 시료 300㎎/kg이 500㎎/kg보다 더욱 상승이 억제, 7일간 투여가 10일간 투여보다 상승이 억제되었다. phospholipids는 대조군보다 상당히 상승이 억제, 300㎎/kg, 10일간 투여가 7일 투여보다 상승이 억제되었으며, 500㎎/kg 7일 투여가 10일 투여보다 억제되었다.

Glutathione 병용 투여와 CCl_4-간 손상 예방③: CCl_4-간중독 쥐에 영지 ex와 glutathione을 (100+100㎎/kg, 200+100㎎/kg, 400+100㎎/kg)을 투여한 결과, 영지 ex(100, 200, 400㎎/kg)와 glutathione (100, 200, 400㎎/kg)을 각각 주었을 때보다 병용 투여가 좀더 효과적이었고, 간의 지질과산화 정도를 측정한 결과, 영지 ex+glutathione(100+100㎎/kg, 200+100㎎/kg) 투여한 결과, 현저히 TBA값이 감소되었다. CCl_4 중독으로 간 세포 괴저(necrosis)와 지방산의 축적이 상당히 증가하였으나, 영지 ex+glutathione (200+100㎎/kg) 투여로 parenchymal cell necrosis와 지방 변성이 간 중심부에 병리적 변화가 감소되었다. 이상의 결과는 영지 ex 단독 투여보다 glutathione 병용 투여가 간염, 간 괴저에 있어 병리학적 측면에서 효과적으로 나타났다.

세포 외 다당체의 간 보호 효과④: 산업용 배지의 최적 농도는 molasses 5%, CSL 2.5%에서 영지균사체 생장(12.4g/ l)과 균체외 다당체 생산(3.6g/ l)이 최대치를 보였으며, 5 l 발효로 배양 시 균사체 생장이 합성 배지(8.1g/ l) 일 때 산업용 배지(7.3g/ l)보다 많았으나, 균체외 다당체 생산은 합성 배지(7.2g/ l)보다 산업용 배지(11.2g/ l) 일 때 더 많았다. 간 보호 효과는 합성 배지와 최적화 산업용 배지에서의 균체외 다당체를 CCl_4유도 rat에 경구 투여 시, GPT 활성은 산업용 배지에서 생산된 균체외 다당체는 704 IU/L에서 356 IU/L로 낮추었으며, 합성 배지의 균체외 다당체는 704 IU/L에서 349 IU/L로 낮춘 결과를 보였다. 따라서 합성 배지와 산업용 배지에서 생성된 영지균체외 다당체의 간 보호 작용은 거의 차이가 없었다.

간 세포 기능 회복 효과⑤ : 영지 버섯 균사체의 EtOH 용성 분획을 극성에 따라 6개의 분획으로 나누었다. CCl_4와 galactosamine유도 독성 간 세포로 검색한 결과, 전반적으로 열수 추출 분획과 BuOH 분획의 극성 분획이 GPT, GOT를 가장 크게 저하시켜 간 보호 작용을 나타냈으며, 부분 간 절제 수술 후의 일차 배양 간 세포에 열수 추출물, 고분자 분획, BuOH 분획이 DNA, RNA 및 protein 합성을 증가시켜 손상 간조직을 회복시켰다. 간암 세포에 대해서는 EtOAc분획이 가장 강한 세포 독성을 보였다.

알코올 섭취와 간 기능 및 지질 대사⑥ : 4주령 SD계 흰쥐(♂)에 알코올을 공급하면서 영지를 1%, 2%, 4%로 7주간 사육 후 관찰한 결과, 간 기능 효소 GOT, GPT 및 ALP의 활성이 알코올 섭취에 의한 상승은 없었으나, GOT는 알코올에 영지 2%와 4% 첨가군에서 감소하였고, 간 지질 중 cholesterol은 알코올 섭취군이 대조군에 비해 높았으나, 영지 섭취군에서 낮았고(영지 2%군), TG는 알코올 섭취군이 높았으나, 영지 섭취군이 낮았다. 혈중 지질 중 cholesterol은 알코올군이 높았으나 4%영지 섭취군이 낮았다. 혈청 HDL-cholesterol은 총 cholesterol과 유사하여 알코올군이 높았으나, 2%, 4%영지 섭취군이 낮았다. 동맥경화 지수는 알코올 섭취군에서 상승되었으나, 영지 섭취로 상승이 저하되어 유의성 차이가 없었다. 이상의 결과로 알코올 섭취로 인한 지질 대사성 병변은 영지 섭취로 어느 정도 만회됨을 알 수 있어 영지가 알코올 중독에 예방과 치료 효과를 기대할 수 있을 것으로 생각되었다.

고분자 물질의 간 보호 효과⑦ : 영지 균사체 액체 배양의 균사체의 고분자 물질인 세포외 다당체의 최적 배양 조건은 shaken flask 배양에서 pH 4.5, 30℃, 120rpm, 18일이었으며, 3.18g/ l 의 다당체가 생산 되었다. 5 l jar fermenter 배양에서는 pH 4.5, 30℃, 200rpm, 1.0 vvm, 6일이 최적 조건이었고, 7.15g/ l 의 다당체가 생산되었다. 생산된 다당의 간 보호 효과 측정에서 shaken flask 배양에서 생산된 exo-polymer 20㎎/kg/day 투여에서 GPT, GOT 활성을 최대로 낮추었다.

G009와 CCl_4 - 간독성[⑧] : 영지버섯 균사체에서 분리한 다당체 G009가 CCl_4 유도 간 세포 1차 배양 세포에 투여 시, 배양액 중 유리되는 CPT 및 SDH를 유의적으로 감소시켜 간 세포 보호 활성을 보였다. G009는 CCl_4 유도를 감소된 GSSG-R, SOD, GST 활성 및 GSH의 양을 유의적으로 증가시켜 해독 작용 및 항산화 효과를 보였고, G009는 CCl_4로 증가된 MDA량을 감소기켜 지질과산화를 억제시켰다.

간경화및 섬유화 억제 효과[⑨] : 영지 다당체를 BDL/S 수술 흰쥐에 5㎎/rat/day 경구 투여 시, 섬유화 억제는 혈중 fibrogenesis marker인 aminoterminal procollagen type Ⅲ peptide(PⅢP)의 수치는 약물투여군 BDL/S group (10±1.6 ㎍/㎖)이 대조군 BDL/S group(20.5+3.9㎍/㎖)보다 50% 감소하였고(p〈.0.1), 간 조직 중 hydroxyproline의 양은 약물투여군 BDL/S group (417±42.9㎍/g liver)이 대조군 BDL/S group(566±42.9㎍/g liver)보다 13% 감소하였다 (p〈.0.5). 간 조직을 hematoxylin & eosin 염색 시약물 투여군 BDL/S group 이 대조군 BDL/S group보다 간 세포 괴사, 염증, 담도 증식 및 결합 조직이 침착 정도가 약하여, 영지 다당체가 biliary fibrosis (cirrhosis) 실험동물에서 섬유화 억제 효과가 있는 것으로 생각되었다.

세포외 생물 고분자 생성 조건과 특성 : 영지 1호(*Ganoderma lucidum*) 균사체의 액체 배양액에서 세포외 고분자 물질 생산 최적 조건은 glucose 5%, yeast extract 0.5%, $(NH_4)_2HPO_4$ 0.1%, KH_2PO_4 0.05%(w/v) 함유 배지에서 pH 5.0, 온도 30℃, 교반 속도 100rpm에서 얻을 수 있었다. 이들 조건에서 7일간 flask에서 배양시, 최대 균체 및 세포외 생물 고분자 농도는 각각 15.2 및 18.8g/ l 이었으며, 비생육 속도, 비기질 소비 속도 및 비생산 속도는 각각 0.039 hr^{-1}, 0.043$g^{-1}hr^{-1}$ 및 0.025$g^{-1}hr^{-1}$이었다. 세포 외 고분자는 실온에서 물 수용성, 물 불용성 다당체로 나누었고, 이 두 시료는 모두 97% 이상의 당을 함유하였다. 수용성 고분자 분획과 수 불용성 분획은 모두 glucose, galactose, mannose, xylose 및 fucose를 함유, 구성 당의 몰비는 각각 3.6 : 1.5 :

2.1 : 0.5 : trace 및 2.9 : 3.1 : 2.0 : 1.6 : 0.3이었다.

종양면역 증가① : 고형암 sarcoma 180에 영지 ex를 투여한 결과, 종양 억제 효과가 있었고, 종양 억제 작용을 실험코자 임파 세포(항체생성)에 영지 고분자 물질을 투여한 결과, 항체 생성을 증가시켰다. 세포성 면역에 미치는 영향을 알고자, macrophage 수를 측정한 결과, 증가되었음을 관찰하였다. 이 결과로 영지의 항종양 성분은 암 세포를 직접 공격하는 세포 독성 물질이 아니라 암에 대한 생체의 고유 방어력을 증가시켜, 간접적으로 암을 저지시킴을 알 수 있었고, 면역력을 증가시켜 암에 대한 방어력뿐 아니라 다른 병원균 침입이나 유해 물질에 대해서도 방위력이 강화됨을 알 수 있었다.

면역 증강 효과② : 영지버섯에서 분리한 다당체를 ATCC의 mouse 유래 탐식 세포주 TIB71및 BAL B/C mouse 복강 내 대식 세포에 투여, 면역계를 조정하는 대식 세포의 면역 기능을 조사한 결과, 세포의 유사분열능은 0.5㎎ 다당체군에서 증가를 보였고(p〈.001), 대식 세포 표면에 있는 IL-2 수용체를 anti-mouse IL-2-FITC 단 클론 항체로 측정한 결과, PSG 0.05㎎군의 모든 실험군에서 대조군 37.6%보다 현저한 발현 증가(p〈.001)를 보였고, 0.1㎎군까지는 수용체가 증가하나 그 이상의 처리군 사이에는 유의성이 없었다. 시료는 대식 세포 유래 세포 간 물질 1L-1, IL-6 및 TNF의 생성에 유의성 관계는 없었으나, 부분적으로 영지 버섯 다당체와 BCG 및 IFN-γ를 함께 투여하였을 때, 각각 영지 버섯 다당체와 BCG 또는 영지 다당체와 IFN-γ 투여에 비해 IL-1의 분비 증가를 보였으며, TNF 의 분비 역시 현저히 증가하여 영지 다당체가 초기 감염 시 숙주의 1차 방어 기능에 관여함을 알았다.

단백 다당체 분자량과 면역 증강 활성③ : 영지의 단백 다당체 12kD과 2,000kD 분자량의 생리 활성을 조사한 결과, 항보체 활성화 정도는 항암 활성이 강한 GMPG-CH(고분자)가 39.3%로 가장 높았고, 저분자 분획보다 항보체 활성이 높아, 항 보체 활성은 항암 활성과 관계가 있는 것으로 추정, 대식 세포에 대한 영향은 Raw 264.7 세포에 고 및 저분자를 첨가하고, nitric aicd 생성 능을 측정한 결과, β-결합 당의 함량이 많은 고분자가 대식 세포에 대한 NO 생성능이 강하였으며, 대식 세포 활성 인자인 IFN-γ의 병용 첨가 시 IFN-γ의 단독 첨가 시보다 5~26μM의 NO생성이 증가되었다. 종양 세포의 괴사 및 NK 세포의 활성화에 관여하는 TNF-α의 생성은 고분자 분획 GMPG-UH와 GMPG-CH는 각각 3,068.0pg/㎖과 2,975.3pg/㎖이었고, 저분자는 GMPG-UL과 GMPG-CL은 각각 1,400pg/㎖를 생성하였다.

항암 성분과 면역능④ : 한국산 고등 균류인 덕다리버섯(*Laetiporus sulphureus*)과 만년버섯(*Ganoderma lucidum*)의 자실체를 진탕, 단백 다당체를 분리하여 조성을 규명하고, 항암성과 면역 증진 효과를 실험한 결과, 각 다당체는 흰쥐에 sarcoma 180 항암 효과를 보였고, 각 다당체를 5일간 복강 내에 투여한 후, 10일 경과후 XX10^7 면양의 적혈구를 주사한 흰쥐의 비장 세포는 plaque를 만드는 세포 수를 현저히 증가시켰다. 덕다리버섯의 단백 다당을 조사한 결과, 3종의 당과, 15종의 amino acid로 만년버섯(영지)의 단백다당을 3종의 당과 16종의 amino acid로 구성되었음을 확인하였다.

Ganoderan과 항암, 항보체 활성⑤ : 영지 균사체에서 종양 면역 활성이 강한 ganoderan을 얻고, 이의 조성과 생리 활성을 조사하였다. 특히 탄소원을 달리한 균사체 배양에서 β-glucan성 다당체 ganoderan은 생육이 우수한 탄소원 배양 시 비수용성(WI) 다당체가, 생육이 저조한 탄소원에서는 수용성 (WS) ganoderan이 증가되었으며, 포도당 탄소원 배지에서 약 5.2~16%가 알칼리 가용성 ganoderan이었다. WS-ganoderan을 포도당 주 구성당의 β-glucan성 다당체도 mannose, fructose가 포함, WI-ganoderan은 WS 보다 glucose 함량이 약 20~40% 더 많았다. 약 16종 amino acid 구성 소량 단백질이 결합되었다. WI는 glucose가 주 성분이나, WS는 다른 단당들이 포함된 hetero-glucan이었다. 배양균체의 alkali 추출 ganoderan 중 항암, 항보체 활성이 가장 우수한 것은 galactose 탄소원 ganoderan이었고, 항보체 활성(ITCH 50%)치가 35.7%, 특히 균사체 생장이 저조한 탄소원 ganoderan의 항보체 활성이 높았다. sarcoma 180 피하이식된 mouse에 20㎎/㎏을 복강 내 투여한 결과, 항암 효과, 항보체 활성이 galactose 탄소원 ganoderan-GAL이 83.6% 항암 효과를 보여, 가장 강하였고, 이는 약 5%의 단백질이 결합된 β-glucan성 다당체로 glucose 55%, mannose 13%, fructose 12%, 소량의 galactose, xylose, ribose 등의 구성된 분자량 30kD의 다당체이다.

무기 성분과 면역 증강⑥ : 영지 자실체를 회화한 회분은 갓 1.48%, 녹각지가 1.40%이었으며, 갓 부위에 Ca이 가장 많았고, 다음 Mg, Na, Mn, Fe, Zn, Cu, Ge순으로, 녹각지에는 Mg가 가장 많았으며, 다음 Ca, Na, Zn, Mn, Fe, Cu, Ge순이었다. 영지의 단백성 다당체는 mouse의 복강 내에 있는 PEC, macrophage 및 PMN의 수를 현저히 증가시켰으므로 면역 증강 작용이 있었다. 이 물질은 51%의 다당체와 5%의 단백질로 구성되었다.

보체계와 망내계에 미치는 영향⑦ : 국내 자생하는 영지 자실체에서 균사를 액내 배양하여 얻은 균사체를 알칼리 추출하고, 이를 in vitro alternative와 classical 경로로 보체계를 활성화시켜, 알칼리 추출물로 활성화된 C_3는 면역 전기 영동에서 확인하였다. 또 영지 알칼리 추출물은 mouse 망내계에 있는 macrophage를 활성화시켜 이물질 carbon의 탐식 기능을 증진시켰으며, 항체 생산을 자극, mouse의 용혈반 형성 세포수를 증가시킴을 보였다. 알칼리 추출물의 성분을 분석한 결과, 당 10%와 단백질 58%로, 4종의 단당류와 16종의 amino acid로 구성된 단당류로 추정되었다.

항보체 활성 버섯⑧ : 국내 자생 61주의 고등 균류의 면역 증강 효과를 검색 코자, 이들 성분을 분리하여 항보체 활성을 측정한 결과, Krestin의 보체 활성도는 20.6%보다 우수한 보체 활성 효과를 보인 균주는 11주이었으며, 이 중 영지(*Ganoderma lucidum*) 5주, 표고(*Lentinus edodes*) 3주, 동충하초류(*Cordyceps* sp.) 3주, 주름버섯(*Agaricus campetris*) 1주이었다.

성분과 면역 촉진 작용⑨ : 재배 영지의 일반 성분을 분석한 결과, 수분 14.6%, 회분 2.0%, 조지방 3.3%, 조단백질 23.6%, 조섬유 59.0%, 9종의 환원당 중 maltose가 9.2㎎/g으로 가장 많았고, alanine 등 17종의 amino acid가 함유되었으며, 열수 추출액의 pH는 4.1~4.2, sarcoma 180 이식 mouse에 영지의 수명 연장 효과는 A 분획이 131.7%, B 분획이 162.5%, C 분획이 141.7%이었으며, B 분획 40㎎/㎏을 5일간 mouse에 투여한 결과, 지연형 과민 반응이 대조군에 비해 66.7%로 회복되었다.

지질대사① : 혈청 중 총 cholesterol 농도는 대조군 (기초식이+물)이 가장 낮았으며, 2군(고cholesterol 혈증 쥐→기초식이+물)에 비해 4군(고 cholesterol 혈증 쥐→기초식이+영지추출액)이 낮았다. 혈청 중 HDL-cholesterol 농도는 대조군, 2군 및 4군이 유의성 증가를 보였고, 중성 지방 농도는 대조군에 비해 4군과 5군이 유의적으로 낮았다. 혈청 중 인 지질의 농도는 군간 유의성이 없었으며, 간 외 총 cholesterol 농도는 대조군에 비해 고cholesterol 혈증군(2~5군)이 유의적으로 높았으나, 2군에 비해 4군이 낮았고, 3군보다 5군이 낮았다. 간의 중성지방은 2군과 4군이 대조군과 비슷하였으나 3군과 5군은 유의적으로 높았다. 간의 인 지질 농도는 대조군에 비해 3군이 높은 반면 4군과 5군은 유의적으로 낮았다. 혈중 과산화 지질은 4군이 가장 낮았고, 혈당은 고cholesterol혈증 흰쥐에 cholesterol식이와 영지 추출액 급여 5군이 가장 낮았다.

버섯 혼합식이와 지질 대사②: 고cholesterol 흰쥐 간장의 지질 성분과 지방산 조성에 식용 버섯과 식용유지(들깨, 홍화)혼합식의 영향을 알고자, SD계 숫쥐에 10% 돈지와 5% cellulose 식이군(대조군)과 영지, 표고, 목이 각 5%와 올리브유, 홍화유, 들깨를 각각 10%씩 상호 혼합 식이를 3주간 투여 후 간장의 지질 성분과 지방산 조성을 조사하였다. 간장의 총 cholesterol 농도는 3군(올리브유 10%+표고 5%)과 6군(홍화유 10%+표고 5%)이 대조군 및 여타 실험군에 비해 유의적으로 낮았고, 중성 지질의 농도는 8군(들깨유 10%+영지 5%) 및 9군(들깨유 10%+표고 5%)이 낮았으며, 인 지질은 3군, 5군(홍화유 10%+영지 5%), 6군, 7군(홍화유 10%+목이 5%), 8군, 9군, 및 10군(들깨유 10%+목이버섯 5%)이 대조군에 비해 유의적으로 낮았다. 간장 총 지질의 지방산 조성에서 MUFA의 함유율은 2군(올리브유 10%+영지 5%), 3군, 4군(올리브유 10%+목이버섯 5%) 및 전 들깨유군에서 현저히 높았다. 간장 인 지질의 지방산 조성은 PUFA함량이 높았고, MUFA는 낮았으며, 중성 지질에서는 MUFA함량이 SFA보다 좀 낮았고, cholesterol ester에서는 MUFA 함량이 현저히 높았다. 간장 지질 성분 모두 PUFA중 n-6계 LA의 함유 비율이 가장 높았으며, 인 지질 성분 중 n-3계 EPA함량이 현저히 높았다. 간장 지질 성분 모두 PUFA 중 n-6계 LA의 함유 비율이 가장 높았으며, 인 지질 성분 중

n-3계 EPA 함량이 월등히 높았다.

Cholcstcrol 저하 효과③ : 0.5% cholesterol과 0.25% cholic acid-Na를 첨가한 식이와 cholesterol 식이에 4.0% 버섯 분말(표고:영지:느타리 = 5:3:2) 첨가 식이를 SD계 흰쥐(♀)에 4주 투여 사육한 후, 조사한 결과, 혈청 cholesterol은 버섯 분말(시료) 첨가군에서 57% 감소하였고, 혈청 HDL-cholesterol은 230% 증가, 동맥경화 지수가 68.4% 감소하여 버섯 분말에 항동맥경화 효과가 있는 것으로 나타났다. 간장 cholesterol은 cholesterol식이군에 비해 시료 첨가 식이에서 24.7% 감소하였으나, TG는 50% 증가를 보였다. 이로써 cholesterol식이에 버섯분말 첨가는 혈중 cholesterol 저하 효과와 동시에 항동맥경화 효과가 인정되었다.

Cholesterol 저하 효과④ : cholesterol 혈증 흰쥐에 버섯 시료를 투여한 결과, 혈중 총 cholesterol, LDL-cholesterol은 대조군보다 모든 실험군에서 저하되었고, 총 cholesterol은 6군(표고버섯 10%)이 가장 낮았고, HDL-cholesterol 농도는 대조군보다 모든 실험군이 높았으며, 그중 3군(표고버섯 5%)이 가장 높았다. 중성 지질, 인 지질, 유리 cholesterol, cholesterol ester는 대조군보다 모든 실험군이 낮았고, 중성 지질은 6군이 가장 낮았으며, 인 지질은 3군이 가장 낮았고, 유리 cholesterol 농도 또한 3군, ester은 6군이 가장 낮았다. chylomicron과 VLDL은 대조군보다 여타 실험군이 모두 낮았으며, chylomicron 군에서 VLDL은 6군에서 낮았다. 이 결과로 영지, 표고, 목이버섯은 cholesterol 혈중의 예방과 치료에 효력이 있는 것으로 나타났으며 특히 표고버섯이 가장 유효하였다.

버섯 된장의 Hypolipidemic 효과⑤ : 고지혈증 유도 흰쥐에 3종의 버섯 된장 추출물(시료)을 경구 투여한 후, 혈청 및 간에서 지질 성분을 측정한 결과, 체중은 영지된장군(ESG)이 대조군보다 10% 낮았으나, 다른 군은 차이가 없었고, 식이 섭취량, 식이 효율 및 간과 신장의 무게는 시료 투여군들이 대조군과 별 차이 없었으나, 비장무게는 ESG군이 타군보다 낮았다. 혈청 총 cholesterol, LDL-cholesterol 및 간장 총 cholesterol 농도는 시료 투여군 모두 대조군보다 낮았으며, 특히 ESG 군이 대조군 보다 혈청 총 cholesterol 20%, LDL-cholesterol 33% 및 간장 총 cholesterol 17%가 낮았다. 유의성은 없었으나, 혈청 HDL-cholesterol은 높았고, TG와 동맥경화 지수는 낮았다. 혈청 총 cholesterol에 대한 HDL-cholesterol 농도비는 시료 투여군 모두에서 대조군 보다 높았으며, 특히 ESG군이 대조군보다 35% 높았다. 이로써 시료는 특히 ESG가 고지혈 억제 작용뿐 아니라, 관상동맥경화증을 비롯한 각종 동맥경화증의 예방과 간장 지질 농도 억제 효과를 나타내었다.

영지 성분과 당대사 관련 효소 활성 : 영지 성분이 간 중 당 조절 효소인 glucokinase(GK), pyurvate dehydrogenase(PDH), acetyl co A carboxylase (ACC)에 미치는 영향을 조사한 결과, 영지의 활성 물질 CM-A와 CM-B 및 추출물에 대해 GK, PDH, ACC 활성을 조사한 결과, 유의성 증가를 보였다. CM-A는 각 효소에 380, 396, 286%, CM-B는 329, 312, 289%의 효소 활성을 증가시켰다. 특히 GK와 ACC 활성은 CM-A의 용량의존적 증가를 보였다. 영지의 항과혈당 작용은 이러한 GK, PDH 및 ACC 효소활성에 의한 것으로 항당뇨 기능성 식품으로 확인되었다.

다당체의 혈당 저하 효과 : 영지버섯에서 추출한 다당체(GLP) 0.25, 0.5, 1.0g/kg을 4주간 alloxan 유도 당뇨쥐(Type II)에 투여한 결과, 12.5, 18.7, 33.7% 혈당을 감소시켰다. 이러한 작용은 용량 및 기간 의존적으로 나타났으며 GLP는 glibenclamide와 유사한 혈당 감소 작용을 보였다.

항산화 활성 : 영지 추출물의 항산화 활성은 thiocyanate method, TBA method, weighting method로 검색한 결과, n-hexane ex, MeOH ex에서 항산화 활성이 나타났으며, 이 중 n-hexane ex의 fraction V와 MeOH ex의 MeOH 불용성 fraction II 에서 강한 활성을 보였다. 항산화 활성이 강한 fraction V와 II를 rat의 간 균질액으로 활성을 검색, 과산화지질 생성억제 TBA값으로 inhibition ratio(IR)를 산출한 결과, fraction V는 15%, fraction II는 54.6%의 억제율을 보였다. 이는 rat의 간 mitochondria에서 과산화지질 생성억제율이 영지 물 추출물 16%, acetone ex 23%에 비하여 높았으나, microsome에서 과산화지질 생성억제율이 물추출물은 44%, acetone ex은 75%에 비하여 다소 낮은 활성을 보였다.

항균 활성① : 영지 추출액의 세균, 효모, 곰팡이에 대한 항균 활성을 cup cylinder method (CCM)와 minimum inhibitory concentration (MIC)로 검색한 결과, 그중 세균에만 활성을 보였으며, 그중 영지의 EtOAc 분획 B와 E에서 강한 활성을 보였다. 분획 B는 *B. subtilis, S. aureus, E. coli, Sal. typhimurium* 및 *Pseudomas aeruginosa* 등에 활성이 있었고, 특히 *S. aureus*와 *Sal. typhimurium*에 최소 저해 농도(MIC)는 0.8%(8000ppm)로 celery가 *S. aureus*에 10,000ppm인 것과 유사하였다. 분획 E는 *B. subtilis, S. aureus, E. coli, Sal. typhimurium*에서 활성을 보였고, 특히 *S. aureus*에 MIC는 0.187%(1,875 ppm)로 rosemary가 *S. aureus*에 MIC가 5,000ppm에서 강한 항균 활성을 보였다.

항균 작용② : 16종의 한약에 대하여 항균성을 조사한 결과, 영지 50%액은 *Pseudomonas*균의 48시간 배양 시 최대발육억제 효과가 있었고, 영지 원액은 *Staphyllococcus, Shigella, Klebsiella* 및 *Yersinia* 균에 항균력을 나타내었다.

다당체의 약리 활성 : 경기 광릉에서 채집한 영지 자실체에서 분리한 *Ganoderma lucidum* IY005 배양 자실체와 인공 재배 자실체의 열수 추출물이 항암 효과 및 면역계에 미치는 영향을 검토하였다. 즉 *G. lucidum* IY005 자실체와 균사체에서 분리한 고분자 다당체의 자실체와 균사체 다당체는 각각 64.7%, 55.2%의 암 세포 증식억제율을 보였고, 보체계 활성화는 동시료에서 각각 21.3%, 16.5%이었다. mouse의 항체 생성능을 실험한 결과, SRBC를 5×10^7개 주사군에서 자실체와 균사체 다당체는 각각 5.15배, 3.5배의 항체 생성 촉진능을 보였다. 대식 세포 탐식능은 carbon의 clearance 활성을 측정한 결과, 생리 식염수 투여 대조군에서 11.05분, 자실체 9.04분, 균사체 9.46분으로 나타났고, nitric oxide 생성능은 자실체와 균사체 각각 3.5μM, 5.9μM, TNF-α는 4.72 ng/*ml*, 6.88ng/*ml*이었다. 이상과 같이 영지 자실체와 균사체 다당체의 항암 효과는 면역계의 활성화와 밀접한 관계로 추정되며, 대식 세포와 보체계 활성과 밀접한 관계로 숙주의 면역기능을 증진시키는 것으로 추정되며, 이러한 생리 활성은 자실체가 균사체보다 약간 우수한 것으로 나타났다.

항암 성분①: 담자균류 영지 자실체를 열수 추출 후 얻은 단백 다당체를 DEAE cellulose 이용 교환 수지와 sepharose CL-4B gel 여과법으로 분리 정제, 정제 분획을 각각 CR, IN, IA, GL, GH로 이름하고, 각각의 성분은 20㎎/㎏/day 투여시 sarcoma 180 고형암에 GL 분획이 81%의 가장 높은 항종양 효과를 보였으며, 이 분자량은 47,000dalton이었다. 82% 다당체, 8% 단백질 및 0.9%의 hexosamine으로 구성되었고, 구성 단당류는 glucose, galactose, mannose, fucose 순이었다. 항암기전을 알고자 mouse 면역에 미치는 항암 성분의 영향은 연구 결과, 활성화된 macrophage에서 분비되는 superoxide anion양을 1.6배로, hemolytic plaque assay에서의 용혈반형성 세포 수를 6배로 각각 증가시켜, 이 결과로 영지의 항암 효과는 고형암에 직접 세포 독성을 보이는 것이 아니고, 면역 세포를 활성화 또는 강화 시키는 것으로 나타났다.
다당체의 항암성②: 영지에서 분리 배양한 균사체를 alkali로 추출한 다당체는 82.2%의 중성당과 uronic acid 17.1%, 단백질 0.7% 함유하였고, 분석 결과, glutamic acid, glycine, aspartic acid 및 alanine등 16종의 아미노산과 95.7%의 glucose, 2.7%의 xylose, 1.6% fucose, 미량의 galactose, mannose를 함유하여 영지의 수용성 중성 다당체는 glucose가 주 성분으로 한 glucan에 미량의 단백질 함유 단백 다당체로 인정되었고, 이의 대식 세포 탐색능은 대조군 5.8%에 비해 0.1% 이상 실험군 모두에서 16% 이상의 탐색능을 보여 생체내 방어기능을 증진시키는 것으로 나타났다.
항암 활성 다당체 분석③: 영지 액체배양에서 생산된 세포외 분획 중 항암 활성 다당체는 산성 분획, BWS-DA-GI와 균사체 산성다당 분획(MWS-DA-GI)과 비교 조사한 결과, BWS-DA-GI 구성 성분은 다량의 glucose, mannose, galactose와 미량의 xylose 및 fucose가 함유되었고, glucose, galactose, mannose의 몰비는 2.5 : 2.1 : 2.5이었다. 반면 균사체의 산성 다당 분획 MWS-Da-GI는 다량의 galactose, fucose, mannose, glucose와 미량의 xylose를 함유, 또 BWS-DA-GI와 균사체 다당 분획 MWS-DA-GI와 비교한 결과, 두 시료 모두 β-1,3-glucan이었고, BWS-DA-GI는 1,6분지를 보유, MWS-DA-GI는 1,4와 1,6분지를 보유하는 것으로 추정되었으며, 분자량은 각각

1,200,000과 1,000,000 dalton이었다.

항암성 다당체와 약리 및 독성④ : 영지 *G. lucidum* IY 009의 균사체 조다당 분획(AS)은 sarcoma 180 cell에 직접적인 toxicity를 보이지 않았으나, ICR mouse의 항체 생성과 macrophage의 탐식능 및 분리된 macrophage에서 superoxide ion 생성을 촉진시켰으며, AS 분획의 항암 활성은 macrophage기능의 특이한 저해제 Trypan blue에 저해를 보였다. 또한 AS 분획은 human serum 중 complement C_3를 활성화 시켰으며, AS 분획의 항암 활성은 보체계 활성에 관여하는 2가 양이온의 chelator인 EDTA에 저해를 보였다. mouse leukemia P 388 및 L 1210이 이식된 inbreed mouse, BDF_1에서 krestin은 항암 활성을 보이지 않았으나 AS 분획은 수명 연장 및 고형암 증식억제 효과를 보였다. AS 분획을 ICR mouse에 경구 투여한 결과, 별 독성은 없었으며, LD_{50}은 2,230㎎/㎏이상이었다.

항암성 다당체의 정제 및 구조 분석⑤ : *G. lucidum* IY 009에서 얻은 조다낭 분획, AS 분획을 alkali로 용출, AS-1, AS-2, AS-3, AS-4, AS-5 분획을 얻고, 이들을 sarcoma 180에 암 저지 활성을 실험한 결과, 각각 97.5, 68.0, 73.0, 81.0, 66.0%로 수용성 중성 다당 분획인 AS-1이 가장 우수하였다. AS-1을 더욱 분리 정제한 결과, 분자량 580,000dalton이었고, 당 함량은 98.9%로 mannose (67.5%), xylose(22.5%), glucose(5.8%), galactose(1.8%), ribose (2.4%)로 구성, *α*-xylomannan(IR, 864.3cm^{-1})으로 추정되었다. AS-1의 주요 methylated alditol acetate는 1,4-Di-*O*-acetyl-2,3,5-tri-*O*-methylmannitol로 확인되었다. molar ratio는 대략 1:2:1로, AS-1의 core protein은 (1→4)linked mannopyranosyl unit로 매 3개의 (1→4) linked mannopyranosyl residue 마다 1개의 xylopyranosyl residue가 mannopyranosyl residue와 (1→3) 결합을 하고 있는 structural unit가 있는 xylomannan으로 추정, structural unit의 중합도는 약 835이었다.

세포외 수용성 다당체 분획의 항암 활성⑥ : 영지의 균사체 액체배양에서 생성된 세포외 다당 시료를 얻어, 실험한 결과, 시료들의 항보체활성($ITCH_{50}$)은 15~30%로 균사체 다당 분획(15~70%)보다 낮았으나, 이들 세포외 다당 분획 중 수용성 다당 BWS-DA와 BWS-DA-GI는 1000㎍/㎖에서 30% 높은 활성을 보였다. mouse leukemia L 1210에 대한 MTT assay에서 BWS-DN 및 MWS가 600㎍/㎖에서 각각 86 및 89%의 높은 저해율을 보였고, BWS-DA와 MWS-DN(균사체 다당) 3㎍/㎖에서 32~35%의 저해율을 보였다. 또 인체 세포주인 COLO-205에 대해서는 BWS와 BWS-DA 및 MWS-DA가, HL-60에 대해서는 BWD-DA와 BWS-DN 및 MWS-DN이 각각 300㎍/㎖에서 약 50%(IC_{50})의 높은 저해능을 보였다.

원형질체 융합 균주의 항암 활성과 성분⑦ : 영지버섯과 잔나비걸상버섯의 원형질체 융합 균주 5개 중 항암성이 강한 융합 균주 F-2를 선발, 이를 액내 배양하고, 열수 추출로 얻은 단백 다당체를 DEAE-cellulose와 sepharose CL-4B gel 여과, 5가지 분획을 얻어, 모균주와 분리, 각 성분 20㎎/㎏/day을 mouse 복강 투여 시 sarcoma 180 고형암에 모균주보다 융합체 성분(분획 2)의 종양 억제율이 최고 1.5배 증가하였고, mouse의 면역에 미치는 항암 성분을 연구한 결과, 대조군보다 대식 세포 활성화로 분비되는 superoxide anion의 양을 1.2배, 비장 세포중 용혈반 형성 세포 수를 4.3배 증가시켰다. 이 항암 성분은 glucose, galactose, mannose, fucose와 xylose의 다당체 85.2%, 15종 amino acid로 구성된 단백질이 0.39%, hexosamine이 0.39%로 구성되었으며, 분자량은 5.6×10^{4}dalton이었다.

융합체의 항암 활성⑧ : 표고와 영지의 원형질체 융합체들에 대해 sarcoma 180 고형암에 대해 항암력이 우수한 융합체 P22를 선발하고 P22의 배양 균사체 열수 추출 분획 Fr.1을 DEAE-cellulose anion exchange chromatograhy로 Fr, Ⅲ, Ⅳ를 분리 정제, 추출잔사의 alkali 용성 분획 Fr. Ⅱ를 얻어 각 분획의 항암성을 sarcoma 180에 실험한 결과, Fr. Ⅳ가 62.99%로 가장 강하였으며, 동계 복수암에 대해 수명 연장효과는 150%로 유의성을 보였다. Fr. Ⅳ는 다당체 69.12%, 단백질은 9.76% 및 hexosamine 1.20%의 단백 다당체로 분자량은 67KD이었다. Fr. Ⅳ 단당류는 glucose 53.9%, galactose 6.7%, mannose 29.3%, fucose 4.7%, xylose 5.4%이었다.

융합체 항암 성분의 면역성⑨ : 영지 Fr.Ⅳ는 직접적인 세포독성은 없었으나,

조혈모 세포의 분화에는 100㎍/㎖에서 골수 세포의 집락수를 3.0배 증가시켰다. 대식 세포의 acid phosphatase활성이 Fr. Ⅳ 투여군에서 암 대조군에 비해 2.1배, nitrite의 분비는 2.2배 증가, 보체 대체경로에 관여하는 보체 성분들을 활성화시켰다. 용혈반형성 세포 수의 증가 및 alkaline phosphatase의 활성화로 보아 B-lymphocyte의 분화에도 관여하는 것으로 나타났다. 면양 적혈구의 지연형 과민반응에서 암 이식군의 저하된 반응이 Fr. Ⅳ 투여군에서 증가되었다. 이상으로 영지의 융합 균사체 추출 성분이 항암 작용은 종양 세포에 직접적 세포독을 나타내기보다는 다양한 면역기전으로 생체반응을 항진시켜 자기 방어 기능을 활성화 시키는 것으로 생각되었다.

인공 소화액과 단백 다당체의 항암[⑩] : 영지버섯에서 분리된 항암성 단백 다당체를 인공 소화액으로 소화시킨 영지 단백 다당체 GL-A와 소화시키지 않은 GL-B에 대해 면역 활성을 비교한 결과(in vitro), GL-A를 saroma 180 (in ICR mice)에 경구 투여 시 용량의존적으로 생존기간이 연장되었다. GL-A뿐만 아니라 GL-B도 대조군보다 10배(GL-A), 8배(GLB)의 CFU 형성이 증식되었다. 단백 다당체 A와 B 모두 RAW 264.7 cell line에서 대조군보다 NO_2 분비가 3.5와 3.7배 증가시켰다. GL-A와 GL-B의 작용은 다른 것으로 체액성 면역에서 GL-A는 alkaline phosphatase에서 B-cell에 활성이 3배까지 증가되었고, GL-B는 대조군보다 4배 증가되었다. 이 결과로 인공소화액은 영지 단백 다당체의 항암 효과와는 별영향이 없었고, 면역활성이 인공소화액 처리 후에 남아 있는 것으로 나타나, 영지 단백 다당체는 경구용 항암제로 적합성을 보였다.

생장점의 산성 및 염기성 단백 다당체의 항암 및 면역 활성[⑪] : 영지버섯 생장점에서 분리, 정제한 산성 단백 다당체 분획 GLB-A와 염기성 단백 다당체 GLB-B는 복강에 이식한 sarcoma 180 세포의 증식을 효과적으로 억제하였으며, 담암동물 및 정상동물에서 lymphoblast형성, CD4/CD8의 비율 및 CD25(IL-2 receptor a-chain)의 발현을 증가시킴으로 강력한 면역증강 작용을 보였다. 이중 GLB-A는 항암 효과 및 면역활성화 효과가 우수하여 항암성 면역 요법제로의 개발이 기대되었다.

생장점의 단백 다당체와 면역 활성[12] : 영지버섯 숙성 자실체및 성장부에서 단백 다당체 GLB 및 GLA를 분리, 이들의 항암 효과 및 면역활성을 비교실험한 결과, 영지버섯 생장점의 GLB가 GLA보다 우수한 항암 효과 및 임파아구 생성 자극 효과를 발휘하였으며, cyclophosphamide 투여로 야기된 백혈구 감소증을 거의 완벽하게 억제하였다. 따라서 GLB는 항암면역요법제의 유망한 새후보 약물로 판단되었다.

항미생물 작용 및 항암 작용[13] : 영지버섯 균사체 배양물에서 분리한 다당체의 항미생물 작용과 항암 작용은 대식 세포의 분비물질에 직접적 효과 작용 즉 미생물과 종양 세포에 대한 직접적인 세포독성과 대식 세포 활성에 따른 숙주에의 면역조절 작용에 의해 숙주의 면역기능이 활성화되어 면역능이 증가된 것으로 사료되었다.

항암 성분[14] : 영지버섯에서 추출한 polysaccharide 분획을 sarcoma 180(mouse)에 투여한 결과, 항암 작용이 나타났다. 즉 polysaccharide 분획 50㎎/㎏/day를 10일간 투여한 결과, 87.6%의 억제활성을 보였다.

암 세포 증식 억제[15] : 인삼박에 상황, 영지, 운지, 표고버섯 균사체를 접종・배양하여 추출액의 전자 공여능 및 간암 세포(Hep 38)와 고형암(S-180)의 증식에 미치는 영향을 조사한 결과, 인삼박 균사체의 전자 공여능은 500~10,000 ppm 범위에서 농도 의존적으로 나타났으며, 운지가 4종의 균사체 추출물 중 가장 강하였다. 간암 세포의 형태변화 및 증식 억제는 EtOH 추출물이 물 추출보다 효과적이었으며, 60% EtOH 추출물 5,000ppm에서 상황, 영지, 운지에 비해 99.1%로 가장 강한 세포증식 억제 효과를 보였다. S-180 고형암 억제 효과는 대조군에 비해 운지가 65%로 가장 컸으며, 영지 61%, 표고 56%, 상황 59%의 고혈압 억제 효과를 보였다. 따라서 인삼박에서 배양된 버섯 균사체가 간암 세포와 고형암 증식억제에 효과가 있어 항암자원으로 활용이 기대 되었다.

Stress 억제, 항돌연변이 및 암 세포 증식 억제[16] : 영지버섯 추출물의 MDA와 BSA conjugation 반응, 지질과산화 억제활성, DPPH 라디칼 소거 활성을 측정한 결과, 항산화 효과가 있었다. 지질과산화 활성이 가장 컸고, DPPH라디칼 소거 활성(각각 EtOAc 분획, IC_{50} 0.018㎎/㎖, 0.67㎎/㎖)과 단백질 산화 억제 활성(물 분획 IC_{50} 159.24 ㎎/㎖)이었다. 또 영지버섯의 항돌연변이능을 측정한 결과, 농도 의존적 항돌연변이능이 있었고, 물 분획은 활성이 없었으나, *Sal. typimurium* TA98에서 hexane fr.의 항돌연변이 효과(64.69%)가 있었고(2.5㎎/plate), TA 100와 TA98에 hexane fr.과 CH_2Cl_2 fr.이 우수하였으며, 2-nitrofluorene(직접 돌연변이원)은 TA98에 BuOH fr.이 hexane fr.보다 우수하였다. 자궁경부암 세포 증식을 IC_{50} 0.122㎎/㎖에서 CH_2Cl_2 분획이 강하였고, hexane fr. 〉 EtOAc fr. 〉 H_2O fr. 순이었다.

균사체 된장의 항종양성과 항돌연변이성[17] : S-180에서 항종양성은 느타리, 영지, 상황, 신령버섯 균사체 된장이 각각 33, 30, 26, 25% 억제하여 재래식 된장 11%보다 높았고, *St. typhimnrium* TA98에 IQ와 AFB_1에 돌연변이성을 각각 39.7~46.1%, 38.0~39.7% 억제(대조된장 32.0, 33.2%)하여 항돌연변이성이 우수하였다. TA100에서 IQ와 AFB_1의 돌연변이성은 각각 31.9~35.6%, 24.9~30.4% 억제하여 대조된장(27.5, 22.5%)보다 강하였다. 관련 물질로는 β-D-glucan이 버섯 균사체 된장이 재래된장의 3~8배, 총 phenol 성 화합물과 isoflavone량은 느타리 균사체 된장과 신령버섯 균사체가 가장 높았다.

렉틴 성분의 림프구 응집 효과 : 젖버섯, 그물버섯, 영지, 비늘버섯, 쓴송이, 자주싸리버섯 등 20종에 대하여 적혈구(사람)와 비장(mouse)에서 얻은 림프구로 lectin 성분을 검색하고자 림프구 응집 현상을 시험한 결과, 그물버섯, 젖버섯, 자주싸리버섯, 비늘버섯, 영지 등 8종에서만 나타났다.

혈전 분해 효소 활성 : 인공 재배 버섯의 배양액과 균사체의 혈전 분해 효소 활성을 조사한 결과, 조효소 추출물의 혈전분해 활성은 활성이 매우 낮거나 없었으며, 장수, 만가닥, 영지, 느타리, 토끼털송편, 뽕나무버섯 균사체의 혈전분해 활성이 0.42u 이상으로 높았고, 자실체의 혈전용해 활성은 0.17~0.94u로 느타리, 새송이, 아위버섯의 활성이 0.54, 0.57, 0.94u로 매우 높았고(모두 느타리과), 팽이, 양송이, 노루궁뎅이 버섯의 활성은 0.23u 이하로 매우 낮았다.

혈액 응고 저해 활성 : Tissue thromboplastin(Tissue factor: TF)는 혈관 내피세포에 존재하는 막 단백질로 혈액 응고계의 외인성 및 내인성 경로를 활성화 시키는 혈액 응고 개시 인자이다. 식용 버섯인 표고, 영지, 양송이를 대상으로 TF에 대한 저해 활성을 측정한 결과(in vitro), 표고의 EtOAc 분획에서 강한 저해 활성이 확인되었고, 영지의 EtOAc 분획에서도 저해 활성이 있었으며, 영지와 표고의 EtOAc 분획의 IC_{50}은 각각 107㎍, 770㎍이며 표고의 EtOAc 분획에서 얻은 결정성 물질의 IC_{50}은 10.2㎍이었다.

버섯 된장의 생리 활성 : 표고버섯, 상황버섯 및 영지버섯을 첨가, 재래식 된장을 제조, 항산화, 항돌연변이 및 항암 효과를 관찰한 결과, DPPH 라디칼 소거능은 영지된장의 IC_{50}이 245㎎/㎖로 일반된장보다 약 2배 높았으나 표고와 상황버섯 된장은 일반 된장 IC_{50}과 비슷하였다. Ames test 항돌연변이성은 된장 1㎎/plate와 5㎎/plate에서 *S. typhimurium* TA100에 MNNG 돌연변이 유발 저해는 없었으나, 간접 돌연변이 유발을 70% 억제하였다. 또한 SOS Chromo test에 의한 항돌연변이도 시료 0.5% 첨가에서 23~33% 활성을 보였고, 영지된장이 가장 높았다. MTT 실험계에서 암 세포 생존 억제는 일반 된장을 비롯 버섯 된장에서 강한 활성을 보였으며, 이 중 상황과 영지 된장은 100㎛/ass에서 첨가로 91~92% 암 세포 생존 억제를 보였다. 따라서 표고, 상황 및 영지첨가 된장은 항산화, 돌연변이 유발 억제 및 암 세포 생존 억제 작용이 있는 것으로 평가되었다.

항암성과 향미 개선 버섯 메주 제조 : 잎새, 동충하초, 표고, 영지, 신령, 느타리, 상황버섯 균사체를 메주 무개의 10%를 접종, 25℃에서 4주간 배양한 버섯 균사체 메주 중 상황, 영지, 신령 버섯 균사체 메주가 항암성과 향미 완화기능이 우수하였다.

버섯 균사체와 배양곡물의 혈당 강하 : 혈당 강하 효능이 있는 버섯 배양 곡물을 개발하기 위해 수 종의 버섯균과 버섯 배양 곡물의 식후 혈당 상승 억제를 조사하였다. 균사체의 포도당 투과 지연 효과를 측정한 결과, 120분 동안 투석 후 전체 포도당 중 13.1±3.6~41.8±8.0% 포도당이 투석막 내액에 잔존하여 대부분의 균사체가 pectin보다 포도당의 투석막 투과가 지연되었다. 당뇨쥐에 균사체를 투여 후, 혈당은 30분 후에 389.4±43.8~426.8±49.4㎎/*dl*로 대조구(535.3±78.6)보다 낮아 버섯 균사체가 식후 혈당 상승억제가 우수한 것으로 특히 *Phellinus linteus*와 *Paecilomyces japonica*가 우수하였다. *P. japonica* 배양 버섯 배양 곡물을 당뇨쥐에 투여한 후 혈당 변화를 조사한 결과 균사체 배양하지 않은 곡물에 비해 혈당의 상승이 낮은 것으로 나타났다(동충하초, 영지, 목질진흙버섯, 느타리).

항알레르기 작용: ≪신농본초경≫(神農本草經)에는 상품에 자지(紫芝), 적지(赤芝), 백지(白芝), 흑지(黑芝), 황지(黃芝), 청지(青芝) 등 6품목의 영지가 수재되어 있으나, 생육지, 자연환경에 따라 생리 활성이 다르며, 그 예로 혈류개선 작용, 비만 세포의 탈과립(脫顆粒) 방지 작용 등은 공통이나, 고혈압, 혈전증, 고지혈증, Ⅰ~Ⅳ형 알레르기에는 유효성이 있는 것과 없는 것도 있고, 혈류 개선 작용도 강한 것이 있다. Ⅰ형 알레르기-rat 복강 비만 세포로부터 histamine 유리 억제 작용, PCA 억제 작용, mormot 실험, 천식에 대한 억제 작용, Ⅱ형 항 알레르기-염소 적혈구에 의한 in vitro 용혈반응, Ⅲ형 알레르기, Ⅳ형 알레르기 등에 대한 작용이 보고되고 있다.

Sphingolipid 생산과 피부보습 효과 : 영지에서 crude sphingolipid를 얻어, 이를 정제, sphingolipid를 분리하였고, 생산량은 0.4g/ l , 수율은 1%, 기기 분석 data를 검토한 결과, phytosphingosine 유도체로 동정되었고, 이 phytosphingosine 유도체의 피부보습 효과는 500㎍/㎖ 이상에서 약 20% skinmate 값이 증가하였으며, 100㎍/㎖ 이상에서 거칠기 감소에 유의성 결과를 보였다. 이상으로 *Ganoderma lucidum*이 생산하는 sphigolipids는 피부 보습 및 거칠기 개선 효과가 인정되었다.

원적외선 처리와 항산화 작용 : 상황버섯과 영지버섯에 원적외선 조사를 30, 60, 90 및 120분 간격으로 조사 후 물로 추출한 결과, 조사 시간에 비례하여 갈변도, 총 당, 총 페놀, 라디칼 소거능 및 환원력이 증가하였으며 상황은 120분 처리 후, 갈변도는 2.1배, 총 당은 2.6배, 총 페놀은 2.2배, 라디칼 소거능은 2.2배, 환원력은 1.6배 증가하였다. 영지 추출물의 갈변도 1.7배, 총 당 2.0배, 총 페놀 2.3배, 라디칼 소거능은 1.3배 증가하였다. 환원력은 차이가 없었으며 전체적인 효과는 상황버섯에 비해 다소 낮았다. 이상의 결과로 원적외선 조사가 상황과 영지의 당류 및 페놀 화합물의 추출을 촉진, 항산화능을 향상시킴을 확인하였다.

단백 다당체의 독성 시험 : 영지에서 분리한 단백 다당체, G009의 경구 투여에 의한 아급성 독성을 2,000, 1,000 및 500㎎/kg/day를 SD계 rat(♂)에 한 달간 투여한 결과, 모든 투여군에서 사망 동물은 없었으며, 임상증상 관찰, 체중 변화, 사료 섭취량, 물 섭취량은 투여군과 대조군간 유의성 차이는 없었다. 또 혈액 검사, 요 검사, 안구 검사 및 골수검사에서도 대조군과 유의성 차이는 없었다. 부검 소견, 병리 조직학적 검사 결과도 시료 투여군에서 이상소견은 없었고, 장기 무게 측정에서도 대조군과 유의성 차이는 없었다. 이 결과, G009의 1개월간 경구 투여에서 이상소견이 없어, 아급성 독성은 2,000 ㎎/kg/day이상으로 추정되었다.

단백 다당체의 저분자와 고분자의 특성 : 단백 다당체(GMPG)와 GMPG 고분자 및 저분자의 총 당과 총 단백질을 측정한 결과, GMPG는 85.9%, 12.8%, 한외여과 고분자(GMPG-UH)와 저분자(GMPG-UL)의 당은 75.7%, 72.7%, 단백질은 31.3%, 33.6%, 컬럼 분획 고분자 GMPG-CH와 저분자 GMPG-CL의 당과 단백질은 각각 96.9%, 87.1%, 1.9%, 8.1% 함유되었고, 구성 당은 대부분 glucose, mannose, fructose, galactose, xylose 및 소량의 ribose와 arabinose를 함유, *α*와 *β*-glucose의 결합비는 0.84~1.14로 *β*-glucan이 주인 단백 다당체이고, 저분자보다 고분자가 *β*-결합이 많았다. 구성 amino aicd 조성은 공통적으로 aspartic acid와 glutamic acid, 중성 아미노산인 alanine과 leucine이 다량 함유, *β*-당의 결합 양식은 IR에서 890cm^{-1} 부위에서 흡수대가 관찰, 또한 ^{13}C-NMR spectrum에서 GMPG, GMPG 고분자와 저분자, *β*-1,3 anomer인 C-1 peak가 103~105ppm에서 나타나 *β*-(1→3)-glucan 구조의 단백 다당체임을 알 수 있었다. GMPG-CH와 GMPCG-CL은 sarcoma 180 고형암에 각각 79.6%, 63.4%의 암 세포 증식 저해를 나타내었으며, 이는 *β*-결합 당의 함량이 높은 고분자 분획이 항암 활성도 높았다.

다당체의 이화학적 특성 : 경기 광릉에서 채집한 영지 자실체에서 분리한 *Ganoderma lucidum* IY005 배양 자실체와 인공 재배 자실체를 열수 추출, 정제한 다당체의 특성을 검토한 결과, *G. lucidum* IY005의 자실체와 균사체 추출 다당체는 당과 단백질 및 소량의 hexosamine을 함유하고 있으며, 구성당은 glucose, galactose 및 mannose와 소량의 xylose, fructse, ribose 및 arabinose로 구성되었다. 구성 amino acid는 산성 아미노산인 asparatic acid, glutamic acid, glycine과 중성 아미노산인 alanine, leucine을 다량 함유하였고, *O*-glucosidic linkage에 관여하는 threonine과 serine이 있었다. IR 분석 결과, 이들은 *α*와 *β*-glucan이 혼재한 다당체로 보였고, 자실체와 균사체에서 추출된 다당체에 주 peak 분자량은 각각 67KD와 46KD이었다.

심부 배양의 다당체 생산 : 영지 균사체의 액체 배양 및 이에 의한 세포외 생물고분자의 생산 연구 일환으로 air-life fermenter로 심부 배양 시 균사체 및 세포의 다당의 최대 생산을 위한 배양 조건을 검토한 결과, 균사체 생육 및 세포의 다당류 생성을 위한 최적 aeration rate는 초기 pH 5.0 및 온도 28℃에서 2.5vvm이었다. 이때 순수 산소의 공급에 의한 배양액 중의 산소 농도 증가는 균사체 생육 및 세포의 다당체 생성에는 큰 영향을 나타내지 않았나. glucose 60, yeast extract 6, $(NH_4)HPO_4$ 및 KH_2PO_4 0.5g/ *l* 을 함유한 배지 및 최적 배양 조건에서 최대의 균사체 생육 및 세포의 다당체 생성량은 각각 13.91 및 7.15g/ *l* 이었다.

약리적 효과 : 영지의 약효를 간단히 요약하면, 1) 영지의 쟁혈(凈血) 작용, 2) 혈압 조절 작용, 3) 감당(減糖) 작용-인슐린 분비 촉진 작용, 4) 천식 억제 작용, 5) 알레르기 억제 작용, 6) 항암 작용(sarcoma 180에 87.6% 억제 작용-녹각지의 단백 다당체), 7) 면역 증강 작용, 8) 영지의 안전성: mormot, rat, mouse에 5~17g/kg을 30일 경구 투여에서도 해로운 반응이 나타나지 않았다.

소화기계에 미치는 영향 : mouse 소장 단말 수송 능은 영지 수침 ex 300, 500mg/kg po 투여에서 control보다 증가되었으며, EtOH ex의 수침 ex는 별 영향이 없었다. 토끼의 소장과 대장 절편의 자동 운동 증대와 수축 작용을 보였으며, atropine으로 차단되었다. 흰쥐 위액 분비와 산 배출량은 시료 투여(id)로 약간 증가 되었으며, pH는 상승되었다. 흰 쥐의 Shay 궤양, indomethacin 및 aspirin 궤양에 수침 ex 300, 500mg/kg(id, po) 투여로 억제되었다. 흰 쥐의 담즙 분비량은 수침 ex 300, 500mg/kg(id), 100, 150mg/kg(iv) 투여로 5시간 지속적으로 분비가 증가되었으며, 수침 ex 300㎎/㎏(id) 투여에서 약간 분비되었다. EtOH ex의 수용성 ex 300, 500㎎/㎏(id) 투여는 2~3시간 분비가 증가되었다. 수침 ex는 *E. coli*, gram(+)균 4종, gram(-)균 4종에 대해 10㎎/㎖의 MIC 값의 항균력을 보였으며 진균류인 *C. albicans*에 항균력이 없었으나, *C. neoformis*에는 5㎎/㎖에서 항균성을 보였다. EtOH ex의 수용성 ex에는 세균류에 5~10㎎/㎖의 MIC 값으로 항균력이 수침 ex보다 우수하였다.

탐식 세포 증식 및 Cytokine 유전자 발현 : 영지의 단백 다당체가 mouse 복강내 탐식 세포 증식과 cytokine 유전자 발현에 미치는 영향을 조사한 결과, GLA와 GLB를 탐식 세포 배양액에 0~256㎍/㎖ 첨가, 배양 후 Brd U labeling 법으로 분석한 결과, GLA 성분은 16㎍/㎖에서 세포 내 DNA 합성이 증가되었고, GLB 성분은 64㎍/㎖에서 DNA합성이 증가되었다. reverse transcription polymerase chain reaction(RT-PCR)으로 영지 단백 다당체에 의한 발현이 증가하는 cytokine을 측정한 결과, IL-1과 TNF의 발현이 20㎍/㎖에서 대조군보다 증가되었다.

혈압 강하 효과 : 재배된 두 종류의 영지 자실체의 혈압 강하 작용을 검색한 결과, 2종 모두 용량 증가에 따라 심박 수, 수축기 혈압 및 확장기 혈압 강하가 나타났고, 이 혈압 강하 유효 성분은 fraction B에서 확인되었다. 선천성 고혈압쥐에 10㎎/㎏ 투여 시 대조군보다 유의적 혈압 강하 작용이 있었다. 혈액관류 심장표본에서 영지 작용은, sample J는 용량 의존적으로 심박수 및 심실 수축력은 증가하였으나, sample K는 용량 증가에 따라 감소하였고, 심실 수축력은 거의 변화가 없었으며, 관상 동맥 혈류량은 용량 의존적 증가를 보였다. 이러한 심장에 대한 모든 반응은 fraction A와 B에서만 있었고, fraction C에는 없었다.

전기영동과 특성 : 전기영동법으로 영지의 균주 간의 단백질과 동위효소의 양상을 알고자, 균주는 한국과 일본에서 수집한 16 균주를 배양하였고, 전기영동으로 분석한 결과, 자체의 esterase의 band는 각 균주간 특정 band의 유무, 위치를 보였고, 자실체 형태가 유사한 것은 band도 유사하였다. 동일 균주에서 편각과 녹각 형태의 자실체 esterase band 양상은 동일 양상을 보였

다. 균주의 단백질과 esterase의 band양상은 자실체의 양상과 달랐으며, 자실체에서 동일한 양상을 보였던 균주 간에서도 균주 간 특성을 가장 잘 보여주었으므로 영지버섯 분류에는 균주의 esterase pattern이 가장 적합하였다.

Isozyme Patterns : 영지, 치마버섯, 동충하초의 isozyme pattern을 비교한 결과, 자생 지역이 다른 영지의 동위효소 pattern은 IY003, IY004, IY005 및 IY008 균주 사이 70% 이상이 유사하였으나, IY009와 IY010은 차이가 많았고, 치마버섯 IY803과 IY805의 유사 지수는 57%가 가장 유연성이 높았고, 동충하초는 나방이에서 분류된 IY901과 IY904의 유사도 지수는 67%, 풍뎅이와 나방이류에서 분리된 IY903과 IY904 사이 역시 67%의 유연성을 보였으며, 애벌레류로 분류된 IY905와 IY909의 유사도 지수는 42%로 균종 간 유연관계가 높았으나, 나머지는 12~43%로 낮았다.

Mononucleotide 성분 : *Ganoderma lucidum*의 자실체 형성 전후의 RNA를 추출 정량한 결과, 자실체 형성 전에 총 RNA 함량이 현저히 많았다. 버섯 추출물 RNA를 alkali 수로 분해, TLC로 전개한 결과, GMP와 XMP가 확인되었고, 미확인 spot 1개가 있었다(CMP로 추정), 영지 RNA 추출물을 HPLC로 분석한 결과, XMP와 GMP가 확인되었고, 그 함량은 각각 자실체 형성 전의 GMP는 7.19㎎%, XMP는 8.43㎎%, 형성 후의 GMP는 4.02㎎%, XMP는 3.67㎎%이었다.

무기질 성분 : 인공 재배한 영지의 회분은 갓과 녹각지가 각각 1.48%와 1.40% 이었고, 무기 성분은 갓 부분에서는 Ca이 많았고, 다음 Mg, Na, Mn, Zu, Cu, Ge 순이었으며, 녹각지에는 Mg가 많았고, 다음 Ca, Na, Zn, Mn, Fe, Cu, Ge 순이었다.

섬유소 분해 효소 생산 특성 : 영지 배양 조건에 대한 섬유소 분해 효소 생산과 균사 생육에 미치는 영향 및 최적 조건을 검토한 결과, 탄소원 중 avicelase와 CMCase 생산은 Na-CMC를, β-glucosidase 생산은 cellobiose 첨가 시 가장 좋았으며, Na-CMC 1.0%에서 효소 생산이 가장 좋았다. 균사 생육은 Na-CMC농도의 증가에 따라 현저히 증가하였다. 효소 생성과 균사 생육에 양호한 질소원은 peptone, 농도는 0.2%, 균사 생육은 peptone농도의 증가에 따라 증가되었다. folic acid와 Ca-pantothenate에 의해 효소생산이 촉진, 균사생육은 inositol이 양호하였다. KH_2PO_4와 $MgSO_4$는 각각 0.3%, 0.04%가 효소 생산의 최적 농도이었으며 균사 생육은 0.2%, 0.02%에서 양호하였다. 효소 생산과 균사 생육의 최적 온도는 30℃, avicelase와 β-glucosidase의 최적 pH는 5.0, CMCase는 5.5이었다. avicelase와 CMCase 활성은 10일, β-glucosidase는 16일 배양이 가장 높았으며, 균사 생육은 12일 배양이 가장 양호하였다.

효모의 증식 : 영지 추출물이 효모의 증식과 생리에 미치는 영향을 알고자, 추출물 0, 0.1, 0.5, 1.0% 첨가한 Henneberg 액체 배지에 *S. cererisiae*를 접종, 5일간(30℃) 발효 과정 중 균체 생산, alcohol 발효, CO_2 발생 등을 조사한 결과, 발효 72시간 후 효모 수는 증류수 추출물(DW) 1.0% 첨가구〉EtOH ex 0.1% 첨가구〉 증류수 추출물 0.5% 첨가구〉 EtOH ex 0.1% 첨가구〉 대조구의 순이었고, 특히 0.1%구는 대조구보다 5.3배 많았다. 건조 균체량은 각 시험구 모두 대조구보다 많았고, DW 1.0%구와 EtOH 1.0%구는 120시간 발효 후 대조구에 비해 약 1.7배였다. alcohol 발효 과정 중 alcohol 함량은 영지 추출물 첨가량의 증가에 따라 많아졌다. CO_2 발생 속도는 발효중 영지 추출물 증량에 따라 대조구보다 빨랐다.

Ganoderan의 조성과 생리 활성 : 영지 균사체에서 β-glucan성 다당체 ganoderan을 분리한 결과, 12%의 균체외성, 13% 세포질성, 75% 세포벽성 분획으로 각각 분획을 추출한 결과, 각 분획마다 glucose가 많은 β-glucan이었다. ganoderan의 구성당 및 구성 amino acid는 균사체 부위에 따라 상이하였다. 생리적 활성 검색 결과, 항보체 활성은 균체외성이며, 수용성인 EXO-WS 분획이 38%로 가장 우수, 세포벽 alkali 가용성, 수용성인 CW-AS-WS 분획이 37%를 보였다. 항암 활성은 CW-AS-WS 분획이 가장 우수하였으며, 94%의 종양 억제율을 보였다. CW-AS-WS는 평균 분자량 20kD로 80% 포도당으로 이루어진 β-glucan성 다당체이었다.

Lucidin의 항암 작용 ①: 영지의 배양 균사체에서 얻은 Fr. V의 고분자 물질이 sarcoma 180에 72.5% 억제를 보였으며, Fr. II는 암 성장에 체액성, 세포성 면역을 보였다. Fr. V는 단백 다당체로 77.2%의 다당체와 2.1% 단백질, 1.1%의 hexosamine을 함유하며, 다당체에는 35.9% mannose, 31.0% galactose, 17.5% glucose, 11.4% fucose, 4.2% xylose가 함유, 단백질 부분에는 17종의 amino acid를 함유하였고 분자량은 5.8×10^4 Da으로 본 물질을 Lucidin으로 명명하였다.

β-Immunan의 항암 효과② : 영지버섯 균사체의 단백 다당체 β-Immun의 항암 효과를 검색한 결과, sarcoma 180과 leukemia(L 1210)에서, 세포 독성은 β-Immun은 면역 세포인 대식 세포의 대사물에 의해 간접적으로 암 세포 독성을 일으켜 암 세포 괴사 능력은 IFN-r, LPS 등 타 생체활성물보다 우수하였고, L 1210(in mice)에는 약 50% 암 세포 괴사능을 보였다. 기존 항암제 cisplatin이나 5-Fu와 병용 처리 시에는 단독 처리 시보다 약 10~13% 암 세포 독성의 상승 효과가 관찰되었다. 생체 실험에서도 생쥐의 서혜부에 이식한 sarcoma 180에 88.8%의 제암 및 항암 활성이 나타났다. leukemia L 1210에 대해 β-Immun의 수명 연장 효과 실험 결과, 평균 생존 일수가 β-Immun 100㎎/㎏/day 투여 시 18.1로 cisplatin보다 현저한 수명 연장 효과가 있었고, 양성 대조군 cisplatin과 β-Immun 병용 투여 시에는 음성대조군보다 약 2.4배 이상의 수명연장 효과가 있어 항암성 단백 다당체 β-Immun은 기존 화학요법제와 투여 시 항암 활성의 상승 효과가 있음을 확인하였다.

GLB의 대식 세포 활성화 : 영지버섯 생장점에서 분리한 단백 다당체인 GLB는 생쥐의 복강 내 대식 세포 및 닭 대식 세포 BM2CL을 활성화시켜 *Candida albicans*에 대한 식균 작용, spreading 및 MHC Class II 분자 발현을 증가시키는 등 대식 세포 활성화 효과가 입증되었다.

β-Glucan과 대식 세포의 Nitric oxide : β-glucan성 다당체(GAN)로 자극된 Raw 264.7 대식 세포는 대조군 보다 약 2~5배 nitric oxide 생성을 촉진, 대식 세포의 활성도는 GAN 구조, 분자량, 화학적 조성에 따라 NO 생성의 차이를 보였고, 서당을 탄소원으로 한 균사체에서 추출된 알칼리 가용성, 수용성 G-SUC로 활성화된 Raw 264.7 세포는 22μM NO 생성을 유도, G-SUC(WS)는 87% 탄수화물과 3.4% 단백질로 된 평균 분자량 30kD의 다당체, 구성 당

은 포도당(48%)과 mannose(22%)로 된 glucomannan성 GAN. 세포벽에서 추출된 알칼리 가용성(CW-AS-WS)인 β-glucan성 다당체가 가장 많은 NO 생성을 촉진, 영지의 대식 세포 활성 다당체가 NO 생성을 증폭시켰다. GAN 활성과 대식 세포의 유사 분열 대식 세포의 배양액에서 L 1210 암 세포주에 세포 독성을 보였다. 영지의 β-glucan성 다당체(GAN)는 β-anomeric glucan receptor가 있는 대식 세포를 자극 NO를 생성, 이때 NO 생성 촉진 다당체는 소량의 단백질을 포함한 고분자성 β-glucan 다당체이었다.

β-Glucan성 다당체와 NO, TNF-α 및 TGF-β의 형성 : 항암 및 간보호 효과 물질, 영지의 β-glucan성 다당체(GAN)와 몇 미생물 유래 다당체를 이용 흰쥐의 간 내 Kupffer cell을 활성화시킨 후 NO, 종양괴사인자 α(TNF-α) 및 transforming growth factor-β(TGF-β)의 형성을 확인한 결과, GAN 활성화 Kupffer cell은 GAN 농도 의존적 NO와 TNF-α를 형성하였으나, TGF-β 생성은 촉진되지 않았다. 즉 영지의 β-glucan은 간장의 대식 세포 Kupffer cell을 활성화시켜, 산화질소 및 TNF-α의 형성을 촉진시켰다.

Tyrosinase 활성 저해 물질 : 피부노화 및 갈변화와 관련된 tyrosinase 활성 저해 유효 성분을 8종의 식용 버섯(영지, 양송이, 표고, 석이, 팽이 등)에서 추출, 유효 성분을 분리 동정하였다. 8종의 버섯은 MeOH, n-hexane, $CHCl_3$, EtOAc, n-BuOH, 물로 추출한 후, 각 용매 추출물(1㎎/㎖)의 tyrosinase 활성 저해는 석이버섯 EtOAc추출물, 영지 물 추출물, 양송이 물 추출물의 순서로 78.4%, 67.3%, 51.5%로 검색되었다. 가장 저해율이 높은 석이 EtOAc 추출물을 silica gel column으로 분획하였고, 이는100㎍/㎖에서 60.9%의 가장 강한 저해율이 보였다. 이를 TLC하여 Rf 치가 0.38, 0.27, 0.19의 band를 분리, 분취물의 저해율은 15.6%, 27.0%, 32.9%이었다. 석이버섯의 유효 성분을 여러 기기로 분석, 얻은 data를 검토한 결과, orsellinate, methyl orsellinate, methyl lecanorate, methyl gyrophorate의 혼합 물질로 확인되었다.

Prolyl Endopeptidase(PEP) 억제 : 상용 천연식품 곡류, 두류, 종실, 과실류, 채소, 버섯류 등의 PEP 활성 억제 효과를 실험한 결과, 도토리가 96.0%, 녹두 34.2%, 감자 25.0%, 양파 37.1%, 마늘 31.9%, 호박 30.7%, 산딸기 92.0%,

호두 73.0%, 가지 24.8%, 홍고추 29.2%, 호박잎 28.8%, 청고추가 28.4%, 녹차 56.1%, 영지 18.5%, 표고 8.0%, 다시마 12.0% 등의 PEP 활성 억제 효과가 있었다. PEP 활성 억제는 치매 예방과 개선 효과로 알려지고 있다.

과즙 청징 효과 : 영지가 생산하는 polygalacturonase(endo 및 exo-polygalacturonase)를 이용, 과즙 청징 효과를 실험한 결과, endogalacturonase에 의해서만 과즙 청징은 효과가 있었으며, 이 효소의 최적 반응 온도는 40℃, 과즙 5㎖당 약 4 unit의 endopolygalacturonase 첨가 시 60분에 거의 청징되었다. polygalacturonase의 효소원으로는 영지버섯 균사체 배양 여액이나 ammonium sulfate 분획물을 이용하는 방안이 가장 효율적일 것으로 생각되었다.

안전성 : 국내에서 재배된 영지 버섯의 안전성을 검토코자, 급성 독성과 아급성 독성을 실험한 결과, 급성 독성 실험에서 투여 가능한 최대 투여량(5,000 ㎎/㎏)에서 암, 수 모두 치사는 관찰할 수 없었으며, 아급성 독성 실험에서는 체중, 혈액학적 검사, 장기 중량, 장기 조직의 병리학적 조직 검사, 요 검사를 실시해 본 결과, 대조군과 비교할 만한 통계학적 유의차를 발견할 수 없었다.

산업 폐자원과 항고혈압 성분 생산 : 영지의 유효 성분을 대량 생산코자 조사한 결과, 인삼박(탄소원)과 corn steep liquor(질소원) 사용이 양호하였으며, 균사체 건조 중량은 1.25g/100㎖로 탄소원 glucose, 질소원 peptone 사용이 대조군보다 2.5배 높았다. 균사체 추출은 발효액을 그대로 121℃(1㎏/㎠), 2시간 추출이 적당하였고, 단백 다당체 수율은 0.75%, 동일조건하의 자실체 수율 2.6%의 0.29배, 균사체에서 얻어진 단백 다당체의 당 함량은 38.1%로 자실체 당 함량 14.8%의 2.6배이었고, 영지 추출 단백 다당체로 쥐 혈압 강하치는 26.3㎜Hg, 균사체는 31.6㎜Hg로 균사체가 자실체보다 혈압 강하 효과가 우수하고 지속적이었다. 자실체 1g 당 발효액의 양은 단백 다당체 수율은 3.5㎖, 단백 다당체 수율과 당함량 고려 시 1.4㎖이었다.

균사체 배양 조건 : 곡물 이용 고체 배지에서의 영지 균사체 배양 조건은 각 고체 재료의 수분 함량에 따른 균사 생장 속도 및 균사체량(glucosamine 함량)을 측정한 결과, 시료의 종류에 관계없이 수분 함량이 65%일 때 가장 우수하

였고, 각 균사체 성장 속도는 보리〉밀〉율무=수수〉현미〉콩의 순이었으며, 각 고체 재료의 종류에 따른 glucosamine의 함량은 밀〉보리〉현미〉율무〉수수〉콩의 순으로 나타났다.

Flavonoid 함량 : 100여 종의 식용, 약용 식물의 총 flavonoid을 측정한 결과, 영지 버섯, 표고버섯, 느타리, 팽이 버섯은 2㎎이하이었다.

Laccase의 정제와 특성 : 영지 배양 여액에 $(NH)SO_4$를 가해 침전, 여과 ion exchange chromatography, DEAE-sephadex A-50으로 정제한 후, 특성을 조사한 결과, 최적 pH는 6.45로 느타리 laccase pH 5.94와 팽이버섯 laccase의 6.62와 차이가 있었고, pH 안전성은 5.0~9.0 사이였다. 열 안정성은 50℃에서 40분 후, 58%가 잔유하여 비교적 열에 안정하였으며, 용매에 대하여는 MeOH에 42%, EtOH에 25% 저해가 있어 느타리와 팽이버섯의 laccase는 거의 저해가 없는 것과 차이가 있었다.

감귤주스 착즙박에 재배한 버섯의 성분 : 감귤 착즙박을 주 성분으로 하는 버섯 배양 배지에 간버섯, 표고, 새송이, 산호침, 참부채 및 영지균을 접종, 균사체를 만들어 분석한 결과, 착즙박에 비하여 조회분은 증가하였으나, 총 산, 환원당, 조단백 및 조지방은 비슷하였거나 다소 감소하였다. 대부분의 버섯 균사체는 유기산이 비슷하거나 감소하였으나, 새송이는 착즙박의 2.7배 증가, fructose는 9.20~11.06% 증가, 새송이는 2.65%로 매우 감소하였고, 모든 균사체 glucose는 매우 감소하였다. 산호침과 참부채버섯은 더욱 감소하였다. sucrose는 착즙박보다 감소, 간버섯과 새송이는 감소가 심하였다. narirutin은 448.67~932.98㎎%로 착즙박과 비슷하거나 감소하였으나 hesperidin은 3,019.94~4,980.94㎎%로 착즙박보다 17.81~52.61% 증가하였다(간버섯은 제외). 버섯 균사체의 TDF(총식이섬유)는 38.87~51.49%, NDF는 11.94~17.67%, ADF는 11.00~14.99%로 착즙박과 비슷하거나 증가하였고, β-glucan은 9.43~20.28㎎%로 비슷하거나 감소하였다. 균사체의 EDF와 NSA는 새송이 균사체를 제외한 모든 균사체는 감소하였다.

영지 배양과 홍삼박 : 수집된 담자균 중 *G. lucidum*과 *P. ostreatus*의 액체 배양에서 균체 증식이 양호한 균주가 선발되었으며, 홍삼박 추출물을 0.2% 첨가시 균체 증식량이 가장 많았으며, 단백질 함량은 0.5% 첨가 시 1~3% 증가하였다. amino acid 함량은 인삼박 추출물을 0.2% 첨가 시 거의 변화가 없었으나, 0.5% 첨가 시에는 *G. lucidum, P. ostreatus* 모두 상당히 증가하였으며, 그중 cysteine이 가장 증가가 컸다.

포자 발아와 단핵 균주 채취 : 영지육종에 필요한 단핵 균주를 채취코자 실험한 결과, 포자 채취는 자실체를 수확하지 않은 상태에서 얻는 것이 양호하였다. 영지의 포자 발아는 *G. lucidum* ASI 7004 균주가 PDA 배지로 25~30℃ 에서 발아시켰을 때 0.02%, ASI 7091 균주는 30℃ 에서 0.05%였다. *G. oregonense* ASI 7067은 PDA 배지로 35℃ 배양에서 0.67%로 가장 높았다. *G. lucidum*은 단핵 균주의 교배형을 결정치 못하였으나, *G. oregonense*는 A_1B_1, A_1B_2, A_2B_1, A_2B_2의 뚜렷한 4극성으로 나타났다.

광과 비 자실체성 담자포자 형성 : 영지의 비 자실체성 담자 포자의 형성에서 광(光)은 필수요인으로 16시간 광(光), 8시간 암(暗)으로 계속 처리 시 포자 형성량이 가장 많았고, 유효한 광은 blue와 yellow, 광도는 백색광으로 1,000lux에서 가장 효과적이었다. 광 형태 형성 반응은 계통 간에 명확한 차이를 보여 광 요구성이 유전인자의 지배를 받음을 나타내었다.

토양과 영지의 중금속 : 영지버섯과 토양 및 배양토를 수거하여 중금속함량을 측정한 결과, 영지중의 중금속은 Cd, Pb, Hg, As는 각각 0.8~0.13ppm, 0.17~1.43 ppm, 0.02~0.19 ppm으로 비교적 낮았으며, Cu, Mn, Zn, Fe는 0.93~4.29 ppm, 0.37~2.18ppm, 1.02~1.65ppm, 4.57~11.04ppm이었다. Pb, Cu, Zn, Fe 등은 포토 재배가 원목 재배보다 각각 43.2%, 68.6%, 20.3%, 43.2% 높았고, 토양과 배양토에서는 공장이나 공단 근린지역은 중금속 함량이 높았으며, Mn, Fe는 현저히 높았다. 토양과 배양토의 중금속함량은 한국 토양 평균치보다는 낮았다.

고미 성분 : 영지의 고미 성분은 triterpenoid류로 C_{24}의 lucididone류, C_{17}의 lucidenic acid류, C_{30}의 ganoderic acid류와 ganolucidenic acid류, C_{30}의 ganolucidic acid류가 있고, 이 중 고미가 가장 강한 물질은 lucidenic acid D로 5×10^{-10}M의 극히 낮은 농도에서 쓴맛이 감지되며, 이들 고미 성분은 자실

체에서 분리된, 다양한 대사산물의 중간 또는 최종산물로 histamine 유리 억제 효과가 있다. 또 액내 배양된 균사체에서 분리한 ganoderic acid U~Z은 간암 세포에만 특이하게 작용하여 항암제로 개발이 기대된다.

비자실체성 담자 포자형성 : 포자형성은 30℃ 에서 가장 잘 형성되었고, 15℃ 및 35℃ 에서는 형성되지 않았다. 포자 형성에 환기가 필수였고, 포화 습도에서는 포자가 형성되지 않았다.

인공 재배 가능성 검토 : 우리 나라에 자생하는 야생 버섯 중, 영지(*G. lucidum*), 느타리(*Pleurotus* sp.), 참버섯(*Panus rudis*), 검은비늘버섯(*Pholiota adiposa*)의 인공 재배 가능성을 검토한 결과, 영지는 균사 생장에 알맞은 배지는 MES, 온도는 25~30℃, pH 4~5, 수분 75%(w/w), 톱밥의 충진 시가 비중은 0.12g/㎖, 배지는 포플러톱밥이며, 참 버섯의 균사 생장 배지는 MHS, 온도 30~35℃, pH는 5.0, 수분은 75%(w/w) 톱밥 충진 시가 비중은 0.12g/㎖, 종균 제조 시 참나무 톱밥 배지가 적합하였다. 검은비늘버섯 균사 생장은 MSDS와 MHS, 온도 25~30℃, pH 4~5, 수분 함량 75~80% (w/w), 가비중은 0.12~0.13g/㎎, 종균 제조 시 밀 배지가 우수하였다. 느타리속 균사 생장은 MSDS, MHS 배지, 온도 30~35℃, pH 4~5, 수분 함량은 75~80% (w/w), 가비중은 0.12g/㎖, 종균 제조 시 포플러 톱밥 배지가 좋았다. 공시 균주 중 영지와 검은비늘버섯, 느타리속은 포플러 톱밥 배지에서 자실체를 얻을 수 있었고, 참버섯은 참나무톱밥 배지에서 자실체를 얻을 수 있었으나, 육질이 질겼다.

각종 버섯의 β-Glucan의 수용성(새송이, 느타리, 장수버섯, 신령, 표고, 운지, 석이, 팽이) : 12종의 식용 버섯 중 수용성 β-glucan을 측정한 결과, 4.71~46.2.0% (in dry basis)이었고 석이(*Gyrophours esculenta*), 표고, 운지, 영지, 팽이버섯이 β-glucan을 많이 함유하였다. 수용성 β-glucan의 많은 버섯이 생리 활성이 강한 것으로 이들의 수용성 β-glucan은 2.12~19.66%이었고, 총 β-glucan의 42.55~73.35%이었다. 12종의 시료 중 총 glucan이 가장 많은 버섯은 석이 46.49±0.24%, α체 0.29±0.03%, β체 46.20±0.27%이었고, 불용성 glucan은 총 26.79±0.82%, α체는 0.25±0.01%, β체는 26.54± 0.82%이었다. 운지는 총 glucan 22.69±2.15%, β체는 22.24±1.84%, 불용성 glucan은 26.79±0.82%,

11.62±1.22%, 영지의 총 glucan은 22.24±1.32%, β체는 21.61±1.39%, 불용성 glucan은 6.16±0.08%, β체는 5.76±0.16%이었다. 표고버섯의 glucan 함량은 33.99+0.65%이며 α체는 5.91±0.57%, β체는 28.08± 0.08%, 불용성 glucan은 총 13.78±0.16%, α체는 2.98±0.21%, β체는 10.83±0.04%이었다.

영지버섯 제빵 특성 : 성인병 및 항암 작용에 탁월한 영지버섯 추출액 8%까지 첨가, 제빵의 특성은 첨가량의 증가에 따라 쓴맛이 증가하였으나, 1차 발효기간 반죽의 부피는 증가하였고, 관능 검사 결과, 2% 첨가 시 유의적 차이는 없었으나, 4, 6, 8% 첨가하였을 때, 4% 첨가는 보통으로 6, 8%는 대조구에 비해 나빴다. 내부조직의 사진에서 0, 2% 첨가 식빵이 우수하였으나, 4%는 보통, 6, 8%는 나쁘게 평가되었다. 이로써 2% 영지 추출물 첨가가 기능성 빵 제조에 무난하리라 생각되었다.

버섯의 이용 실태 : 대구지역 주부들의 버섯 이용 실태를 조사한 결과, 버섯은 대부분 (97.7%), 자연식품, 건강식품으로 인식하고 있었고, 인지도는 느타리, 건조표고, 영지, 양송이, 송이, 생표고, 싸리, 팽이 순이었으며, 소득이 높고, 교육 수준이 높을수록, 인지도가 높았다. 항암 효과에 대한 버섯은 영지, 운지, 송이, 건조 표고 순으로 약용 효과가 높다고 생각하였고, 기호도는 느타리, 송이, 양송이, 건조 표고 순이었으며, 선호 특성은 맛, 질감, 향기 순이었다. 느타리와 팽이버섯은 질감, 다른 버섯은 맛을 선호하였고, 느타리는 질감, 송이는 맛과 향기로 가장 선호도가 높았다. 이용상 문제점은 가격 (61.3%), 조리법(18.7%), 보관 · 저장(14.8%) 순이었다.

노랑썩음병 발생과 병원균 분리 : 영지 재배원목에 노랑 얼룩무늬를 형성, 버섯을 심하게 썩히는 토양 전염성 곰팡이에 의한 병이 발생하여 이를 분리 동정한 결과, *Arthrographis cuboidea*이었다.

기타 연구 : 영지는 sarcoma 180(mouse)에 억제율이 70~80% 및 간암 억제 활성도 있다. 혈압 조절, 혈당 강하, 혈장 및 간 cholesterol 조절, 면역 증강, 보체계 및 망막계 활성, 노화 억제, 항염, 항균, antiallergy, antihistame, 항남성호르몬, 해독, 간 보호, 이뇨, AIDS virus inhibitor effect가 있다.

✲ 효능과 이용

1) 효능 : 강장, 진정, 자보(滋補), 양신익정(養神益精), 이뇨, 해독, 소염, 면역, 강심, 정혈

2) 식용 : 빵, 떡이나 음료 등 기능성 식품 재료로 개발에 이용되고 있다.

3) 약용 : 쓴맛이 있는 버섯, 고혈압, 저혈압, 동맥경화, 심부전, 뇌졸중, 건망증, 불면증, 허약증, 소화불량, 변비, 심계항진, 도한, 만성기관지염, 당뇨, 갱년기 장애 등에 응용. 또 양모(養毛)제 원료로 이용 중.

참고문헌

1) 강창율, 김병각, **균학회지,** 1980, 8(3), 177 [한국산 고등 균류의 성분 연구(26), 덕다리버섯과 만년버섯 배양 균사체의 항암 성분]

2) 강창율, 심미자, 최응칠, 이영남, 김병각, **균학회지,** 1981, 9, 101 (한국산 담자균류의 항암 성분에 관한 연구—만년버섯의 균사배양 및 항암 성분)

3) 권점미, 박정실, 하명완, 김원회, **산부인과학회지,** 1990, 33(4), 521 (Methotrexate의 단독 및 영지와의 병용투여가 백서 말초혈액소견에 미치는 영향)

4) 김군자, 김한수, 김성희, 김희숙, 최윤정, 정승용, **영양학회지,** 1994, 23(5), 736 〔식용 버섯 (영지, 표고, 목이)과 식물성 유지 (olive 유, 홍화유, 들깨유)의 혼합 급여가 흰쥐 간장의 지질 성분 및 지방산 조성에 미치는 영향〕

5) 김경수, 유창현, 차동열, 고미석, **균학회지,** 1998, 26(1), 16 〔영지(*Ganoderma*)의 포자 발아 및 sexuality〕

6) 김명자, 김하원, 이영순, 심미자, 최응칠, 김병각, **균학회지,** 1986, 14(1), 49 (영지의 안전성에 관한 연구)

7) 김미경, 이경수, **천식 및 알레르기,** 1999, 88, 720 (영지버섯 포자에 의한 직업성 천식 1예)

8) 김병각, **경이의 약초 영지 버섯,** 연문사 문화주식회사, 1985, 1

9) 김태순, **영지의 정체**, 한국 문예, 1984, 15-92

10) 김병각, **생약학회지,** 1986, 17(4), 314 (영지의 종양면역 증가 작용, 한·일 천년약품 심포지엄)

11) 김병각, **생약학회지,** 1987, 18(1), 58 (영지의 약효—영지 Symposium)

12) 김병각, **균학회지,** 1984, 12, 121 (영지의 약효)

13) 김병각, **월간 약국,** 1984, 11(11), 122 (영지의 성분연구 동향)

14) 김병각, 문철, 윤종명, 김채균, 김하원, 최응칠, **생약학회지,** 1996, 27(3), 224 〔원형질체 융합 및 핵전이에 의한 새로운 담자균류의 개발에 관한 연구(Ⅰ), 융합 균사체의 항암 성분—영지, 표고〕

15) 김병각, 문철, 김채균, 윤종명, 심미자, 김하원, 최응칠, **생약학회지,** 1996, 27(3), 231 〔원형질체 융합 및 핵전이에 의한 새로운 담자균류의 개발에 관한 연구(Ⅱ), 융합 균사체의 항암 성분이 생쥐의 면역 세포에 미치는 영향 ; 영지, 표고〕

16) 김병각, 정희수, 정경수, 앙문식, **균학회지,** 1980, 8, 107 (한국산 담자균류의 항암 성분에 관한 연구)

17) 김삼순, 김기주, **산업미생물학회지,** 1981, 9(3), 109 (야생 버섯의 인공 재배 가능성 검토—영지, 느타리, 참버섯, 검은비늘버섯)

18) 김상달, 도재호, 이광승, **산업미생물학회지,** 1986, 14(4), 279 (*Ganoderma lucidum*의 생육에 미치는 홍삼박의 영향)

19) 김석종, 박철우, 박숙자, 김영숙, 조현종, 임동길, 김정옥, 이주희, 하영태, **식품영양과학회지,** 2003, 32(1), 143 〔재래식 버섯 균사체(느타리, 영지, 상황, 신령버섯) 된장의 항종양성과 항돌연변이성〕

20) 김선희, 이종숙, 박경숙, **균학회지,** 1999, 93, 373 (천연물을 이용한 담자균의 균사체 배양)

21) 김성환, 김을상, **식품영양과학회지,** 1997, 26(1), 148 (영지버섯 다당체의 mouse 대식 세포 면역 증강 효과)

22) 김성환, 김을상, 김영식, **식품영양과학회지,** 1995, 24(1), 147 (영지버섯에서 분리한 항암성 다당체에 관한 연구)

23) 김성환, **식품영양화학회지,** 1998, 27(6), 1183 (영지버섯 다당체의 항 미생물 작용 및 항암 작용)

24) 김정숙, 한재숙, 이재성, **조리과학회지,** 1994, 10(3), 291 (버섯의 이용실태에 관한 조사 연구—느타리, 양송이, 표고, 영지, 송이, 팽이, 운지, 싸리)
27) 김정한, 이승철, 주영철, **식품과학회지,** 2007, 39(4), 386 (원적외선 처리가 상황버섯과 영지버섯 추출물의 항산화에 미치는 영향)
28) 김종우, 김인태, **충남대 농업과학연구,** 1995, 22(1), 54 (영지추출물이 유당 발효성 효모의 발효에 미치는 영향)
29) 김종협, 남정숙, **균학회지,** 1984, 12(3), 111 (영지의 Mononucleotide 성분 분포에 관한 연구)
30) 김하원, **생약학회지,** 1987, 18(1), 55 (영지의 고미 성분 : 영지 심포지엄)
31) 김현구, **식품산업과 영양,** 2004, 9(1), 1 (건강 기능성 식품의 현황 및 전망—영지, 표고)
32) 도재호, 김상달, **균학회지,** 1986, 36, 79 (불로초가 생산하는 Cellulase의 효소학적 성질)
33) 도재호, 김상달, **산업미생물학회지,** 1985, 13, 173 (영지가 생산하는 amylase의 효소학적 성질)
34) 류일환, 김정은, 이갑상, **식품과학회지,** 2004, 36(4), 655 (*Ganoderma lucidum* 균사체의 액체 배양에 의한 Sphingolipids의 생산 및 피부 보습 효과)
35) 박동석, 고승주, 류진창, 성재모, **균학회지,** 1999, 27(1), 39 〔ITS_2 영역의 DNA 염기 서열 분석에 의한 불로초(*Ganoderma*)속의 계통 분류학적 고찰〕
36) 박영도, 박경숙, 이재정, **산업미생물학회지,** 1985, 13(3), 311 (*G. lucidum*의 원형질체 형성과 재생)
37) 박영현, 장성근, **식품위생안전성학회지,** 1997, 12(3), 195 (한국산 식품 버섯류의 Tyrosinase 활성 저해 검색 및 그 유효 성분 분리—양송이, 팽이, 표고, 석이, 영지 등)
38) 박용환, **생약학회지,** 1987, 18(1), 60 (영지의 인공 재배 : 영지 Symposium)
39) 박원목, 이용세, 김성희, 박용환, **균학회지,** 1985, 13(4), 267 (전기영동법에 의한 영지버섯 계통의 특성)
40) 박원목, 이용세, **생약학회지,** 1987, 18(1), 63 (전기 영동법에 의한 영지 버섯 계통의 특성—영지 Symposium)

41) 박은미, 김수정, 예은주, 배만종, 조경철, **식품영양과학회지,** 2005, 34(3), 323 (인삼박으로 배양된 버섯 균사체 추출물이 암 세포증식에 미치는 영향 ―상황, 영지, 운지, 표고버섯)
42) 박은전, 김기영, 김재백, 김수웅, 이승룡, 손도환, **약학회지,** 1994, 38, 338 (영지로부터 추출한 다당체의 실험적 간경화에 대한 섬유화 억제 효과)
43) 박준희, 김하원, 김영중, 최응칠, 김병각, **식품위생학회지,** 1987, 2(1), 57 (한국산 영지의 혈압 강하 성분에 관한 연구)
44) 박준희, 최응칠, 김병각, **생약학회지,** 1987, 18(1), 82 (영지의 혈압강하 성분에 관한 연구)
45) 박현목, 이영세, 김성우, 박용환, **균학회지,** 1986, 13, 93 (전기영동법에 의한 영지 버섯계통 분석)
46) 박혜선, 현진원, 김하원, 심미자, 김병각, **산업미생물학회지,** 2000, 28(4), 209 (영지 균사체 분획이 일차배양 간 세포 기능회복에 미치는 영향)
47) 배지현, **식품영양과학회지,** 1997, 26(5), 978 (영지버섯이 탐식 세포의 1L-1, TNF 및 1L-12 유전자 발현에 미치는 영향)
48) 백성진, 김용석, 용환미, 채주병, **약학회지,** 2001, 45(6), 641 (영지버섯 균사체로부터 추출한 단백 다당체의 항암 활성)
49) 백성진, 김용석, 용환미, 채주병, **약학회지,** 2002, 46(1), 11 (영지버섯 균사체로부터 추출한 단백 다당체의 전이암 억제 효과)
50) 백성진, 김용석, 전억한, 이은숙, 이준우, **균학회지,** 2001, 29(1), 1 (*Ganoderma lucidum* IY009 배양 균사체유래 단백 다당체의 저분자와 고분자 분획의 특성)
51) 변순희, 김일혁, **생약학회지,** 1987, 18(1), 79 (영지엑기스와 Glutathion 병용투여가 사염화탄소로 유발한 백서 간손상에 미치는 예방 효과)
52) 서건식, **충남대 대학원논문집**, 1990, 10, 175 (한국산 자생 영지버섯의 배양적 특성)
53) 서건식, **균학회지,** 1999, 27(5), 322 (백색 자실체를 형성하는 영지 균주의 비정형 자실체구조의 형성)
54) 서건식, Oani, H., 유승헌, Kohmoto, K., **균학회지,** 1996, 24(3), 167 〔광(光)이 *Ganoderma lucidum*의 자실체 원기 형성에 미치는 영향〕

55) 서경원, 조일상, 오미현, 이경민, 김효정, **식품위생안전성학회지,** 1996, 11(4), 261 (영지버섯으로부터 분리한 단백 다당체, G009의 아급성 독성시험)

56) 송치현, 양병근, 전용재, 나경수, 손동환, 김혁일, 김영환, **생명공학회지,** 1998, 13(4), 364 (*Garnoderma lucidum* WK-003 균사체 액체배양으로부터 균체외 고분자물질의 생산조건과 간보호 효과)

57) 신관철, 서건식, **균학회지,** 1988, 16(4), 230 (*Ganoderma lucidum*의 비 자실체성 담자포자형성)

58) 신관철, 서건식, **균학회지,** 1988, 16, 235 (*Ganoderma lucidum*의 계통분류)

59) 신관철, 서건식, **균학회지,** 1989, 17(4), 189 (영지의 비 자실체성 담자포자의 형성에 미치는 광의 영향)

60) 신관철, 서건식, **균학회지,** 1989, 17(4), 194 (*Ganoderma lucidum*의 비 자실체성 담자 포자의 형성에 미치는 온도 및 환기의 영향)

61) 신혜원, 김하원, 최응칠, 김병각, **균학회지,** 1985, 13(1), 53 〔한국산 고등균류의 성분 연구(제42보), 영지의 무기성분〕

62) 신혜원, 김하원, 최응칠, 도상학, 김병각, **생약학회지,** 1985, 16(3), 181 (한국산 영지의 무기 성분 및 면역증강 작용에 관한 연구)

63) 심미자, 이수임, 김병각, **서울대학교 약학논문집,** 1978, 제3권, 65 〔한국산 고등균류의 성분연구(XIV), 만년버섯(*Ganoderma lucidum*)의 Sterol 성분〕

64) 야상진리(Nogami Mari), **생약학회지,** 1987, 18(1), 56 (영지의 항알레르기 작용)

65) 양병근, 반준보, 하상오, 김기영, 금교혁, 박건영, 윤종원, 송치현, **산업미생물학회지,** 2000, 28(4), 228 (고지질이 유발된 흰쥐에서 비섯된장추출물의 Hypolipidemic 효과－영지)

66) 양병근, 정용재, 정상철, 김동현, 하지영, 윤종원, 손동환, 고건일, 송치현, **균학회지,** 1999, 27(1), 82 (산업용 배지 사용에 의한 영지버섯 균주 WK-003 균사체 배양으로부터 생산된 세포외 다당체의 간보호 효과)

67) 엄승덕, 채영암, 박용환, 유영복, **균학회지,** 1988, 16(1), 16 (영지의 영양요구성 균주의 유지와 영지와 잔나비걸상버섯의 종간 원형질체융합에 관한 연구)

68) 엄승덕, 채영암, 유영복, 유창현, 차동열, **균학회지,** 1988, 16(1), 21 (*Ganoderma lucidum*과 *Ganoderma.* spp.의 원형질체 나출 및 환원에 관한 연구)
69) 오세인, 이미숙, **조리과학회지,** 2005, 21(6), 759 (영지버섯의 순차 분획물의 산화적 스트레스 억제 효과와 항돌연변이 및 암 세포 증식억제 효과)
70) 오세종, 전창성, 이종규, 김희규, **균학회지,** 1998, 26(1), 31 〔불로초버섯(영지) 노랑 썩음 병의 발생과 병원균의 분류 동정〕
71) 오정연, 정경수, **약학회지,** 1998, 42(5), 487 (영지버섯 생장점 단백 다당체 GLB-A, GLB-B의 항암 효과 및 면역활성에 관한 유 세포 분석학적 연구)
72) 오정연, 조경주, 정수연, 김진향, Lillenoj, H. S., 정경수, **약학회지,** 1998, 42(3), 302 (영지버섯 생장점 단백 다당체 GLB의 대식 세포 활성화 효과)
73) 우명식, 박용환, 김종협, 김병각, **균학회지,** 1984, 12(1), 8 〔영지 심포지엄, 영지의 역사, 재배법, 화학 성분 및 약효)
74) 유석규, 조헌국, **경희대 치대논문집,** 1992, 14(1), 49 〔*Ganoderma lucidum*과 Aromatic Retinoid(Ro10-9359)가 백서 치은암에 미치는 영향에 관한 실험적 연구〕
75) 유정실, 현진원, 김하원, 심미자, 김병각, **약학회지,** 2000, 44(4), 347 (인공소화액이 영지 단백 다당체의 항암—면역활성에 미치는 영향)
76) 유제권, 최선주, 강종구, **생명과학회지,** 1999, 36, 548 (노화촉진마우스의 기억력 및 산화 스트레스에 미치는 영지 추출물의 영향)
77) 유춘발, **대구대 기초과학연구,** 1986, 3, 185 (*Ganoderma lucidum*이 생산하는 Xylanase의 효소학적 성질)
79) 윤숙, 김명곤, 홍재식, **균학회지,** 1994, 71, 286 (*Ganoderma lucidum*으로부터 Polygalacturonase의 생산)
80) 윤숙, 김명곤, 홍재식, **균학회지,** 1994, 22, 298 (*Ganoderma lucidum*이 생산하는 Polygalacturonase의 정제 및 특성)
81) 윤숙, 김명곤, 홍재식, 박일웅, **균학회지,** 1998, 26(2), 281 (*Ganoderma lucidum*이 생산하는 polygalacturonase를 이용한 과즙 청징)
82) 이권행, 이정옥, 이준우, 정훈, 한만덕, 정준호, 오두환, **산업미생물학회지,** 1994, 22(2), 182 (*Ganoderma lucidum* IY 009로부터 분리된 항암성 다당

체의 약리 및 독성)

83) 이권행, 이준우, 한만덕, 정훈, 김영일, 오두환, **산업미생물학회지,** 1994, 22(1), 45 (*Ganoderma lucidum* IY 009 조다당 분획들의 항암 활성과 항보체 활성간의 상관관계)

84) 이권행, 정훈, 김영일, 김병각, **균학회지,** 1991, 19(1), 79 (산업 폐자원을 이용한 발효에 의한 영지의 항 고혈압 성분의 생산)

85) 이권행, 정훈, 이준우, 한만덕, 최경숙, 오두환, **산업미생물학회지,** 1994, 22(2), 190 (*Ganoderma lucidum* IY 009로부터 분리된 항암성 다당체의 정제 및 구조 분석)

86) 이규민, 이신영, **균학회지,** 2001, 29(2), 91 (영지의 액체배양에 있어서 균사체형태에 미치는 Ammonium phosphate의 영향)

87) 이명희, 김하원, 심미학, 최웅칠, **균학회지,** 1986, 14, 149 (한국산 고등균류의 성분연구－영지의 성분 및 면역 촉진 작용)

88) 이문주, 정명현, **생약학회지,** 1987, 18(4), 254 (영지 엑기스가 백서의 실험적 간장 중독 및 고지혈증에 미치는 영향)

89) 이문주, **조선대학교 박사학위논문,** 1985 (영지엑기스가 흰쥐의 실험적 간장중독 및 고지혈증에 미치는 영향)

90) 이미경, 김홍표, 이준우, 정훈, 이승룡, 김영중, **약학회지,** 1998, 42(1), 108 (사염화탄소로 독성을 유발시킨 일차배양 간 세포에 미치는 G009의 효과－영지버섯)

91) 이성현, 박홍주, 조용식, 정인경, 송경식, **식품영양과학회지,** 2003, 32(7), 971 (천연식품 자원으로부터 Prolyl endopeptidase의 저해 효과 탐색－녹두, 감자, 도토리, 흑임자, 참깨, 영지, 다시마, 표고)

92) 이수진, 이경임, 이숙희, 박건영, **조리과학회지,** 2004, 20(4), 365 (버섯 첨가 된장의 생리 활성 작용－영지, 상황, 표고)

93) 이신영, 강태수, **산업미생물학회지,** 1996, 24(1), 111 (영지 균사체의 액체배양에 의한 세포외 생물 고분자의 생산과 특성)

94) 이신영, 강태수, **균학회지,** 1999, 27(1), 76 (영지 균사체의 액체배양에 의한 세포외 항암 활성 다당체의 구조 분석)

95) 이신영, 강태수, 문순옥, 류인덕, 이명열, **산업미생물학회지,** 1996, 24(4), 459〔영지(*Ganoderma lucidum*) 균사체의 액체배양에 의한 세포 외 수용성 다당체의 분획정제 및 항암 활성〕

96) 이신영, 강태수, **생물공학회지,** 1997, 12, 139 (*Ganoderma ucidum* 균사체의 심부배양에 의한 세포외 항암 활성 다당생산의 최적화)

97) 이신영, 강태수, 이만춘, **생물공학회지,** 1998, 13(5), 547 (Air-life Fermenter system을 이용한 *Ganoderma lucidum* 균사체의 심부 배양에 의한 세포의 다당체의 생산 조건)

98) 이신영, 이규민, **강원대 농업과학연구,** 2000, 20A, 45 (Effect of Different pH Processes on Branched β-1,3-Glucan Production from Submerged Culture of *Ganoderma lucidum*)

99) 이신영, 이학수, 박홍조, **균학회지,** 1999, 27(4), 304 (영지의 액체배양에 의한 세포외 다당생산의 동력학적 특성)

100) 이은, 김완재, 이영주, 이미경, 김판구, 박연정, 김수경, **식품영양과학회지,** 2003, 32(2), 256〔지방간 환자를 위한 생식용 천연 복합 식품이 고지방 식이를 급여한 흰쥐의 혈청, 간장의 효소 및 간조직 구조에 미치는 영향－표고, 영지, 곡류, 해조류(다시마) 등〕

101) 이주영, 박기숙, 정진호, 조미정, 고광호, 이준우, 정훈, 이승룡, **응용약물학회지,** 1994, 2, 206 (G009의 간보호 작용에 관한 연구)

102) 이종미, 오상석, 한대석, 손은심, **식생활문화학회지,** 2001, 16(5), 504 (식물성 식품 중 총 플라보노이드 함량과 생리 활성 탐색－영지, 표고, 느타리, 팽이버섯)

103) 이준우, 방광웅, 서부일, 이은숙, **본초학회지,** 2003, 18(2), 141 (*Ganoderma lucidum* IY 005의 자실체와 균사체 배양물로부터 분리된 다당체의 이화학적 특성)

104) 이준우, 방광웅, 서부일, 이은숙, **본초학회지,** 2003, 18(3), 149 (*Ganoderma lucidum* IY 005의 자실체와 균사체 배양물로부터 분리된 다당체의 약리 활성)

105) 이준우, 백성진, 방광웅, 김광수, 전억한, **균학회지,** 2001, 29(1), 15 (*Ganoderma*

lucidum IY009 유래 단백 다당체의 분자량 차이에 따른 면역 증강활성)
106) 이준우, 이권행, **균학회지,** 1991, 19(2), 101 (Isozyme patterns 차이에 의한 영지, 치마버섯 및 동충하초의 계통 분류)
107) 이준우, 정훈, 정천희, 이권행, **균학회지,** 1990, 18(3), 137 (영지 균사체의 알칼리 추출물이 보체계와 망내계에 미치는 영향)
108) 이준호, 박광순, **영양학회지,** 1999, 32(5), 519 (영지가 알코올 섭취한 흰쥐의 간기능 및 지질 대사에 미치는 영향)
109) 이재성, 박경숙, 박영도, **산업미생물학회지,** 1986, 14(2), 139 (*Ganoderma lucidum* 균주에 의한 laccase의 정제 및 효소적 특성)
110) 이창환, 양민호, 박승림, 강영주, **식품과학회지,** 2007, 39(2), 128 (감귤주스 착즙박을 이용하여 재배된 버섯 균사체의 성분—간버섯, 표고, 영지)
111) 이태우, **충청문예,** 1985, 90, 75 (불로초 영지버섯이란 건강을 지키는 자연요법)
112) 이학수, 정재현, 이신영, **생물공학회지,** 2001, 16(3), 307 (영지의 액체배양에 미치는 통기, 교반의 효과와 동력학적 특성)
113) 임웅규, **생태학회지,** 1984, 7, 177 (한국의 불로초 자생지에 관한 연구)
114) 전병수, 조한국, **경희대 치대논문집,** 1990, 12, 167 (α-Tocopherol 및 *Ganoderma lucidum*이 백서치은의 발암억제 효과에 미치는 영향에 관한 실험적 연구)
115) 전경희, 김무경, 정시련, **약학회지,** 1987, 31(4), 213 〔버섯류의 렉틴 성분 개발연구(II), 야생 버섯류의 생리 활성물질, 렉틴 성분 검색—영지, 그물버섯, 쓴송이, 자주싸리, 비늘버섯, 젖버섯, 당귀젖버섯, 갓버섯, 큰비단그물버섯〕
116) 정건섭, 구영조, 유진형, 최신양, 신동화, **산업미생물학회지,** 1991, 19, 61 (유청을 이용한 영지버섯과 잎새버섯의 균사체 배양)
117) 정경수, 김상범, 정수현, **약학회지**, 1997, 41(1), 105 (영지버섯 생장점으로부터 분리한 단백 다당체의 면역활성)
118) 정경수, **식품과학과 산업,** 1995, 28, 29 (버섯류의 생리 활성 성분)
119) 정기호, 박원봉, 김하원, 최웅칠, 김병각, **균학회지,** 1992, 20(4), 324 (영

지와 잔나비걸상버섯의 원형질체 융합 균주의 항암 성분에 관한 연구)
120) 정동옥, **식품과학회지,** 1992, 24(5), 497 (영지의 항산화성 물질에 관한 연구)
121) 정동옥, 정지흔, **식품과학회지,** 1992, 24(6), 552 (영지의 항균성 물질)
122) 정명현, **생약학회지,** 1986, 17(4), 311 (영지의 간 중독 및 고지혈증에 미치는 영향—한 · 일 천연약물 심포지엄)
123) 정명현, **생약학회지,** 1987, 18(1), 62 (영지의 간중독 및 고지혈증에 대한 약효—영지 Symposium)
124) 정명현, 엄기진, 이병주, 임기룡, **생약학회지,** 1993, 24(2), 140 (영지버섯의 소화기계에 대한 약효 연구)
125) 정명현, 엄기진, 임기룡, **생약학회지,** 1993, 24(1), 98 (영지버섯의 소화기계에 대한 약효연구)
126) 정승용, 김성애, 김성희, 김헌수, 김군자, 김희숙, 정효숙, **식품영양학회지,** 1990, 19(2), 180 (영지 열추출액이 식이성 Cholesterol혈증 흰쥐의 지질대사에 미치는 영향)
127) 정인창, 김선희, 권용일, 이재성, **균학회지,** 1996, 24(1), 81 (곡물을 이용한 영지버섯 균사체 배양 조건)
128) 정현채, 이준탁, 권오진, **식품영양과학회지,** 2004, 33(7), 1201 (영지버섯 추출물을 이용한 제빵 특성)
129) 정훈, 이준우, 이권행, **균학회지,** 1990, 18(3), 145 (한국산 고등균류의 항보체활성에 관한 연구—영지, 동충하초, 표고, 주름버섯)
130) 정희수, 김병각, **균학회지,** 1980, 8(1), 77 〔한국산 고등 균류의 성분 연구(16), *Ganoderma lucidum*의 항암 성분〕
131) 조수묵, 서건식, 유승헌, 유익동, 신관철, **산업미생물학회지,** 1993, 21(6), 520 (영지버섯 배색 변이주의 형태적 특성 및 최적 배양 조건)
132) 주현규, 김성조, **균학회지,** 1987, 30(4), 260 (영지추출물이 효모의 증식과 생리에 미치는 영향)
133) 주현규, 하승수, 김성조, 이종근, 김형근, **응용생명화학회지,** 1987, 30(1), 31 (병재배 및 야생 영지의 추출물이 *Saccharomyces cerevisiae*의 생리에

미치는 영향)

134) 최낙식, 서승염, 김승호, **식품과학회지,** 1999, 31, 533 (혈전용해능을 갖은 버섯류의 탐색—만가닥, 영지, 느타리, 토끼털송편, 새송이, 송이, 노루궁뎅이, 팽이, 양송이, 장수)

135) 최범석, 김선태, **경희대 환경연구논문집,** 1993, 4, 53 (Determination of Germanium in *Ganoderma lucidum* by Hydride Generation-ICP AES)

136) 최승희, **생약학회지,** 1987, 18(1), 64 (영지의 원형질체 분리 및 재생—영지 Symposium)

137) 최영태, **생약학회지,** 1986, 17(4), 302 (수종 한약의 항균 작용에 대하여—영지, 산수유, 산약)

138) 최한석, 김명곤, 박효숙, 김재성, 심명화, 김성준, **식품과학회지,** 2005, 37 (6), 1039 (인공 재배 버섯의 혈전분해 효소 활성검색—영지, 느타리, 새송이, 양송이, 팽이, 뽕나무버섯, 노루궁뎅이 만가닥버섯)

139) 최희돈, 석호문, 박용곤, 박영도, 김정애, **식품영양과학회지,** 2007, 36(10), 1257 (버섯 균사체 및 배양곡물의 혈당 강하 효과—동충하초, 영지, 목진흙버섯, 느타리)

140) 하영득, 이인선, **식풍영양과학회지,** 1990, 19(2), 151 (영지버섯 중의 중금속 함량)

141) 한만덕, **김천대학 논문집,** 1998, 19, 97 (*Ganoderma lucidum*의 세포외성 다당체의 화학적 특성)

142) 한만덕, **김천대학 논문집,** 1999, 20, 47 (*Ganoderma lucidum*의 세포외성 다당체의 생리 활성)

143) 한만덕, **김천대학 논문집,** 2001, 22, 37 (*Ganoderma lucidum* 균사체성 다당체를 이용한 식이섬유소의 개발)

144) 한만덕, 이권행, 윤경하, **순천향대학 논문집,** 1992, 52, 927 (영지버섯의 균사체 생산)

145) 한만덕, 이은숙, 김영권, 이준우, 정훈, 윤경하, **균학회지,** 1998, 26(2), 246 (영지 균사체성 β-glucan에 의한 Raw 264.7 대식 세포의 Nitric oxide 생성)

146) 한만덕, 이준우, 정훈, 정성균, 이승용, 윤경하, **균학회지,** 1995, 23(3), 209 (*Ganoderma lucidum* 1Y009 균사체로부터 추출한 Ganoderan의 항암 및 항 보체활성에 미치는 영향)

147) 한만덕, 정훈, 이준우, 백성진, 김수웅, 윤경하, **균학회지,** 1995, 23(4), 285 (영지 IY009 균사체의 분획에 따라 추출된 Ganoderan의 조성과 생리 활성)

148) 한만덕, 이준우, 정훈, 김용석, 나수정, 윤경하, **산업미생물학회지,** 1999, 27(1), 28 (영지의 β-glucan 성 다당체에 의해 합성화된 흰쥐 간내 Kupffer 세포의 NO, TNF-α 및 TGF-β 형성)

149) 현진원, 최응칠, 김병각, **균학회지,** 1990, 18(2), 58 〔한국 고등균류의 성분연구(제 67보), 영지버섯 자실체의 항암 성분〕

150) 홍남두, **생약학회지,** 1987, 18(1), 54 (영지버섯 심포지엄-주제 발표)

151) 홍재식, 최윤희, **균학회지,** 1985, 13(4), 267 〔합성 배지에서 영지(*Ganoderma lucidum*)가 생산하는 섬유소 분해 효소에 관한 연구〕

152) 홍재식, 최윤희, 윤세억, **균학회지,** 1986, 14(2), 121 (합성 배지에서 불로초가 생산하는 섬유 분해 효소에 관한 연구)

153) 황금희, 김현구, 한용남, **식품과학회지,** 1997, 29(1), 156 〔모노아민 산화효소에 대한 식용 버섯(양송이, 표고, 영지)의 저해 활성〕

154) 황금희, 김현구, 한용남, **식품과학회지,** 1997, 29(1), 161 〔조직 혈액 응고인자에 대한 식용 버섯류(표고, 영지, 양송이)의 저해 활성〕

155) Adachi, Y., Ohno, N., Ohsawa, M., Oikawa, S., Yadomae, T., **Chem. Pharm. Bull.,** 1990, 38, 988 〔Macrophage activatin in Vitro by Chemically Cross-linked (1→3)-β-D-glucan〕

156) Adaskaveg, J. E., Gilbertson, K. L., **Mycologia,** 1986, 78, 694 (Cultural studies and genetics of sexuality of *Ganoderma lucidum* and *G. tsuage* in relation to taxonomy of the *G. lucidum* complex)

157) Adaskaverg, J. E., Gilbertson, K. L., **Plant Disease,** 1987, 71, 251 (Infection and colonization of grape vines by *Ganoderma lucidum*)

158) Adaskaverg, J. E., Gilbertson, K. L., **Can. J. Bot.,** 1986, 64, 1611 (In

vitro decay studies delignification and simultanous decay by the white rot fungi *Ganoderma lucidum* and *G. tsugae*)

159) Aiko, M., Katsuaki, K., Yoshinori, F., Nobuo, I., **Chem. Pharm. Bull.**, 1986, 34(7), 3025 (Angiotensin converting enzyme inhibitory triter- penes from *Ganoderma lucidum*)

160) Anjali, S., **Sci. Culture,** 1959, 24(11), 524 〔Spore germination of *Ganoderma lucidum* (Leyss) Karst.〕

161) Arisawa, M., Fujita, A., Saga, M., Fukumura, H., Hayashi, T., Shimizu, M., Morita, N., **J. Nat. Prod.** (Lloydia), 1986, 49, 621 (Three new Lanostanoids from *Ganoderma lucidum*)

162) Banerjee, S., Sarkar, A., **Sci. Cult.**, 1958, 24, 193 〔Studies on heterothallism-IV. *Ganoderma lucidum* (Leyss) Karst〕

163) Banerjee, S., Sarkar, A., **Sci. Cult.**, 1959, 24, 525 〔Spore-germination of *Ganoderma lucidum* (Leyss) Karst〕

164) Bazzalo, M. E., Wright, J. E., **Mycotaxin,** 1982, 16, 293 (Survey of the Argentine species of the *Ganoderma lucidum* complex)

165) Bok, J. W., Lee, K. Y., Lee, S. K., Kim, B. K., **J. Biochem. Molec. Biol.**, 1994, 27, 149 (Studies on development of new pharmacologically active components of *Ganoderma lucidum*)

166) Bose, S. R., **Mycologia,** 1933, 25, 431 (Abnormal spores of *Ganoderma*)

167) Chen, R. Y. et al., **CA**, 1991, 115, 89139q (isol, Ganosporeic acid A)

168) Cheong, J. Y., Jung, W. T., Park, W. B., **Arch.Pharm. Res.**, 1999, 22(5), 515 (Characterization of an Alkali- extracted Peptidoglycan from Korean *Ganoderma lucidum*)

169) Cui, I., Chisti, Y., **Biotech. Adva.**, 2003, 21, 109 (Polysaccharopeptides of *Coriolus versicolor* phisiological activity, uses and production)

170) Fujita, A. et al., **J. Nat. Prod.** (Lloydia), 1986, 49, 1122 (isol, Gano- dermanodiol, Ganodermanotriol)

171) Gao, Y., Gao, H., Chen, E., Tan, W., Lan, J., Koh, H. L., Chen, G.,

Zhou, S., **J. Food Sci. Nutr.**, 2004, 9(3), 240 (Hypoglycemic properties of polysaccharides Extracted from *Ganoderma lucidum* in alloxan-Induced Diabetic Rats)

172) Gao, Y. H., Lan, J., Dai, X. H., Ye, J. X., Zhou, S. F., **Int. J. Med. Mushr.**, 2004, 6, 33 (Phase Ⅰ/Ⅱ study of Ling Zhi mushroom *Ganoderma lucidum* extract in patients with type Ⅱ diabetes mellitus)

173) Gao, Y. H., Zhou, S. F., Huang, M., Lan, J., Gao, H., **Life Sci.**, 2002, 72, 731 (Mechanisms for the protective effects of *Ganoderma lucidum* polysaccharide fraction on indomethacin - induced ulcer in the rat)

174) Gao, Y. H., Zhou, S. H., **Food Res. Int.**, 2003, 19, 275 (Caner Prevention and treatment by *Ganoderma,* a mushroom with medicinal properties)

175) Gao, Y. H., Zhou, S. H., Chen, G. L., Lan, J., Ye, J. X., **Immunol. Inrest.**, 2003, 32, 201 (Effect of Ganopoly, a *Ganoderma lucidum* ploysaccharide extract of the immunological function in advanced - stage cancer patients)

176) Gaudamer, A. et al., **Bull. Soc. Chim. Fr.**, 1967, 1844 (Angiotensin converting enzyme inhibitor, Tyromycic acid)

177) Gentao, L., Tiantong, B., Xinyi, N., Shuzhen, L., Zhenyu, S., **Chin. Med. J.**, 1979, 92, 496 (Some pharmacological actions of the spores of *Ganoderma lucidum* and mycelium of *G. capens* (LLOYD) Teng cultivated by submerged fermentation)

178) Gonzalez, A. G., Leon, F., Rivera, A., Munoz, C. M., Bermejo, J., **J. Nat. Prod.**, 1999, 62, 1700 (Lanostanoid triterpenes from *Ganoderma lucidum*)

179) Hamuro, J., Hadding, M., Suermann, D. B., **Immunol.**, 1978, 34, 695 (Solid phase activation of alternative pathway of Complement by *β*-(1 →3) glucans and its possible role for tumor regressing activity)

180) Hikino, H., Ishiyama, M., Suzuki, Y., Kono, C., **Planta Med.**, 1989, 55, 423 (Mechanisms of hypoglycemic activity of ganoderan B: A glycan of

Ganoderma lucidum fruit bodies)

181) Hikino, H., Kanno, C., Mirin, Y., Hayashi, T., **Planta Med.**, 1985, 51, 339 (Isolation and hypoglycemic activity of Ganoderan A and B, glycans of *Ganoderma lucidum* fruit bodies)

182) Hirotani, H. et al., **Phytochemistry,** 1987, 26, 2797 (isol, *O*-Methylganoderic acid O, Ganderic acid Mb, Mc, Mg, O, isol, cryst, Ganodosterone)

183) Hirotani, M. et al., **Phytochmistry,** 1986, 25, 1189 (isol, Ganoderic acid C_1)

184) Hirotani, M. et al., **Phytochemistry,** 1987, 26, 2797 (isol, Ganodermic acid M, K, P, Q, T, Needles; Ganodermic acid R^+, S^+)

185) Hirotani, M. T., Furuya, T., Shiro, M., **Phytochemistry,** 1985, 24, 2055 (A ganoderic acid derivative, a high oxygenated lanostane-type triterpenoid from *Ganoderma lucidum*)

186) Hirotani, M., Ino, C., Furuya, T., Shiro, M., **Chem. Pharm. Bull.**, 1986, 34, 2282 (Ganoderic acid T, S, and K, New triterpenoid from cultured mycelia of *Ganoderma lucidum*)

187) Hseu, R. S., Wang, H. H., **Mushroom Science XIII,** vol. 1. Michael, J., Maher, A. A., ed., Balkema Netherland, 1991, 442pp (A new system for identifying cultures of *Ganoderma* species)

188) Hseu, R. S., **Ph.D. Thesis,** Nat'l. Taiwan Univ, Taiwan, 1990 (An identification system for cultures of *Ganoderma* species)

189) Hyun, J. W., Choi, E. C., Kim, B. K., **Kor. J. Mycol.**, 1990, 18, 58 (Studies on Constituents of higher Fungi of Korea(LXVII), Antitumor components of the basidiocarp of *Ganoderma lucidum*)

190) Ito, H., Naruse, S., Shimura, K., **Mie. Med. J.**, 1977, 26, 147 (Studies on antitumor activity of Basidiomycete polysaccharides : VII. antitumor effect of the polysaccharide preparations from *Ganoderma lucidum*)

191) Jong, S. C., Birmingham, J. M., **Adv. Appl. Microbiol.**, 1992, 37, 101 (Medicinal benefits of the mushroom *Ganoderma*)

192) Jorge, O., Toth, Luu, B., Ourisson, G., **Tetrahedron Lett.**, 1983, 24, 1081

〔Triterpens cytotoxiques from *Ganoderma lucidum* (polyporaceae)〕

193) Jung, I. C., Kim. S. H., Kwon, Y. I., Lee, J. S., **Kor. J. Mycol.**, 1996, 24, 81 (Cultural condition for the mycelial growth of *Ganoderma lucidium* on cereals)

194) Kabir, Y., Kimura, S., Tamura, T., **J. Nutr. Sci. Vitaminol.**, 1988, 34, 433 〔Dietary effects of *Ganoderma lucidum* mushroom on blood pressure and lipid levels in spontaneously hypotensive rats (SHR)〕

195) Kang, C. Y., Shim, M, J., Choi, E. C., Lee, Y. N., Kim, B. K., **J. Biochem. Molec. Biol.**, 1981, 14, 100 (Studies on antineoplastic component of *Ganoderma lucidium*)

196) Kanmatsuse, K., Kajiwara, N., Hayashi, K., Shimogaichi, S., Fukinbara, I., Ishihawa, H., Tamura, T., **Yakugaku Zasshi**, 1985, 105, 942 (Studies on *Ganoderma lucidum*. 1. Efficacy against hypertension and side effects)

197) Kidd, P. M., **Altern. Med. Rev.**, 2001, 5(1), 4 (The Use of mushroom glucans and proteoglycans in cancer treatment)

198) Kikuchi, T., Matsuda, S., Murai, Y., Orita, Z., **Chem. Pharm. Bull.**, 1985b, 33, 2628 (Ganoderic acid G and I, ganolucidic acid A and B, new triterpenoids from *G. lucidum*)

199) Kikuchi, T., Matsuda, S., Kadota, S., Murai, Y., Ogita, Z., **Chem. Pharm. Bull.**, 1985a, 33, 2624 (Ganoderic acid D, E, F and Lucidenic acid D, E_2, F new triterpenoids from *G. lucidum*)

200) Kim, B. D., Kim, J. S., Choi, K., Kim, H. W., Choi, E. C., **Kor. J. Pharmacogn.**, 1993, 24(2), 116 (Studies on Constituents of Higher Fungi of Korea(LXX1), Application of Engymes of Taxanomy of *Ganoderma* species)

201) Kim, B. K., Park, E. K., Shim, M. J., **Arch. Pharm. Res.**, 1979, 2, 145 〔Studies on the constituents of higher fungi of Korea(XXIII), Antineoplastic activities of *Coriolus versicolor*(C L. ex Fr.) Quél., *Pleurotus ostreatus* (Fr.)

Kummer and *Letinus edodes*(Berk.) Sing.〕

202) Kim, B. K., Cho, H. Y., Kim, J. S., Kim, H. W., Choi, E. C., **Kor. J. Pharmacogn.**, 1993, 24(3), 203 〔Studies on Constituents of Higher Fungi of Korea(LXVIII), Antitumor Components of the Cultured Mycelia of *Ganoderma lucidum*〕

203) Kim, H. J., Park, D. C., Lee, K. D., Lee, B. L., Lee, K. R., **Kor. J. Mycology,** 1993, 67, 279 (Cloning and Expression of the *metE* gene coding for homocysteine methyltransferase from the basidiomycete *Ganoderma lucidum* in *E.coli*)

204) Kim, H. K, Seo, Seo, G. S., Kim, H. G., **Kor. Soc. Mycology,** 2001, 29(2), 80 (Comparison of Characteristics of *Ganoderma lucidum* According to Geographical Origins :Consideration of Morphological Characteristics II)

205) Kim, J. S., Chung, H. Y., Na, K., **Nutr. Res. Practice,** 2007, 1(3), 180 (Cytoprotective effect of polysaccharide isolated from different mushrooms against 7-Ketocholesterol induced damage in mouse liver cell line－동충하초, 신령버섯, 팽이, 느타리, 표고, 버들송이)

206) Kim, S. H., **MS Thesis,** Kangwon Nat'l. Univ., 1999 (Studies on the screening and comparison of biological activities of *Elfvingia applanata* and *Ganoderma lucidum*)

207) Kim, S. T., Lee, C. W., Choi, B. S., Lee, B. C., **Analytical Sci. Technol.,** 1990, 3(3), 391 (Determination of Selenium in *Ginseng* Radix and *Ganoderma lucidum* by Hydride Generation-Inductively Coupled Plasma Spectrometry)

208) Kim, S. W., Kim, E. S., **Kor. J. Sci. Nutr.,** 1997, 26, 148 (Studies on the immunomodulating effect of polysaccharide extracted from *Ganoderma lucidum* on macrophage)〕

209) Kim, S. W., Kim, E. S., Kim, Y. S., **J. Kor. Soc. Food Nutr.,** 1995, 24, 147 (Studies on the polysaccharide extracted *Ganderma lucidium*)

210) Kim, Y. S., Eo, S. K., Oh, K. W., Lee, C. K., Han, S. S., **J. Ethno-**

pharmacology, 2000, 72, 451 (Antihepatic activities of acidic protein bound polysaccharide isolated from *Ganoderma lucidium* alone and in combination with interferons)

211) King, C. Y., Shim, M. J., Choi, E. C., Lee, Y. N., Kim, B. K., **Kor. Biochem. J.,** 1981, 14, 100 (Studies on antitumor components of Korean Basidiomycetes, Mycelial culture and antitumor Components of *Ganoderma lucidum*)

212) Kikono, H., Ishiyama, M., Suzuki, Y., Konno, D., **Planta Med.,** 1989, 55, 423 〔Mechanism of hypoglycemic activity of ganoderan B, A glycan of *Ganoderma lucidum*—Fruit bodies)〕

213) Kohoda, H., Tokumato, W., Sakamoto, K., Fuji, M., Hirai, Y., Yamasaki, K., Komoda, Y., Nakamura, H., Ishihara, S., Ushida, M., **Chem. Pharm. Bull.,** 1985, 33, 1367 〔Thc biologically active constituents of *Ganoderma lucidum* (Fr.) Karst. Histamine release-inhibitory triterpenes isol, Ganolucidic acid A, B〕

214) Komoda, Y., Nakamura, H., Ishihara, S., Uchida, M., Kohda, H., Yamasaki, K., **Chem. Pharm. Bull.,** 1985, 33, 4829 (Structure of new terpenoid constituents of *Ganoderma lucidum* isol, Ganoderic acid G, K, Ganoderenic acid A, B, C, D, Lucidenic acid D_2)

215) Komoda, Y., Shimizu, M., Sonoda, Y., Sato, Y., **Chem. Pharm. Bull.,** 1989, 37(2), 531 (Ganoderic acid and its derivatives as cholesterol synthesis inhibitor)

216) Kubo, M., Matsuda, H., Tanaka, M., Kimura, Y., Tani, T., Arichi, S., Okuda, H., Kirigia, M., **Base and Clinic.,** 1980, 14, 2455 (*Gandoderma lucidum,* fruit body study)

217) Kubo, M., Matsuda, H., Noami, S., Takahashi, T., **Yakugaku Zasshi,** 1983, 103(8), 871 〔Studies on *Ganoderma lucidum*(IV), Effect on the desseminated intravascular coagulation〕

218) Kubo, M., **Kor. J. Pharmacogn,** 1986, 17(14), 312 (한일 천연약물 심포

지엄—Pharmacology of *Ganoderma lucidum*)

219) Kupin, V., **Inter. Symposium on *Ganderma lucidum,*** 1992, 36 (A new biological respones modifier, *Ganoderma lucidum* and its application in oncology.)

220) Kubota, T., Asaka, Y., Miura, I., Mori, H., **Helv. Chim. Acta,** 1982, 65, 611 (Structure of ganoderic acid A and B, Two new lanostane type bitter triterpenes from *G. lucidum* amorph powder, Ganoderic acid A, B)

221) Lee, K. H., Lee, J. W., Han, M. D., Jeong, H., Kim, Y. I., Oh, O. W., **Kor. J. Appl. Microbiol. Biotechnol.**, 1994, 22, 45 (Correlation between anticomplementary and antitumor activity of the crude polysaccharide from *Ganoderma lucidum*)

222) Lee, J. W., Jung, H., Han, M. D., Baek, S. J., Kim, Y. S., Kang, S. M., **Kor. J. Pharmacogn.**, 1996, 27, 159 (Effect of of G009 on CCl_4-induced hepatic injury and lipid peroxidation in rats)

223) Lee, J. W., Jung, H., Lee, S. M., Kim, R. N., Han, M. D., Lee, S. Y., Kim, S. U., Kang, S. M., **J. Appl. Pharmacol.**, 1996, 4, 244 (Effect of G009 on lipid peroxidation induced by peroxidizer in rats)

224) Lieu, C. W., Lee, S. S.,. Wang, S. Y., **Anticancer Res.**, 1992, 12, 1211 (The effet of *Ganoderma lucidum* on induction of differentiation in Leukemic U937 Cells)

225) Lin, C. -N,, Tome, W. P., Won, S. J., **J. Nat. Prod.** (Lloydia), 1991, 54, 998 (Novel cytotoxic principles of formosan *G. lucidum* : isol, Needles, Ergosta-7,22-diene-2,3,9-triol)

226) Lin, C. -N. et al., **Phytochemistry,** 1990, 29, 673 (isol, Needles, 3-Hydroxy-11-oxolanosta-8,24-dien-26-al)

227) Lin, J. M., Lin, C. C., Chiu, H. F., Yang, J. J., Lee, S. G., **Am. J. Clin. Med.**, 1993, 21, 59 (Evaluation of the anti-inflammatory and liver - protective effects of *Anoectochilus fromosanus, Ganoderma lucidum* and *Gynostemma pentaphyllum* in rats)

228) Lin, L. -J. et al., **Phytochemistry,** 1988, 27, 2269 (Ganodermic acid Ja, Jb, S, TN, TO, TQ)

229) Lin, L. -J. et al., **J. Nat. Prod.** (Lloydia), 1988, 51, 918 (isol, Ganodermic acid P_2)

230) Lin, L. -J. et al., **Phytochemistry**, 1988, 27, 2269 (isol, Ganodermic acid Me, Mf, X))

232) Lui, G. T., Wang, G. F., Wei, H. L., Bao, T. T., Sung, Z. Y., **Yao Hseueh Pao,** 1979, 14, 598 (Comparison of protective actions of dimethylbiphenylcarboxylate, trans-stilbene, alcoholic extracts of *Polyporus japonicus* and *Ganoderma* towards experimental liver injury in mice)

233) Mari, N., **Kor. J. Pharmacogn.,** 1987, 18, 56 (Anti-allergy activities of *Ganoderma lucidium*)

234) Maruyama, H., Yamazaki, K., Murofushi, S., Konda, C., Ikekawa, T., **J. Pharmacobio-Dyn.,** 1989, 12, 118, (Antitumor activity of *Sarcodon aspratus* and *Ganoderma lucidum*)

235) Mau, J. L., Lin, H. C., Chen, C. C., **Food Res. Int.,** 2001, 34, 521 (Non-volatile components of several medicinal mushrooms)

236) Menon, R., **Phytopathology,** 1963, 48, 343 (Studies in vitro of *Ganoderma lucidum* (Leyss) Karst.)

237) Michinori, K., **Kor. Soc. Pharmacogn.,** 1986, Korean-Japan joint Symp. on Natural Products (Pharmacology of *Ganoderma lucidium*) p.312

338) Min, B. S., Lee, H. K., Bae, K. H., Gao, J. J., Nakamura, N., Hattori, M., **Natural Product Sciences,** 2000, 8(2), 52 (Antitumor Activity of Cultured Mycelia of *Ganoderma lucidum*)

239) Miyazaki, T., Nishijima, M., **Chem. Pharm. Bull.,** 1981, 29(12), 3611 (Studies on fungal polysaccharides (XVII), Structural examination of water soluble antitumor polysaccharide of *Ganoderma lucidum*)

240) Miyazaki, T., Nishijima, M., **Carbohydr. Res.,** 1982, 109, 290 (Structural examination of an alkali-extracted, water soluble heteroglycan of the

fungus *Ganoderma lucidum*)

241) Mizuno, T., Kato, N., Totsuka, A., Takenaka, K., Shinkai, K., Shimizu, M., **Nippon Nogeigaku Kaishi,** 1984, 58(9), 871 (Fractionation, structural features and antitumor activity of water soluble polysaccharide from 'Reish' the fruit body of *Ganoderma lucidum*)

242) Mizuno, T., Suzuki, E., Maki, K., Tamaki, H., **Nippon Nogeikagaku Kaishi,** 1985, 59, 1143 (Fractionation, Chemical Modification and Antitumor Activity of water insoluble polysaccharides of the Fruiting body of *Ganoderma lucidum*)

243) Mizuno, T., Wang, G., Zhang, J., Kawagishi, H., Nishitoba, T., Li, J., **Food Res. Int.**, 1995, 11, 151 (*Ganoderma lucidum* and *G. tsugae*: Bioactive substances and medicinal effects)

244) Moncalvo, J. M., Wang, H. H., Hseu, R. S., **Mycologia,** 1995, 87, 223 (Phytogenetic relationships in *Ganoderma* infrared from the internal transcribed spacers and 25S ribosomal DNA sequences)

245) Morigiwa, A., Kitabatake, K., Fujimoto, Y., Ikegawa, N., **Chem. Pharm. Bull.**, 1986, 34, 3025 (Angiotensin converting enzyme inhibitory triterpenes from *Ganoderma lucidum.* isol, Ganoderol A, B, Ganoderic acid G, K)

246) Nishitoba, T., Sato, H., Kasai, T., Kawagishi, H., Sakamura, S., **Agric. Biol. Chem.**, 1984, 48, 2905 (New bitter C_{27} and C_{30} terpenoids from the fungus *Ganoderma lucidum* (Reishi) ; 1985, 49, 1793 (Needles, Lucidenic acid A)

247) Nishitoba, T., Sato, H., Sakamura, S., **Agric. Biol. Chem.**, 1985, 49, 1547 (New terpenoids from *G. lucidum* and their bitterness; Lucidenic acid D_1, cryst, Lucidenic acid E_1, Ganoderic acid D^+)

248) Nishitoba, T., Sato, H., Sakamura, S., **Agric. Biol. Chem.**, 1985, 49, 1549 (New triterpenoides from *G. lucidum* and their bitterness. cryst, Lucidone A^+, B)

249) Nishitoba, T. et al., **Agric. Biol. Chem.**, 1986, 50, 509 (syrup, Lucidenic acid G)

250) Nishitoba, T. et al., **Agric. Biol. Chem.**, 1986, 50, 809; 1988, 52, 367 (Ganolucidic acid D, syrup, Lucidone C, Ganoderic acid L)

251) Nishitoba, T. et al., **Agric. Biol. Chem.**, 1987, 51, 619, 1149 (syrup, Ganodermic acid Ma, Md, Mi, Mj)

252) Nishitoba, T. et al., **Phytochemistry**, 1987, 26, 1777 (N; cryst, O; needles, Ganodermic acid E, N, O^{+}, isol, Lucidenic acid K, L, M, isol, Lucidenic acid H, I, J)

253) Nishitoba, T., et al., **Agric. Biol. Chem.**, 1988, 52, 211 (Gummy solid, Epoxyganoderiol A, B, C, isol, syrup, 6-Hydroxy-4,7,22-ergostatrien-3-one; 6β, 22E)

254) Nishitoba, T. et al., **Agric. Biol. Chem.**, 1988, 52, 367 (isol, Ganoderiol C, D, G, H, I, pale yellow plates, Ganoderiol F, syrup, Ganoderiol E)

255) Nogami, M., **Kor. J. Pharmacogn.**, 1987, 18(1), 56 (영지 Symposium) (Antiallergy Activities of *Ganoderma lucidum*)

256) Nogami, M., Tsuji, Y., Kubo, M., Takahashi, M., Kimura, H., Matsuike, Y., **Yakugaku Zasshi**, 1986, 106, 600 〔Studies on *Ganoderma lucidum* VI, Antiallergic effect(2)〕

257) Nuruse, S., Takeda, S., Ito, H., Fujii, K., Terada, Y., Shimura, K., Sugiura, M., Miyazaki, T., **Mie. Med. J.**, 1974, 23, 207 (Antitumor effects of polysaccharides prepared from cultured Basidiomycetes)

258) Ohno, R., Yokomaku, S., Wakayama, K., Sugiura, S., Imai, K., Yamaka, K., **Gann**, 1976, 67, 97 (Effect of protein-bound polysaccharide preparation, PS-K, on the immune response of mice to sheep red blood cell)

259) Okuda, T., Yoshioka, Y., Ikekawa, T., Chihara, G., Nishioka, K., **Nature New Biol.**, 1972, 238, 59 (Anticomplementary activity of antitumor polysaccharidees)

260) Park, J. S. et al., **J Biochem. Molec. Biol.** 2001, 34(2), 144 (The

Stimulatory Effect of *Ganoderma lucidum* and *Phellinus linteus* on the Antioxidant Enzyme Catalase)

261) Ringler, R. L., Byerrum, R. U., Steven, T. A., Clark, P. A., Stock, C. C., **Antibiot. Chemother.**, 1957, 7(1), 1 (Studies on antitumor substances produced by Basidiomycetes)

262) Sato, H. et al., **Agric. Biol. Chem.**, 1986, 50, 2887 (Amorph, powder, Ganoderiol B, cryst, Ganoderiol A)

263) Shiao, M. -S., et al., **J. Nat. Prod.** (Lloydia), 1987, 50, 886 (isol, Ganodermic acid Me, Mf, X)

264) Shiao, M. -S. et al., **Phytochemistry**, 1988, 27, 873, 2911 〔isol, 3β, 15α, 22S-Triacetoxylanosta-7,8(11), 24E-trien-26-oic acid, isol, 3,15, 22-Trihydroxylanosta-7,9 (11),24-trien-26-oic acid〕

265) Shiao, M. S., **Chem. Rec.**, 2003, 3, 172 (Natural products of the medicinal fungus *Ganoderma lucidum* : occurrence, biological activities, and pharmacological functions)

266) Shieh, Y. H., Lin, C. F., Huang, Y. K., Yang, J. Y., Wu, I. L., Lin, C. H., Li, S. C., **Am. J. Chem. Med.**, 2001, 29, 501 (Evaluation of the hepatic and renal-protective effects of *Ganoderma lucidum* in mice)

267) Silva, D., **Med. Chem.**, 2004, 4, 873 (Cellular and Physiololgical effects of *Ganoderma lucidum*)

268) Shiao, M. S., Lee, K. R., Kim, L. J., Wang, C. T., **Food Phytochemicals for Cancer prevention II : Tea, Spices and Herbs,** Ho, C. T., Osawa, T., Huang, M. T., Rosen, R. T., Eds., American Chemical Society, Washington D. C., 1994, 342~354 (Natrual proudcts and biological activities of the chinese medical fungus *Ganoderma lucidum*)

269) Shin, H. W., Choi, E. C., Kim, H. W., Kim, B. K., **Kor. J. Pharmacogn.**, 1985, 16, 181 (Studies on inorganic composition and immunopotentiating ativity of *Ganoderma lucidum* in Korea)

270) Shimizu, A., Yano, T., Saito, Y., Inada, Y., **Chem. Pharm. Bull.**, 1985,

33(7), 3012 (Isolation of an inhibitor of platelet aggregation from fungus *Ganoderma lucidum*)

271) Sone, Y., Okuda, R., Wada, N., Kishida, E., Misaki, Y., **Agric. Biol. Chem.**, 1985, 49(9), 2641 (Structure and antitumor activities of the polysaccharides isolated from fruiting body and growing culture of mycelium of *Ganoderma lucidum*)

272) Stavinoha, W. B., Hardman, W. E., Cameron, I. L., **Proc. Int. Sym. on *Ganoderma lucidum*,** 1993, Seoul, Korea (June, 17) [Short term dietary supplementation with *Ganoderma lucidum* slows development and growth of microadenomatous lesions in the colon rats treated with the carcinogen 1, 2-Dimethylhydrazine)

273) Stavinoha, W. B., Satsangi, N., **The 7th International Symposium on the *Ganoderma lucidum*,** Seoul, Korea, 1997, 11, June p5~17

274) Sugiura, M., Ito, J., **Tokyo Yakka Daigaku Kenkyu Nempo.**, 1977, 27, 722 (Toxicological studies of *Ganoderma lucidum*)

275) Takash, M., Namoni, K., Atsushi, T., Msako, S., **Nippon Shokuhin Kogyo Gakkaish,** 1984, 58(9), 871 (Fractionation, structural features and antitumor activity of water soluble polysaccharide from reishi the furit body of *Ganoderma lucidum*)

276) Tamura, T., **Yakugaku Zasshi,** 1985, 105, 942 (Studies on *Ganoderma lucidum.* 1. Efficacy against hypertension and side effects)

277) Tomoda, M., Gonda, R., **Phytochemistry,** 1986, 25(12), 2817 (Glycan structures of Ganoderan B and C, hypoglycemic glycans of *G. lucidum* fruit body)

278) Toth, J. D., Luu, B., Ourisson, G., **Tetrahedron Lett.**, 1983, 24, 1081 [Cytotoxic Triterpens from *G. lucidum* (Polyporaceae); Ganodermic acid T^{+}, V, W, Y, Z]

279) Tseng, T. C., **Bot. Bull. Acad. Sin.** (Taipai), 1984, 25, 149 (Studies on *Ganoderma lucidum* 1, Liquid culture and chemical composition of

Mycelium)

280) Tsukagoshi, S., Ohashi, F., **Jpn. J. Cancer Res.**, 1974, 65, 557 (Protein bound polysaccharide preparation, PS-K, effective against mouse sarcoma 180 and rat ascites, hepatoma AH-13 by oral use)

281) Ukai, S., Kiho, T., Hara, C., Morita, M., Goto, A., Imaizumi, N., Hasegawa, Y., **Chem. Pharm. Bull.**, 1983, 31, 741 (Polysaccharides isolated from *Dictyophora indusiata, Ganoderm japonicum, Cordyceps cicadae, Auricularia auricula-judae* and *Auricularia* species)

282) Venkatarayan, S. V., **Phytopathology**, 1936, 26, 153 (The biology of *Ganoderma lucidum* on areca and coconut palms)

283) Wang, G., Zhang, J., Minzuno, T., Thuang, C., Hitoshi, I., Mayuzumi, H., Okamoto, H., Li, J., **Biochem. Biotech. Biochem.**, 1993, 57, 894 (Anti-tumor active polysaccharides from the chinese mushroom Shongshan Ling Zhi, the fruiting body of *Ganoderma tsugae*)

284) Wasser, S. P., Weis, A. L., **Crit. Rev. Immuno.**, 1999, 19, 65 (Therapeutic effects of subtances occuring in higher basidiomycetes mushrooms : A modern perspective)

285) Yen, G.C., Wu, J.Y., **Food Chem.**, 1999, 65, 375 (Antioxidant and radical scavenging properties of extracts from *Ganoderma tsugae*)

286) Yoon, S. Y., Eo, S. K., Kim, Y. S., Lee, C. K., Han, S. S., **Arch. Pharm. Res.**, 1994, 17(6), 438 (Antimicrobial Activity of *Ganoderma lucidum* Extract Alone and in Combination with Some Antibiotics)

287) Yokokawa, H., **Phytochemistry**, 1980, 19, 2615 (Fatty acid and sterol compositions in mushrooms of ten species of polyporaceae)

288) Yoshiaki, S., Reiko, O., Noriko, W., Akira, M., **Agric. Biol. Chem.**, 1985, 49(9), 2641 (Structural and antitumor activities of the polysaccharides isolated from fruiting body and the growing culture of mycelium of *Ganoderma lucidum*)

289) Yu, J. J., **Assoc. Oriental Med.**, 1982, 29 (*Ganoderma lucidum*)

290) Yun T. K., Lee, Y. S., **J. Korean Asso. Cancer Prevention**, 1997, 2(2), 108 (Anticarcinogenicity of *Ganoderma lucidum*)

291) Zhang, G. L., Wang, Y. H., Ni, W., Teng, H. L., Lin, Z. B., **World J. Gastroenterol.**, 2002, 8, 728 (Hepatoprotective role of *Ganoderma lucidum* polysaccharide against BCG-induced immune liver injury in mice)

292) Zhang, H. N., He, J. H., Yuan, L., Lim, Z. B., **Life Sci.**, 2003, 73, 2307 (In Vitro and in Vivo protective effect of *Ganoderma lucidum* polysaccharides on alloxan-induced pancreatic islets damage)

293) Zhang, L. X., Mang, H., Zhou, X. B., **Chung-Kuo-Chung-Hsi-Chieh-Ho-Tsa-Chih**, 1993, 13, 613 (Effect of Japanese *Ganoderma Iucidum* on production of IL-2 from murine splenocytes)

294) Zhong, Jian Jiang et al., **Kor. Soc. Plant Biotechnol.**, 2002, 4(3), 109 (Enhanced Production of Valuablc Bioactive Metabolites in Submerged Cultures of Medicinal Mushroom *Ganoderma lucidum* by Manipulation of Oxygen Supply)

식용버섯 I

초판발행 2009년 7월 20일
초판 1 쇄 2009년 7월 20일
지은이 한용봉
펴낸곳 고려대학교출판부
www.kupress.com
kupress@korea.ac.kr
136-701서울특별시 성북구 안암동
02-3290-4230, 4232
Fax 923-6311
찍은곳 한국컴퓨터인쇄정보

ISBN 978 89 7641 684 1 94480
ISBN 978-89-7641-683-4 (세트)

값 22,000원